教育部高等学校电子信息类专业教学指导委员会规划教材
高等学校电子信息类专业系列教材·新形态教材

模拟电子技术实践教程

实验方法、实验设计与课程设计

兰振平　主编
谢蓄芬　李鹏　崔远慧　副主编

清華大學出版社
北京

内容简介

本书是一本新形态模拟电子技术实践教材(含纸质图书、教学课件和微课视频)。全书共分为3篇。第1篇模拟电子技术实验方法(第1～3章),介绍模拟电子技术实验基础知识、电子电路调试与故障检测技术、常用工具。第2篇模拟电子技术实验设计(第4章和第5章),介绍验证性实验和设计性综合实验两部分。其中,验证性实验(13项)是对重要基本理论的强化理解和验证;设计性综合实验(8项)则选取了具有典型性、代表性的实验项目,体现了对基本理论强化基础上的综合应用,培养学生综合运用并解决实际问题的能力。第3篇模拟电子技术课程设计(第6章和第7章),介绍课程设计的一般方法及实例(10项),选取了具有通用性的课题,提供了相关设计方案、参考电路、参数估算、电路说明及仿真验证等,注重培养学生的工程实践能力和设计创新能力。另外,附录部分提供了常用电子电路元件、器件识别与性能参数,以及常用实验设备的基本使用方法。

本书内容丰富、体系完整,注重工程实践,强调培养学生的动手能力及对实验测试方法的掌握,以提高学生工程素质和创新实践能力,可以作为高等院校电信、通信、自动化、计算机、机电类、机械类等专业的本科实验和课程设计教材,也可作为相关工程技术人员和业余爱好者学习的参考书。

图书在版编目(CIP)数据

模拟电子技术实践教程:实验方法、实验设计与课程设计/兰振平主编.—北京:清华大学出版社,2022.5(2024.7重印)
高等学校电子信息类专业系列教材·新形态教材
ISBN 978-7-302-58906-8

Ⅰ.①模… Ⅱ.①兰… Ⅲ.①模拟电路—电子技术—高等学校—教材 Ⅳ.①TN710

中国版本图书馆CIP数据核字(2021)第171190号

责任编辑:盛东亮 吴彤云
封面设计:李召霞
责任校对:时翠兰
责任印制:刘 菲

出版发行:清华大学出版社
网 址:https://www.tup.com.cn, https://www.wqxuetang.com
地 址:北京清华大学学研大厦A座 **邮 编**:100084
社 总 机:010-83470000 **邮 购**:010-62786544
投稿与读者服务:010-62776969, c-service@tup.tsinghua.edu.cn
质量反馈:010-62772015, zhiliang@tup.tsinghua.edu.cn
课件下载:https://www.tup.com.cn, 010-83470236
印 装 者:三河市龙大印装有限公司
经 销:全国新华书店
开 本:185mm×260mm **印 张**:18 **字 数**:437千字
版 次:2022年7月第1版 **印 次**:2024年7月第2次印刷
印 数:1501～2300
定 价:59.00元

产品编号:090375-01

前言

PREFACE

“模拟电子技术”是高等院校电子信息类专业的一门实践性很强的专业技术基础课程。本书是一本为适应电子技术实践教学改革的需要，结合编者多年教学及实践经验而编写的实验及课程设计指导教程。该教程集实践性、启发性和实用性于一体，满足设计性、综合性、开放性和创新性的实践需求。在提供基础性、验证性、演示性实验指导的基础上，强化了设计性、综合性实验所占比重，从而形成基本技能、技术应用、设计实践相融合的立体化实践教学体系，旨在培养学生综合运用所学理论知识，熟练掌握实验操作基本技能，从而系统进行电子电路的工程设计、实践训练，提高学生独立分析和解决实际电路问题的能力，以适应当前与未来产业发展与技术变革的需求。

全书共3篇。第1篇为模拟电子技术实验方法，内容包括实验目的和意义、一般要求、误差分析与测量结果的处理。第2篇为模拟电子技术实验设计，内容包括验证性实验和设计性综合实验两部分。其中，验证性实验是对重要基本理论的强化理解和验证；设计性综合实验则选取了具有典型性、代表性的实验项目，体现了对基本理论强化基础上的综合应用，培养学生综合运用知识解决实际问题的能力。第3篇为模拟电子技术课程设计，选取了具有通用性的课题，提供了相关设计方案、参考电路、参数估算、电路说明和仿真验证等，注重培养学生的工程实践能力和设计创新能力。另外，附录部分提供了常用电子电路元件、器件识别与性能参数，以及常用实验设备的基本使用方法。

本书内容丰富、体系完整，注重工程实践，强调培养学生的动手能力及对实验测试方法的掌握，以提高学生工程素质和创新实践能力，可以作为高等院校电信、通信、自动化、计算机、机电类、机械类等专业的本科实验和课程设计教材，也可作为相关工程技术人员和业余爱好者学习的参考书。

本书由兰振平主编，谢蓄芬、李鹏、崔远慧、李伟、李博参与了编写。本书依据编者多年的教学积累和实践经验，同时参阅借鉴了国内相关高等院校有关教材编写而成，在此对他们表示感谢。特别感谢金凤莲教授对课程建设及本书编写提出的宝贵意见。

由于编者水平有限，书中难免存在疏漏和不足之处，恳请广大读者及同行批评指正。

编　者

2022年1月于大连工业大学

思维导图

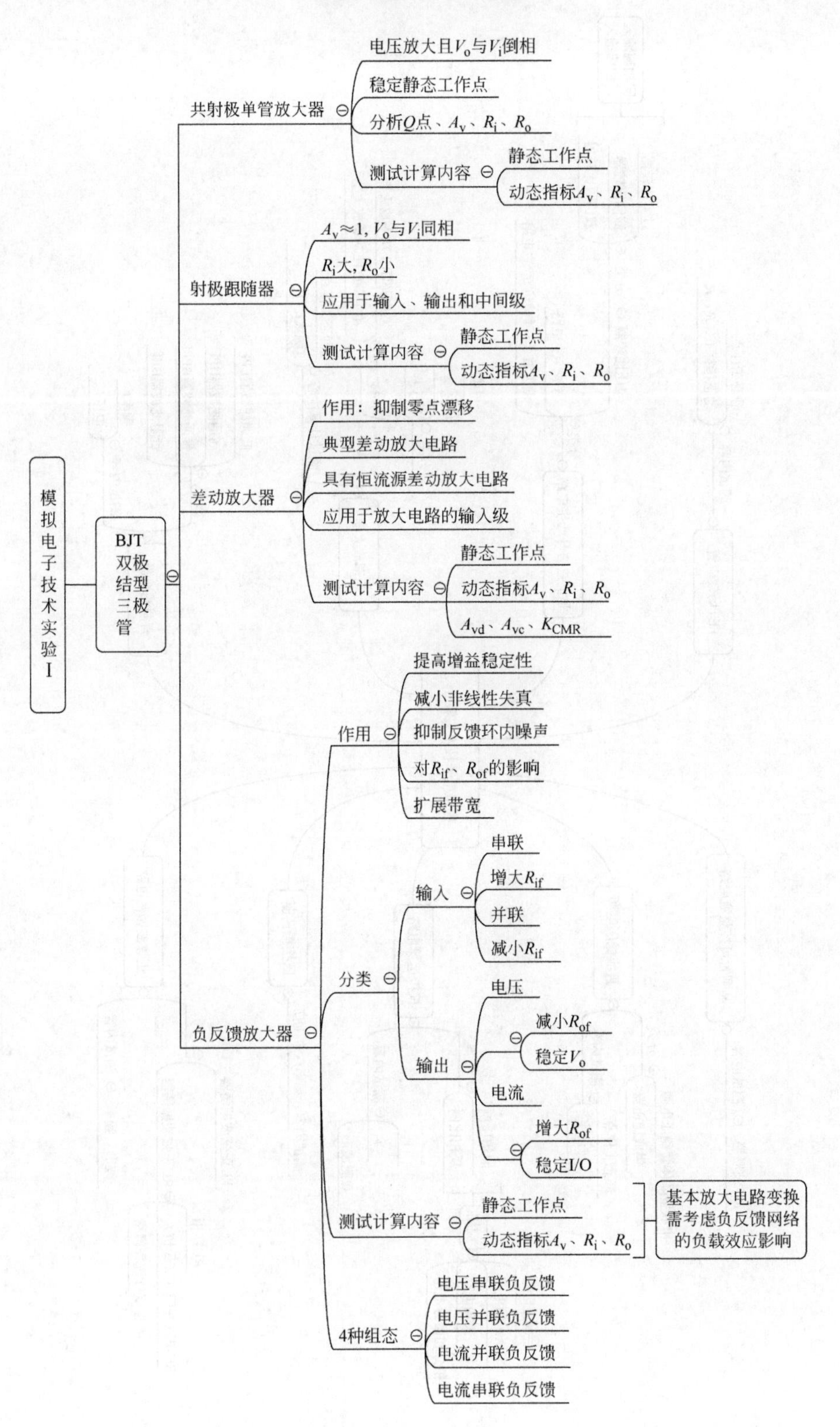

模拟电子技术实验Ⅰ
BJT双极结型三极管
共射极单管放大器
电压放大且V_o与V_i倒相
稳定静态工作点
分析Q点、A_v、R_i、R_o
测试计算内容
静态工作点
动态指标A_v、R_i、R_o
射极跟随器
$A_v≈1$, V_o与V_i同相
R_i大, R_o小
应用于输入、输出和中间级
测试计算内容
静态工作点
动态指标A_v、R_i、R_o
差动放大器
作用：抑制零点漂移
典型差动放大电路
具有恒流源差动放大电路
应用于放大电路的输入级
测试计算内容
静态工作点
动态指标A_v、R_i、R_o
A_{vd}、A_{vc}、K_{CMR}
负反馈放大器
作用
提高增益稳定性
减小非线性失真
抑制反馈环内噪声
对R_{if}、R_{of}的影响
扩展带宽
分类
输入
串联
增大R_{if}
并联
减小R_{if}
输出
电压
减小R_{of}
稳定V_o
电流
增大R_{of}
稳定I/O
测试计算内容
静态工作点
动态指标A_v、R_i、R_o
基本放大电路变换需考虑负反馈网络的负载效应影响
4种组态
电压串联负反馈
电压并联负反馈
电流并联负反馈
电流串联负反馈

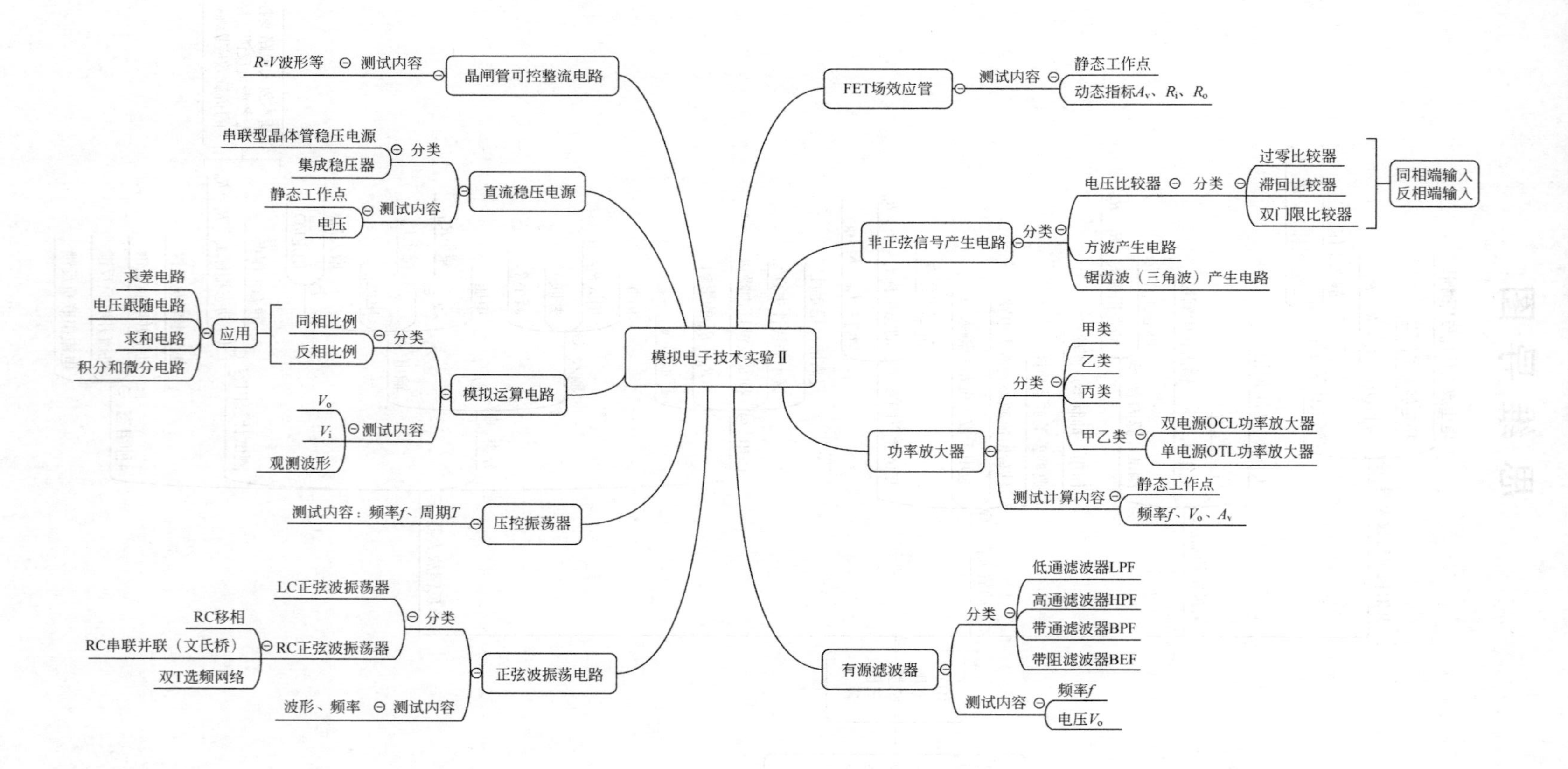
模拟电子技术实验Ⅱ
FET场效应管
测试内容
静态工作点
动态指标A_v、R_i、R_o
非正弦信号产生电路
分类
电压比较器
分类
过零比较器
滞回比较器
双门限比较器
同相端输入
反相端输入
方波产生电路
锯齿波（三角波）产生电路
功率放大器
分类
甲类
乙类
丙类
甲乙类
双电源OCL功率放大器
单电源OTL功率放大器
测试计算内容
静态工作点
频率f、V_o、A_v
有源滤波器
分类
低通滤波器LPF
高通滤波器HPF
带通滤波器BPF
带阻滤波器BEF
测试内容
频率f
电压V_o
晶闸管可控整流电路
测试内容
R-V波形等
直流稳压电源
分类
串联型晶体管稳压电源
集成稳压器
测试内容
静态工作点
电压
模拟运算电路
分类
同相比例
反相比例
应用
求差电路
电压跟随电路
求和电路
积分和微分电路
测试内容
V_o
V_i
观测波形
压控振荡器
测试内容：频率f、周期T
正弦波振荡电路
分类
LC正弦波振荡器
RC正弦波振荡器
RC移相
RC串联并联（文氏桥）
双T选频网络
测试内容
波形、频率

目录

CONTENTS

第1篇　模拟电子技术实验方法

第3篇 模拟电子技术课程设计

第1篇

模拟电子技术实验方法

对于电子电路操作和实验，需要掌握得当的常识和方法，才能达到理想的实验效果。本篇将介绍模拟电子技术实验方法，包括模拟电子技术实验基础知识、电子电路调试与故障检测技术以及电子电路实验常用工具。

第1章

CHAPTER 1

模拟电子技术实验基础知识

本章针对模拟电子技术实验的基础知识，介绍实验目的、意义及一般要求，并着重从3方面对实验误差分析与测量结果的处理进行阐述。

1.1 实验目的和意义

“模拟电子技术”是一门实践性很强的课程，它的任务是使学生获得模拟电子技术方面的基本理论、基本知识和基本技能，培养学生分析问题和解决问题的能力。因此，应加强该门课程的各种形式的实践环节。

对于“模拟电子技术”这样一门具有工程特点和实践性很强的课程，加强工程训练，特别是技能的培养，对提高与培养工程人员的素质和能力具有十分重要的作用。

在电子技术飞速发展、广泛应用的今天，实验显得更加重要。在实际工作中，电子技术人员需要分析器件、电路的工作原理；验证器件、电路的功能；对电路进行调试、分析，排除电路故障；测试器件、电路的性能指标；设计、制作各种实用电路的样机。这些都离不开实验。此外，实验还有一个重要任务——使实验者养成勤奋、进取、严肃认真、理论联系实际的作风和为科学事业奋斗到底的精神。

模拟电子技术实验按性质可分为验证性和训练性实验、综合性实验、设计性实验三大类。

验证性和训练性实验主要是针对模拟电子技术本门学科范围内理论验证和实际技能的培养，着重奠定基础。这类实验除了巩固加深某些重要的基础理论外，主要帮助学生认识现象，掌握基本实验知识、基本实验方法和基本实验技能。

综合性实验属于应用性实验，实验内容侧重于某些理论知识的综合应用，其目的是培养学生综合运用所学理论的能力和解决较复杂实际问题的能力。

设计性实验对于学生来说既有综合性又有探索性，它主要侧重于某些理论知识的灵活运用。例如，完成特定功能电子电路的设计、安装和调试等。要求学生在教师指导下独立查阅资料、设计方案与组织实验等，并写出报告。这类实验对于提高学生的专业素质和科学实验能力非常有益。

总之，模拟电子技术实验应当突出基本技能、设计性综合应用能力、创新能力的培养，以适应新形势下社会对人才培养的需求。

1.2 实验的一般要求

尽管模拟电子技术各个实验的目的和内容不同，但为了培养良好的学风，充分发挥学生主动精神，促使其独立思考、独立完成实验并有所创造，本书对模拟电子技术实验前准备、实验进行、实验完成和实验报告分别提出以下基本要求。

1.2.1 实验前准备

为避免盲目性，参加实验者应对实验内容进行预习。要明确实验目的和要求，掌握有关电路的基本原理（设计性实验则要完成设计任务），拟定出实验方法和步骤，设计实验表格，对思考题做出解答，初步估算（或分析）实验结果（包括参数和波形），最后做出预习报告。

实验前教师要检查预习情况，并对学生进行提问，预习不合格者不允许进行实验。

1.2.2 实验进行

实验进行阶段的基本要求如下。

（1）参加实验者要自觉遵守实验室规则。

（2）根据实验内容合理布置实验现场。仪器设备和实验装置安放要规范。按实验方案搭接实验电路和测试电路。

（3）要认真记录实验条件、所得数据和波形，并分析判断所得数据、波形是否正确。发生故障时应独立思考，耐心排除，并记下排除故障的过程和方法。

（4）发生事故时应立即切断电源，并报告指导教师和实验室有关人员，等候处理。

师生的共同愿望是做好实验，保证实验质量。这里所谓的做好实验，并不是要求学生在实验过程中不发生问题，一次成功。实验过程不顺利不一定是坏事，常常可以通过分析故障增强独立工作的能力。相反，“一帆风顺”也不一定都有收获。所以，做好实验的意思是独立解决实验中所遇到的问题，最终把实验做成功。

1.2.3 实验完成

实验完成后，可将记录送指导教师审阅签字。经教师同意后才能拆除线路，清理现场。

1.2.4 实验报告

工程技术人员必须具有撰写实验报告的能力。

1. 实验报告内容

（1）列出实验条件，包括何日、何时与何人共同完成什么实验，当时的环境条件，使用仪器的名称及编号等。

（2）认真整理和处理测试的数据和用坐标纸描绘的波形，并列出表格或用坐标纸画出曲线。

（3）对测试结果进行理论分析并做出简明扼要结论。找出产生误差的原因，提出减少实验误差的措施。

（4）记录产生故障情况，说明排除故障的过程和方法。

(5) 写出对本次实验的心得体会,以及改进实验的建议。

2. 实验报告要求

实验报告文理通顺,书写简洁;符号标准,图表齐全;讨论深入,结论简明。

1.3 误差分析与测量结果的处理

在科学实验与生产实践的过程中,为了获取表征被研究对象的特征的定量信息,必须准确地进行测量。而为了准确地测量某个参数值,首先要选用合适的仪器设备,并借助一定的实验方法,以获取必要的实验数据;其次是对这些实验数据进行误差分析与数据处理。但人们往往重视前者而忽视后者。

众所周知,在测量过程中,由于各种原因,测量结果(待测量的测量值)和待测量的客观真值之间总存在一定差别,即测量误差。因此,分析误差产生原因,如何采取措施减少误差,使测量结果更加准确,实验人员和科技工作者是应该了解和掌握的。

1.3.1 测量误差的定义

误差就是测量结果与被测量真值之间的偏差,测量误差分为绝对误差和相对误差。

1. 绝对误差

测量仪器的测量值 x 与被测量的真值 A_0 之间的偏差称为绝对误差 Δx,即

$$\Delta x = x - A_0$$

在某一时间及空间条件下,被测量的真值是一个理想的概念,在实际中一般无法准确获得,只能充分逼近,因此通常采用约定真值 x_0。常用高一级标准仪表的测量值作为约定真值 x_0,则

$$\Delta x = x - x_0$$

在测量前,测量仪器应由高一级标准仪器进行校正,校正量常用修正值 C 表示。高一级标准仪器的测量值减去测量仪器的测量值所得的值就是修正值。实际上,修正值就是绝对误差的相反数,即

$$C = -\Delta x = x_0 - x$$

利用修正值可得到仪器所测量的实际值为

$$x_0 = x + C$$

例如,用修正值为-0.01的测量仪器测量时,测量仪器示数为1.1,则被测真值为

$$x_0 = 1.1 + (-0.01) = 1.09$$

给出修正值的方式可以是曲线、公式或数表。对于自动测量仪器,修正值则预先编制成有关程序存于仪器中,测量时对误差进行自动修正,所得结果便是实际值。

2. 相对误差

绝对误差值往往不能确切地反映被测量的准确程度。相对误差是采用百分数的形式表示误差的大小,工程上常采用相对误差比较测量结果的准确程度。相对误差分为实际相对误差、标称相对误差和引用(或满度)相对误差。

实际相对误差是指用绝对误差 Δx 与被测量的约定真值 x_0 比值的百分数表示的相对误差,记为

$$\gamma=\frac{\Delta x}{x_0}\times 100\%$$

标称相对误差是用绝对误差 Δx 与仪器给出值 x 比值的百分数表示的相对误差，即

$$\gamma_0=\frac{\Delta x}{x}\times 100\%$$

引用(或满度)相对误差简称为满度误差，它是用绝对误差 Δx 与仪器的满刻度值 x_m 比值的百分数表示的相对误差，即

$$\gamma_m=\frac{\Delta x}{x_m}\times 100\%$$

引用误差常用来评定电工仪表的准确度等级。满度相对误差不能超过测量仪表的准确度等级 S 的百分值($S\%$)。我国电工仪表的准确度级别划分为7级：0.1，0.2，0.5，1.0，1.5，2.5，5.0。若某仪表的等级为 S 级，它的满刻度值为 x_m，则测量的满度误差为

$$\Delta\gamma_m=\frac{\Delta x}{x_m}\times 100\%\leqslant S\%$$

其测量的相对误差为

$$\Delta x\leqslant x_m S\%$$

其标称相对误差为

$$\gamma_0\leqslant\frac{x_m S\%}{x}$$

满足 $x\leqslant x_m$，可见当仪表等级 S 选定后，x 越接近 x_m，γ_0 的上限值越小，测量越准确。因此，当使用这类仪表进行测量时，一般应使被测量的值尽可能在仪表满刻度值的2/3以上。

例如，用1.0级表测量一个10V、50Hz的电压，现有15V和150V量程，该如何选择？

用量程150V时，测量产生的绝对误差为

$$\Delta U=U_m S\%=150\times(\pm 1.0\%)=\pm 1.5\text{V}$$

而用量程15V时，测量产生的绝对误差为

$$\Delta U=U_m S\%=15\times(\pm 1.0\%)=\pm 0.15\text{V}$$

显然，测量10V电压，用15V量程比用150V量程测量绝对误差要小很多。

1.3.2 误差的来源与分类

测量误差受多种因素影响，来源较丰富，因此人们依据某些特征及因素进行了误差分类。

1. 测量误差的来源

测量误差的来源主要有以下几种。

1）测量器具误差

测量器具本身在设计、制造和使用过程中都会产生误差，如校准误差、刻度误差等。

2）使用误差

使用误差又称为操作误差，是指在使用仪器过程中因安装、调节、布置、使用不当引起的误差。

3）人员误差

人员误差是测量人员的感觉器官和运动器官所造成的差错导致的误差。

4）环境误差

环境误差是指不符合测量条件的环境（如温度、湿度、大气压、电磁场、机械振动、声音、光照、放射性）引起的误差影响。

5）方法误差

方法误差是由于测试方法本身不完善、使用近似的经验公式或实验条件不完全满足应用理论公式所要求的条件、对某些经典测量方法做了不适当的修改简化所产生的。测量方法误差包括测量原理误差、测量元件误差和测量条件误差。例如，用伏安法测电阻时，由于忽略了电表本身内阻的影响，直接以电压表示值与电流表示值的比值作为测量结果而产生的方法误差；又如，由于忽略了电容和电感的实际串联损耗电阻 r_1、r_2，在并联谐振频率测量时，将实际的谐振频率近似表示为 $f_0=\frac{1}{2\pi\sqrt{LC}}$ 而产生的方法误差。

2. 测量误差的分类

根据测量误差的性质、特点以及产生原因，可将其分为系统误差、随机误差和粗大误差。

1）系统误差

系统误差是指在相同条件下，多次重复测量同一被测量时，误差的大小和方向均保持不变，或在条件变化时按照一定的规律变化的误差。常见的系统误差有恒值系统误差、累进性变化系统误差、周期性变化系统误差等。

引起系统误差的因素很多，如测量仪器不准确、测量方法不完善、测量条件发生变化、测量人员操作不当等。一般可通过实验或分析方法查明变化规律及产生原因，采取一定措施减少或消除系统误差。

2）随机误差（偶然误差）

在相同条件下多次重复测量同一被测量时，误差的大小和方向均发生变化并且无确定的变化规律，这种误差称为随机误差。

单次测量的随机误差是没有规律的，但是，对于大量的测量结果，从统计观点看，其总体服从统计规律，也有少数服从均匀分布或其他分布。可以用数理统计的方法分析随机误差，了解它的分布特性，并可以用有限个测量数据估计总体的数字特征。

3）粗大误差

粗大误差通常是由测量人员的错误操作或疏忽等原因引起的。粗大误差明显超过正常条件下的系统误差和随机误差。含有粗大误差的测量数据均称为坏值或异常值。对于那些因仪器不正常或测量人员疏忽造成的坏值，应当剔除。但是对于那些由于某种特殊原因（如电路工作不稳定）导致的异常数据，应进一步测量分析。

1.3.3 测量结果的处理

测量结果通常用数字或图形表示，下面分别进行讨论。

1. 测量结果的数据处理

1）有效数字

由于存在误差，所以测量数据总是近似值。通常把测量结果中可靠的几位数字加上最后一位的存疑数字统称为测量结果的有效数字。

有效数字的正确表示应注意以下两点。

(1) 有效数字是从左边第1个非零的数字开始，直到右边最后1个数字为止的所有数字。不能随意改变有效数字位数。例如，0.0123MHz与12300Hz，虽然表示同样的频率值，但是它们的有效数字位数分别是3位和5位，存疑数字分别是3和0，两者意义完全不同。

(2) 测量误差的小数点后面有几位，则测量数据的小数点后面也取几位。例如，电压表最大测量误差为0.05V，测量的电压略大于8.5V，则测量结果值应为8.52V或8.53V等。

2) 数据舍入规则

为了减小误差累积，通常采用近似舍入规则保留有效数字的位数，规定如下。

(1) 以保留数字末位为单位，它后面的数大于0.5的，末位进1；小于0.5的末位不变。

(2) 恰好为0.5时，末位为奇数时进1，为偶数时不变。

这样，克服了古典四舍五入规则中只舍不入的缺点。由于舍入等概率，因此当大量运算时，舍入的误差的均值趋于零，避免了舍入误差的累积而产生的系统误差。同时，这种舍入规则使有效数字的尾数为偶数的机会增多，能被除尽的机会比奇数多，有利于准确计算。

3) 有效数字的运算规则

当测量结果需要进行中间运算时，有效数字的取舍原则上取决于参与运算的各数中精度最差的那一项。一般应遵循以下规则。

(1) 有效数字相加(减)的结果的末位数字所在的位置应按各数中存疑数字所在数位最前的一个为准来决定，如$30.4+4.325=34.725\approx 34.7$。

(2) 几个数据相乘或相除时，它们的积或商的有效数字位数的保留必须以各数据中有效数字位数最少的数据为准，而与小数点位置无关，如$1.54\times 31.76=48.9104\approx 48.9$。

(3) 对数据进行乘方或开方时，所得结果的有效数字位数保留应与原数据相同。

(4) 用对数进行运算时，所取对数的小数点后的位数(不包括整数部分)应与原数据的有效数字的位数相同。

(5) 若计算式中出现如e、π、$\sqrt{3}$等常数时，可根据具体情况决定它们应取的位数。

2. 测量结果的曲线处理

在分析两个(或多个)物理量之间的关系时，把测量结果绘制成曲线，常常比用数字、公式更能直观、形象地表示数据的变化规律。

在实际测量过程中，由于各种误差的影响，测量数据将出现离散现象，如将测量点直接连接起来，将不是一条光滑的曲线，而是呈波动的折线，如图1-1所示。实验中曲线的绘制，是要将测量的离散数据，绘制成一条连续光滑的曲线并使其误差最小。

通常在要求不太高的测量中，可以采用一种简便、可行的工程方法——分组平均法修匀曲线。先取相邻的两个数据点连线的中点(或3个数据点连线的重心点)，再将这些点连成一条光滑的曲线。图1-2所示就是每组取2～3个数据点进行平均后的修匀曲线。由于取重心的过程就是取平均值的过程，所以在一定程度上减少了随机误差的影响。

3. 实验中误差分析与数据处理应注意的问题

(1) 实验前应熟悉电路的工作原理和各项指标的测试方法，能够分析测量结果的可靠性。

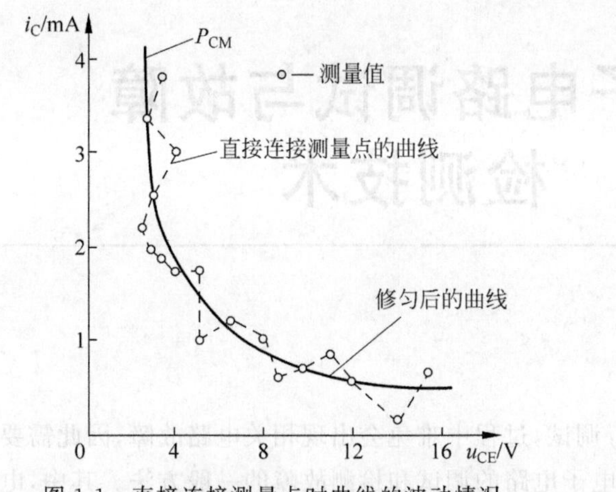

图 1-1　直接连接测量点时曲线的波动情况

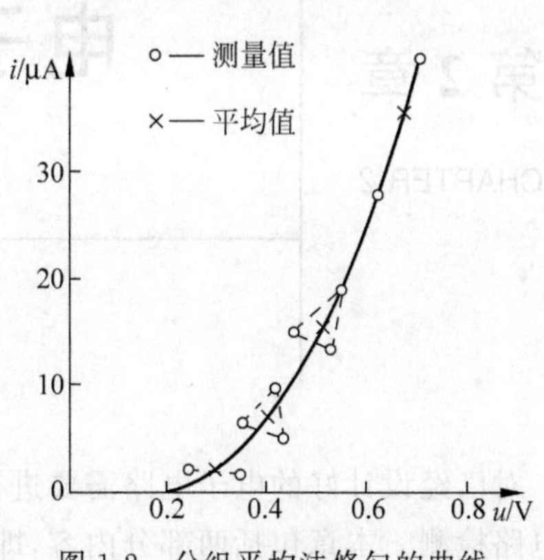

图 1-2　分组平均法修匀的曲线

(2) 可以利用相近的仪表对同一被测量进行多次测量，通过分析测量结果的差异判断系统误差是否存在，提高测量的准确度。

(3) 应注意方法误差的影响。近似公式以及元件参量标称值的使用将带来方法误差。应考虑理论计算值的误差范围。

(4) 应注意消除粗大误差。测量前，排除粗大误差的干扰源，如测量仪器应校准、调零、排除周围的严重电磁干扰源等。测量中，采用防止造成粗大误差的措施，如对仪器应熟悉并熟练掌握，准确读数并准确记录等。测量后，对采集的数据进行适当的数据处理，如剔除含有粗大误差数据或采用稳健的数据处理方法。

第 2 章

CHAPTER 2

电子电路调试与故障检测技术

对已经设计好的电子电路需要进行调试，过程中难免会出现相关电路故障，因此需要进行电路检测。本章包括两部分内容，即电子电路的调试和检测故障的一般方法。其中，电路调试包括调试前的直观检查、调试方法和注意事项；故障检测包括故障现象和产生原因，以及故障检查的一般方法。

2.1 电子电路的调试

实践表明，一个电子装置即使按照设计的电路参数进行安装，往往也难以达到预期的效果。这是因为人们在设计时不可能周全地考虑各种复杂的客观因素（如元件值的误差、器件参数的分散性、分布参数的影响等），必须通过安装后的测试和调整发现和纠正设计方案的不足，然后采取措施加以改进，使装置达到预定的技术指标。因此，掌握调试电子电路的技能，对于每个从事电子技术及其相关领域工作的人员是非常重要的。

实验和调试的常用仪器有万用表、稳压电源、示波器和信号发生器。下面介绍一般的调试方法和注意事项。

2.1.1 调试前的直观检查

电路安装完毕通常不宜急于通电，先要认真检查一下。检查内容如下。

1. 连线是否正确

检查电路连线是否正确，包括错线（连线一端正确，另一端错误）、少线（安装时完全漏掉的线）和多线（连线的两端在电路图上都不存在）。查线的方法通常有两种。

1）按照电路图检查安装的线路

这种方法的特点是根据电路图连线，按一定顺序逐一检查安装好的线路。因此，能比较容易查出错线和少线。

2）按照实际线路对照原理电路进行查线

这是一种以元件为中心进行查线的方法。把每个元件（包括器件）引脚的连线依次查清，检查每个去处在电路图上是否存在，这种方法不但可以查出错线和少线，还容易查出多线。

为了防止出错，对于已查过的线通常应在电路图上做出标记，最好用指针式万用表 Q×1 挡，或数字式万用表 Q 挡的蜂鸣器测量，而且直接测量元器件引脚，这样可以同时发现接触不良的地方。

2. 元器件安装情况

检查元器件引脚之间有无短路;连接处有无接触不良;二极管、三极管、集成件和电解电容极性等是否连接有误。

3. 电源供电(包括极性)、信号源连线是否正确

4. 电源端对地是否存在短路

在通电前,断开一根电源线,用万用表检查电源端对地是否存在短路。若电路经过上述检查并确认无误,则可转入调试。

2.1.2 调试方法

调试包括测试和调整。所谓电子电路的调试,是以达到电路设计指标为目的而进行的一系列的测量—判断—调整—再测量的反复进行的过程。

为了使调试顺利进行,设计的电路图上应当标明各点的电位值、相应的波形图以及其他主要数据。

调试方法通常采用先分调后联调(总调)。

任何复杂电路都是由基本单元电路组成的。因此,调试时可以循着信号的流程,逐级调整各单元电路,使其参数基本符合设计指标。这种调试方法的核心是把组成电路的各功能块(或基本单元电路)先调试好,并在此基础上逐步扩大调试范围,最后完成整机调试。采用先分调后联调的优点是能及时发现问题和解决问题。新设计的电路一般采用此方法。

除了上述方法,对于已定型的产品和需要相互配合才能运行的产品也可采用一次性调试。

按照上述调试电路原则,具体调试步骤如下。

1. 通电观察

把经过准确测量的电源接入电路。观察有无异常现象,包括有无冒烟、是否有异常气味、手摸元器件是否发烫、电源是否有短路现象等。如果出现异常,应立即切断电源,待排除故障后才能再通电。然后测量各路总电源电压和各器件引脚的电源电压,以保证元器件正常工作。

通过通电观察,认为电路初步工作正常,就可转入正常调试。

在这里需要指出的是,一般实验室中使用的稳压电源是一台仪器,它不仅有一个"+"端,一个"−"端,还有一个"地"端接在机壳上。当电源与实验板连接时,为了能形成一个完整的屏蔽系统,实验板的"地"端一般要与电源的"地"端连起来,而实验板上用的电源可能是正电压,也可能是负电压,还可能正、负电压都有,所以电源是正端接地还是负端接地,使用时应先考虑清楚。如果要求电路浮地,则电源的正、负端都不与机壳相连。

另外,应注意一般电源在开与关的瞬间往往会出现瞬态电压上冲现象,集成电路又最怕过电压的冲击,所以一定要养成先开启电源,后接电路的习惯,在实验中途也不要随意将电源关掉。

2. 静态调试

交流、直流并存是电子电路工作的一个重要特点。一般情况下,直流为交流服务,直流是电路工作的基础。因此,电子电路的调试有静态调试和动态调试之分。静态调试一般是指在没有外加信号的条件下进行的直流测试和调整过程。例如，通过静态测试模拟电路的静态工作点、数字电路的各输入端和输出端的高、低电平值及逻辑关系等，可以及时发现已经损坏的元器件，判断电路工作情况，并及时调整电路参数，使电路工作状态符合设计要求。

对于运算放大器，静态检查除测量正、负电源是否接上外，主要检查在输入为零时，输出端是否接近零电位、调零电路起不起作用。当运算放大器输出直流电位始终接近正电源电压值或负电源电压值时，说明运算放大器处于阻塞状态，可能是外电路没有接好，也可能是运算放大器已经损坏。如果通过调零电位器不能使输出为零，除了运算放大器内部对称性差外，也可能运算放大器处于振荡状态，所以实验板直流工作状态的调试最好接上示波器进行监视。

3. 动态调试

动态调试是在静态调试的基础上进行的。调试的方法是在电路的输入端接入适当频率和幅值的信号，并循着信号的流向逐级检测各有关点的波形、参数和性能指标。发现故障现象应采取不同的方法缩小故障范围，最后设法排除故障。

测试过程中不能凭感觉和印象，要始终借助仪器观察。使用示波器时，最好把示波器的信号输入方式置于DC挡，通过直流耦合方式可同时观察被测信号的交/直流成分。

通过调试，最后检查功能块和整机的各种指标(如信号的幅值、波形、相位、增益、输入/输出阻抗等)是否满足设计要求，如有必要，再进一步对电路参数提出合理的修正。

2.1.3 调试中注意事项

调试结果是否正确很大程度上受测量正确与否和测量精度的影响。为了保证调试的效果，必须减小测量误差，提高测量精度。因此，应注意以下几点。

(1) 正确使用测量仪器的接地端。凡是使用低端接机壳的电子仪器进行测量，仪器的接地端应和放大器的接地端连接在一起，否则仪器机壳引入的干扰不仅会使放大器的工作状态发生变化，而且将使测量结果出现误差。根据这一原则，调试发射极偏置电路时，若要测量U_{CE}，不应把仪器的两端直接接在集电极和发射极上，而应分别对地测出U_C和U_E，然后将二者相减得到U_{CE}。若使用干电池供电的万用表进行测量，则由于电表的两个输入端是浮动的，所以允许直接跨接到测量点之间。

(2) 在信号比较弱的输入端，尽可能用屏蔽线连线。屏蔽线的外屏蔽层要接到公共地线上。在频率比较高时要设法隔离连接线分布电容的影响，如用示波器测量时应该使用有探头的测量线，以减少分布电容的影响。

(3) 测量电压所用仪器的输入阻抗必须远大于被测处的等效阻抗。因为，若测量仪器输入阻抗小，则在测量时会引起分流，给测量结果带来很大误差。

(4) 测量仪器的带宽必须大于被测电路的带宽。例如，MF-20型万用表的工作频率为20Hz～20kHz。如果放大器上限截止频率f_H=100kHz，就不能用MF-20型万用表测试放大器的幅频特性；否则，测试结果不能反映放大器的真实情况。

(5) 要正确选择测量点。用同一台测量仪器进行测量时，测量点不同，仪器内阻引入的误差也不同。

(6) 测量方法要方便可行。需要测量某电路的电流时，一般尽可能测电压而不测电流，因为测电压不必改动被测电路，测量方便。若要知道某一支路的电流值，可以通过测取该支路上电阻两端的电压，经过换算而得到。

(7) 在调试过程中不但要认真观察和测量，还要善于记录。记录的内容包括实验条件、观察的现象、测量的数据、波形和相位关系等。只有有了大量可靠的实验记录并与理论结果加以比较，才能发现电路设计上的问题，完善设计方案。

(8) 调试时出现故障。要认真查找故障原因，切不可一遇故障解决不了就拆掉线路重新安装。因为重新安装的线路仍可能存在各种问题，如果是原理上的问题，即使重新安装也无济于事。应当把查找故障和分析故障原因看作一次好的学习机会，通过它不断提高自己分析问题和解决问题的能力。

2.2 检测故障的一般方法

故障是不期望但又不可避免的电路异常工作状况。分析、寻找和排除故障是电气工程人员必备的实际技能。

对于一个复杂的系统，要在大量的元器件和线路中迅速、准确地找出故障是不容易的。一般故障诊断过程就是从故障现象出发，通过反复测试，做出分析判断，逐步找出故障的过程。

2.2.1 故障现象和产生故障的原因

当电路出现故障时，会出现多种差异现象，针对不同故障现象，需有针对性地分析故障产生原因。

1. 常见的故障现象

(1) 放大电路没有输入信号而有输出波形。

(2) 放大电路有输入信号，但没有输出波形，或者波形异常。

(3) 串联稳压电源无电压输出，或输出电压过高且不能调整，或输出稳压性能变坏、输出电压不稳定等。

(4) 振荡电路不产生振荡。

(5) 计数器输出波形不稳，或不能正确计数。

(6) 收音机中出现“嗡嗡”交流声和“啪啪”汽船声等。

以上是最常见的一些故障现象，还有很多奇怪的现象，在这里就不一一列举了。

2. 产生故障的原因

故障产生的原因很多，情况也很复杂，有的是一种原因引起的简单故障，有的是多种原因相互作用引起的复杂故障。因此，产生故障的原因很难简单分类。这里只能进行一些粗略的分析。

(1) 对于定型产品使用一段时间后出现的故障，故障原因可能是元器件损坏、连线发生短路或断路(如焊点虚焊，接插件接触不良，可变电阻器、电位器、半可变电阻等接触不良，接触面表面镀层氧化等)，或使用条件发生变化(如电网电压波动，过冷或过热的工作环境等)影响电子设备的正常运行。

(2) 对于新设计安装的电路，故障原因可能是实际电路与设计的原理图不符；元器件使用不当或损坏；设计的电路本身就存在某些严重缺陷，不满足技术要求；连线发生短路或断路等。

(3) 仪器使用不正确引起的故障,如示波器使用不正确而造成的波形异常或无波形、共地问题处理不当而引入的干扰等。

(4) 各种干扰引起的故障。

2.2.2 检测故障的一般方法

电子故障检修有许多行之有效的方法,这里谈到10种方法,简单介绍如下。

1. 替换检查法

替换检查法又称为试换法,就是使用同型号的元器件直接替换怀疑有问题而又不便测量的元器件。替换检查法可以直接判断出所替换部分是否有问题。例如,对于集成电路(Integrated Circuit,IC)模块,无法有效在线测量和判断,时常采用替换检查法解决问题。

2. 短路检查法

短路检查法又称为交流短路法或电容短路法,是将电路的某部分交流短路后,对比前后状态进行分析。短路检查法主要用于检查交流状态,如噪声、自激、干扰等故障现象。一般是根据信号流向从前向后进行检查。注意是采用交流短路,千万不能采用直流短路,可以将短路线接一个电容使用。电容大小要考虑频率问题,如对寄生振荡的检测,高频自激可以采用0.01μF电容,低频自激可以采用10μF电容。

3. 开路检查法

开路检查法又称为分割测试法或分段查找法,是将电路的某可疑部分从单元电路或主电路中断开,通过前后状态对比分析电路有哪些变化,从而发现问题。开路检查法主要用于检查直流状态,判断电流过大或存在短路等故障现象。

4. 信号注入法

用信号源注入信号,或用螺丝刀触及电路的交流通道关键部位(相当于加入噪声信号),观察(示波器波形变化)或听末极的反应(如喇叭的声音),看交流通道的工作是否正常。信号注入法常用于检查放大器等不产生信号的电路部分。检查时应逐级并从后向前进行,注意信号的变化情况。

5. 电阻测量法

电阻测量法又称为内阻测量法,是将某处断开后对开路后的部分等效测量、查看电阻值的变化,一般用于检查元器件或电路的开路性和短路性故障,注意不能在通电情况下进行;还要考虑到连接点其他元件的影响。对测试元件(如管子、接插件、开关电阻)的检测应在元件与电路断开的情况下进行。

6. 电压检查法

电压检查法是最常见的在线测量方法,用于检查测量电路的直流工作点电压和关键点电位,也可用于检查管子的各电极电压。对于复杂电路先从电源检查,再通过分析逐步检查各单元电路。电压检查法可以间接测电流,这是由于测支路电流需要串联连接,而通过检查某电阻上的压降就可以换算成电流,不必断开电路。

7. 电流检查法

电流检查法主要用于检查直流情况。通过检查整机电流和各分支电流,判断电路有无短路或开路的元件损坏现象。

8. 改变现状法

改变现状法指检修时变动疑问电路中的半可变元件，或者触动有疑问器件的引脚、引脚焊片、开关触点等，对插入式器件和部件反复进行拔插操作，观察对故障现象的影响，以暴露接触不良、虚焊、变质、性能下降等故障原因，及时修理更新。

9. 波形检测法

波形检测法是使用示波器、扫频仪等波形显示设备动态检查被测电路的各被测点波形，观察波形的形状、幅度、周期、失真情况，分析判断电路或其中元件是否出现问题。由于采用专门测量仪器，故检测结果比较准确可靠。

10. 对分检测法

先将故障电路分为两部分，判断这两部分中哪边有问题，再将可能有问题的部分一分为二，这样逐步细小故障范围，最后找出问题所在。利用对分原理可以提高判断和检修效率。

以上介绍的多种常见的电子故障检修方法关键在于掌握。对各种方法的要领、注意事项和适用场合，要能够熟练掌握并灵活运用，这取决于实践锻炼和不断地总结经验。从检修的基本方法和基本技能入手，掌握电子故障检修的内在规律。虽然随着科学技术不断发展，维修工作会变得越来越简单，如采用智能仪器设备的自诊断法，但终究离不开检修的基本方法和基本技能。具有良好硬件本领的工程技术人员越来越受到社会的青睐。

一般来说，电路的常见故障形式虽然很多，但归纳起来无非有以下几个类型，即电源没接通、有开路现象、有短路现象、元器件损坏或老化、整机性能下降等。有人说："硬故障好修，软故障难办。"也有人说："没有修不了的故障，只看有没有修理价值。"这些都是电子故障修理的经验之谈。

最后需要说明，专业维修一般分为3级，这3级的检修原则是不同的：第1级是更换整个模块；第2级是更换电路板等组件；第3级是更换元器件。第1级维修速度快但费用较高；第3级维修最经济但往往需要时间较长；第2级维修介于两者之间。专业维修时总的原则掌握是要从经济效益考虑，一般修理时主要采用第2级和第3级维修，但如果要考虑时间和效率问题或有特定要求，一般采用第1级和第2级维修。

第 3 章

CHAPTER 3

电子电路实验常用工具

电子电路实验通常要用到示波器、万用表、毫伏表等仪器仪表，而对电路进行设计、仿真时常用到相关软件。本章介绍电子电路实验的常用工具，包括硬件工具和软件工具两部分内容。

3.1 常用硬件工具

本节主要涉及 4 种常用硬件工具：数字示波器、数字交流毫伏表、函数信号发生器和万用表，并对这 4 种工具进行概括，介绍操作方法。

3.1.1 数字示波器

数字示波器用于直观地显示模拟或数字信号的波形。本节介绍的是 GDS-1072B 型数字存储示波器的概况及操作说明，示波器前面板如图 3-1 所示。

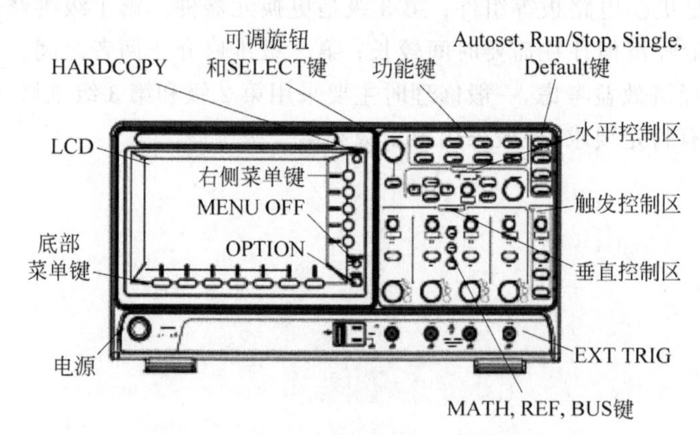

图 3-1 GDS-1072B 型数字存储示波器前面板

1. 前面板

前面板各部分功能如下。

(1) LCD：液晶显示屏。

(2) MENU OFF 键：隐藏菜单系统。

(3) OPTION 键：进入安装选件。

(4) 右侧菜单键：5 个右侧菜单键用于选择 LCD 屏上的变量或选项。

(5) 底部菜单键：7个底部菜单键用于选择LCD屏上的菜单项。

(6) HARDCOPY键：一键保存或打印。

(7) 可调旋钮和SELECT键：可调旋钮用于增加/减少数值或选择参数和确认；SELECT键用于确认选择。

(8) 功能键：进入和设置示波器的不同功能，各功能键介绍如下。

- Cursor键：设置和运行光标测量。
- Measure键：设置和运行自动测量项目。
- APP键：设置和运行GW Instek App。
- Acquire键：设置捕获模式，包括分段存储功能。
- Display键：显示设置。
- Help键：显示帮助菜单。
- Save/Recall键：用于存储和调取波形、图像、面板设置。
- Utility键：可设置HARDCOPY键、显示时间、语言、探棒补偿和校准。进入文件工具菜单。

(9) Autoset键：自动设置触发、水平刻度和垂直刻度。

(10) Run/Stop键：继续(Run)或停止(Stop)捕获信号。

(11) Single键：设置单次触发模式。

(12) Default键：恢复初始设置。

(13) 水平控制区：用于改变光标位置、设置时基、缩放波形和搜索事件。各旋钮及按键介绍如下。

- POSITION旋钮：用于调整波形的水平位置。单击旋钮将位置重置为零。
- SCALE旋钮：用于改变水平刻度(TIME/DIV)。
- Zoom键：与水平位置旋钮结合使用。
- 播放/暂停(▶/II)：查看每个搜索事件。也用于在Zoom模式播放波形。
- Search键：进入搜索功能菜单，设置搜索类型、源和阈值。
- Set/Clear键：当使用搜索功能时，Set/Clear键用于设置或清除感兴趣的点。
- 左/右方向键：用于引导搜索事件。

(14) 触发控制区：控制触发准位和选项。各旋钮及按键介绍如下。

- Level旋钮：设置触发准位。单击旋钮将准位重设为零。
- Menu键：显示触发菜单。
- 50%键：触发准位设置为50%。
- Force-Trig键：立即强制触发波形。

(15) 垂直控制区：设置波形的垂直位置，分为CH1和CH2两个通道。各旋钮及按键介绍如下。

- POSITION旋钮：用于调整波形的垂直位置。单击旋钮将位置重置为零。
- SCALE旋钮：用于改变垂直刻度(TIME/DIV)。

(16) EXT TRIG接口：用于接收外部触发信号。

(17) MATH键：设置数学运算功能。

(18) REF键：设置或移除参考波形。

(19) BUS 键：设置并行和串行总线。

2. 数字存储示波器的基本操作方法

数字存储示波器“切换”一个数值或参数时，只要按相应菜单键即可。

(1) 如图 3-2 所示，从右侧菜单参数中“选择”一个数值时，首先按相应菜单键，然后使用可调旋钮滚动参数列表增加或减小变量值。

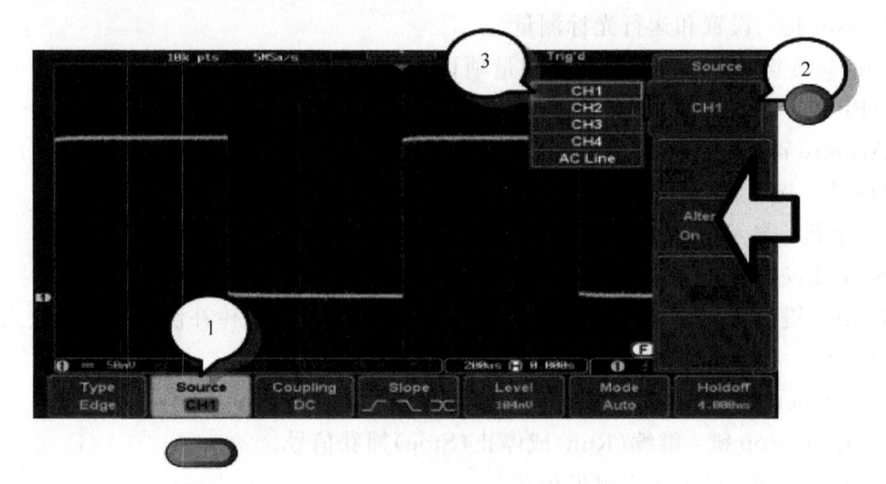

图 3-2 右侧菜单

① 单击底部菜单 Source CH1 下对应的菜单键进入右侧菜单。

② 单击右侧菜单键 CH1 设置参数或进入子菜单。

③ 如果需要进入子菜单或设置变量参数，可以使用可调旋钮调节菜单项或变量。SELECT 键用于确认和退出。

④ 再次按底部菜单键 Source CH1，返回右侧菜单。

(2) 对于一些变量，循环箭头图标表明此变量的菜单键可用可调旋钮编辑，如图 3-3 所示。

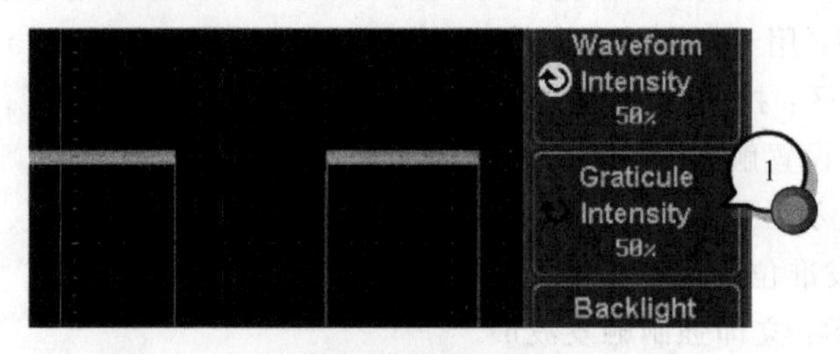

图 3-3 循环箭头

① 单击菜单按钮，循环箭头变亮，即 Graticule Intensity 50% 变为 Graticule Intensity 50%。

② 使用可调旋钮编辑数值。

(3) 一般情况下，单击相应菜单键即可切换菜单参数，如图 3-4 所示，按底部菜单键，即可切换参数（Slope → Slope）。

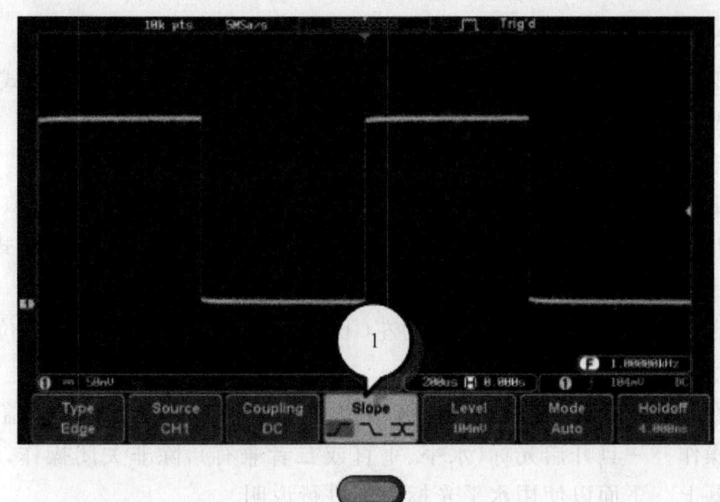

图 3-4 切换菜单

3. 基本测量

捕获和观察输入信号的基本操作如下。

1）通道激活

（1）按 CH1 键开启输入通道激活后，通道键变亮，同时显示相应的通道菜单。激活的通道显示在菜单底部，如图 3-5 所示。

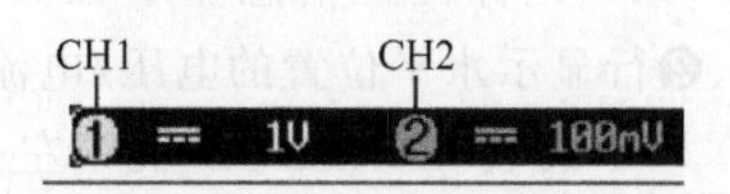

图 3-5 CH1、CH2 通道键

（2）按相应 CH1 键关闭通道。如果通道菜单已关闭，按两次 Channel 键（首次为显示通道菜单）。

（3）按 Default 键恢复出厂状态。

2）自动设置

（1）背景。自动设置功能将输入信号自动调整在面板最佳的视野位置。GDS-1072B 数字存储示波器自动设置水平刻度、垂直刻度和触发源通道。自动设置功能有两种操作模式：全屏幕显示模式和 AC 优先模式。全屏幕显示模式将波形调整到最佳比例，包括所有的 DC 成分（偏移）。AC 优先模式将波形去除 DC 成分后再调整比例显示。

（2）面板操作。首先，将输入信号连接到 GDS-1072B 数字存储示波器，按 Autoset 键，波形显示在屏幕中心。单击底部菜单的 Undo Autoset，取消自动设置。但自动设置功能不能在输入信号频率小于 20Hz，幅值小于 10mV 的情况下使用。当用小幅值信号时，应进行滤波设置，具体见后文“使用数字滤波器进行 10mV 信号测量”的介绍。

3）运行和停止

默认情况下，波形持续更新（运行模式）。通过停止信号捕获冻结波形（停止模式），用户可以灵活观察和分析信号。按 Run/Stop 键，指示灯变红，此时冻结波形和信号获取。再按 Run/Stop 键取消冻结，指示灯再次变绿。

4）水平位置和刻度

旋转水平 POSITION 旋钮左右移动波形，按下旋钮将水平位置重设为 0。

移动波形时，屏幕上方的内存条显示了当前波形和水平标记的位置（ ），水平位置显示在屏幕下方 H 图标的右侧（1ms H 0.000s）。

旋转水平 SCALE 旋钮选择时基为左(慢)或右(快),即 1ns H 0.000s 。

内存条反映时基和显示波形的大小。滚动模式不显示内存条;停止模式下,波形大小随时基刻度改变。

5)垂直位置和刻度

旋转垂直 POSITION 旋钮上下移动波形,按下旋钮将垂直位置重设为 0。

移动波形时,屏幕显示光标的垂直位置(Position - 1.84mV)。运行和停止模式下,波形都可以垂直移动。

旋转垂直 SCALE 旋钮改变垂直刻度为左(下)或右(上),垂直刻度指示符位于屏幕下方。

4. 光标测量

水平或垂直光标可以显示波形位置、波形测量值以及运算操作结果,涵盖电压、时间、频率和其他运算操作。一旦开启光标(水平、垂直或二者兼有),除非关闭操作,否则这些内容将显示在主屏幕上。下面以使用水平光标为例进行说明。

(1) 按 Cursor 键。

(2) 从底部菜单中选择 H Cursor 。

(3) 重复按 H Cursor 或 Select 键切换光标类型。

(4) 光标位置信息显示在屏幕左上角,如图 3-6 所示,❶、❷行显示水平位置的电压/电流;Δ 为两光标间的数值差。

(5) 旋转 VARIABLE 旋钮左/右移动光标,按 H Unit 键改变水平位置的单位,如图 3-7 所示。

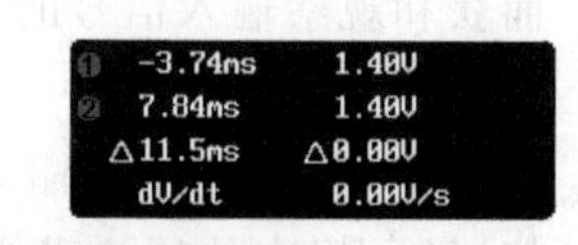

图 3-6 光标位置信息

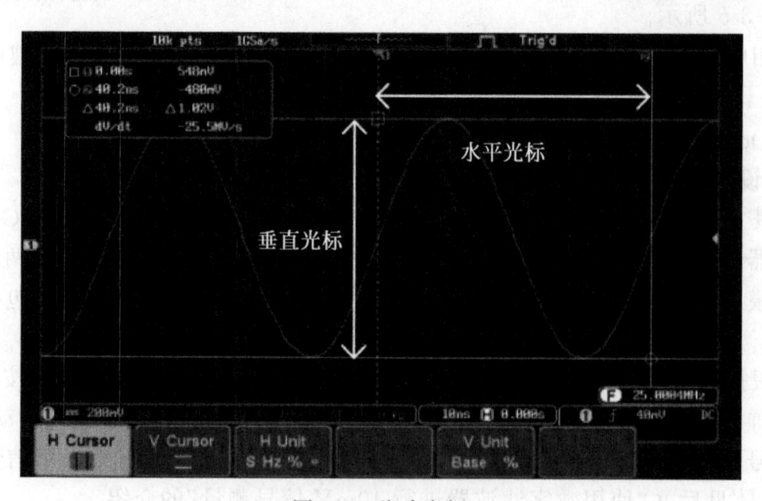

图 3-7 移动光标

5. 使用数字滤波器进行 10mV 信号测量

(1) 当测量信号幅值小于 10mV 时,为保证波形清晰不失真,可采用数字滤波器。按 APP 键,屏幕左下方出现“应用程序”,按对应的菜单键进行选择,如图 3-8 所示。

(2) 旋转 VARIABLE 旋钮,选择 ,按两次 Select 键,如图 3-9 所示。

(3) 在屏幕左下方显示通道,根据需要进行选择,按对应菜单键。例如,选择 CH1 过滤器低通,屏幕右侧将出现过滤器相关参数。按屏幕右侧菜单第 1 个菜单键,“过滤”选项选择“开”,如图 3-10 所示。

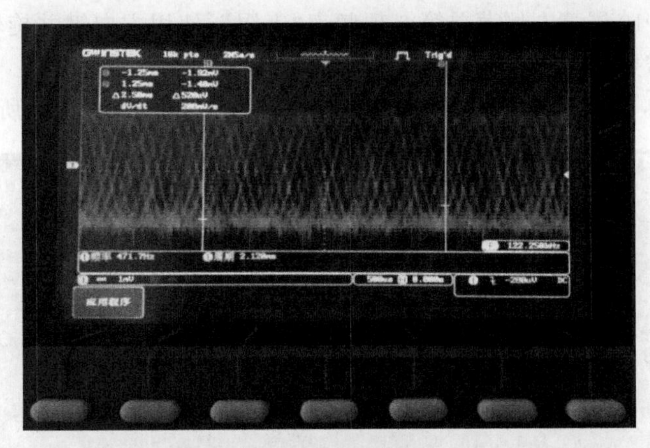

图 3-8　应用程序

图 3-9　选择滤波器

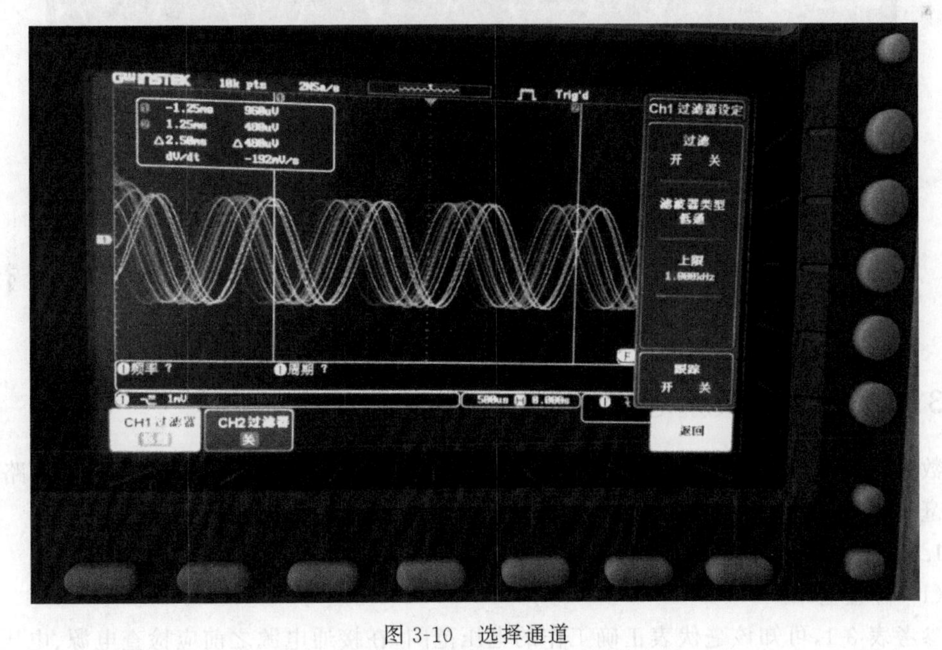

图 3-10　选择通道

(4) 选择图 3-10 屏幕右侧菜单第 3 项频率“上限”，使用方向键并旋转 VARIABLE 旋钮设定本实验所需要的频率，如 1000Hz。

(5) 按图 3-11 中屏幕右下方的“返回”键，低通滤波完成，如图 3-12 所示。

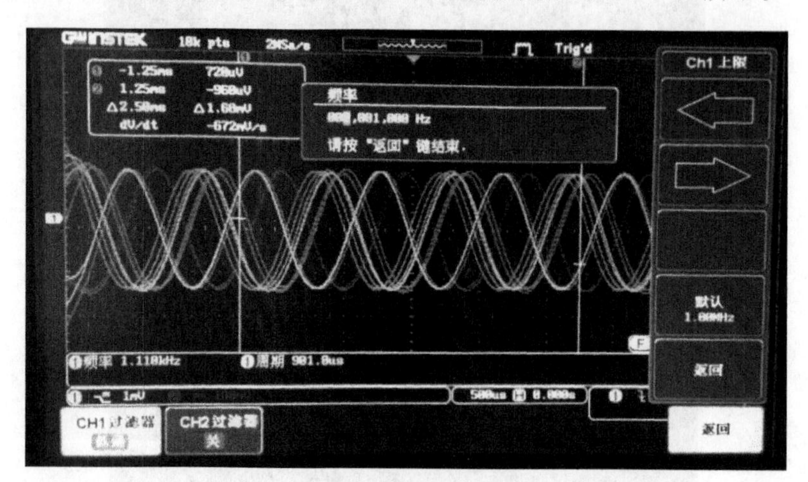

图 3-11　设定频率

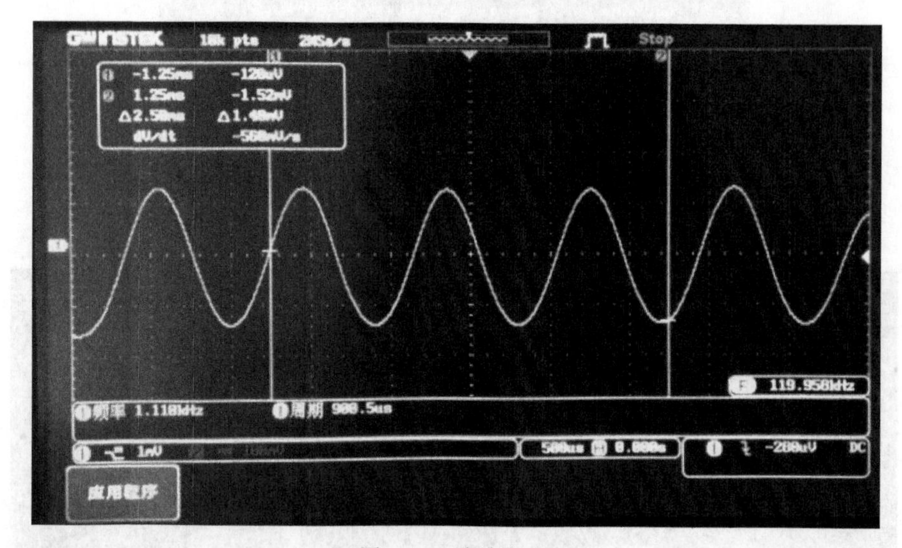

图 3-12　滤波完成

3.1.2　数字交流毫伏表

数字交流毫伏表主要用于测量交流电压的有效值。本节将介绍 YB2173B 型双路数字交流毫伏表的概况及操作说明。

1. 使用之前的检查步骤

(1) 检查电压。

参考表 3-1，可知该毫伏表正确工作的电压范围，在接通电源之前应检查电源、电压。

表 3-1 电压范围

额定电压/V	电压范围/V
交流 220	交流 198～242

(2) 确保所用的保险丝是指定的型号,即"交流 220V 0.75A"。为了防止过电流引起的电路损坏,请使用正确的保险丝值。

(3) 开机后,检查量程是否在最大量程处。若在最大量程处,"300V"指示灯应亮。如有偏差,请将其调至最大量程处。

注意事项:输入电压不可高于规定的最大输入电压 500V(DC+ACp-p)。

2. 前面板

YB2173B 型双路数字交流毫伏表前面板如图 3-13 所示。

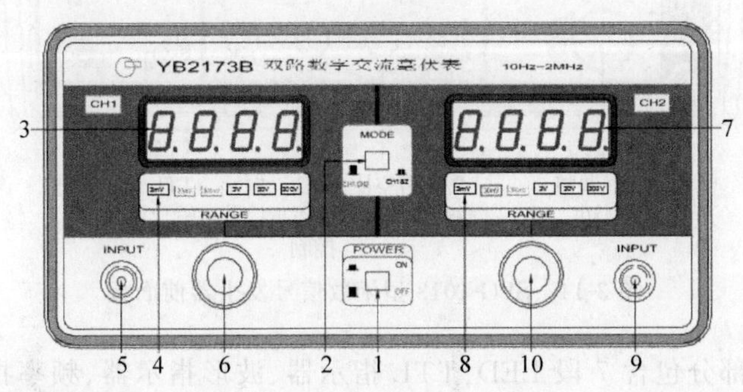

1—电源开关;2—同步/异步操作开关;3—通道 1(CH1)显示窗口;4—通道 1(CH1)量程指示;
5—通道 1 的输入信号由此端口输入;6—通道 1(CH1)量程旋钮;7—数字面板指示通道 2 输入信号的电压值;
8—通道 2(CH2)量程指示;9—通道 2(CH2)输入端口;10—通道 2(CH2)量程旋钮。

图 3-13 YB2173B 型双路数字交流毫伏表前面板

3. 基本操作方法

基本操作方法如下。

(1) 打开电源开关前,首先检查输入的电源电压,然后将电源线插入后面板上的交流插孔。

(2) 电源线接入后,按电源开关以接通电源,并预热 5min。

(3) 将量程旋钮调至最大量程处(在最大量程处时,300V 量程指示灯应亮)。

(4) 将输入信号由输入端口送入交流毫伏表。

(5) 调节量程旋钮,使数字面板正确显示输入信号的电压值。

(6) 将交流毫伏表的输出用探头送入示波器的输入端,当数字面板满量程(0.5%±2 个字)显示时,其输出应满足指标。

(7) 在测量输入信号电压时,若输入信号幅度超过满量程的+14%左右,仪器的数字面板会自动闪烁,此时请调节量程旋钮,使其处于相应的量程,以确保仪器测量的准确性(每挡量程都具有超量程自动闪烁功能)。

(8) 如需要同步操作,请按下同步/异步操作开关,将两个交流信号分别送至交流毫伏表的两个输入端,调节 CH1 量程旋钮,两个数字面板分别显示两个信号的交流有效值,此时通道 2 的量程旋钮不起作用,由通道 1 的量程旋钮进行同步控制。

3.1.3 函数信号发生器

函数信号发生器可作为信号源，用于产生正弦波、方波和三角波信号。本节将介绍SFG-1013型函数信号发生器的概况及操作说明。

1. 前面板

SFG-1013型函数信号发生器前面板如图3-14所示，具体说明如下。

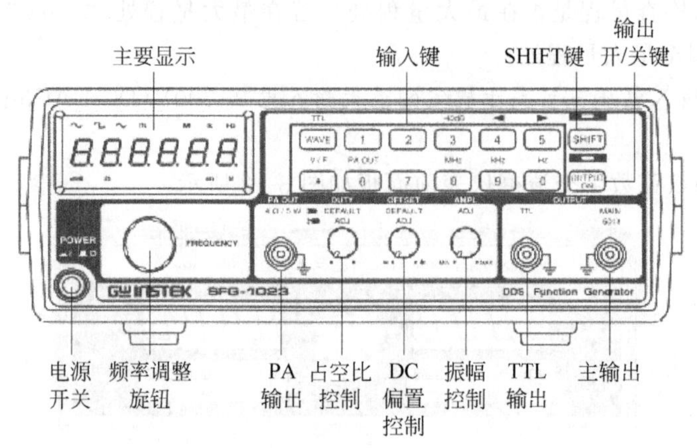

图3-14 SFG-1013型函数信号发生器前面板

(1) 主要显示部分包含7段LED、TTL指示器、波形指示器、频率指示器、电压单位、－40dB指示器和功率放大器(Power Amplifier，PA)指示器。

(2) 输入键：WAVE(波形)键，可选择正弦波、方波和三角波；数字键，可以输入频率。

(3) 按下SHIFT键，可选择按键上方的第2功能(数字键上方)。

(4) 输出开/关键：输出ON/OFF切换，当输出键状态为ON时，LED灯亮。

(5) 频率调整旋钮：可增大(顺时针旋转)或减小(逆时针旋转)频率。

(6) 主输出：可输出正弦波、方波和三角波BNC(同轴电缆接插件)。

(7) TTL输出：输出TTL(Transistor-Transistor Logic)波形。

(8) PA输出：输出PA波形，BNC(Bayonet Nut Connector)终端。

(9) 振幅控制：设定正弦波、方波或三角波的幅度，逆时针旋转(减少)或顺时针旋转(增加)。

(10) DC偏置控制：当弹起按钮，可设置正弦波、方波和三角波形的直流偏压范围。逆时针旋转时减少直流偏压范围，顺时针旋转时增加直流偏压范围。

(11) 占空比控制：当弹起旋钮时，可以在25%～75%调整方波或TTL的占空比。可逆时针旋转(减少)或顺时针旋转(增加)。

2. 基本操作

(1) 重复按WAVE键就会在显示器中切换相应的波形。

(2) 使用数字键输入波形频率。例如，输入45Hz，对应的按键为[4]→[5]→[SHIFT]→[0]。

(3) 编辑频率，左光标键使光标左移，右光标键使光标右移。例如，按键[SHIFT]→[4]，光标左移一位，如1000.0→1000.0。逆时针或顺时针旋转旋钮也可以减小或增大频率。

(4) 顺时针或逆时针旋转振幅控制旋钮增大或减小振幅。

(5) 按键[SHIFT]→[·]，会显示电压幅度(振幅)，重复此操作，则返回至频率显示。

（6）按 SHIFT 键，再按 3 键（−40dB），主输出将会衰减 40dB，并且显示屏上的−40dB 指示灯亮起。

（7）设置占空比（方波）。弹起占空比控制旋钮，可顺时针（增大）或逆时针（减小）旋转设置占空比，初始值设置为 50％。

（8）设置偏置。顺时针或逆时针旋转 DC 偏置控制按钮，增大位置或减小位置，可对正弦波、方波、三角波增加或减少偏移量，从而改变波形的电压偏移量。

（9）产生 TTL 输出。按下 OUTPUT ON 键，LED 灯亮起（只有输出在 ON 状态下时，TTL 才会开启）。按 SHIFT 键，然后按 WAVE 键，显示屏上的 TTL 指示灯亮起。

3.1.4　万用表

万用表可用于测量交直流电压、交直流电流、电阻、二极管、电路通断、三极管、电容和频率等。本节介绍 UT58A 型万用表的概况及操作说明。

1. 结构、符号说明

1）外表结构

万用表外表结构如图 3-15 所示。

2）LED 显示器

万用表 LED 显示器如图 3-16 所示。

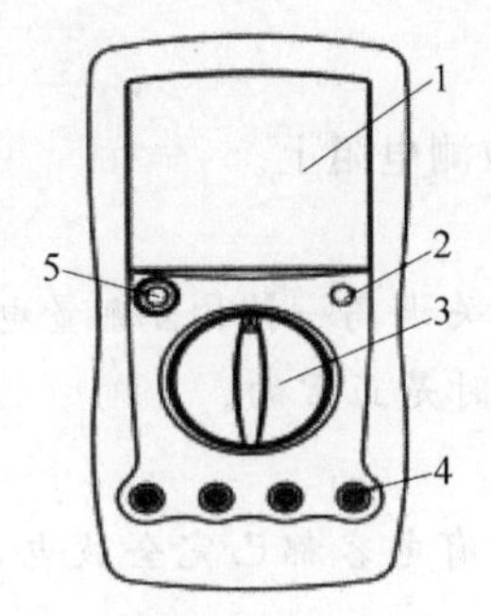

1—LCD 显示窗户；
2—数据保持按键开关（HOLD）；
3—功能量程选择旋钮；4—4 个输入端口；
5—电源按键开关（POWER）。

图 3-15　万用表外表结构

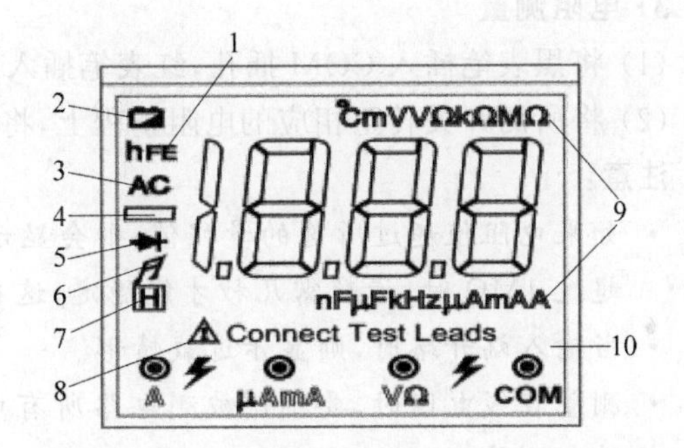

1—三极管放大倍数；2—电池欠压提示符；3—测量交流时显示；
4—显示负的读数；5—二极管测量提示符；6—电路通断测量提示符；
7—数据保持提示符；8—Connect Terminal 输入端口连接提示；
9—单位；10—4 个输入端口对应量。

图 3-16　万用表 LED 显示器

3）功能介绍

旋转功能量程选择旋钮，万用表将显示不同功能，具体如表 3-2 所示。

表 3-2　功能量程选择旋钮

开关位置	功能说明	开关位置	功能说明
V⎓	直流电压测量	Hz	频率测量
V～	交流电压测量	A⎓	直流电流测量
⊣⊢	电容测量	A～	交流电流测量
Ω	电阻测量	hFE	三极管放大倍数测量
⇥	二极管测量	POWER	电源开关
♫	电路通断测量	HOLD	数据保持开关

2. 使用方法

1）交直流电压测量

(1) 将黑表笔插入 COM 插孔，红表笔插入 VΩ 插孔。

(2) 将量程开关转至相应的 V～ 或 V ⎓ 挡位上，然后将测试表笔跨接在被测电路上，红表笔所接的该点电压与极性显示在屏幕上。

注意：

- 如果事先对被测电压范围没有概念，应将量程开关转到最高挡位，然后根据显示值转至相应挡位上。
- 未测量时小电压挡有残留数字，属正常现象，不影响测试，若测量时高位显示 1，表明已超过量程范围，须将量程开关转至较高挡位上。
- 输入电压切勿超过 1000V，若超过，则有损坏仪表线路的危险。

2）交直流电流测量

(1) 将黑表笔插入 COM 插孔，红表笔插入 A 或 μAmA 插孔。

(2) 将量程开关转至相应的 A～ 或 A ⎓ 挡位上，然后将仪表串入被测电路中，被测电流值及红表笔点的电流极性将同时显示在屏幕上。

注意事项同电压测量。

3）电阻测量

(1) 将黑表笔插入 COM 插孔，红表笔插入 VΩ 插孔。

(2) 将所测开关转至相应的电阻量程上，将两表笔跨接在被测电阻上。

注意：

- 如果电阻值超过所选的量程值，则会显示 1，这时应将开关调高一挡；当测量电阻值超过 1MΩ 时，读数需几秒才能稳定，这在测量高电阻值时是正常的。
- 当输入端开路时，则显示过载情形。
- 测量在线电阻时，要确认被测电路所有电源已关断且所有电容都已完全放电，才可进行测量。
- 请勿在电阻量程输入电压。

4）电容测量

(1) 将量程开关置于相应的电容量程上，将测试电容插入 Cx 插孔。

(2) 将测试表笔跨接在电容两端进行测量，必要时注意极性。

注意：

- 若被测电容超过所选量程的最大值，显示器将显示 1，此时应将开关调高一挡。
- 在测试电容之前，LCD 显示可能尚有残留读数，属正常现象，不会影响测量结果。
- 大电容挡严重漏电或击穿电容时，将显示一个数值且不稳定。
- 在测试电容容量之前，对电容应充分地放电，以防止损坏仪表。

5）三极管 hFE

将量程开关置于 hFE 挡，决定所测晶体管为 NPN 型或 PNP 型，将发射极、基极、集电极分别插入相应插孔。

6）二极管及通断测试

将黑表笔插入 COM 插孔，红表笔插入 ➔⊢ 插孔（注意红表笔极性为正）。将量程开关置于▶⊢♫挡，并将表笔连接到待测二极管，红表笔接二极管正极，读数为二极管正向压降的近似值。将表笔连接到待测线路的两点，如果内置蜂鸣器发声，则两点之间的电阻值低于10kΩ。

7) 数据保持

按下HOLD开关，当前数据就会保持在显示器上，开关弹起则取消保持。

3.2 常用软件工具——Multisim 12概述及使用

NI Multisim是一款著名的电子设计自动化软件，与NI Ultiboard同属美国国家仪器公司的电路设计软件套件，是入选加州大学伯克利分校通用模拟电路仿真器(Simulation Program with Integrated Circuit Emphasis，SPICE)项目为数不多的几款软件之一。Multisim在学术界和产业界被广泛地应用于电路教学、电路图设计和SPICE模拟。

3.2.1 Multisim概述

Multisim是以Windows为基础的仿真工具，适用于板级的模拟/数字电路板的设计工作。它包含了电路原理图的图形输入、电路硬件描述语言输入方式，具有丰富的仿真分析能力。

可以使用Multisim交互式地搭建电路原理图，并对电路进行仿真。Multisim提炼了SPICE仿真的复杂内容，这样我们无须懂得深入的SPICE技术就可以很快地进行捕获、仿真和分析新的设计，这也使其更适合电子学教育。通过Multisim和虚拟仪器技术，印制电路板(Printed Circuit Board，PCB)设计工程师和电子学教育工作者可以完成从理论到原理图捕获与仿真，再到原型设计和测试的完整综合设计流程。

本节主要以Multisim 12为例介绍Multisim软件的相关功能和使用。

3.2.2 Multisim的特点

Multisim仿真软件自20世纪80年代诞生以来，经过数个版本的升级，除保持操作界面直观、操作方便、易学易用等优良传统外，电路仿真功能也得到不断完善。目前的版本NI Multisim 12主要有以下特点。

(1) 直观的图形界面。NI Multisim 12保持了原EWB软件图形界面直观的特点，其电路仿真工作区就像一个电子实验工作台，元件和测试仪表均可直接拖放到屏幕上。可通过鼠标用导线将它们连接起来，虚拟仪器操作面板与实物相似，甚至完全相同。可方便地选择仪表测试电路波形或特性，对电路进行20多种电路分析，以帮助设计人员分析电路的性能。

(2) 丰富的元件。自带元件库中的元件数量更多，基本可以满足工科院校“电子技术”课程的要求。NI Multisim 12的元件库不但含有大量的虚拟分离元件、集成电路，还含有大量的实物元件模型，包括一些著名制造商，如Analog Device、Linear Technologies、Microchip、National Semiconductor和Texas Instruments等。用户可以编辑这些元件参数，并利用模型生成器及代码模式创建自己的元件。

(3) 众多的虚拟仪表。从最早的EWB 5.0含有7个虚拟仪表，到NI Multisim 12提供22种虚拟仪表，这些仪器的设置和使用与真实仪表一样，能动态交互显示。用户还可以创建 LabVIEW 的自定义仪器，既能在 LabVIEW 图形环境中灵活升级，又可调入 NI Multisim 12 方便使用。

(4) 完备的仿真分析。以 SPICE 3F5 和 XSPICE 的内核作为仿真的引擎，能够进行 SPICE 仿真、射频(Radio Frequency，RF)仿真、微控制单元(Micro Control Unit，MCU)仿真和超高速集成电路硬件描述语言(Very-High-Speed Integrated Circuit Hardware Description Language，VHDL)仿真。通过 NI Multisim 12 自带的增强设计功能优化数字和混合模式的仿真性能，利用集成 LabVIEW 和 Signalexpress 可快速进行原型开发和测试设计，具有符合行业标准的交互式测量和分析功能。

(5) 独特的虚实结合。在 NI Multisim 12 电路仿真的基础上，NI 公司推出教学实验室虚拟仪表套件 ELVIS，用户可以在 NI ELVIS 平台上搭建实际电路，利用 NI ELVIS 仪表完成实际电路的波形测试和性能指标分析。用户可以在 NI Multisim 12 电路仿真环境中模拟 NI ELVIS 的各种操作，为在 NI ELVIS 平台上搭建、测试实际电路打下良好的基础。NI ELVIS 仪表允许用户定制并进行灵活的测量，还可以在 NI Multisim 12 虚拟仿真环境中调用，以此完成虚拟仿真数据和实际测试数据的比较。

(6) 远程教育。用户可以使用 NI ELVIS 和 LabVIEW 创建远程教育平台。利用 LabVIEW 中的远程面板，将本地的 VI 在网络上发布，通过网络传输到其他地方，从而给异地的用户进行教学或演示相关实验。

(7) 强大的 MCU 模块。可以完成 8051、PIC(Peripheral Interface Controller)单片机及其外部设备(如 RAM、ROM、键盘和 LCD 等)的仿真，支持 C 语言代码、汇编代码以及十六进制代码，并兼容第三方工具源代码；具有设置断点、单步运行、查看和编辑内部 RAM、特殊功能寄存器等高级调试功能。

(8) 简化了现场可编程门阵列(Field Programmable Gate Array，FPGA)应用。在 NI Multisim 12 电路仿真环境中搭建数字电路，通过测试功能正确后，执行菜单命令将其生成为原始 VHDL，有助于初学 VHDL 的用户对照学习 VHDL 语句。用户可以将这个 VHDL 文件应用到 FPGA 硬件中，从而简化了 FPGA 的开发过程。

3.2.3 Multisim 12 的基本界面

Multisim 软件以图形界面为主，采用菜单栏、工具栏和热键相结合的方式，具有一般 Windows 应用软件的界面风格，用户可以根据自己的习惯和熟悉程度自如使用。

1. 主窗口界面

启动 Multisim 12 后，将出现如图 3-17 所示的界面。

从图 3-17 可以看出，Multisim 12 的主窗口界面包含有多个区域：标题栏、菜单栏、各种工具栏、电路工作区窗口、状态条、列表框等。通过对各部分的操作可以实现电路图的输入、编辑，并根据需要对电路进行相应的观测和分析。用户可以通过菜单栏或工具栏改变主窗口的视图内容。

2. 标题栏

标题栏为最上面一行，如图 3-18 所示。标题栏左侧是文件名；右侧有最小化、最大化和关闭 3 个控制按钮，通过它们实现对窗口的操作。右击标题栏，会弹出一个控制菜单，用户可以选择相应的命令完成还原、移动、大小、最小化、最大化和关闭操作。

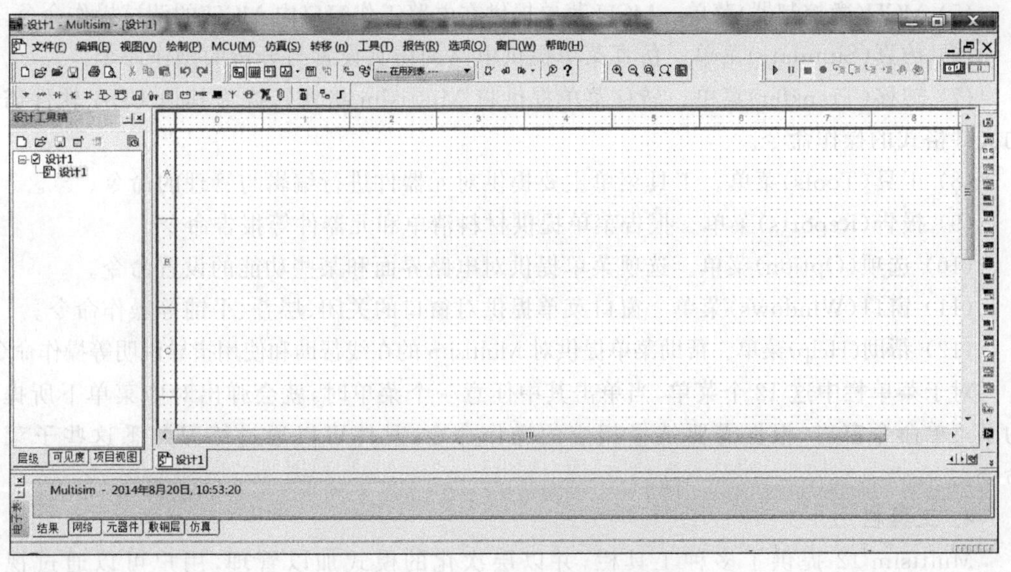

图 3-17 Multisim 12 的主窗口界面

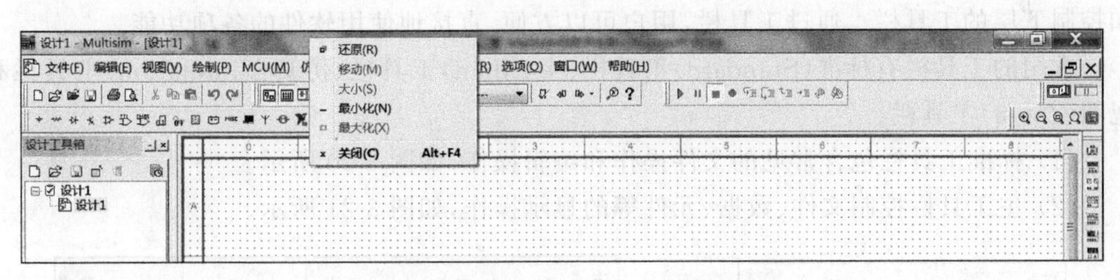

图 3-18 Multisim 12 的标题栏

3. 菜单栏

菜单栏位于主窗口界面上方的第 2 行，如图 3-19 所示，一共给出了 12 个主菜单。通过这些菜单可以对 Multisim 的所有功能进行操作。

图 3-19 Multisim 12 的菜单栏

菜单栏中一些功能与大多数 Windows 平台上的应用软件一致，如文件、编辑、视图、选项、工具、帮助等。此外，还有一些电子设计自动化(Electronic Design Automation，EDA)软件专用的选项，如绘制(放置)、MCU、仿真等。

(1) 文件(File)菜单。文件菜单中包含了对文件和项目的基本操作和打印等命令。

(2) 编辑(Edit)菜单。编辑菜单类似于图形编辑软件的基本编辑功能。在电路绘制过程中，编辑菜单提供对电路和元器件进行剪切、粘贴、翻转、对齐等操作。

(3) 视图(View)菜单。视图菜单选择使用软件时操作界面上所显示的内容，对一些工具栏和窗口进行控制。

(4) 绘制(Place)菜单。绘制菜单提供在电路工作窗口中放置元器件、连接点、总线和文字等命令，从而输入电路。

(5) MCU(微控制器)菜单。MCU 菜单提供在电路工作窗口内 MCU 的调试操作命令。

(6) 仿真(Simulate)菜单。仿真菜单提供电路的仿真设置与分析的操作命令。

(7) 转移(Transfer)菜单。转移菜单提供将 Multisim 格式转换为其他 EDA 软件需要的文件格式的操作命令。

(8) 工具(Tools)菜单。工具菜单主要提供对元器件进行编辑与管理的命令。

(9) 报告(Reports)菜单。报告菜单提供材料清单和元器件等报告命令。

(10) 选项(Option)菜单。选项菜单提供对电路界面和某些功能的设置命令。

(11) 窗口(Windows)菜单。窗口菜单提供对窗口的关闭、层叠、平铺等操作命令。

(12) 帮助(Help)菜单。帮助菜单提供对 Multisim 的在线帮助和使用指导说明等操作命令。

对于菜单栏中这 12 个菜单,当单击其中任意一个菜单时,就会弹出对应菜单下所提供的子菜单命令窗口,根据需要选择相应的操作命令,具体可以通过练习熟悉这些子菜单命令。

4. 工具栏

Multisim 12 提供了多种工具栏,并以层次化的模式加以管理,用户可以通过视图(View)菜单中的选项方便地将顶层的工具栏打开或关闭,再通过顶层工具栏中的按钮管理和控制下层的工具栏。通过工具栏,用户可以方便、直接地使用软件的各项功能。

常用的工具栏有标准(Standard)工具栏、主(Main)工具栏、仿真(Simulation)工具栏和视图(Zoom)工具栏。

(1) 标准工具栏包含常见的文件操作和编辑操作,如图 3-20 所示。

(2) 主工具栏控制文件、数据、元件等的显示操作,如图 3-21 所示。

图 3-20 标准工具栏

图 3-21 主工具栏

(3) 仿真工具栏可以控制电路仿真的开始、结束和暂停,如图 3-22 所示。

(4) 用户可以通过视图工具栏方便地调整所编辑电路的视图大小,如图 3-23 所示。

图 3-22 仿真工具栏

图 3-23 视图工具栏

5. 元件库

EDA 软件所能提供的元器件的多少以及元器件模型的准确性都直接决定了该软件的质量和易用性。Multisim 12 为用户提供了丰富的元器件,并以开放的形式管理元器件,使用户能够自己添加所需要的元器件。

Multisim 12 以库的形式管理元器件,通过"工具"→"数据库"→"数据库管理器"菜单命令,打开"数据库管理器"对话框,如图 3-24 所示。

从图 3-24 中可以看出,Multisim 12 的元件包含 3 个数据库,分别为主数据库、企业数据库和用户数据库。

图 3-24　“数据库管理器”对话框

主数据库中存放的是软件为用户提供的元器件。

企业数据库用于存放便于企业团队设计的一些特定元件，该库仅在专业版中存在。

用户数据库是为用户自建元器件准备的数据库。

主数据库中包含 20 个元件库，分别为信号源库(Sources)、基本元件库(Basic)、二极管元件库(Diodes)、晶体管元件库(Transistors)、模拟元件库(Analog)、TTL 元件库、CMOS 元件库、MCU 元件库、高级外围元件库(Advanced_Peripherals)、杂合类数字元件库(Misc Digital)、混合元件库(Mixed)、显示元件库(Indicators)、功率元件库(Power)、杂合类元件库(Misc)、RF 元件库、机电类元件库(Elector_Mechanical)、梯形图设计元件库(Ladder_Diagrams)、PLD 逻辑元件库(PLD Logic)、连接器元件库(Connectors)、NI 元件库(NI_Components)。各元件库下还包含子库。具体选用时可通过“工具”→“元器件”菜单命令进行选择，如图 3-25 所示。

图 3-25　元器件工具栏

6. 虚拟仪器库

对电路进行仿真运行，通过对运行结果的分析，判断设计是否正确合理，是 EDA 软件的一项主要功能。为此，Multisim 为用户提供了类型丰富的 20 种虚拟仪器，可通过“工具”→“仪器”菜单命令打开仪器工具栏，如图 3-26 所示。

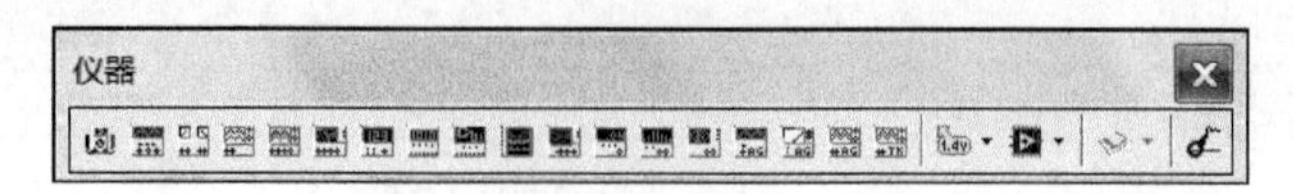

图 3-26　仪器工具栏

这 20 种仪器仪表在电子线路的分析中经常会用到。它们分别是数字万用表、函数发生器、瓦特表、双通道示波器、4 通道示波器、波特测试仪、频率计、数字信号发生器、逻辑变换器、逻辑分析仪、伏安特性分析仪、失真分析仪、频谱分析仪、网络分析仪、安捷伦函数发生器、安捷伦万用表、安捷伦示波器、Tektronix 示波器、探针和 LabVIEW 仪器。这些虚拟仪器仪表的参数设置、使用方法和外观设计与实验室中的真实仪器基本一致。在选用后，各种虚拟仪表都以面板的方式显示在电路中。

3.2.4　Multisim 12 的使用方法与实例

Multisim 的基础是正向仿真，为用户提供了一个软件平台，允许用户在进行硬件实现以前，对电路进行观测和分析。具体的过程分为 5 步：文件的创建、取用元器件、连接电路、仪器仪表的选用与连接、电路分析。

为了帮助初学者轻松掌握 Multisim 12 的使用要领，本节将结合一个电路实例的具体实现过程说明 Multisim 设计电路和分析中的使用方法。

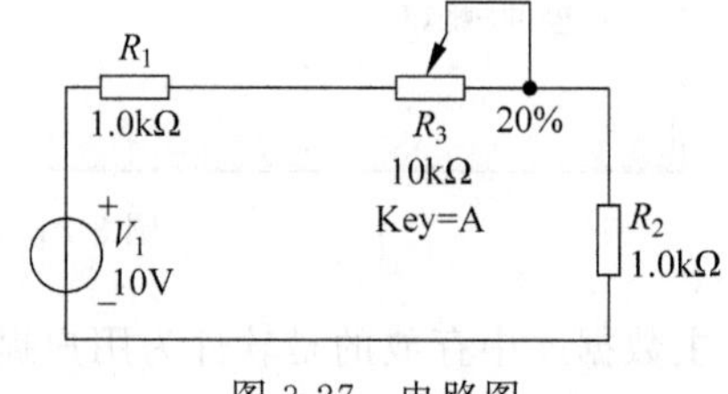

图 3-27　电路图

例题：利用 Multisim 软件对图 3-27 所示电路进行仿真，分析 R_2 两端的电压输出。

1. 文件的创建

启动 Multisim 12，进入主界面窗口，执行“文件”→“保存”菜单命令后，会弹出“保存”对话框，选择合适的保存路径，输入文件名 Example1，然后单击“保存”按钮，完成新文件的创建，如图 3-28 所示。

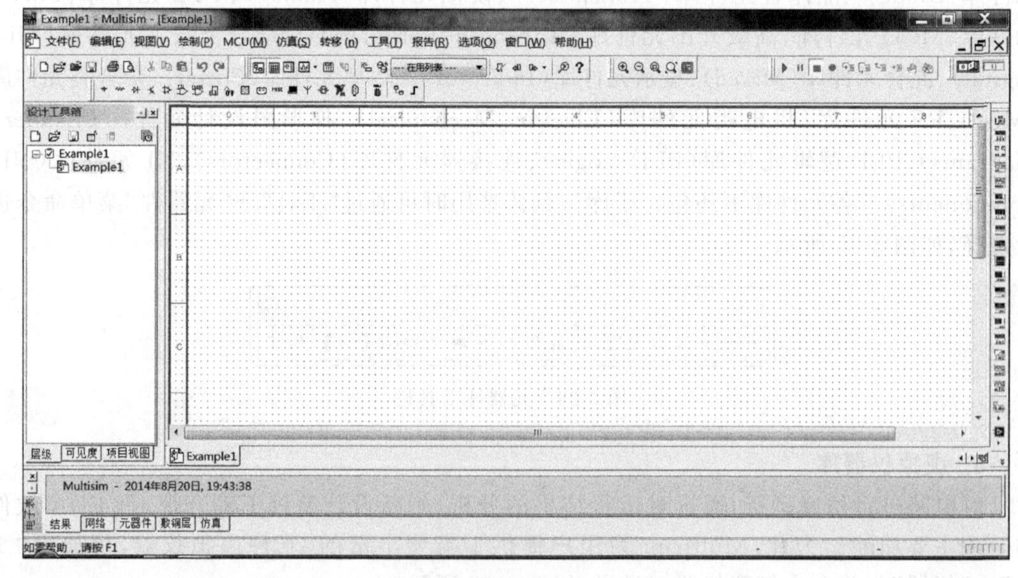

图 3-28　新建文件 Example1

这里需要说明以下两点。

(1) 文件名要能体现电路的功能，要让自己之后看到该文件名还能一下子想起该文件实现了什么功能。

(2) 在电路图的编辑和仿真过程中，要养成随时保存文件的习惯，以免由于没有及时保存而导致文件丢失或损坏。

为了适应不同的需求和用户习惯，用户可以通过“选项”→“电路图属性”菜单命令，打开“电路图属性”对话框，定制用户的通用环境变量，如图 3-29 所示。

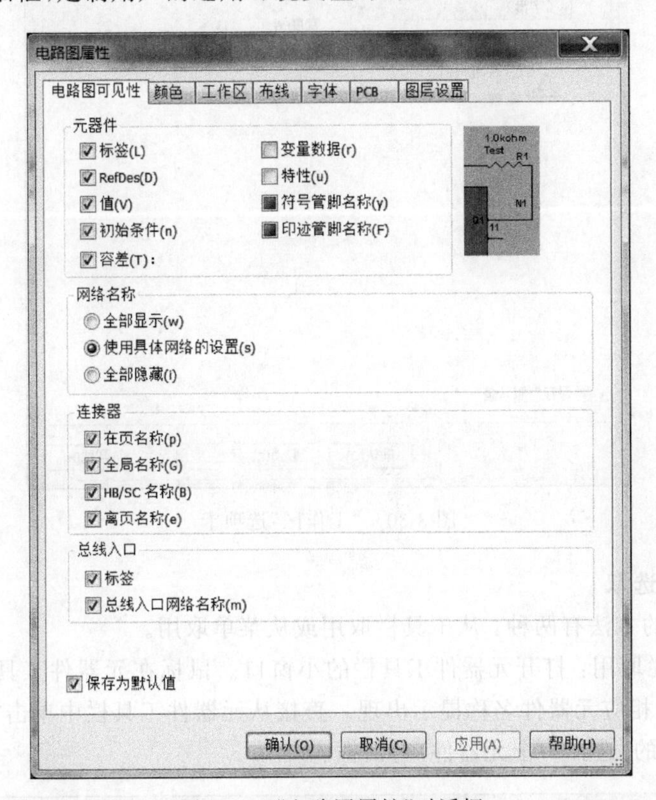

图 3-29 “电路图属性”对话框

通过该对话框的 7 个选项卡，用户可以就编辑界面颜色、电路尺寸、缩放比例、自动存储时间等内容作相应的设置。

以“工作区”选项卡为例，如图 3-30 所示。该选项卡中有以下两个分项。

(1) 显示：可以设置是否显示网格、页面边界以及边界。

(2) 电路图页面大小：设置电路图页面大小。

其余的选项卡在此不再详述，请大家自己打开查看。

2. 取用元器件

在绘制电路图之前，需要先熟悉一下元件栏和仪器栏的内容，看看 Multisim 12 都提供了哪些电路元件和仪器。

根据所要分析电路，涉及的元器件主要有电源、电阻和可变电阻。下面将以选用电源为例详细说明选取及放置方法。

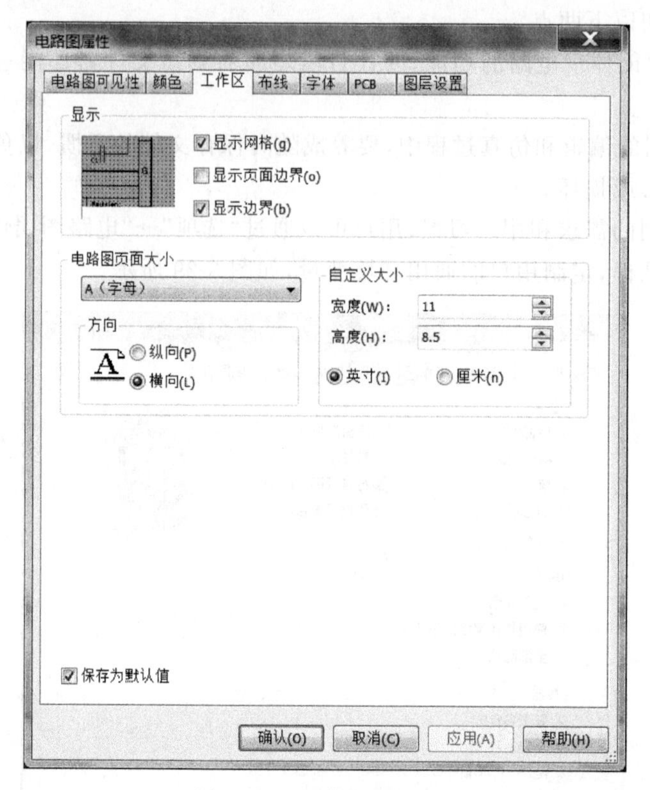

图 3-30 “工作区”选项卡

1）元器件的选取

选用元器件的方法有两种：从工具栏取用或从菜单取用。

(1) 从工具栏取用：打开元器件工具栏的小窗口。鼠标在元器件工具栏窗口中每个图标上停留时，会有相应元器件名称提示出现。直接从元器件工具栏中单击“放置源”按钮，弹出如图 3-31 所示的“选择一个元器件”对话框。

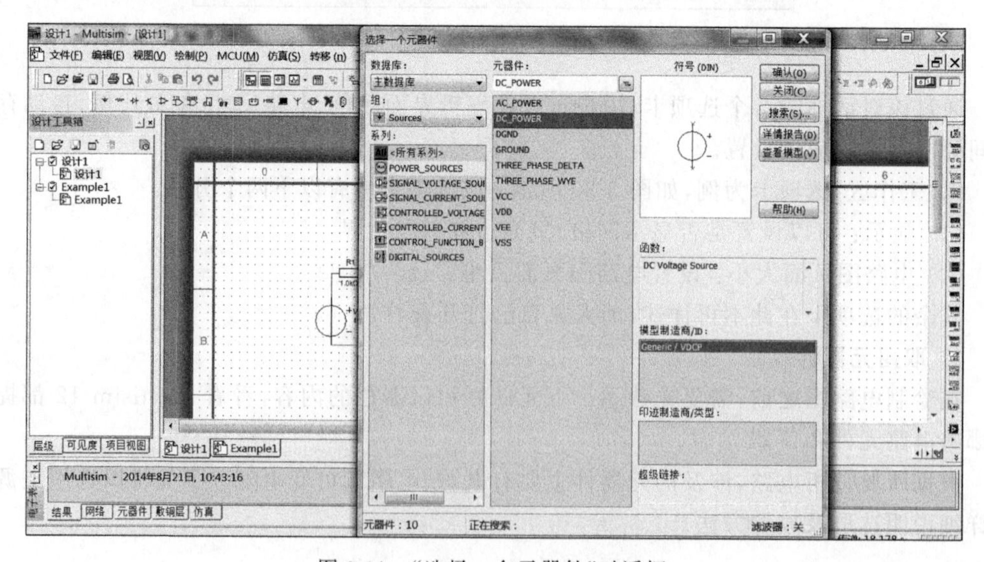

图 3-31 “选择一个元器件”对话框

(2) 从菜单取用：通过“绘图”→“元器件”菜单命令，就可打开选择元器件的对话框。

在“选择一个元器件”对话框中，在“数据库”下拉列表中选择“主数据库”，在“组”下拉列表中选择 Sources，在“系列”列表中选择 POWER_SOURCES，在“元器件”列表中选择 DC_POWER，右侧“符号”框中就出现相应的直流电源的符号，如图 3-31 所示。最后单击“确认”按钮。

2）放置元器件

选择好元器件后，自动回到电路设计窗口，注意这时鼠标指针旁边出现了直流电源的电路符号，随着鼠标指针移动。移动到需要位置后，单击，在相应位置就放置了一个直流电源。如需继续放置，可以反复单击，一直到不需要时，右击，就会退出放置直流电源的状态，如图 3-32 所示。

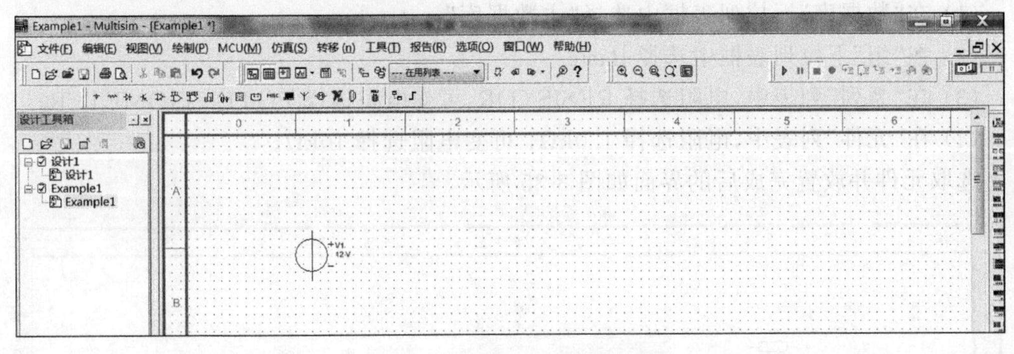

图 3-32　放置一个直流电源

3）元器件属性修改

我们看到，放置的电源符号显示的是 12V。我们可能需要的不是 12V 电压，而是 10V，怎么修改呢？双击该电源符号，弹出如图 3-33 所示的 DC_POWER 对话框，在该对话框中可以修改该元件的属性。

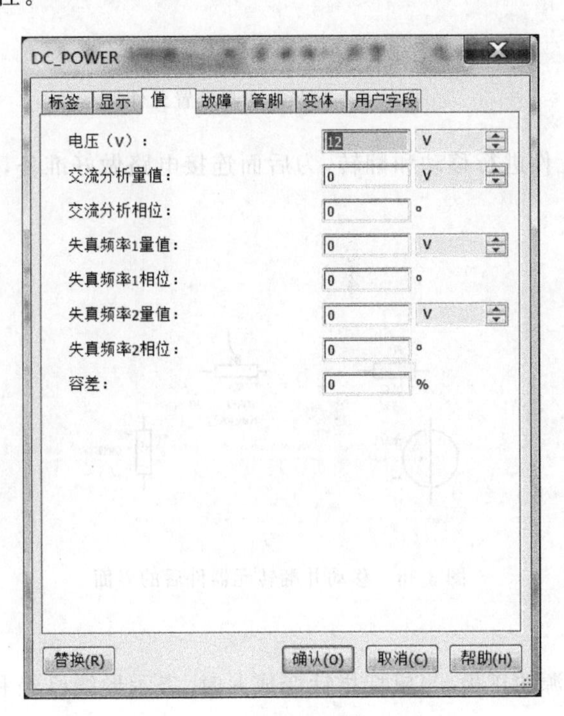

图 3-33　DC_POWER 对话框

在这里,将电压修改为10V。当然,我们也可以修改元件的其他属性。修改后的电路图如图3-34所示。

4）元器件的移动和翻转

用户可以对元器件进行移动、复制、粘贴等编辑工作。这些工作与Windows下其他软件操作方法一致,这里就不再详细叙述。

放置好所需电源后,按照上述步骤,放置两个1.0kΩ电阻和一个10kΩ可变电阻。

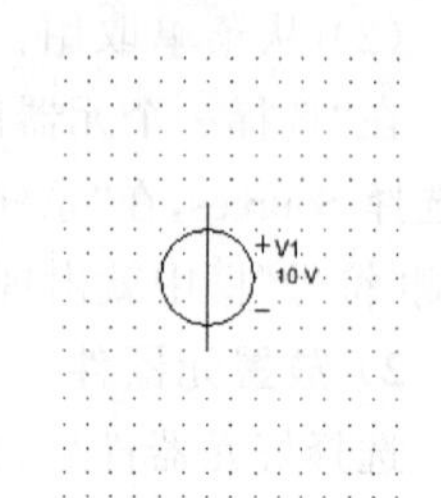

图3-34 修改电源属性后的电路图

放置电阻时,选择相应的元器件参数。

(1) 在“数据库”下拉列表框中选择“主数据库”。

(2) 在“组”下拉列表框中选择Basic。

(3) 在“系列”列表中,电阻选择RESISTOR,可变电阻选择POTENTIOMETER。

(4) 在“元件”列表中,电阻选择1.0kΩ, 可变电阻选择10kΩ。

选取元件并放置完成后的界面如图3-35所示。

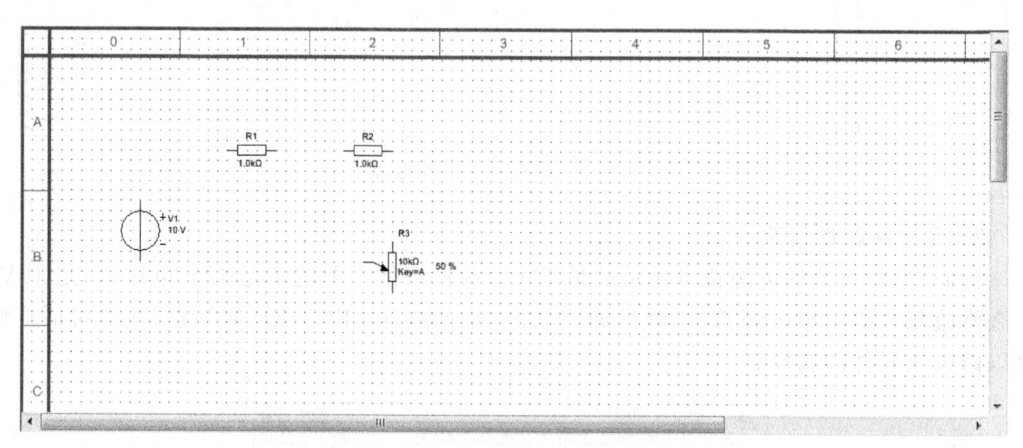

图3-35 选取并初步放置元件

对图3-35中的元件进行移动和翻转,为后面连接电路做好准备,操作完成后的界面如图3-36所示。

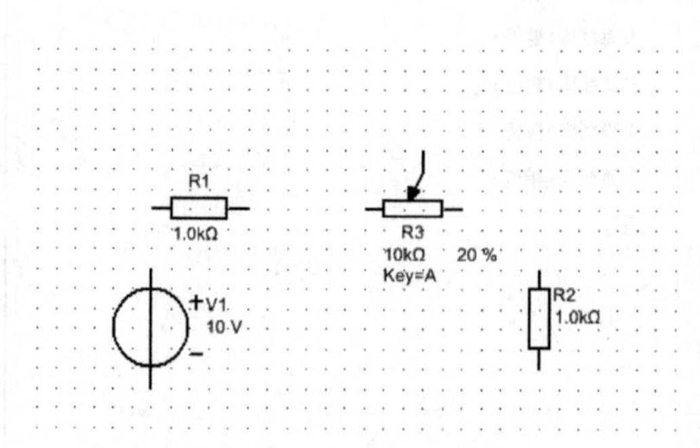

图3-36 移动并翻转元器件后的界面

3. 连接电路

将鼠标移动到电源的正极,当鼠标指针变成◆时,表示导线已经和正极连接起来了,单击将该连接点固定，然后移动鼠标到 R1 的一端，出现小红点后，表示正确连接到 R1 了，单击固定，这样一根导线就连接好了，如图 3-37 所示。如果想要删除这根导线，将鼠标移动到该导线的任意位置，右击，选择“删除”，即可将该导线删除；或者选中导线，直接按 Delete 键删除。

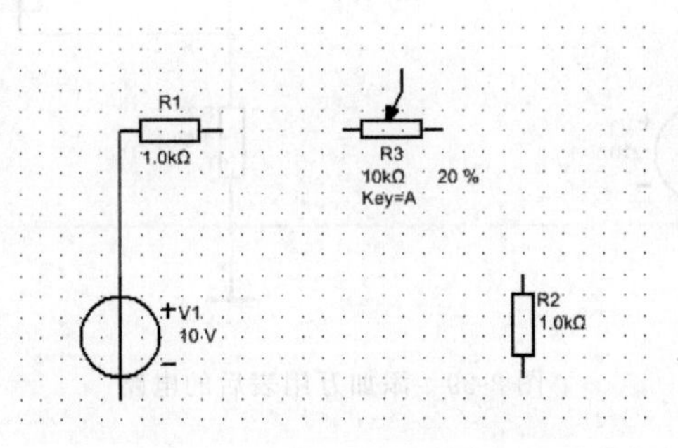

图 3-37　连接电源与 R1

按照前面的方法，将各元器件连接好，如图 3-38 所示。

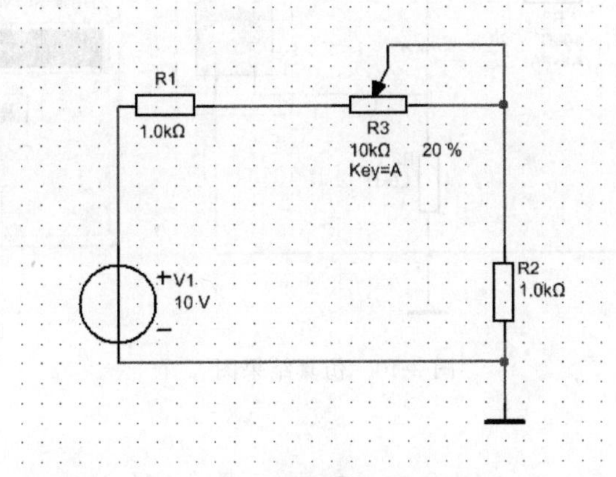

图 3-38　电路连线图

注意：在电路中放置一个公共地线，在电路图的绘制中，公共地线是必需的。

4. 仪器仪表的选用与连接

对电路电阻 R2 的输出进行仿真分析，需要在 R2 两端添加万用表。可以从仪器的工具栏中选用万用表，添加方法类似于元器件。双击万用表就会出现仪器面板，面板为用户提供观测窗口和参数设定按钮。添加万用表后并连线，如图 3-39 所示。

5. 电路仿真分析

电路连接完毕，检查无误后就可以进行仿真了。单击仿真工具栏中的绿色开始按钮▶，电路进入仿真状态。双击万用表图标，即可弹出如图 3-40 所示的对话框，在这里显示了电阻 R2 两端的电压。R3 是可变电阻，其调节百分比为 20%，因此在这个电路中，R3 的阻值为 2kΩ。显示的电压值是否正确，可以验算一下。

在调试运行的过程中，大家可以通过按 A 键或 Shift＋A 组合键增减 R3 接入电路的比例，或者拖动 R3 旁边的滑块，观察万用表的数值情况。

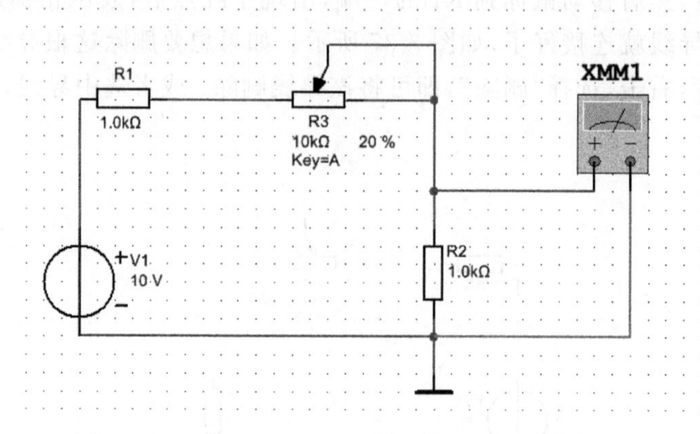

图 3-39 添加万用表后的电路

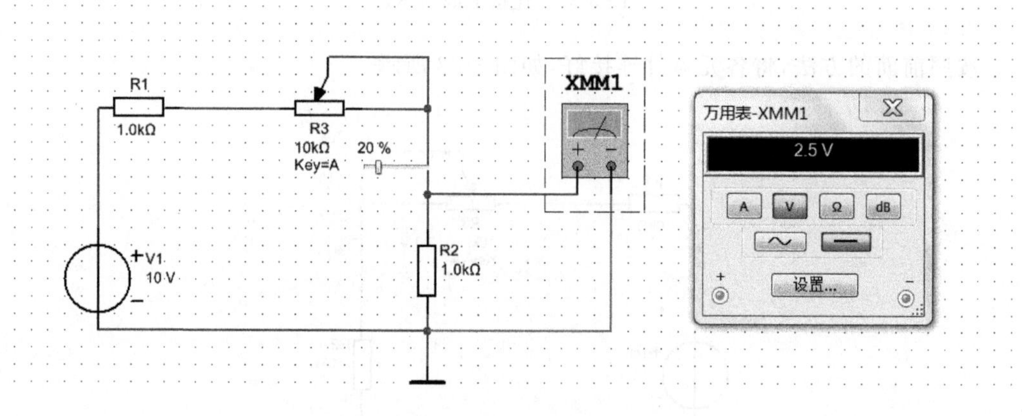

图 3-40 仿真结果图

6. 保存文件

电路图绘制完成,仿真结束后,执行"文件"→"保存"菜单命令,可以自动按原文件名将该文件保存在原来的路径中。在"保存"对话框中可以选择保存路径,并修改文件名。

熟悉了如何利用 Multisim 12 进行电路仿真,以后便可以利用电路仿真学习模拟电路了。

第 2 篇

模拟电子技术实验设计

本篇介绍模拟电子技术实验的设计，包括基础验证性实验和设计性实验两部分。基础验证性实验满足对基本原理、基础理论的理解和验证性需求；设计性实验则要求在掌握基本原理、基础理论的基础上实现知识的活化，针对具体电路的应用需求设计电路，最终达到相应的技术指标要求。

第4章 模拟电子技术基础验证性实验

CHAPTER 4

本章包括众多模拟电路常用实验项目,可满足大多数同类院校验证性实验教学需求。

4.1 共射极单管放大器

共射极单管放大器具有电压放大、电流放大、输入输出波形倒相等特性,是晶体管放大电路中的典型电路。共射极放大电路多用于多级放大电路的中间级。

4.1.1 实验目的

(1) 学会单管电压放大器静态工作点的调试方法,分析静态工作点对放大器性能的影响。

(2) 测定电压放大器的放大倍数,了解负载电阻对电压放大倍数的影响。

(3) 了解静态工作点对输出电压波形的影响。

(4) 熟悉常用电子仪器及模拟电路实验设备的使用。

4.1.2 实验原理

图4-1所示为电阻分压式工作点稳定的共射极单管放大器实验电路。偏置电路采用 R_{B1} 和 R_{B2} 组成的分压电路,并在发射极中接有电阻 R_E,以稳定放大器的静态工作点。当在放大器的输入端加入输入信号 u_i 后,在放大器的输出端便可得到一个与 u_i 相位相反、幅值放大的输出信号 u_o,从而实现了电压放大。

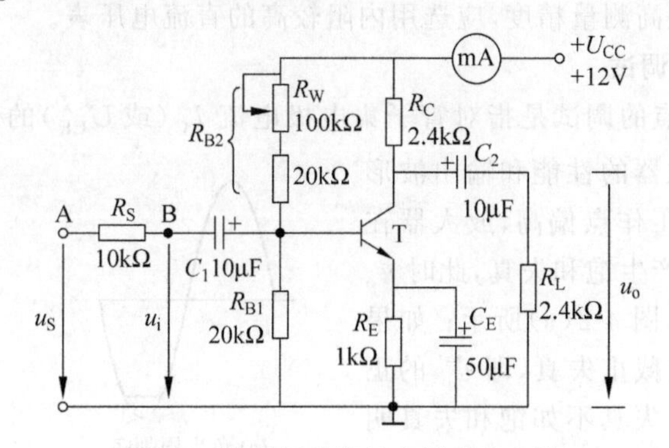

图4-1 共射极单管放大器实验电路

在图 4-1 所示的电路中，当流过偏置电阻 R_{B1} 和 R_{B2} 的电流远大于晶体管 T 的基极电流 I_B 时（一般为 5～10 倍），它的静态工作点可估算为

$$U_B \approx \frac{R_{B1}}{R_{B1}+R_{B2}}U_{CC} \tag{4-1}$$

$$I_E \approx \frac{U_B - U_{BE}}{R_E} \approx I_C \tag{4-2}$$

$$U_{CE} = U_{CC} - I_C(R_C + R_E) \tag{4-3}$$

电压放大倍数为

$$A_v = -\beta \frac{R_C /\!/ R_L}{r_{be}} \tag{4-4}$$

输入电阻为

$$R_i = R_{B1} /\!/ R_{B2} /\!/ r_{be} \tag{4-5}$$

输出电阻为

$$R_o = R_C \tag{4-6}$$

由于电子器件性能的分散性比较大，因此在设计和制作晶体管放大电路时离不开测量和调试技术。在设计前应测量所用元器件的参数，为电路设计提供必要的依据，在完成设计和装配以后，还必须测量和调试放大器的静态工作点和各项性能指标。

放大器的测量和调试一般包括放大器静态工作点的测量与调试，消除干扰与自激振荡，及放大器各项动态参数的测量与调试等。

1. 放大器静态工作点的测量与调试

1）静态工作点的测量

测量放大器的静态工作点，应在输入信号 $u_i=0$ 的情况下进行，即将放大器输入端与地短接，然后选用量程合适的直流毫安表和直流电压表，分别测量晶体管的集电极电流 I_C 以及各电极对地的电位 U_B、U_C 和 U_E。一般实验中，为了避免断开集电极，所以采用测量电压 U_C 或 U_E，然后算出 I_C 的方法。例如，只要测出 U_E，即可用 $I_C \approx I_E = \frac{U_E}{R_E}$ 计算出 I_C（也可根据 $I_C = \frac{U_{CC}-U_C}{R_C}$，由 U_C 确定 I_C），同时也能计算出 $U_{BE}=U_B-U_E$，$U_{CE}=U_C-U_E$。

为了减小误差，提高测量精度，应选用内阻较高的直流电压表。

2）静态工作点的调试

放大器静态工作点的调试是指对管子集电极电流 I_C（或 U_{CE}）的调整与测试。静态工作点是否合适，对放大器的性能和输出波形都有较大影响。如果工作点偏高，放大器在加入交流信号以后易产生饱和失真，此时 u_o 的负半周将被削底，如图 4-2(a)所示；如果工作点偏低，则易产生截止失真，即 u_o 的正半周被缩顶（一般截止失真不如饱和失真明显），如图 4-2(b)所示。所以在选定工作点以后还必须进行动态调试，即在放大器的输

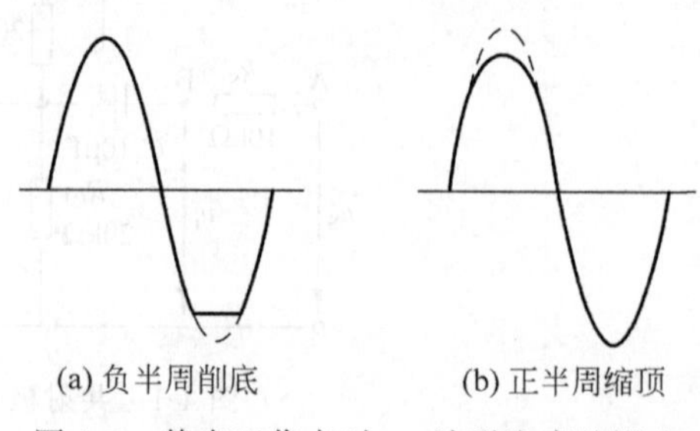

图 4-2 静态工作点对 u_o 波形失真的影响

入端加入一定的输入电压 u_i，检查输出电压 u_o 的大小和波形是否满足要求。若不满足，则调节静态工作点的位置。

改变电路参数 U_{CC}、R_C、R_B（R_{B1}、R_{B2}）都会引起静态工作点的变化，如图 4-3 所示。但通常多采用调节偏置电阻 R_{B2} 的方法改变静态工作点，如减小 R_{B2}，使静态工作点提高等。

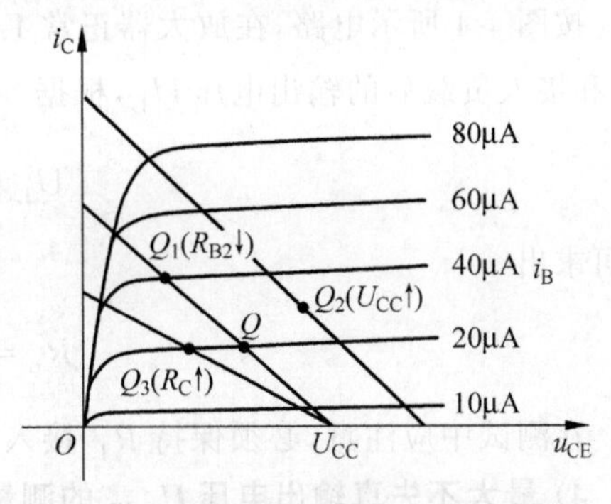

图 4-3　电路参数对静态工作点的影响

注意：上面所说的工作点"偏高"或"偏低"不是绝对的，应该是相对信号的幅度而言，如果输入信号幅度很小，即使工作点较高或较低也不一定会出现失真。所以，确切地说，产生波形失真是信号幅度与静态工作点设置配合不当所致。若要满足较大信号幅度的要求，静态工作点最好尽量靠近交流负载线的中点。

2. 放大器动态指标测试

放大器动态指标包括电压放大倍数、输入电阻、输出电阻、最大不失真输出电压（动态范围）和通频带等。

1）电压放大倍数 A_v 的测量

调整放大器到合适的静态工作点，然后加入输入电压 u_i，在输出电压 u_o 不失真的情况下，用交流毫伏表测出 u_i 和 u_o 的有效值 U_i 和 U_o，则

$$A_v = \frac{U_o}{U_i} \tag{4-7}$$

2）输入电阻 R_i 的测量

为了测量放大器的输入电阻，按图 4-4 所示，在被测放大器的输入端与信号源之间串入一个已知电阻 R，在放大器正常工作的情况下，用交流毫伏表测出 U_S 和 U_i，则根据输入电阻的定义可得

$$R_i = \frac{U_i}{I_i} = \frac{U_i}{\dfrac{U_R}{R}} = \frac{U_i}{U_S - U_i} R \tag{4-8}$$

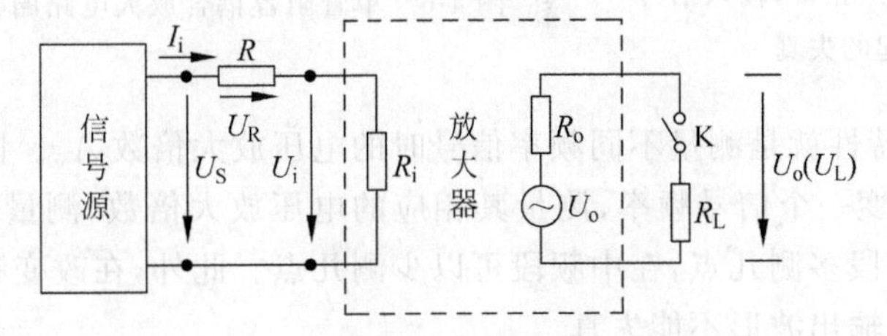

图 4-4　输入、输出电阻测量电路

测量时应注意以下几点。

(1) 由于电阻 R 两端没有电路公共接地点，所以测量 R 两端电压 U_R 时必须分别测出 U_S 和 U_i，然后按 $U_R = U_S - U_i$ 求出 U_R 值。

(2) 电阻 R 的值不宜取得过大或过小，以免产生较大的测量误差，通常取 R 与 R_i 为同

一数量级为宜，本实验可取 $R=1\sim2\text{k}\Omega$。

3）输出电阻 R_o 的测量

按图4-4所示电路，在放大器正常工作的条件下，测出输出端不接负载 R_L 的输出电压 U_o 和接入负载后的输出电压 U_L，根据

$$U_L=\frac{R_L}{R_o+R_L}U_o \tag{4-9}$$

即可求出

$$R_o=\left(\frac{U_o}{U_L}-1\right)R_L \tag{4-10}$$

在测试中应注意，必须保持 R_L 接入前后输入信号的大小不变。

4）最大不失真输出电压 U_{OPP} 的测量（最大动态范围）

如上所述，为了得到最大动态范围，应将静态工作点调到交流负载线的中点。因此，在放大器正常工作情况下，逐步增大输入信号的幅度，并同时调节 R_W（改变静态工作点），用示波器观察 u_o，当输出波形同时出现削底和缩顶现象（见图4-5）时，说明静态工作点已调至交流负载线的中点。然后反复调整输入信号，使波形输出幅度最大，且无明显失真时，用交流毫伏表测出 U_o（有效值），则动态范围等于 $2\sqrt{2}U_o$；或者用示波器直接读出 U_{OPP}。

5）放大器幅频特性的测量

放大器的幅频特性是指放大器的电压放大倍数 A_v 与输入信号频率 f 之间的关系。单管阻容耦合放大电路的幅频特性曲线如图4-6所示，A_{vm} 为中频电压放大倍数，通常规定电压放大倍数随频率变化下降到中频放大倍数的 $1/\sqrt{2}$，即 $0.707A_{vm}$ 所对应的频率分别称为下限频率 f_L 和上限频率 f_H，则通频带 $f_{BW}=f_H-f_L$。

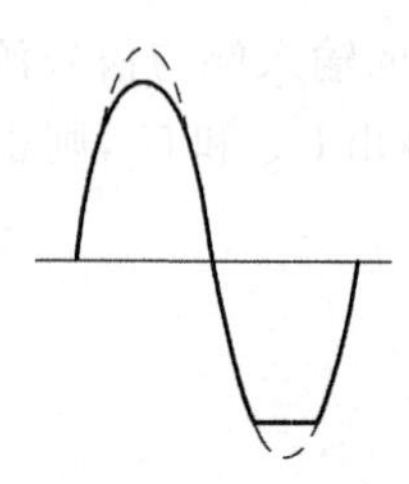

图4-5　静态工作点正常，输入信号太大引起的失真

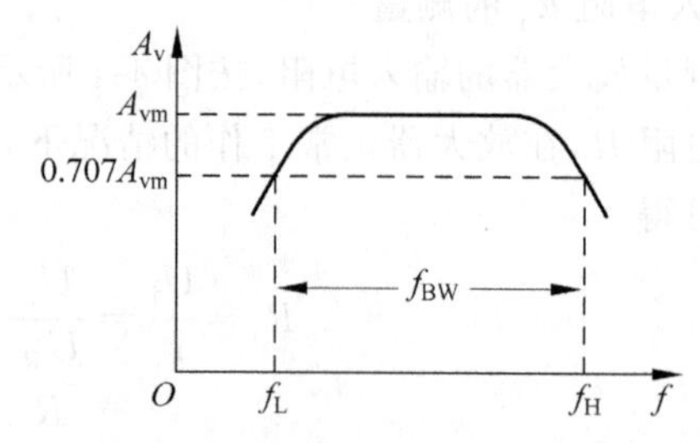

图4-6　单管阻容耦合放大电路的幅频特性曲线

放大器的幅频特性就是测量不同频率信号时的电压放大倍数 A_v。因此，可采用前述测量 A_v 的方法，每改变一个信号频率，测量其相应的电压放大倍数，测量时应注意取点要恰当，在低频段与高频段多测几点，在中频段可以少测几点。此外，在改变频率时，要保持输入信号的幅度不变，且输出波形不能失真。

4.1.3 实验设备与器件

实验所需的设备与器件如下：

（1）+12V直流电源；

（2）函数信号发生器；

(3) 双踪示波器；

(4) 交流毫伏表；

(5) 直流电压表；

(6) 频率计；

(7) 万用表；

(8) 晶体三极管 3DG6(β=50～100)或 9011(引脚排列见图 4-7)；

(9) 2.4kΩ 电阻,电容若干。

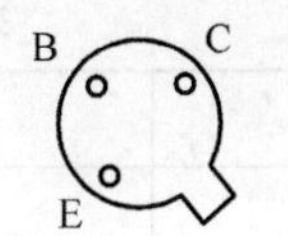

图 4-7　晶体三极管引脚排列

4.1.4　实验内容

实验电路如图 4-1 所示。各电子仪器可按图 4-1 所示方式连接,为防止干扰,各仪器的公共端必须连在一起,同时信号源、交流毫伏表和示波器的引线应采用专用电缆线或屏蔽线。若使用屏蔽线,屏蔽线的外包金属网应接在公共接地端上。

1. 调试静态工作点

接通直流电源前,先将 R_W 调至最大,将函数信号发生器输出旋钮旋至零。接通+12V 电源,调节 R_W,使 I_C=2.0mA(即 U_E=2.0V),用直流电压表测量 U_B、U_E、U_C,用万用电表测量 R_{B2},记入表 4-1。

表 4-1　I_C=2.0mA 时的静态工作点参数

测量值				计算值		
U_B/V	U_E/V	U_C/V	R_{B2}/kΩ	U_{BE}/V	U_{CE}/V	I_C/mA

2. 测量电压放大倍数

在放大器输入端加入频率为 1kHz 的正弦信号 u_s,调节函数信号发生器的输出旋钮,使放大器输入电压有效值 $U_i \approx$10mV,同时用示波器观察放大器输出电压 u_o 波形,在波形不失真的条件下用交流毫伏表测量 3 种情况下的 U_o 值,并用双踪示波器观察 u_o 和 u_i 的相位关系,记入表 4-2。

表 4-2　I_C=2.0mA,$U_i \approx$10mV 时的输出电压及波形

R_C/kΩ	R_L/kΩ	U_o/V	A_v	观察记录一组 u_o 和 u_i 波形
2.4	∞			
1.2	∞			
2.4	2.4			

3. 观察静态工作点对电压放大倍数的影响

设置 R_C=2.4kΩ,R_L=∞,U_i 为一适当值,调节 R_W,用示波器监视输出电压波形,在 u_o 不失真的条件下,测量 I_C 和 U_o,记入表 4-3。

表 4-3　$R_C=2.4\text{k}\Omega, R_L=\infty$ 时的参数值

U_i/mV	I_C/mA	U_o/V	A_v
	2.0		

测量 I_C 时，要先将信号源输出旋钮旋至零(使 $U_i=0$)。

4. 观察静态工作点对输出波形失真的影响

$R_C=2.4\text{k}\Omega, R_L=2.4\text{k}\Omega, u_i=0$，调节 R_W 使 $I_C=2.0\text{mA}$，测出 U_{CE} 值，再逐步增大输入信号，使输出电压 u_o 足够大但不失真。然后保持输入信号不变，分别增大和减小 R_W，使波形出现失真，绘出 u_o 的波形，并测出失真情况下的 I_C 和 U_{CE} 值，记入表 4-4。每次测 I_C 和 U_{CE} 值时都要将信号源的输出旋钮旋至零。

表 4-4　$R_C=2.4\text{k}\Omega, R_L=2.4\text{k}\Omega$ 时的输出波形失真情况

I_C/mA	U_{CE}/V	u_o 波形	失真情况	管子工作状态
		u_o O t		
2.0		u_o O t		
		u_o O t		

5. 测量最大不失真输出电压*

$R_C=2.4\text{k}\Omega, R_L=2.4\text{k}\Omega$，按照实验原理中所述方法，同时调节输入信号的幅度和电位器 R_W，用示波器和交流毫伏表测量 U_{OPP} 和 U_o，记入表 4-5。

表 4-5　$R_C=2.4\text{k}\Omega, R_L=2.4\text{k}\Omega$ 时最大不失真输出电压

I_C/mA	U_{im}/mV	U_{om}/V	U_{OPP}/V

6. 测量输入电阻和输出电阻*

$I_C=2.0\text{mA}, R_C=2.4\text{k}\Omega, R_L=2.4\text{k}\Omega$。输入 $f=1\text{kHz}$ 的正弦信号，在输出电压 u_o 不失真的情况下，用交流毫伏表测量 U_S、U_i 和 U_L，记入表 4-6。

保持 U_S 不变，断开 R_L，测量输出电压 U_o，记入表 4-6。

表 4-6　$I_C=2mA, R_C=2.4k\Omega, R_L=2.4k\Omega$ 时的参数值

U_S/mV	U_i/mV	R_i/kΩ		U_L/V	U_o/V	R_o/kΩ	
		测量值	计算值			测量值	计算值

7. 测量幅频特性曲线*

$I_C=2.0mA, R_C=2.4k\Omega, R_L=2.4k\Omega$。保持输入信号 u_i 的幅度不变，改变信号源频率 f，逐点测出相应的输出电压 U_o，记入表 4-7。

表 4-7　改变信号源频率的参数值

f/kHz	U_o/V	$A_v=U_o/U_i$
$f_L=$		
$f_0=$		
$f_H=$		

为了信号源频率 f 取值合适，可先粗测一下，找出中频范围，再仔细读数。

说明：本实验内容较多，其中测量最大不失真输出电压、测量输入电阻和输出电阻，以及测量幅频特性曲线等内容可作为选作内容(已用 * 标出)。图 4-8 所示电路为实验中实际采用的共射极单管放大器与带有负反馈两级放大器的电路板模块。

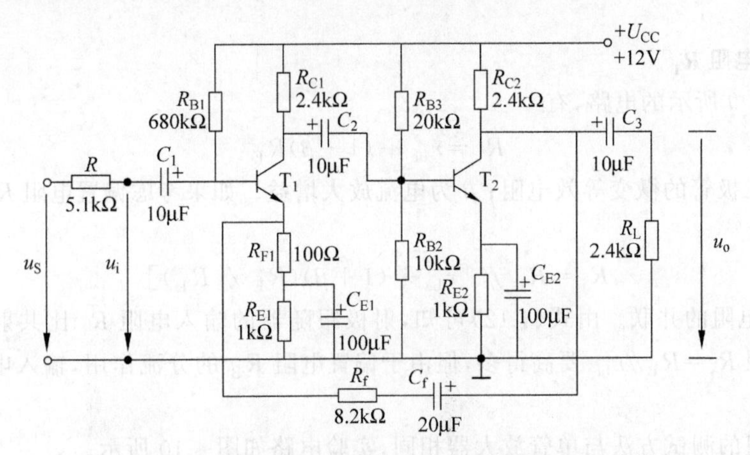

图 4-8　共射极单管放大器与带有负反馈的两级放大器

4.1.5　思考题

(1) 列表整理测量结果，并把静态工作点、电压放大倍数、输入电阻、输出电阻测量值与理论计算值比较，分析产生误差的原因。

(2) 总结静态工作点对放大器电压放大倍数、输入电阻、输出电阻的影响。

(3) 讨论静态工作点变化对放大器输出波形的影响。

4.2 射极跟随器

射极跟随器属于共集电极放大电路，虽然没有电压放大作用，但可以实现电流放大，而且具有电压跟随的作用，由于输入电阻较高，输出电阻较低，且频率特性好，因此可用于多级放大电路的输入级、输出级或缓冲级。

4.2.1 实验目的

(1) 掌握射极跟随器的特性及测试方法。

(2) 进一步学习放大器各项参数的测试方法。

4.2.2 实验原理

射极跟随器的原理图如图 4-9 所示。它是一个电压串联负反馈放大电路，具有输入电阻高、输出电阻低、电压放大倍数接近 1、输出电压能够在较大范围内跟随输入电压做线性变化以及输入输出信号同相等特点。

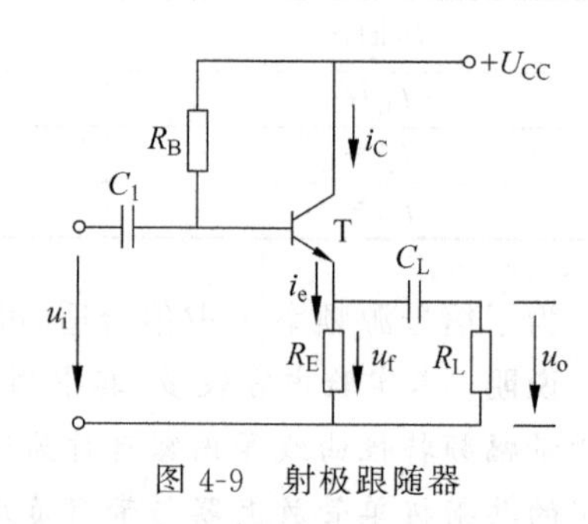

图 4-9 射极跟随器

射极跟随器的输出取自发射极，故称为射极输出器。

1. 输入电阻 R_i

对于图 4-9 所示的电路，有

$$R_i = r_{be} + (1+\beta)R_E \tag{4-11}$$

其中，r_{be} 为三极管的微变等效电阻；β 为电流放大增益。如果考虑偏置电阻 R_B 和负载 R_L 的影响，则有

$$R_i = R_B \mathbin{/\!/} [r_{be} + (1+\beta)(R_E \mathbin{/\!/} R_L)] \tag{4-12}$$

其中，//表示电阻的并联。由式(4-12)可知，射极跟随器的输入电阻 R_i 比共射极单管放大器的输入电阻 $R_i = R_B /\!/ r_{be}$ 要高得多，但由于偏置电阻 R_B 的分流作用，输入电阻难以进一步提高。

输入电阻的测试方法与单管放大器相同，实验电路如图 4-10 所示。

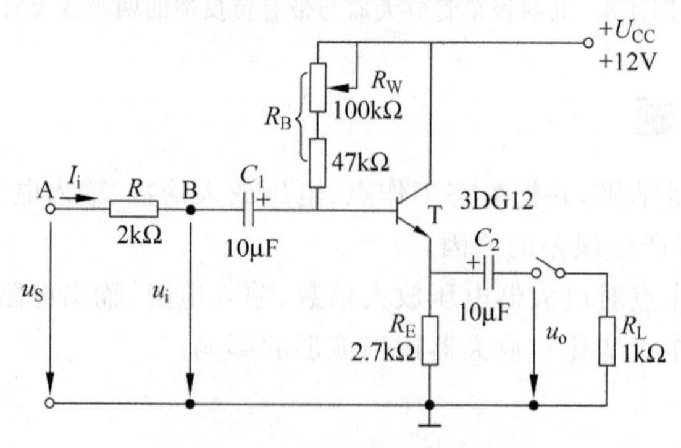

图 4-10 射极跟随器实验电路

输入电阻的计算式为

$$R_{\mathrm{i}}=\frac{U_{\mathrm{i}}}{I_{\mathrm{i}}}=\frac{U_{\mathrm{i}}}{U_{\mathrm{S}}-U_{\mathrm{i}}}R \tag{4-13}$$

即只要测得A、B两点的对地电位即可计算出R_{i}。

2. 输出电阻R_{o}

输出电阻的计算式为

$$R_{\mathrm{o}}=\frac{r_{\mathrm{be}}}{\beta}\,/\!/\,R_{\mathrm{E}}\approx\frac{r_{\mathrm{be}}}{\beta} \tag{4-14}$$

如果考虑信号源内阻R_{S}，则有

$$R_{\mathrm{o}}=\frac{r_{\mathrm{be}}+(R_{\mathrm{S}}\,/\!/\,R_{\mathrm{B}})}{\beta}\,/\!/\,R_{\mathrm{E}}\approx\frac{r_{\mathrm{be}}+(R_{\mathrm{S}}\,/\!/\,R_{\mathrm{B}})}{\beta} \tag{4-15}$$

由式(4-15)可知，射极跟随器的输出电阻比共射极单管放大器的输出电阻(约等于R_{C})低得多。三极管的β越高，输出电阻越小。

输出电阻R_{o}的测试方法与单管放大器相同，即先测出空载输出电压U_{o}，再测接入负载R_{L}后的输出电压U_{L}，根据

$$U_{\mathrm{L}}=\frac{R_{\mathrm{L}}}{R_{\mathrm{o}}+R_{\mathrm{L}}}U_{\mathrm{o}} \tag{4-16}$$

即可求出

$$R_{\mathrm{o}}=\left(\frac{U_{\mathrm{o}}}{U_{\mathrm{L}}}-1\right)R_{\mathrm{L}} \tag{4-17}$$

3. 电压放大倍数

对于图4-10电路，电压放大倍数计算式为

$$A_{\mathrm{v}}=\frac{(1+\beta)(R_{\mathrm{E}}\,/\!/\,R_{\mathrm{L}})}{r_{\mathrm{be}}+(1+\beta)(R_{\mathrm{E}}\,/\!/\,R_{\mathrm{L}})}\leqslant 1 \tag{4-18}$$

式(4-18)说明射极跟随器的电压放大倍数小于并接近1，且为正值，这是深度电压负反馈的结果。但它的射极电流仍比基极电流大$(1+\beta)$倍，所以它具有一定的电流和功率放大作用。

4. 电压跟随范围

电压跟随范围是指射极跟随器输出电压u_{o}随输入电压u_{i}线性变化的区域。当u_{i}超过一定范围时，u_{o}便不能随u_{i}线性变化，即u_{o}波形产生了失真。为了使输出电压u_{o}正、负半周对称，并充分利用电压跟随范围，静态工作点应选在交流负载线中点，测量时可直接用示波器读取u_{o}的峰-峰值，即电压跟随范围；或用交流毫伏表读取u_{o}的有效值U_{o}，则电压跟随范围为

$$U_{\mathrm{OPP}}=2\sqrt{2}U_{\mathrm{o}} \tag{4-19}$$

4.2.3 实验设备与器件

实验所需的设备与器件如下：

(1) +12V直流电源；

(2) 函数信号发生器；

(3) 双踪示波器；

(4) 交流毫伏表；

(5) 直流电压表；

(6) 频率计；

(7) 万用表；

(8) 实验板、晶体三极管 3DG12($\beta=50\sim100$)或 9013；

(9) 1kΩ 电阻，电容若干。

4.2.4 实验内容

按图 4-10 所示连接电路。

1. 静态工作点的调整

接通+12V 直流电源，在 B 点加入 $f=1\text{kHz}$ 正弦信号 u_i，在输出端用示波器监视输出波形，反复调整 R_W 及信号源的输出幅度，使示波器的屏幕上得到一个最大不失真输出波形，然后置 $u_i=0$，用直流电压表测量晶体管各电极对地电位，将测得数据记入表 4-8。

表 4-8 静态工作点的调整

U_E/V	U_B/V	U_C/V	I_E/mA

在下面整个测试过程中应保持 R_W 值不变(即保持静态工作点 I_E 不变)。

2. 测量电压放大倍数 A_v

接入负载 $R_L=1\text{k}\Omega$，在 B 点加入 $f=1\text{kHz}$ 正弦信号 u_i，调节输入信号幅度，用示波器观察输出波形 u_o，在输出最大不失真情况下，用交流毫伏表测量 U_i 和 U_L，记入表 4-9。

表 4-9 测量电压放大倍数

U_i/V	U_L/V	A_v

3. 测量输出电阻 R_o

接入负载 $R_L=1\text{k}\Omega$，在 B 点加入 $f=1\text{kHz}$ 正弦信号 u_i，用示波器监视输出波形，测量空载输出电压 U_o 以及有负载时输出电压 U_L，记入表 4-10。

表 4-10 测量输出电阻

U_o/V	U_L/V	R_o/kΩ

4. 测量输入电阻 R_i

在 A 点加入 $f=1\text{kHz}$ 的正弦信号 u_s，用示波器监视输出波形，用交流毫伏表分别测出 A、B 点对地的电位 U_S、U_i，记入表 4-11。

表 4-11 测量输入电阻

U_S/V	U_i/V	R_i/kΩ

5. 测试跟随特性

接入负载 $R_L=1\text{k}\Omega$，在 B 点加入 $f=1\text{kHz}$ 正弦信号 u_i，逐渐增大信号 u_i 幅度，用示波器监视输出波形直至输出波形达到最大不失真，测量对应的 U_L 值，记入表 4-12。

表 4-12 测试跟随特性

U_i/V	
U_L/V	

6. 测试频率响应特性

保持输入信号 u_i 幅度不变，改变信号源频率，用示波器监视输出波形，用交流毫伏表测量不同频率下的输出电压 U_L 值，记入表 4-13。

表 4-13 测试频率响应特性

f/kHz	
U_L/V	

4.2.5 思考题

(1) 整理实验数据，并绘制 U_L-U_i 和 U_L-f 曲线。

(2) 分析射极跟随器的性能和特点。

4.3 差动放大器

视频讲解

差动放大电路通过双倍的器件，抑制温度或电网电压波动等外界因素的变化对电路性能的影响，即对共模信号具有较强的抑制能力，以改善整个电路的性能，因此多用于多级直接耦合放大器的输入级。

4.3.1 实验目的

(1) 加深对差动放大器性能及特点的理解。

(2) 学习差动放大器主要性能指标的测试方法。

4.3.2 实验原理

图 4-11 所示为差动放大器的基本结构。它由两个元件参数相同的基本共射放大电路组成。当开关 K 拨向左边时，构成典型的差动放大器。调零电位器 R_p 用来调节 T_1、T_2 管的静态工作点，使输入信号 $U_i=0$ 时，双端输出电压 $U_o=0$。R_E 为两管共用的发射极电阻，它对差模信号无负反馈作用，因而不影响差模电压放大倍数，但对共模信号有较强的负反馈

作用，故可以有效地抑制零漂，稳定静态工作点。

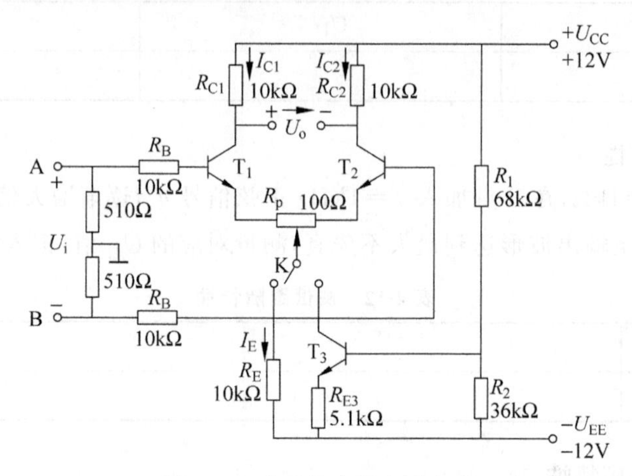

图 4-11 差动放大器实验电路

当开关 K 拨向右边时，构成具有恒流源的差动放大器。它用晶体管恒流源代替发射极电阻 R_E，可以进一步提高差动放大器抑制共模信号的能力。

1. 静态工作点的估算

典型电路中有

$$I_E \approx \frac{|U_{EE}|-U_{BE}}{R_E} \quad (\text{认为 } U_{B1}=U_{B2}\approx 0) \tag{4-20}$$

$$I_{C1}=I_{C2}=\frac{1}{2}I_E \tag{4-21}$$

恒流源电路中有

$$I_{C3}\approx I_{E3}\approx \frac{\frac{R_2}{R_1+R_2}(U_{CC}+|U_{EE}|)-U_{BE}}{R_{E3}} \tag{4-22}$$

$$I_{C1}=I_{C2}=\frac{1}{2}I_{C3} \tag{4-23}$$

2. 差模电压放大倍数和共模电压放大倍数

当差动放大器的发射极电阻 R_E 足够大或采用恒流源电路时，差模电压放大倍数 A_{ud} 由输出方式决定，而与输入方式无关。

若为双端输出，$R_E=\infty$，R_p 在中心位置时，则

$$A_{ud}=\frac{\Delta U_o}{\Delta U_i}=-\frac{\beta R_C}{R_B+r_{be}+\frac{1}{2}(1+\beta)R_p} \tag{4-24}$$

若为单端输出，则

$$A_{ud1}=\frac{\Delta U_{C1}}{\Delta U_i}=\frac{1}{2}A_{ud} \tag{4-25}$$

$$A_{ud2}=\frac{\Delta U_{C2}}{\Delta U_i}=-\frac{1}{2}A_{ud} \tag{4-26}$$

当输入共模信号时，若为单端输出，则

$$A_{uc1}=A_{uc2}=\frac{\Delta U_{C1}}{\Delta U_i}=\frac{-\beta R_C}{R_B+r_{be}+(1+\beta)\left(\frac{1}{2}R_p+2R_E\right)}\approx-\frac{R_C}{2R_E} \tag{4-27}$$

若为双端输出，在理想情况下，则

$$A_{uc}=\frac{\Delta U_o}{\Delta U_i}=0 \tag{4-28}$$

实际上，由于元件不可能完全对称，A_{uc} 也不会绝对等于零。

3. 共模抑制比 K_{CMR}

为了表征差动放大器对有用信号（差模信号）的放大作用和对共模信号的抑制能力，通常用一个综合指标来衡量，即共模抑制比。

$$K_{CMR}=\left|\frac{A_{ud}}{A_{uc}}\right| \quad 或 \quad K_{CMR}=20\log\left|\frac{A_{ud}}{A_{uc}}\right| \mathrm{dB} \tag{4-29}$$

差动放大器的输入信号可采用直流信号，也可采用交流信号。本实验由函数信号发生器提供频率 $f=1\mathrm{kHz}$ 的正弦信号作为输入信号。

4.3.3 实验设备与器件

实验所需的设备与器件如下：

(1) +12V 直流电源；

(2) 函数信号发生器；

(3) 双踪示波器；

(4) 交流毫伏表；

(5) 直流电压表；

(6) 频率计；

(7) 万用表；

(8) 实验电路板，晶体三极管 3DG6×3($\beta=50\sim100$)或 9011×3，要求 T_1、T_2 管特性参数一致；

(9) 电阻、电容若干。

4.3.4 实验内容

1. 典型差动放大器性能测试

按图 4-11 所示连接实验电路，开关 K 拨向左边构成典型差动放大器。

1) 测量静态工作点

(1) 调节放大器零点。信号源不接入，将放大器输入端 A、B 与地短接，接通±12V 直流电源，用直流电压表测量输出电压 U_o，调节调零电位器 R_p，使 $U_o=0$。调节要仔细，力求准确。

(2) 测量静态工作点。零点调好以后，用直流电压表测量 T_1、T_2 管各电极电位及射极电阻 R_E 两端电压 U_{RE}，记入表 4-14。

表 4-14 测量静态工作点

测量值	U_{C1}/V	U_{B1}/V	U_{E1}/V	U_{C2}/V	U_{B2}/V	U_{E2}/V	U_{RE}/V
计算值	I_C/mA		I_B/mA		U_{CE}/V		

2）测量差模电压放大倍数

断开直流电源，将函数信号发生器的输出端接放大器输入 A 端，地端接放大器输入 B 端，构成单端输入方式。调节输入信号为频率 $f=1\text{kHz}$ 的正弦信号，并将输出旋钮旋至零，用示波器监视输出端(集电极 C_1 或 C_2 与地之间)。

接通 $\pm 12\text{V}$ 直流电源，逐渐增大输入电压 U_i（约 100mV），在输出波形无失真的情况下，用交流毫伏表测量 U_i、U_{C1}、U_{C2}，记入表 4-15，并用双踪示波器观察 u_i、u_{C1}、u_{C2} 之间的相位关系及 U_{RE} 随 U_i 改变而变化的情况。

3）测量共模电压放大倍数

将放大器 A、B 端短接，信号源接在 A 端与地之间，构成共模输入方式。调节输入信号 $f=1\text{kHz}$，$U_i=1\text{V}$，在输出电压无失真的情况下，测量 U_{C1} 和 U_{C2} 的值，记入表 4-15，并观察 u_i、u_{C1}、u_{C2} 之间的相位关系及 U_{RE} 随 U_i 改变而变化的情况。

2. 具有恒流源的差动放大电路性能测试

将图 4-11 所示电路中的开关 K 拨向右边，构成具有恒流源的差动放大电路。重复测量差模电压放大倍数和共模电压放大倍数，记入表 4-15。

表 4-15 测量电压放大倍数

参　数	典型差动放大电路		具有恒流源差动放大电路	
	单端输入	共模输入	单端输入	共模输入
U_i	100mV	1V	100mV	1V
U_{C1}/V				
U_{C2}/V				
$A_{ud1}=\dfrac{U_{C1}}{U_i}$		—		—
$A_{ud}=\dfrac{U_o}{U_i}$		—		—
$A_{uc1}=\dfrac{U_{C1}}{U_i}$	—		—	
$A_{uc}=\dfrac{U_o}{U_i}$	—		—	
$K_{CMR}=\left\|\dfrac{A_{ud1}}{A_{uc1}}\right\|$				

4.3.5 思考题

(1) 整理实验数据，列表比较实验结果和理论估计值，分析误差原因。

(2) 比较 u_i、u_{C1} 和 u_{C2} 之间的相位关系。

(3) 根据实验结果,总结电阻 R_E 和恒流源的作用。

4.4 负反馈放大器

在所有实际使用的放大电路中都要适当地引入负反馈,用以改善放大电路的性能指标。

视频讲解

4.4.1 实验目的

加深理解放大电路中引入负反馈的方法和负反馈对放大器各项性能指标的影响。

视频讲解

4.4.2 实验原理

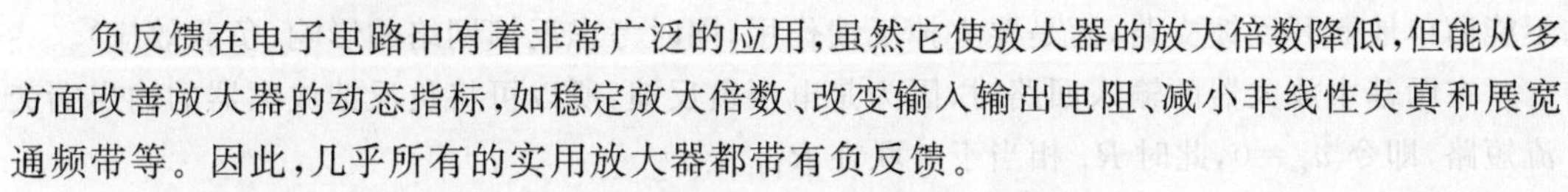

负反馈在电子电路中有着非常广泛的应用,虽然它使放大器的放大倍数降低,但能从多方面改善放大器的动态指标,如稳定放大倍数、改变输入输出电阻、减小非线性失真和展宽通频带等。因此,几乎所有的实用放大器都带有负反馈。

负反馈放大器有 4 种组态,即电压串联、电压并联、电流串联和电流并联。本实验以电压串联负反馈为例,分析负反馈对放大器各项性能指标的影响。

(1) 图 4-12 所示电路为带有负反馈的两级阻容耦合放大器,在电路中通过 R_f 把输出电压 u_o 引回输入端,加在晶体管 T_1 的发射极上,在发射极电阻 R_{F1} 上形成反馈电压 u_f。根据反馈的判断法可知,它属于电压串联负反馈。

主要性能指标如下。

闭环电压放大倍数为

$$A_{uf}=\frac{A_u}{1+A_uF_u} \tag{4-30}$$

其中,$A_u=U_o/U_i$ 为基本放大器(无反馈)的电压放大倍数,即开环电压放大倍数;$1+A_uF_u$ 为反馈深度,它的大小决定了负反馈对放大器性能改善的程度。

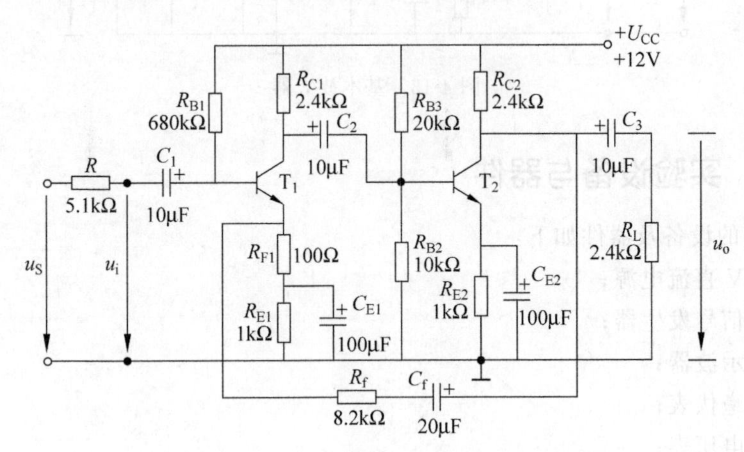

图 4-12 带有负反馈的两级阻容耦合放大器

反馈系数为

$$F_u = \frac{R_{F1}}{R_f + R_{F1}} \tag{4-31}$$

输入电阻为

$$R_{if} = (1 + A_u F_u) R_i \tag{4-32}$$

其中,R_i 为基本放大器的输入电阻。

输出电阻为

$$R_{of} = \frac{R_o}{1 + A_{uo} F_u} \tag{4-33}$$

其中,R_o 为基本放大器的输出电阻;A_{uo} 为基本放大器 $R_L = \infty$ 时的电压放大倍数。

(2) 本实验还需要测量基本放大器的动态参数,怎样实现无反馈而得到基本放大器呢?不能简单地断开反馈支路,而是要去掉反馈作用,同时考虑反馈网络的影响(负载效应)。

在画基本放大器的输入回路时,因为是电压负反馈,所以可将负反馈放大器的输出端交流短路,即令 $u_o = 0$,此时 R_f 相当于并联在 R_{F1} 上。

在画基本放大器的输出回路时,由于输入端是串联负反馈,因此要将反馈放大器的输入端(T_1 管的发射极)开路,此时($R_f + R_{F1}$)相当于并接在输出端。可近似认为 R_f 并接在输出端。

根据上述规律,就可得到所要求的如图 4-13 所示的基本放大器。

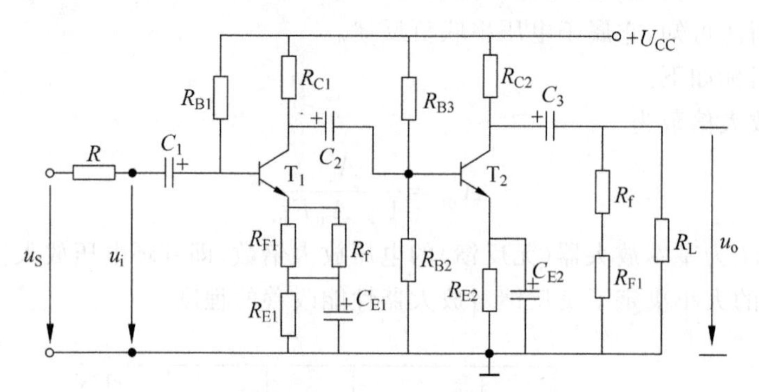

图 4-13 基本放大器

4.4.3 实验设备与器件

实验所需的设备及器件如下:

(1) +12V 直流电源;

(2) 函数信号发生器;

(3) 双踪示波器;

(4) 交流毫伏表;

(5) 直流电压表;

(6) 频率计;

(7) 万用表;

(8) 实验电路板,晶体三极管 3DG6×2($\beta = 50 \sim 100$)或 9011×2,电阻、电容若干。

4.4.4 实验内容

1. 测量静态工作点

按图 4-12 所示连接实验电路，取 $U_{CC}=+12V$，$U_i=0$，用直流电压表分别测量第 1 级、第 2 级静态工作点，记入表 4-16。

表 4-16 测量静态工作点

级数	U_B/V	U_E/V	U_C/V	I_C/mA
第 1 级				
第 2 级				

2. 测试基本放大器的各项性能指标

将实验电路按图 4-13 所示改接，即把 R_f 断开后分别并接在 R_{F1} 和 R_L 上，其他连线不动。

(1) 测量中频电压放大倍数 A_u，输入电阻 R_i 和输出电阻 R_o。

以 $f=1kHz$，U_S 约为 5mV 的正弦信号输入放大器，用示波器监视输出波形 u_o，在 u_o 不失真的情况下，用交流毫伏表测量 U_S、U_i、U_L，记入表 4-17。

保持 U_S 不变，断开负载电阻 R_L（注意，R_f 不要断开），测量空载时的输出电压 U_o，记入表 4-17。

(2) 测量通频带。接上 R_L，保持 U_S 不变，然后增大和减小输入信号的频率，找出上、下限频率 f_H 和 f_L，记入表 4-18。

3. 测试负反馈放大器的各项性能指标

将实验电路恢复为图 4-12 所示的负反馈放大电路。适当增大 U_S（约 10mV），在输出波形不失真的条件下，测量负反馈放大器的 A_{uf}、R_{if} 和 R_{of}，记入表 4-17；测量 f_{Hf} 和 f_{Lf}，记入表 4-18。

表 4-17 测量负反馈放大器的各项指标

基本放大器	U_S/mV	U_i/mV	U_L/V	U_o/V	A_u	R_i/kΩ	R_o/kΩ
负反馈放大器	U_S/mV	U_i/mV	U_L/V	U_o/V	A_{uf}	R_{if}/kΩ	R_{of}/kΩ

表 4-18 测量通频带的各项指标

基本放大器	f_L/kHz	f_H/kHz	Δf/kHz
负反馈放大器	f_{Lf}/kHz	f_{Hf}/kHz	Δf_f/kHz

4. 观察负反馈对非线性失真的改善*

(1) 将实验电路改接成基本放大器形式，在输入端加入 $f=1kHz$ 的正弦信号，输出端接示波器，逐渐增大输入信号的幅度，使输出波形开始出现失真，记录此时的波形和输出电压的幅度。

（2）将实验电路改接成负反馈放大器形式，增大输入信号幅度，使输出电压幅度的大小与基本放大器相同，比较有负反馈时输出波形的变化。

4.4.5 思考题

（1）将基本放大器和负反馈放大器动态参数的实测值和理论估计值列表进行比较。

（2）根据实验结果，总结电压串联负反馈对放大器性能的影响。

4.5 模拟运算电路

由集成运算放大器连接电阻或电容等电子器件，可以构成多种模拟运算电路。

4.5.1 实验目的

（1）研究由集成运算放大器组成的比例、加法、减法和积分等基本运算电路的功能。

（2）了解运算放大器在实际应用时应考虑的一些问题。

4.5.2 实验原理

集成运算放大器是一种具有高电压放大倍数的直接耦合多级放大电路。当外部接入不同的线性或非线性元器件组成输入和负反馈电路时，可以灵活地实现各种特定的函数关系。在线性应用方面，可组成比例、加法、减法、积分、微分和对数等模拟运算电路。

1. 理想运算放大器特性

在大多数情况下，将运算放大器（运放）视为理想运放，就是将运放的各项技术指标理想化，满足下列条件的运放称为理想运放：开环电压增益 $A_{ud}=\infty$；输入阻抗 $r_i=\infty$；输出阻抗 $r_o=0$；带宽 $f_{BW}=\infty$；失调与漂移均为零等。

理想运放在线性应用时的两个重要特性如下。

（1）输出电压 U_o 与输入电压之间满足关系

$$U_o=A_{ud}(U_+-U_-) \tag{4-34}$$

由于 $A_{ud}=\infty$，而 U_o 为有限值，因此，$U_+-U_-\approx 0$，即 $U_+\approx U_-$，称为“虚短”。

（2）由于 $r_i=\infty$，故流进运放两个输入端的电流可视为零，即 $I_{IB}=0$，称为“虚断”。这说明运放对其前级吸取电流极小。

上述两个特性是分析理想运放应用电路的基本原则，可简化运放电路的计算。

2. 基本运算电路

1）反相比例运算电路

反相比例运算电路如图 4-14 所示。对于理想运放，该电路的输出电压与输入电压之间的关系为

$$U_o=-\frac{R_F}{R_1}U_i \tag{4-35}$$

为了减小输入级偏置电流引起的运算误差，在同相输入端应接入平衡电阻 $R_2=R_1/\!/R_F$。

2）反相加法运算电路

反相加法运算电路如图 4-15 所示，输出电压与输入电压之间的关系为

$$U_o = -\left(\frac{R_F}{R_1}U_{i1} + \frac{R_F}{R_2}U_{i2}\right), \quad R_3 = R_1 /\!/ R_2 /\!/ R_F \tag{4-36}$$

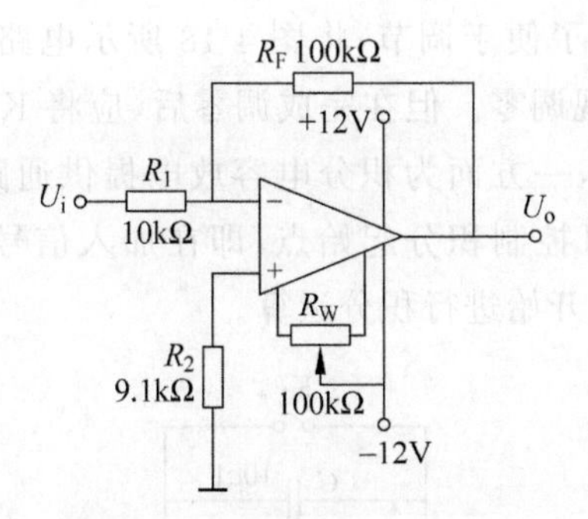

图 4-14 反相比例运算电路

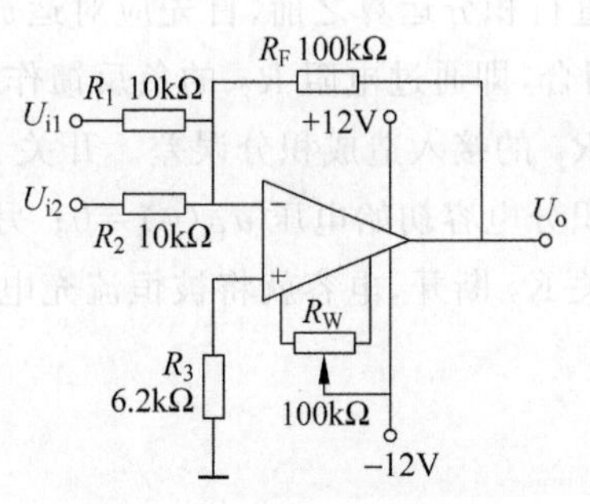

图 4-15 反相加法运算电路

3）同相比例运算电路

图 4-16(a)所示为同相比例运算电路，它的输出电压与输入电压之间的关系为

$$U_o = \left(1 + \frac{R_F}{R_1}\right)U_i, \quad R_2 = R_1 /\!/ R_F \tag{4-37}$$

当 $R_1 \to \infty$ 时，$U_o = U_i$，即得到如图 4-16(b)所示的电压跟随器。$R_2 = R_F$，用以减小漂移和起保护作用。一般 R_F 取 10kΩ，R_F 太小起不到保护作用，太大则影响跟随性。

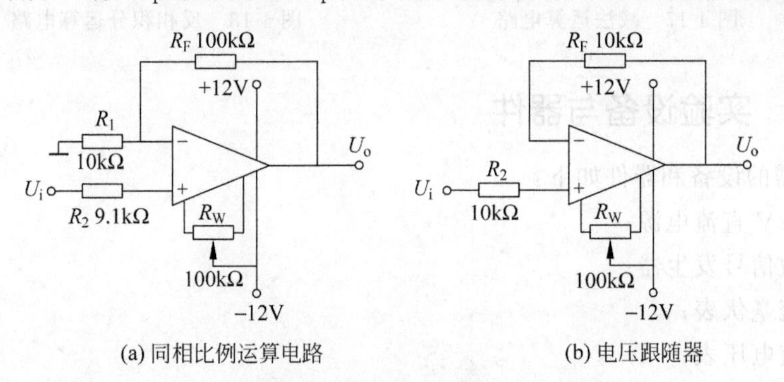

(a) 同相比例运算电路　　(b) 电压跟随器

图 4-16 同相比例运算电路及电压跟随器

4）差动放大电路（减法运算电路）

对于如图 4-17 所示的减法运算电路，当 $R_1 = R_2$，$R_3 = R_F$ 时，有如下关系。

$$U_o = \frac{R_F}{R_1}(U_{i2} - U_{i1}) \tag{4-38}$$

5）积分运算电路

反相积分运算电路如图 4-18 所示。在理想化条件下，输出电压 u_o 为

$$u_o(t) = -\frac{1}{R_1 C}\int_0^t u_i \mathrm{d}t + u_C(0) \tag{4-39}$$

其中，$u_C(0)$是 $t=0$ 时刻电容 C 两端的电压值，即初始值。

如果 $u_i(t)$是幅值为 E 的阶跃电压，并设 $u_C(0)=0$，则

$$u_o(t)=-\frac{1}{R_1C}\int_0^t E\,\mathrm{d}t=-\frac{E}{R_1C}t \tag{4-40}$$

即输出电压 $u_o(t)$随时间增长而线性下降。显然,R_1C 的数值越大,达到给定的 U_o 值所需的时间就越长。积分输出电压所能达到的最大值受集成运放最大输出范围的限制。

在进行积分运算之前,首先应对运放调零。为了便于调节,将图 4-18 所示电路中的开关 K_1 闭合,即通过电阻 R_2 的负反馈作用帮助实现调零。但在完成调零后,应将 K_1 断开,以免因 R_2 的接入造成积分误差。开关 K_2 的设置,一方面为积分电容放电提供通路,同时可实现积分电容初始电压 $u_C(0)=0$;另一方面,可控制积分起始点,即在加入信号 u_i 后,只要开关 K_2 断开,电容就将被恒流充电,电路也就开始进行积分运算。

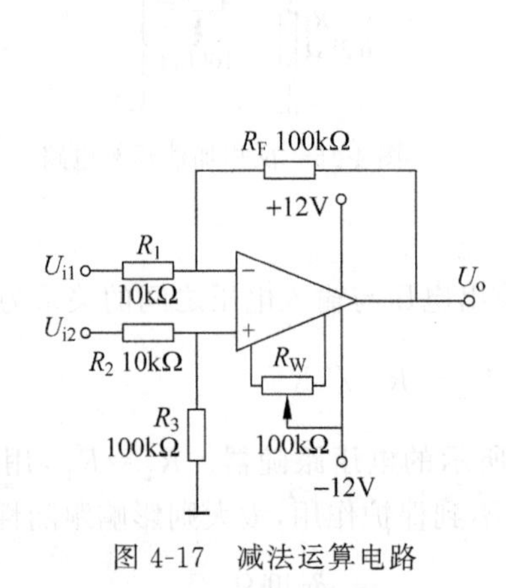

图 4-17　减法运算电路

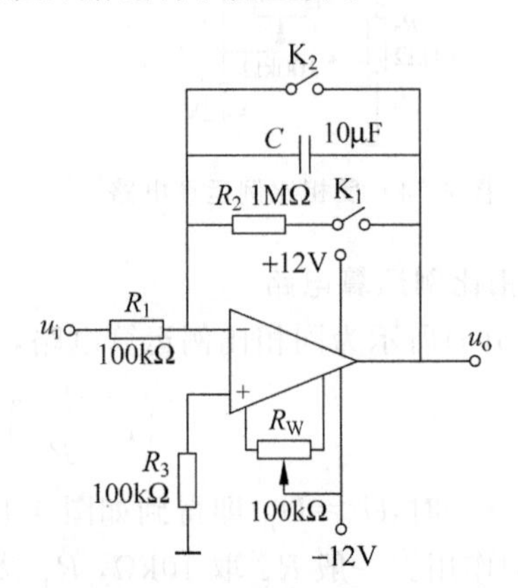

图 4-18　反相积分运算电路

4.5.3　实验设备与器件

实验所需的设备和器件如下:

(1) +12V 直流电源;

(2) 函数信号发生器;

(3) 交流毫伏表;

(4) 直流电压表;

(5) 万用表;

(6) 实验电路板,集成运算放大器 μA741,电阻、电容若干。

4.5.4　实验内容

实验前要看清运放组件各引脚的位置;切忌正、负电源极性接反和输出端短路,否则将损坏集成块。

1. 反相比例运算电路

(1) 按图 4-14 所示连接实验电路,接通 ±12V 电源,输入端对地短路,进行调零和消振。

(2) 输入 $f=100\text{Hz}$,$U_i=0.5\text{V}$ 的正弦交流信号,测量相应的 U_o,并用示波器观察 u_o 和 u_i 的相位关系,记入表 4-19。

表 4-19 反相比例运算电路的电压值及波形

U_i/V	U_o/V	u_i 波形	u_o 波形	A_v	
				实测值	计算值
		u_i O t	u_o O t		

2. 同相比例运算电路

(1) 按图 4-16(a)所示连接实验电路。实验步骤与反相比例运算电路相同,将结果记入表 4-20。

(2) 将图 4-16(a)所示电路中的 R_1 断开,得到如图 4-16(b)所示电路,重复实验内容。

表 4-20 同相比例运算电路的电压值及波形

U_i/V	U_o/V	u_i 波形	u_o 波形	A_v	
				实测值	计算值
		u_i O t	u_o O t		

3. 反相加法运算电路

(1) 按图 4-15 所示连接实验电路,并进行调零和消振。

(2) 输入信号采用直流信号,图 4-19 所示电路为简易可调直流信号源,由实验者自行完成。实验时要注意选择合适的直流信号幅度以确保集成运放工作在线性区。用直流电压表测量输入电压 U_{i1}、U_{i2} 和输出电压 U_o,记入表 4-21。

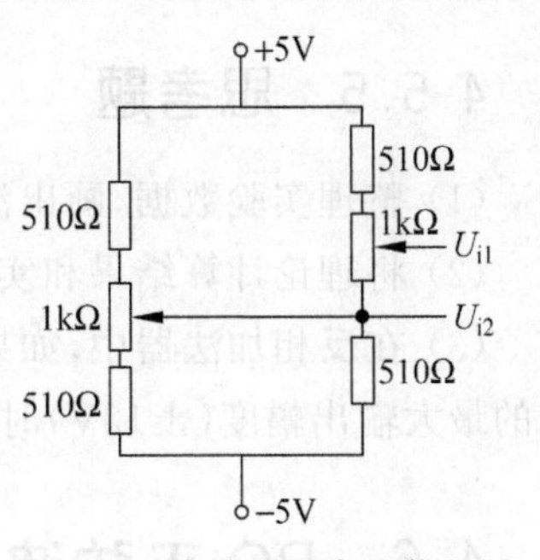

图 4-19 简易可调直流信号源

表 4-21 测量反向加法运算电路的电压值

U_{i1}/V	U_{i2}/V	U_o/V

4. 减法运算电路

(1) 按图 4-17 所示连接实验电路,并进行调零和消振。

(2) 采用直流输入信号,实验步骤与反相加法运算电路相同,实验结果记入表 4-22。

表 4-22 测量减法运算电路的电压值

U_{i1}/V	U_{i2}/V	U_o/V

5. 积分运算电路

实验电路如图 4-18 所示。

(1) 打开开关 K_2,闭合开关 K_1,对运放输出进行调零。

(2) 调零完成后,再打开开关 K_1,闭合开关 K_2,使 $u_C(0)=0$。

(3) 预先调好直流输入电压 $U_i=0.5V$,接入实验电路,再打开开关 K_2,然后用直流电压表测量输出电压 U_o,每隔 5s 读一次 U_o,记入表 4-23,直到 U_o 不继续明显增大为止。

表 4-23 测量积分运算电路的电压值

t/s	U_o/V
0	
5	
10	
15	
20	
25	
30	

4.5.5 思考题

(1) 整理实验数据,画出波形图(注意波形间的相位关系)。

(2) 将理论计算结果和实测数据相比较,分析产生误差的原因。

(3) 在反相加法器中,如果 U_{i1} 和 U_{i2} 均采用直流信号,并选定 $U_{i2}=-1V$,当考虑到运放的最大输出幅度(±12V)时,$|U_{i1}|$ 的大小不应超过多少?

视频讲解

4.6 RC 正弦波振荡器

由 RC 元件和理想集成运放所构成的满足振幅及相位平衡条件的正弦波振荡器,可以用于产生 1MHz 以下的正弦波。

4.6.1 实验目的

(1) 进一步学习 RC 正弦波振荡器的组成及其振荡条件。

(2) 学会测量、调试振荡器。

4.6.2 实验原理

从结构上看,正弦波振荡器是没有输入信号的、带选频网络的正反馈放大器。若用 RC 元件组成选频网络,就称为 RC 振荡器,一般用来产生 1Hz～1MHz 的低频信号。

1. RC 移相振荡器

RC 移相振荡器电路原理图如图 4-20 所示,选择 $R \gg R_i$。

(1) 振荡频率 $f_0=\dfrac{1}{2\pi\sqrt{6}RC}$。

(2) 起振条件：放大器 A 的电压放大倍数 $|A|>29$。

(3) 电路特点：简便，但选频作用差，振幅不稳，频率调节不便，一般用于频率固定且稳定性要求不高的场合。

(4) 频率范围：几赫兹至几十千赫兹。

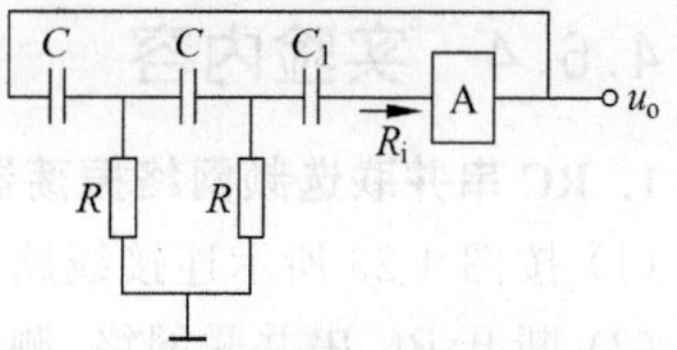

图 4-20　RC 移相振荡器电路原理图

2. RC 串并联网络(文氏桥)振荡器

RC 串并联网络振荡器电路原理图如图 4-21 所示。

(1) 振荡频率 $f_0=\dfrac{1}{2\pi RC}$。

(2) 起振条件 $|A|>3$。

(3) 电路特点：可方便地连续改变振荡频率，便于加负反馈稳幅，容易得到良好的振荡波形。

3. 双 T 选频网络振荡器

双 T 选频网络振荡器电路原理图如图 4-22 所示。

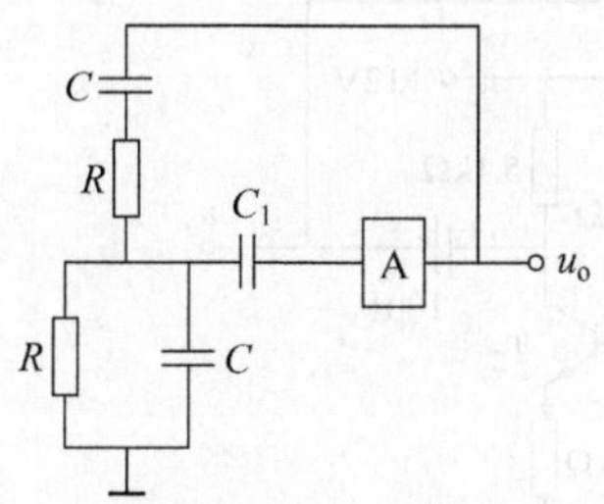

图 4-21　RC 串并联网络振荡器电路原理图

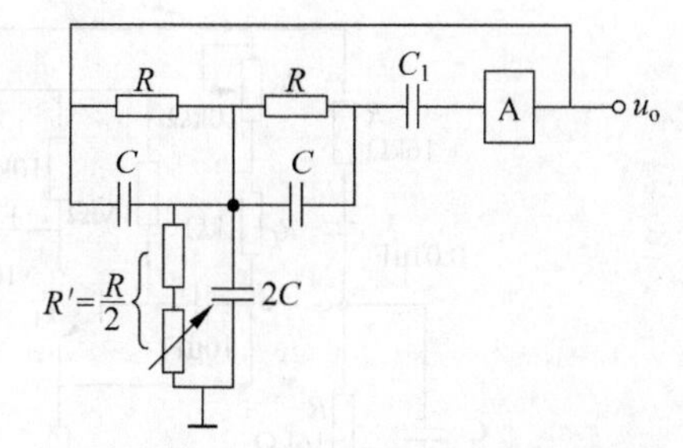

图 4-22　双 T 选频网络振荡器电路原理图

(1) 振荡频率 $f_0=\dfrac{1}{5RC}$。

(2) 起振条件：$R'<\dfrac{R}{2}$，$|AF|>1$。其中，F 为选频网络兼正反馈网络的反馈系数。

(3) 电路特点：选频特性好，调频困难，适合产生单一频率的振荡。

本实验采用两级共射极分立元件放大器组成 RC 正弦波振荡器。

4.6.3　实验设备与器件

实验所需的设备及器件如下：

(1) +12V 直流电源；

(2) 函数信号发生器；

(3) 双踪示波器；

(4) 直流电压表；

(5) 频率计；

(6) 万用表；

(7) 实验电路板，3DG12×2 或 9013×2，电阻、电容若干。

4.6.4 实验内容

1. RC 串并联选频网络振荡器

(1) 按图 4-23 所示连接线路。

(2) 断开 RC 串并联网络,测量放大器静态工作点及电压放大倍数。

(3) 接通 RC 串并联网络,并使电路起振,用示波器观测输出电压 u_o 波形,调节 R_W 以获得满意的正弦信号,记录波形及其参数。

(4) 测量振荡频率,并与计算值进行比较。

(5) 改变 R 或 C 值,观察振荡频率变化情况。

(6) RC 串并联网络幅频特性的观察。将 RC 串并联网络与放大器断开,将函数信号发生器的正弦信号注入 RC 串并联网络,保持输入信号的幅度不变(约 3V),频率由低到高变化,RC 串并联网络输出幅值将随之变化,当信号源达某一频率时,RC 串并联网络的输出将达到最大值(约 1V),且输入、输出同相位。此时信号源频率为

$$f = f_0 = \frac{1}{2\pi RC}$$

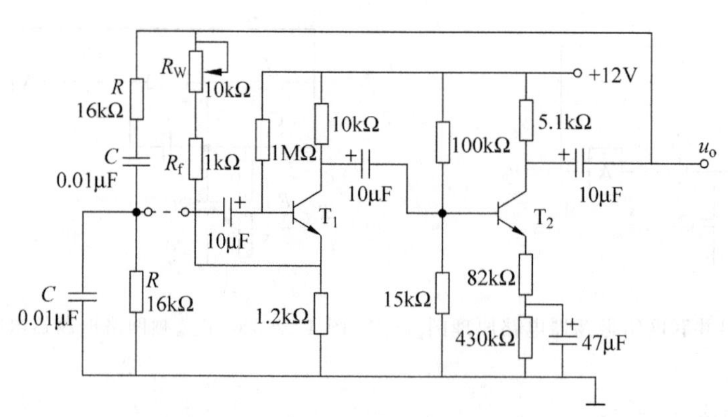

图 4-23 RC 串并联选频网络振荡器

2. 双 T 选频网络振荡器

(1) 按图 4-24 所示连接线路。

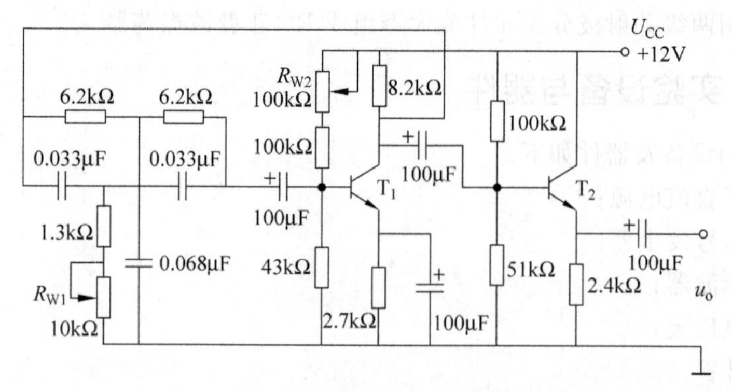

图 4-24 双 T 网络 RC 正弦波振荡器

(2) 断开双 T 网络,调试 T_1 管静态工作点,使 U_{C1} 为 6~7V。

(3) 接入双 T 网络,用示波器观察输出波形。若不起振,调节 R_{W1} 使电路起振。

(4) 测量电路振荡频率,并与计算值比较。

3. RC 移相式振荡器的组装与调试*

(1) 按图 4-25 所示连接线路。

(2) 断开 RC 移相电路,调整放大器的静态工作点,测量放大器电压放大倍数。

(3) 接通 RC 移相电路,调节 R_{B2} 使电路起振,并使输出波形幅度最大,用示波器观测输出电压 u_o 波形,同时用频率计和示波器测量振荡频率,并与理论值比较。

图 4-25 中带 * 的参数自选,时间不够可不做。

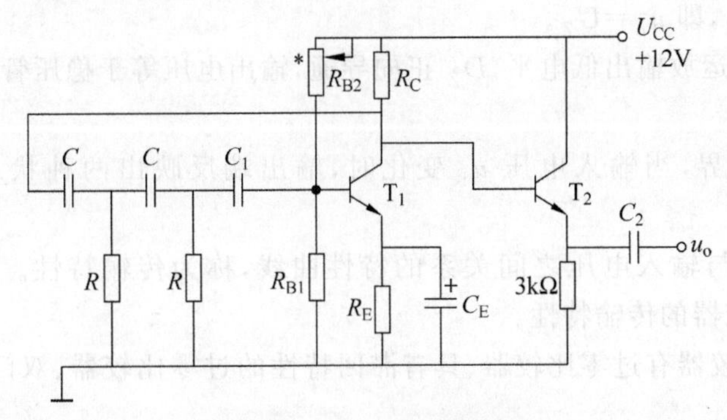

图 4-25 RC 移相式振荡器

4.6.5 思考题

(1) 由给定电路参数计算振荡频率,并与实测值比较,分析误差产生的原因。

(2) 总结 3 类 RC 振荡器的特点。

4.7 电压比较器

电压比较器是集成运放非线性应用电路,可以组成非正弦波形变换电路以及应用于模拟/数字信号转换等领域。

4.7.1 实验目的

(1) 掌握电压比较器的电路构成及特点。

(2) 学会测试电压比较器的方法。

4.7.2 实验原理

电压比较器是集成运放非线性应用电路,它将一个模拟量电压信号和一个参考电压相比较,在二者幅度相等的附近,输出电压将产生跃变,相应输出高电平或低电平。电压比较器可以组成非正弦波形变换电路以及应用于模拟/数字信号转换等领域。

图 4-26 所示电路为一个最简单的电压比较器,U_R 为参考电压,加在运放的同相输入端,输入电压 u_i 加在反相输入端。

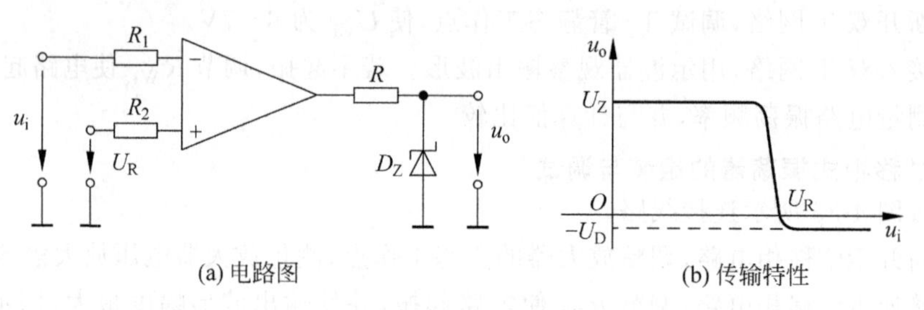

(a) 电路图　　(b) 传输特性

图 4-26　电压比较器

当 $u_i < U_R$ 时，运放输出高电平，稳压管 D_Z 反向稳压工作。输出端电位被其钳位在稳压管的稳定电压 U_Z，即 $u_o = U_Z$。

当 $u_i > U_R$ 时，运放输出低电平，D_Z 正向导通，输出电压等于稳压管的正向压降 U_D，即 $u_o = -U_D$。

因此，以 U_R 为界，当输入电压 u_i 变化时，输出端反映出两种状态——高电位和低电位。

表示输出电压与输入电压之间关系的特性曲线，称为传输特性。图 4-26(b)所示为图 4-26(a)电压比较器的传输特性。

常用的电压比较器有过零比较器、具有滞回特性的过零比较器、双门限比较器(又称为窗口比较器)等。

1. 过零比较器

图 4-27 所示为加限幅电路的过零比较器，D_Z 为限幅稳压管。信号从运放的反相输入端输入，同相端接地，参考电压为零。当 $u_i > 0$ 时，输出 $u_o = -(U_Z + U_D)$；当 $u_i < 0$ 时，$u_o = U_Z + U_D$。其电压传输特性如图 4-27(b)所示。

过零比较器结构简单，灵敏度高，但抗干扰能力差。

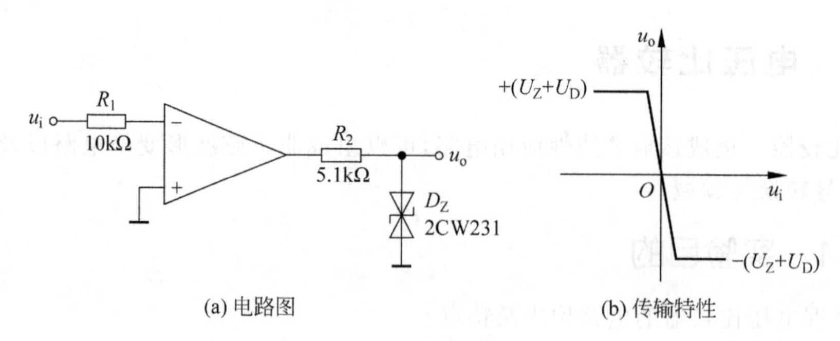

(a) 电路图　　(b) 传输特性

图 4-27　过零比较器

2. 具有滞回特性的过零比较器

图 4-28 所示为具有滞回特性的过零比较器。

过零比较器在实际工作时，如果 u_i 恰好在过零值附近，则由于零点漂移的存在，u_o 将不断由一个极限值转换到另一个极限值，这在控制系统中对执行机构将是很不利的。因此，需要输出特性具有滞回现象。如图 4-28 所示，从输出端引一个电阻分压正反馈支路到同相输入端，若 u_o 改变状态，则 Σ 点也随着改变电位，使过零点离开原来位置。

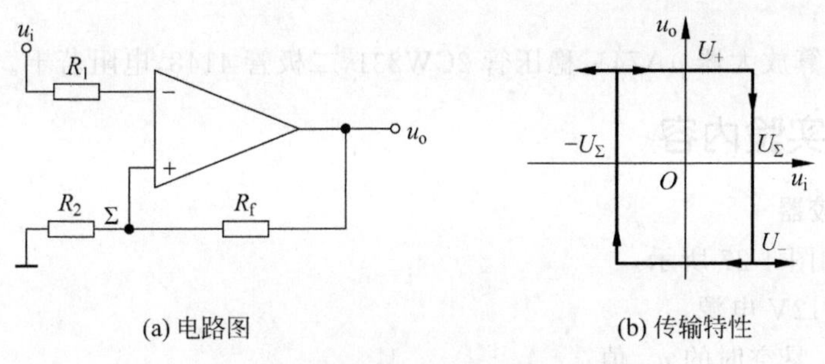

(a) 电路图 (b) 传输特性

图 4-28 具有滞回特性的过零比较器

当 u_o 为正时（记作 U_+），$U_\Sigma=\frac{R_2}{R_f+R_2}U_+$，则当 $u_i>U_\Sigma$ 后，u_o 由正变为负（记作 U_-），此时 U_Σ 变为 $-U_\Sigma$。故只有 u_i 下降到 $-U_\Sigma$ 以下，才能使 u_o 再度回升到 U_+，于是出现图 4-28(b)所示的滞回特性。$-U_\Sigma$ 与 U_Σ 的差别称为回差，改变 R_2 的数值可以改变回差的大小。

3. 窗口（双门限）比较器

简单的比较器仅能鉴别输入电压 u_i 比参考电压 U_R 高或低的情况，窗口比较电路由两个简单比较器组成，如图 4-29 所示，它能指示出 u_i 值是否处于 U_R^+ 和 U_R^- 之间。如果 $U_R^-<u_i<U_R^+$，窗口比较器的输出电压 u_o 等于运放的正饱和输出电压（$+U_{omax}$）；如果 $u_i<U_R^-$ 或 $u_i>U_R^+$，则输出电压 u_o 等于运放的负饱和输出电压（$-U_{omax}$）。

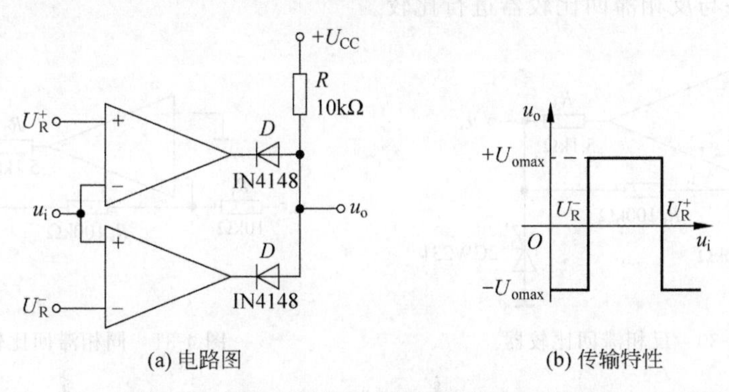

(a) 电路图 (b) 传输特性

图 4-29 由两个简单比较器组成的窗口比较器

4.7.3 实验设备与器件

实验所需的设备及器件如下：

(1) +12V 直流电源；

(2) 函数信号发生器；

(3) 双踪示波器；

(4) 交流毫伏表；

(5) 直流电压表；

(6) 频率计；

(7) 万用表；

(8) 集成运算放大器 μA741，稳压管 2CW231，二极管 4148，电阻若干。

4.7.4 实验内容

1. 过零比较器

实验电路如图 4-27 所示。

(1) 接通±12V 电源。

(2) 测量 u_i 悬空时的 u_o 值。

(3) u_i 输入 500Hz、幅值为 2V 的正弦信号，观察 $u_i \to u_o$ 波形并记录。

(4) 改变 u_i 幅值，测量传输特性曲线。

2. 反相滞回比较器

实验电路如图 4-30 所示。

(1) 按图 4-30 接线，u_i 接+5V 可调直流电源，测出 u_o 由 $+U_{omax} \to -U_{omax}$ 时 u_i 的临界值。

(2) 同上，测出 u_o 由 $-U_{omax} \to +U_{omax}$ 时 u_i 的临界值。

(3) u_i 接 500Hz，峰值为 2V 的正弦信号，观察并记录 $u_i \to u_o$ 波形。

(4) 将分压支路 100kΩ 电阻改为 200kΩ，重复上述实验，测定传输特性。

3. 同相滞回比较器

实验线路如图 4-31 所示。

(1) 参照反相滞回比较器，自拟实验步骤及方法。

(2) 将结果与反相滞回比较器进行比较。

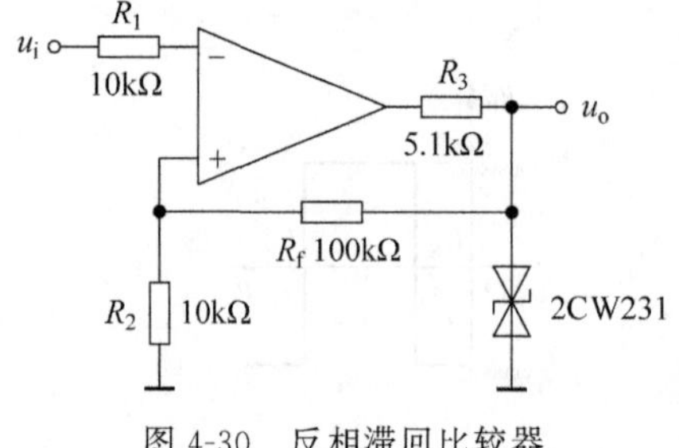

图 4-30 反相滞回比较器

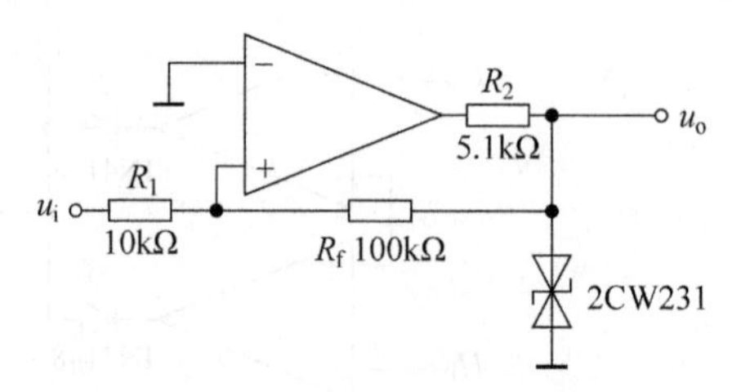

图 4-31 同相滞回比较器

4. 窗口比较器

参照图 4-29 所示电路，自拟实验步骤和方法测定其传输特性。

4.7.5 思考题

(1) 整理实验数据，绘制各类比较器的传输特性曲线。

(2) 总结几种比较器的特点，阐明它们的应用。

4.8 有源滤波器

有源滤波器是由 RC 元件与运算放大器组成的滤波器，因受运算放大器频带限制，主要用于低频范围。

4.8.1 实验目的

(1) 熟悉用运放、电阻和电容组成有源低通滤波、高通滤波和带通、带阻滤波器。

(2) 学会测量有源滤波器的幅频特性。

4.8.2 实验原理

由 RC 元件与运算放大器组成的滤波器称为 RC 有源滤波器，其功能是让一定频率范围内的信号通过，抑制或急剧衰减此频率范围以外的信号，可用于信息处理、数据传输、抑制干扰等方面。但因受运算放大器频带限制，这类滤波器主要用于低频范围。根据对频率范围的选择不同，可分为低通滤波器(Low-Pass Filter，LPF)、高通滤波器(High-Pass Filter，HPF)、带通滤波器(Band-Pass Filter，BPF)与带阻滤波器(Band-Elimination Filter，BEF)，它们的幅频特性如图 4-32 所示。

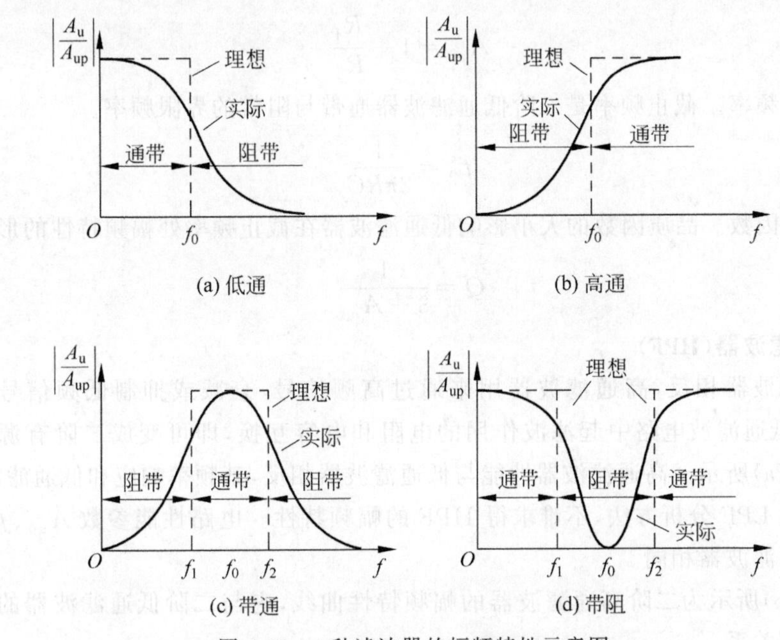

图 4-32 4 种滤波器的幅频特性示意图

具有理想幅频特性的滤波器是很难实现的，只能用实际的幅频特性去逼近理想。一般来说，滤波器的幅频特性越好，其相频特性越差，反之亦然。滤波器的阶数越高，幅频特性衰减的速率越快，但 RC 网络的节数越多，元件参数计算越烦琐，电路调试越困难。任何高阶滤波器均可以用较低的二阶 RC 有源滤波器级联实现。

1. 低通滤波器(LPF)

低通滤波器用来通过低频信号，衰减或抑制高频信号。

如图 4-33(a)所示为典型的二阶有源低通滤波器。它由两级 RC 滤波环节与同相比例运算电路组成，其中第 1 级电容 C 接至输出端，引入适量的正反馈，以改善幅频特性。图 4-33(b)所示为二阶低通滤波器幅频特性曲线。

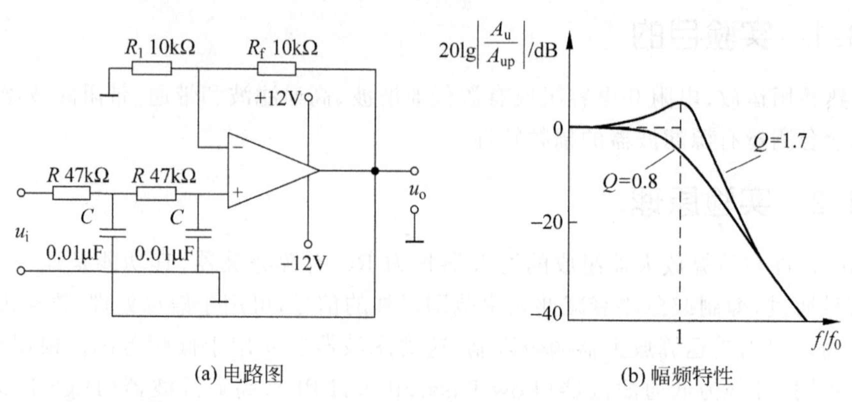

(a) 电路图　(b) 幅频特性

图 4-33　二阶低通滤波器

（1）二阶低通滤波器的通带增益。

$$A_{up}=1+\frac{R_f}{R_1} \tag{4-41}$$

（2）截止频率。截止频率是二阶低通滤波器通带与阻带的界限频率。

$$f_0=\frac{1}{2\pi RC} \tag{4-42}$$

（3）品质因数。品质因数的大小影响低通滤波器在截止频率处幅频特性的形状。

$$Q=\frac{1}{3-A_{up}} \tag{4-43}$$

2. 高通滤波器（HPF）

与低通滤波器相反，高通滤波器用来通过高频信号，衰减或抑制低频信号。只要将图 4-33 所示低通滤波电路中起滤波作用的电阻和电容互换，即可变成二阶有源高通滤波器，如图 4-34(a)所示。高通滤波器性能与低通滤波器相反，其频率响应和低通滤波器呈“镜像”关系，仿照 LPF 分析方法，不难求得 HPF 的幅频特性。电路性能参数 A_{up}、f_0、Q 的含义与二阶低通滤波器相同。

图 4-34(b)所示为二阶高通滤波器的幅频特性曲线，它与二阶低通滤波器的幅频特性曲线呈“镜像”关系。

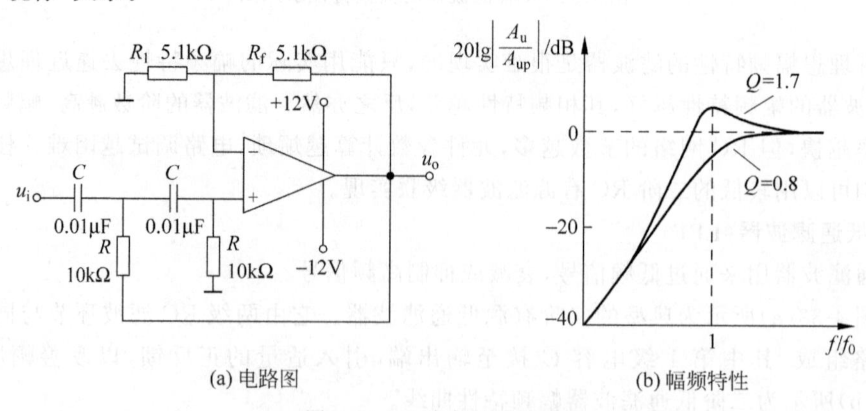

(a) 电路图　(b) 幅频特性

图 4-34　二阶高通滤波器

3. 带通滤波器(BPF)

带通滤波器的作用是只允许在某个通频带范围内的信号通过,而比通频带下限频率低和比上限频率高的信号均加以衰减或抑制。

典型的带通滤波器可以从二阶低通滤波器中将其中一级改成高通,如图 4-35(a)所示。

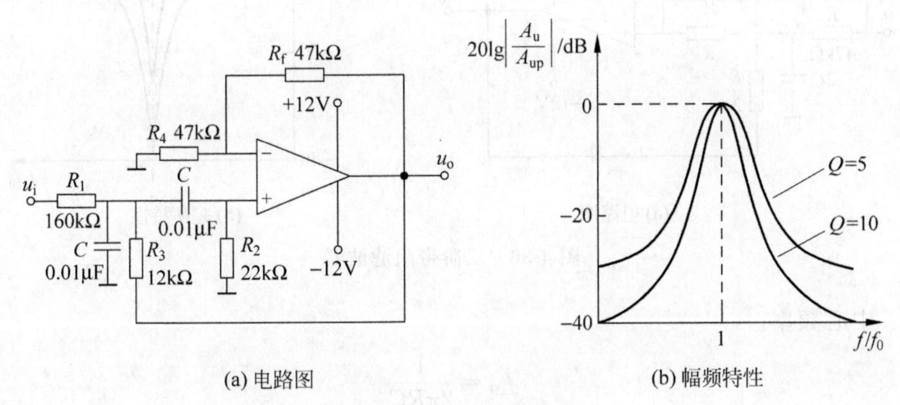

(a) 电路图　　(b) 幅频特性

图 4-35 二阶带通滤波器

带通滤波器的电路性能参数如下。

(1) 通带增益。

$$A_{up}=\frac{R_4+R_f}{R_4R_1CB} \tag{4-44}$$

其中,B 为通带宽度。

(2) 中心频率。

$$f_0=\frac{1}{2\pi}\sqrt{\frac{1}{R_2C^2}\left(\frac{1}{R_1}+\frac{1}{R_3}\right)} \tag{4-45}$$

(3) 通带宽度。

$$B=\frac{1}{C}\left(\frac{1}{R_1}+\frac{2}{R_2}-\frac{R_f}{R_3R_4}\right) \tag{4-46}$$

(4) 选择性。

$$Q=\frac{\omega_0}{B} \tag{4-47}$$

此电路的优点是改变 R_f 和 R_4 的比例就可改变通带宽度而不影响中心频率。

4. 带阻滤波器(BEF)

如图 4-36(a)所示,带阻滤波器的性能与带通滤波器相反,即在规定的频带内,信号不能通过(或受到很大衰减或抑制),而在其余频率范围,信号则能顺利通过。

在双 T 网络后加一级同相比例运算电路就构成了基本的二阶有源带阻滤波器。电路性能参数如下。

(1) 通带增益。

$$A_{up}=1+\frac{R_f}{R_1} \tag{4-48}$$

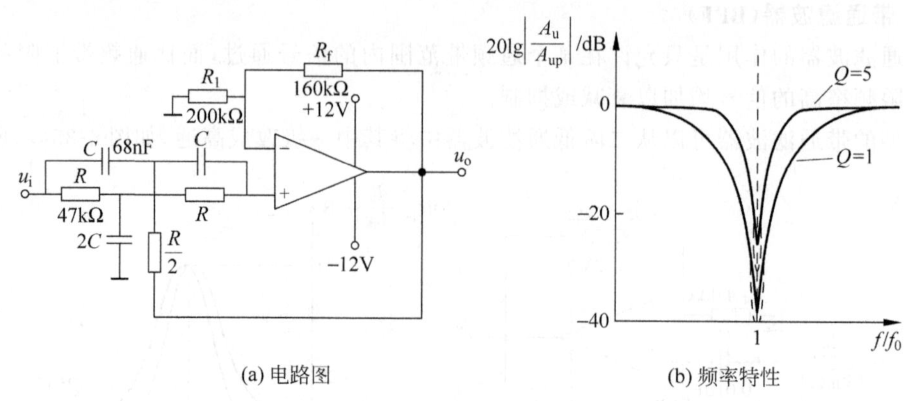

(a) 电路图　　(b) 频率特性

图 4-36　二阶带阻滤波器

（2）中心频率。

$$f_0 = \frac{1}{2\pi RC} \tag{4-49}$$

（3）带阻宽度。

$$B = 2(2 - A_{up}) f_0 \tag{4-50}$$

（4）选择性。

$$Q = \frac{1}{2(2 - A_{up})} \tag{4-51}$$

4.8.3　实验设备与器件

实验所需的设备及器件如下：

（1）±12V 直流电源；

（2）函数信号发生器；

（3）双踪示波器；

（4）交流毫伏表；

（5）频率计；

（6）运算放大器 μA741，电阻器、电容器若干。

4.8.4　实验内容

1. 二阶低通滤波器

实验电路如图 4-33(a)所示。

（1）粗测：接通±12V 电源。u_i 接函数信号发生器，信号发生器输出为 U_i=1V 的正弦波信号，在滤波器截止频率附近改变输入信号频率，用示波器或交流毫伏表观察输出电压幅度的变化是否具备低通特性，若不具备，应排除电路故障。

（2）在输出波形不失真的条件下，选取适当幅度的正弦输入信号，在维持输入信号幅度不变的情况下，逐点改变输入信号频率。测量输出电压，记入表 4-24，并绘制幅频特性曲线。

表 4-24 幅频特性(二阶低通滤波器)

f/Hz	
U_o/V	

2. 二阶高通滤波器

实验电路如图 4-34(a)所示。

(1) 粗测：输入 U_i=1V 正弦波信号,在滤波器截止频率附近改变输入信号频率,观察电路是否具备高通特性。

(2) 测绘高通滤波器的幅频特性,记入表 4-25。

表 4-25 幅频特性(二阶高通滤波器)

f/Hz	
U_o/V	

3. 带通滤波器

实验电路如图 4-35(a)所示,测量其幅频特性,记入表 4-26。

(1) 实测电路的中心频率 f_0。

(2) 以实测中心频率为中心,测绘电路的幅频特性。

表 4-26 幅频特性(带通滤波器)

f/Hz	
U_o/V	

4. 带阻滤波器

实验电路如图 4-36(a)所示。

(1) 实测电路的中心频率 f_0。

(2) 测绘电路的幅频特性,记入表 4-27。

表 4-27 幅频特性(带阻滤波器)

f/Hz	
U_o/V	

4.8.5 实验总结

(1) 整理实验数据,画出各电路实测的幅频特性。

(2) 根据实验曲线,计算截止频率、中心频率、频带宽度和品质因数。

(3) 总结有源滤波电路的特性。

4.8.6 预习要求

(1) 复习教材有关滤波器内容。

(2) 分析图 4-33、图 4-34、图 4-35、图 4-36 所示电路，写出它们的增益特性表达式。

(3) 计算图 4-33、图 4-34 所示电路的截止频率，以及图 4-35、图 4-36 所示电路的中心频率。

(4) 画出上述 4 种电路的幅频特性曲线。

4.9 OTL 功率放大器

由于功率放大器的输出通过电容与负载相耦合，而不用变压器，因此称为无输出变压器(Output Transformer Less，OTL)电路。

4.9.1 实验目的

(1) 进一步理解 OTL 功率放大器的工作原理。

(2) 学会 OTL 电路的调试及主要性能指标的测试方法。

4.9.2 实验原理

图 4-37 所示为 OTL 低频功率放大器，其中由晶体三极管 T_1 组成推动级(也称为前置放大级)，T_2 和 T_3 是一对参数对称的 NPN 和 PNP 型晶体三极管，它们组成互补推挽 OTL 功放电路。由于每个管子都接成射极输出器形式，因此具有输出电阻低、带负载能力强等优点，适合做功率输出级。T_1 管工作于甲类状态，它的集电极电流 I_{C1} 由电位器 R_{W1} 进行调节。I_{C1} 的一部分流经电位器 R_{W1} 和二极管 D，给 T_2 和 T_3 提供偏压。调节 R_{W1}，可以使 T_2 和 T_3 得到合适的静态电流而工作于甲乙类状态，以克服交越失真。静态时要求输出端中点 A 的电位 $U_A=U_{CC}/2$，可以通过调节 R_{W1} 来实现，又由于 R_{W1} 的一端接在 A 点，因此在电路中引入交、直流电压并联负反馈，能够稳定放大器的静态工作点，同时也改善了非线性失真。

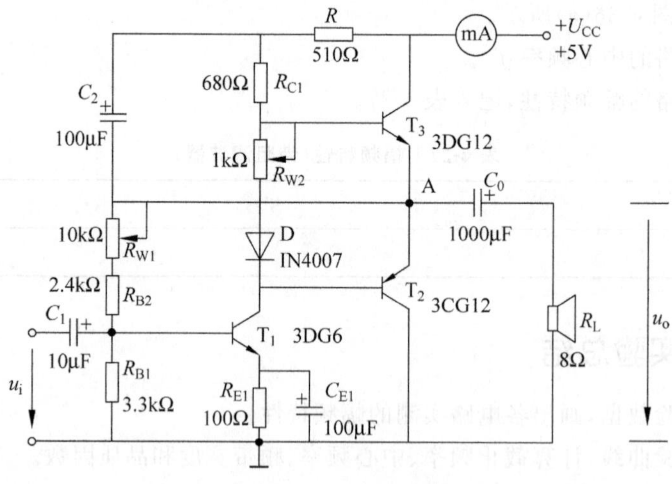

图 4-37 OTL 低频功率放大器

当输入正弦交流信号 u_i 时，经 T_1 放大、倒相后同时作用于 T_2 和 T_3 的基极，u_i 的负半周使 T_2 管导通(T_3 管截止)，有电流通过负载 R_L，同时向电容 C_0 充电；在 u_i 的正半周，

T_3 导通(T_2 截止),则已充好电的电容器 C_0 起电源的作用,通过负载 R_L 放电,这样在 R_L 上就得到完整的正弦波。

C_2 和 R 构成自举电路,用于提高输出电压正半周的幅度,以得到较大的动态范围。

OTL 电路的主要性能指标如下。

1. 最大不失真输出功率 P_{om}

理想情况下

$$P_{om}=\frac{1}{8}\frac{U_{CC}^2}{R_L} \tag{4-52}$$

在实验中可通过测量 R_L 两端的电压有效值求得实际的 P_{om},即

$$P_{om}=\frac{U_{om}^2}{R_L} \tag{4-53}$$

2. 效率 η

$$\eta=\frac{P_{om}}{P_E}\times 100\% \tag{4-54}$$

其中,P_E 为直流电源供给的平均功率。

理想情况下 $\eta_{max}=78.5\%$。在实验中,可测量电源供给的平均电流 I_{dc},从而求得 $P_E=U_{CC}I_{dc}$,负载上的交流功率已用上述方法求出,也就可以计算实际效率了。

3. 频率响应

详见共射极单管放大器实验有关部分内容。

4. 输入灵敏度

输入灵敏度是指输出最大不失真功率时输入信号 U_i 的值。

4.9.3 实验设备与器件

实验所需的设备及器件如下:

(1) +5V 直流电源;

(2) 函数信号发生器;

(3) 双踪示波器;

(4) 交流毫伏表;

(5) 直流电压表;

(6) 直流毫安表;

(7) 频率计;

(8) 晶体三极管 3DG6(9011)、3DG12(9013)、3CG12(9012),晶体二极管 IN4007,8Ω 扬声器,电阻器、电容器若干。

4.9.4 实验内容

在整个测试过程中,电路不应有自激现象。

1. 静态工作点的测试

按图 4-37 所示连接实验电路,将输入信号旋钮旋至零($u_i=0$),电源进线中串入直流毫安表,电位器 R_{W2} 置于最小值,R_{W1} 置于中间位置。接通+5V 电源,观察毫安表指示,同时

用手触摸输出级管子，若电流过大或 R_{W2} 管子升温显著，应立即断开电源检查原因（如 R_{W2} 开路、电路自激、输出管性能不好等）。如果无异常现象，可开始调试。

1）调节输出端中点电位 U_A

调节电位器 R_{W1}，用直流电压表测量 A 点电位，使 $U_A = U_{CC}/2$。

2）调整输出级静态电流及测试各级静态工作点

调节 R_{W2}，使 T_2 和 T_3 管的 $I_{C2} = I_{C3} = 5 \sim 10\text{mA}$。从减小交越失真角度，应适当增大输出级静态电流，但该电流过大，会使效率降低，所以一般以 5～10mA 为宜。由于毫安表串联在电源进线中，因此测得的是整个放大器的电流，但一般 T_1 的集电极电流 I_{C1} 较小，从而可以把测得的总电流近似当作末级的静态电流。如要准确得到末级静态电流，则可从总电流中减去 I_{C1} 的值。

调整输出级静态电流的另一个方法是动态调试法。先调整 $R_{W2} = 0$，在输入端接入 $f = 1\text{kHz}$ 的正弦信号 u_i。逐渐增大输入信号的幅值，此时，输出波形应出现较严重的交越失真（注意：没有饱和及截止失真），然后缓慢增大 R_{W2}，当交越失真刚好消失时，停止调节 R_{W2}，恢复 u_i，此时直流毫安表读数即为输出级静态电流。一般数值也应在 5～10mA，若数值过大，则要检查电路。

调好输出级电流以后，测量各级静态工作点，记入表 4-28。

表 4-28 测量静态电压

晶体管	U_B/V	U_C/V	U_E/V
T_1			
T_2			
T_3			

注意：

（1）在调节 R_{W2} 时，要注意旋转方向，不要调得过大，更不能开路，以免损坏输出管。

（2）输出管静态电流调好，如果无特殊情况，不得随意调整 R_{W2} 的位置。

2. 最大输出功率 P_{om} 和效率 η 的测试

1）测量 P_{om}

输入端接 $f = 1\text{kHz}$ 的正弦信号 u_i，在输出端用示波器观察输出电压 u_o 的波形。逐渐增大 u_i，使输出电压达到最大不失真输出，用交流毫伏表测出负载 R_L 上的电压 U_{om}，则

$$P_{om} = \frac{U_{om}^2}{R_L} \tag{4-55}$$

2）测量 η

当输出电压为最大不失真输出时，读出直流毫安表中的电流值，此电流即为直流电源供给的平均电流 I_{dc}（有一定误差），由此可近似求得 $P_E = U_{CC} I_{dc}$，再根据上面测得的 P_{om} 即可求出

$$\eta = \frac{P_{om}}{P_E} \tag{4-56}$$

3. 输入灵敏度测试

根据输入灵敏度的定义，只要测出输出功率 $P_o = P_{omax}$ 时的输入电压值 U_i 即可。

4. 频率响应的测试

测试方法同共射极单管放大器实验,记入表 4-29。

表 4-29　测试频率响应

频率类型	f/Hz	U_o/V	A_u
f_L			
f_0	1000		
f_H			

在测试时,为保证电路的安全,应在较低电压下进行,通常取输入信号为输入灵敏度的 50%。在整个测试过程中,应保持输入电压有效值 U_i 为恒定值,且输出波形不得失真。

5. 研究自举电路的作用

(1) 测量有自举电路,且 $P_o=P_{om}$ 时的电压增益 $A_u=\frac{U_{om}}{U_i}$。

(2) C_2 开路,R 短路(无自举),再测量 $P_o=P_{om}$ 和 A_u。

用示波器观察上述两种情况下的输出电压波形,并将以上两项测量结果进行比较,分析研究自举电路的作用。

6. 噪声电压的测试

测量时将输入端短路($u_i=0$),观察输出噪声波形,并用交流毫伏表测量输出电压,即为噪声电压 U_N,本电路中若 $U_N<15\text{mV}$,即满足要求。

7. 试听

输入信号改为录音机输出,输出端接试听音箱及示波器。开机试听,并观察语言和音乐信号的输出波形。

4.9.5　实验总结

(1) 整理实验数据,计算静态工作点、最大不失真输出功率 P_{om}、效率 η 等,并与理论值进行比较,画出频率响应曲线。

(2) 分析自举电路的作用。

(3) 讨论实验中发生的问题及解决办法。

4.9.6　预习要求

(1) 复习有关 OTL 工作原理部分内容。

(2) 为什么引入自举电路能够扩大输出电压的动态范围?

(3) 交越失真产生的原因是什么？怎样克服交越失真？

(4) 电路中电位器 R_{W2} 如果开路或短路，对电路工作有何影响？

(5) 为了不损坏输出管，调试中应注意哪些问题？

(6) 若电路有自激现象应如何消除？

4.10 压控振荡器

给出一个控制电压，要求波形发生电路的振荡频率与控制电压成正比，这种电路称为压控振荡器(Voltage-Controlled Oscillator，VCO)或 u-f 转换电路。

4.10.1 实验目的

了解压控振荡器的组成及调试方法。

4.10.2 实验原理

调节可变电阻或可变电容，可以改变波形发生电路的振荡频率，一般是通过手动调节的。而在自动控制等场合往往要求能自动调节振荡频率。常见的情况是给出一个控制电压(如计算机通过接口电路输出的控制电压)，要求波形发生电路的振荡频率与控制电压成正比。这种电路称为压控振荡器(VCO)或 u-f 转换电路。

利用集成运放可以构成精度高、线性好的压控振荡器。下面介绍这种电路的构成和工作原理，并求出振荡频率与输入电压的函数关系。

1. 电路的构成及工作原理

怎样用集成运放构成压控振荡器呢？我们知道积分电路输出电压变化的速率与输入电压的大小成正比，如果积分电容充电使输出电压达到一定程度，设法使它迅速放电，然后输入电压再给它充电，如此周而复始，产生振荡，其振荡频率与输入电压成正比，即构成压控振荡器。图 4-38 所示电路就是实现上述意图的压控振荡器(它的输入电压 $u_i>0$)。

图 4-38 所示电路中 A_1 是积分电路，A_2 是同相输入滞回比较器，它起开关作用。当它的输出电压 $u_{o1}=+U_Z$ 时，二极管 D 截止，输入电压 $u_i>0$，经电阻 R_1 向电容 C 充电，输出电压 u_o 逐渐下降，当 u_o 下降到零再继续下降使滞回比较器 A_2 同相输入端电位略低于零时，u_{o1} 由 $+U_Z$ 跳变为 $-U_Z$，二极管 D 由截止变为导通，电容 C 放电，由于放电回路的等效电阻比 R_1 小得多，因此放电很快，u_o 迅速上升，使 A_2 的 u_+ 很快上升到大于零，u_{o1} 很快从 $-U_Z$ 跳回到 $+U_Z$，二极管又截止，输

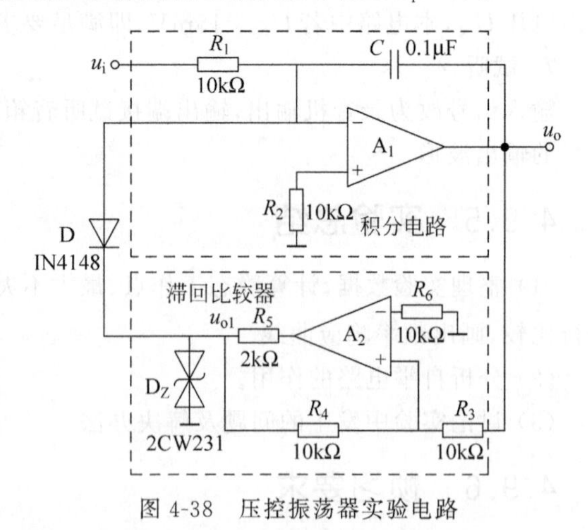

图 4-38　压控振荡器实验电路

入电压经 R_1 再向电容充电。如此周而复始，产生振荡。

图 4-39 所示为压控振荡器 u_o 和 u_{o1} 的波形图。

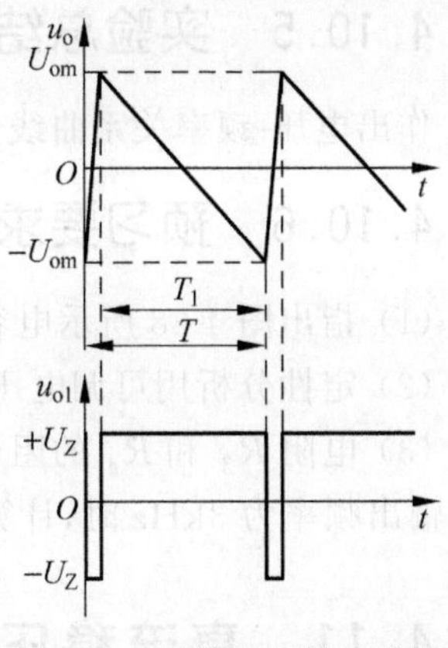

图 4-39 压控振荡器波形图

2. 振荡频率与输入电压的函数关系

$$f=\frac{1}{T}\approx\frac{1}{T_1}=\frac{R_4}{2R_1R_3C}\cdot\frac{u_i}{U_Z} \tag{4-57}$$

可见振荡频率与输入电压成正比。上述电路实际上就是一个方波、锯齿波发生电路，只不过这里是通过改变输入电压 u_i 的大小改变输出波形频率，从而将电压参量转换成频率参量。

压控振荡器的用途较广。为了使用方便，一些厂家将压控振荡器做成模块，有的压控振荡器模块输出信号的频率与输入电压幅值的非线性误差小于 0.02%，但振荡频率较低。

4.10.3 实验设备与器件

实验所需的设备及器件如下：

(1) ±12V 直流电源；

(2) 双踪示波器；

(3) 交流毫伏表；

(4) 直流电压表；

(5) 频率计；

(6) 运算放大器 μA741×2；

(7) 稳压管 2CW23；

(8) 二极管 IN4148，电阻器、电容器若干。

4.10.4 实验内容

(1) 按图 4-38 所示电路图接线，用示波器监视输出波形。

(2) 将测量结果记入表 4-30，测量电路的输入电压与振荡频率的转换关系。

表 4-30 测量参数

U_i/V	T/ms (用示波器测得)	f/Hz (用频率计测得)
1		
2		
3		
4		
5		
6		

(3) 用双踪示波器观察并描绘 u_o 和 u_{o1} 波形。

4.10.5 实验总结

作出电压-频率关系曲线,并讨论其结果。

4.10.6 预习要求

(1) 指出图 4-38 所示电容器 C 的充电和放电回路。

(2) 定性分析用可调电压 u_i 改变 u_o 频率的工作原理。

(3) 电阻 R_3 和 R_4 的阻值如何确定? 当要求输出信号幅值为 $12U_{OPP}$,输入电压值为 3V,输出频率为 3kHz 时,计算 R_3 和 R_4 的值。

4.11 直流稳压电源(1)——串联型晶体管稳压电源

串联型晶体管稳压电源是指稳压电路的主回路为起调节作用的晶体管与负载相串联,故称为串联型晶体管稳压电源。

4.11.1 实验目的

(1) 研究单相桥式整流、电容滤波电路的特性。

(2) 掌握串联型晶体管稳压电源主要技术指标的测试方法。

4.11.2 实验原理

电子设备一般都需要直流电源供电。这些直流电只有少数直接利用干电池和直流发电机,大多数采用把交流电(市电)转换为直流电的直流稳压电源。

直流稳压电源由电源变压器、整流电路、滤波电路和稳压电路 4 部分组成,其原理框图如图 4-40 所示。电网供给的交流电压 u_1(220V,50Hz)经电源变压器降压后,得到符合电路需要的交流电压 u_2,然后由整流电路转换成方向不变、大小随时间变化的脉动电压 u_3,再用滤波器滤去其交流分量,就可得到比较平直的直流电压 u_i。但这样的直流输出电压还会随交流电网电压的波动或负载的变动而变化。在对直流供电要求较高的场合,还需要使用稳压电路,以保证输出直流电压更加稳定。

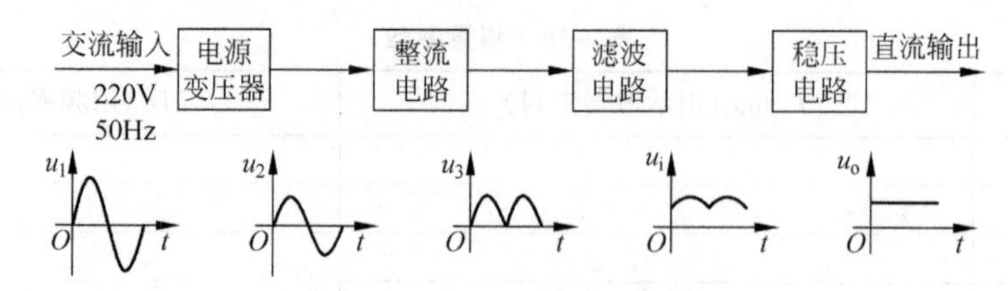

图 4-40 直流稳压电源原理框图

图 4-41 所示为由分立元件组成的串联型稳压电源的电路图。其整流、滤波部分为单相桥式整流、电容滤波电路。稳压部分为串联型稳压电路,它由调整元件(晶体管 T_1)、比较放大器(T_2、R_7)、取样电路(R_1、R_2、R_W)、基准电压(D_W、R_3)和过流保护电路(T_3)及电阻(R_4、R_5、R_6)等组成。整个稳压电路是一个具有电压串联负反馈的闭环系统,其稳压过程

为：当电网电压波动或负载变动引起输出直流电压发生变化时，取样电路取出输出电压的一部分送入比较放大器，并与基准电压进行比较，产生的误差信号经 T_2 放大后送至调整管 T_1 的基极，使调整管改变其管压降，以补偿输出电压的变化，从而达到稳定输出电压的目的。

由于在稳压电路中，调整管与负载串联，因此流过它的电流与负载电流一样大。当输出电流过大或发生短路时，调整管会因电流过大或电压过高而损坏，所以需要对调整管加以保护。在图 4-41 所示电路中，晶体管 T_3 与电阻 R_4、R_5 和 R_6 组成减流型保护电路。此电路设计在 $I_{op}=1.2I_o$ 时开始起保护作用，此时输出电流减小，输出电压降低。故障排除后电路应能自动恢复正常工作。在调试时，若保护作用提前，应减小 R_6 值；若保护作用滞后，则应增大 R_6 的值。

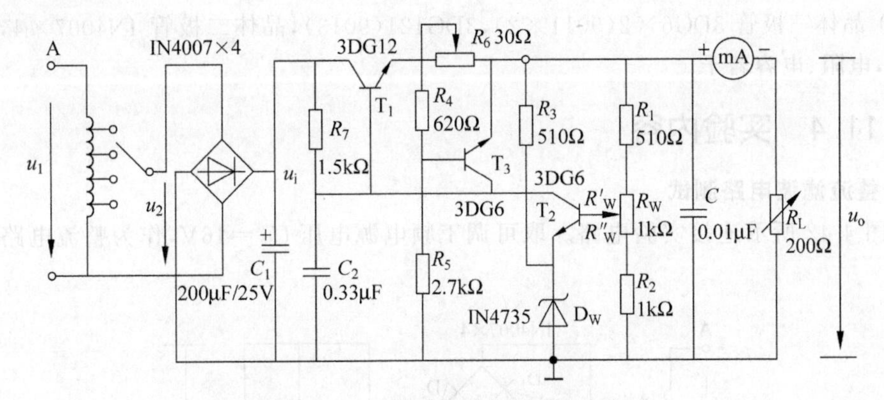

图 4-41 串联型稳压电源实验电路

稳压电源的主要性能指标如下。

(1) 输出电压 U_o 和输出电压调节范围。

$$U_o=\frac{R_1+R_W+R_2}{R_2+R''_W}(U_Z+U_{BE2}) \tag{4-58}$$

调节 R_w 可以改变输出电压 U_o。

(2) 最大负载电流 I_{om}。

(3) 输出电阻 R_o。

输出电阻 R_o 定义为当稳压电路输入电压 U_i 保持不变时由于负载变化而引起的输出电压变化量与输出电流变化量之比，即

$$R_o=\left.\frac{\Delta U_o}{\Delta I_o}\right|_{U_i=\text{常数}} \tag{4-59}$$

(4) 稳压系数 S(电压调整率)。

稳压系数定义为当负载保持不变时，输出电压相对变化量与输入电压相对变化量之比，即

$$S=\left.\frac{\Delta U_o/U_o}{\Delta U_i/U_i}\right|_{R_L=\text{常数}} \tag{4-60}$$

由于工程上常把电网电压波动±10%作为极限条件，因此也有将此时输出电压的相对变化 $\Delta U_o/U_o$ 作为衡量指标，称为电压调整率。

(5) 纹波电压。

输出纹波电压是指在额定负载条件下,输出电压中所含交流分量的有效值(或峰值)。

4.11.3 实验设备与器件

实验所需的设备及器件如下:

(1) 可调工频电源;

(2) 双踪示波器;

(3) 交流毫伏表;

(4) 直流电压表;

(5) 滑线变阻器(200Ω/1A);

(6) 晶体三极管 3DG6×2(9011×2),3DG121(9013),晶体二极管 IN4007×4,稳压管 IN4735,电阻、电容若干。

4.11.4 实验内容

1. 整流滤波电路测试

按图 4-42 所示连接实验电路。取可调工频电源电压 $U_2=16\text{V}$,作为整流电路输入电压 u_2。

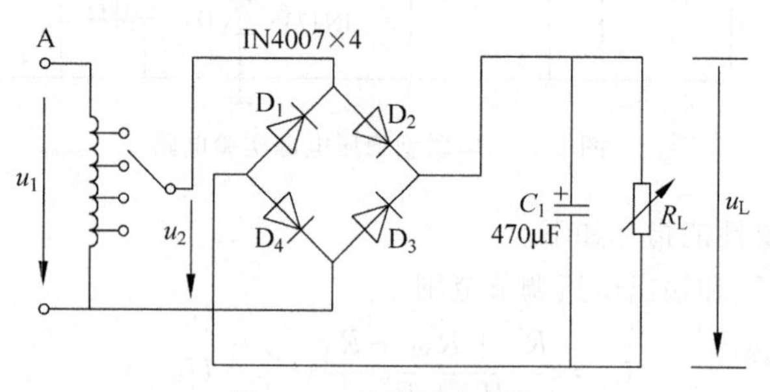

图 4-42 整流滤波电路

(1) 取 $R_L=240\Omega$,不加滤波电容,测量直流输出电压 U_L 和纹波电压 $\widetilde{U}_L$,并用示波器观察 u_2 和 u_L 波形,记入表 4-31。

表 4-31 $U_2=16\text{V}$ 测量输出电压及波形

电路形式	U_L/V	$\widetilde{U}_L$/V	u_L 波形
$R_L=240\Omega$			
$R_L=240\Omega$ $C=470\mu\text{F}$			

续表

电路形式	U_L/V	$\widetilde{U}_L$/V	u_L 波形
$R_L=120\Omega$ $C=470\mu F$			

(2) 取 $R_L=240\Omega, C=470\mu F$,重复实验步骤(1)的要求,记入表 4-31。

(3) 取 $R_L=120\Omega, C=470\mu F$,重复实验步骤(1)的要求,记入表 4-31。

注意:

(1) 每次改接电路时,必须切断工频电源。

(2) 在观察输出电压 u_L 波形的过程中,y 轴灵敏度旋钮位置调好以后不要再变动,否则将无法比较各波形的脉动情况。

2. 串联型稳压电源性能测试

切断工频电源,在图 4-42 所示电路的基础上按图 4-41 所示连接实验电路。

1) 初测

稳压器输出端负载开路,断开保护电路,接通 16V 工频电源,测量整流电路输入电压 U_2,滤波电路输出电压 U_i(稳压器输入电压)和输出电压 U_o。调节电位器 R_W,观察 U_o 的大小和变化情况,如果 U_o 能跟随 R_W 线性变化,则说明稳压电路各反馈环路工作基本正常,否则说明稳压电路有故障,因为稳压器是一个深度负反馈的闭环系统,只要环路中任意一个环节出现故障(某管截止或饱和),稳压器就会失去自动调节作用。此时可分别检查基准电压 U_Z、输入电压 U_i、输出电压 U_o,以及比较放大器和调整管各电极的电位(主要是 U_{BE} 和 U_{CE}),分析它们的工作状态是否都处于线性区,从而找出不能正常工作的原因。排除故障以后就可以进行下一步测试。

2) 测量输出电压可调范围

接入负载 R_L(滑线变阻器),并调节 R_L,使输出电流 $I_o\approx100$mA。再调节电位器 R_W,测量输出电压可调范围 $U_{omin}\sim U_{omax}$,且使 R_W 动点在中间位置附近时 $U_o=12$V。若不满足要求,可适当调整 R_1、R_2 的值。

3) 测量各级静态工作点

调节输出电压 $U_o=12$V,输出电流 $I_o=100$mA,测量各级静态工作点,记入表 4-32。

表 4-32 各级静态工作点

晶体管	U_B/V	U_C/V	U_E/V
T_1			
T_2			
T_3			

4) 稳压系数 *S*

取 $I_o=100$mA,按表 4-32 改变整流电路输入电压 U_2(模拟电网电压波动),分别测出相应的稳压器输入电压 U_i 及输出直流电压 U_o,记入表 4-33。

5）测量输出电阻 R_o

取 $U_2=16$V，改变滑线变阻器位置，使 I_o 为空载、50mA 和 100mA，测量相应的 U_o 值，记入表 4-34。

表 4-33 计算稳压系数 S

测试值			计算值
U_2/V	U_i/V	U_o/V	S
14			$S_{12}=$
16		12	
18			$S_{23}=$

表 4-34 输出电阻

测试值		计算值
I_o/mA	U_o/V	R_o/Ω
空载		$R_{o12}=$
50	12	
100		$R_{o23}=$

6）测量输出纹波电压

取 $U_2=16$V，$U_o=12$V，$I_o=100$mA，测量输出纹波电压 U_o 并记录。

7）调整过流保护电路

(1) 断开工频电源，接上保护回路，再接通工频电源，调节 R_W 及 R_L 使 $U_o=12$V，$I_o=100$mA，此时保护电路应不起作用。测出 T_3 管各极的电位值。

(2) 逐渐减小 R_L 使 I_o 增加到 120mA，观察 U_o 是否下降，并测出保护起作用时 T_3 管各极的电位值。若保护作用过早或滞后，可改变 R_6 的值进行调整。

(3) 用导线瞬时短接一下输出端，测量 U_o 值，然后去掉导线，检查电路是否能自动恢复正常工作。

4.11.5 实验总结

(1) 对表 4-31 所测结果进行全面分析，总结桥式整流、电容滤波电路的特点。

(2) 根据表 4-33 和表 4-34 所测数据，计算稳压电路的稳压系数 S 和输出电阻 R_o，并进行分析。

(3) 分析讨论实验中出现的故障及其排除方法。

4.11.6 预习要求

(1) 复习教材中有关分立元件稳压电源部分内容，并根据实验电路参数估算 U_o 的可调范围及 $U_o=12$V 时 T_1 和 T_2 管的静态工作点（假设调整 T_1 管的饱和压降 $U_{CE1S}\approx 1$V）。

(2) 说明图 4-42 中 U_2、U_i、U_o 和 $\widetilde{U}_o$ 的物理意义，并从实验仪器中选择合适的测量仪表。

(3) 在桥式整流电路中，能否用双踪示波器同时观察 u_2 和 u_L 波形？为什么？

(4) 在桥式整流电路中，如果某个二极管发生开路、短路或反接 3 种情况，会出现什么问题？

(5) 为了使稳压电源的输出电压 $U_o=12$V，则其输入电压的最小值 U_{1min} 应等于多少？交流输入电压 U_{2min} 又怎样确定？

(6) 当稳压电源输出不正常，或输出电压 U_o 不随取样电位器 R_W 而变化时，应如何进行检查找出故障所在？

(7) 分析保护电路的工作原理。

(8) 怎样提高稳压电源的性能指标(减小 S 和 R_o)?

4.12 直流稳压电源(2)——集成稳压器

集成稳压器是指由集成电路取代了分立元件构成的稳压电路,由此而构成的直流稳压电源。

4.12.1 实验目的

(1) 研究单相桥式整流、电容滤波电路的特性。

(2) 研究集成稳压器的特点和性能指标的测试方法。

(3) 了解集成稳压器扩展性能的方法。

4.12.2 实验原理

实验原理同“直流稳压电源(1)——串联型晶体管稳压电源”,此处不再赘述。其原理框图如图 4-43 所示。

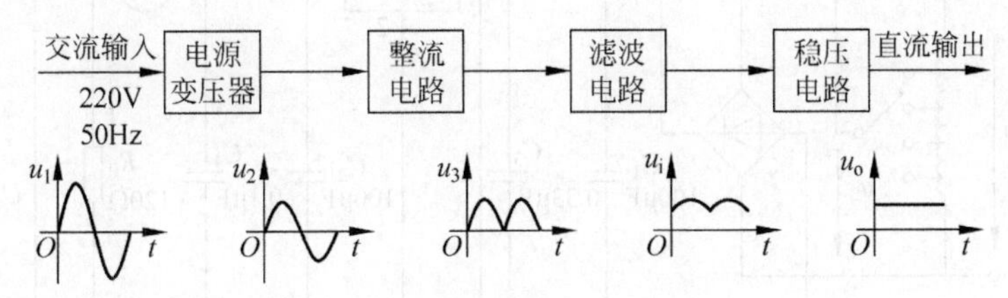

图 4-43 集成稳压器原理框图

随着半导体工艺的发展,稳压电路也制成了集成器件。由于集成稳压器具有体积小、外接线路简单、使用方便、工作可靠和通用性等优点,因此在各种电子设备中应用十分普遍,基本上取代了由分立元件构成的稳压电路。集成稳压器的种类很多,应根据设备对直流电源的要求进行选择。对于大多数电子仪器、设备和电子电路,通常是选用串联线性集成稳压器。而在这种类型的器件中,又以三端式稳压器应用最为广泛。

W7800、W7900 系列三端式集成稳压器的输出电压是固定的,在使用中不能进行调整。W7800 系列三端式稳压器输出正极性电压,一般有 5V、6V、9V、12V、15V、18V、24V 共 7 个挡,输出电流最大可达 1.5A(加散热片)。同类型 78M 系列稳压器的输出电流为 0.5A;78L 系列稳压器的输出电流为 0.1A。若要求负极性输出电压,则可选用 W7900 系列稳压器。

图 4-44 所示为 W7800 系列外形和接线图。它有 3 个引出端:输入端(不稳定电压输入端)标为 1;输出端(稳定电压输出端)标为 3;公共端标为 2。

除固定输出三端稳压器外,还有可调式三端稳压器,后者可通过外接元件对输出电压进行调整,以适应不同的需要。

本实验所用集成稳压器为三端固定正稳压器 W7812,它的主要参数为:输出直流电压

$U_o=+12V$，输出电流小电流 $L=0.1A$，中电流 $M=0.5A$，电压调整率 10mV/V，输出电阻 $R_o=0.15\Omega$，输入电压 U_i 为 15～17V。一般 U_i 要比 U_o 大 3～5V，以保证集成稳压器工作在线性区。

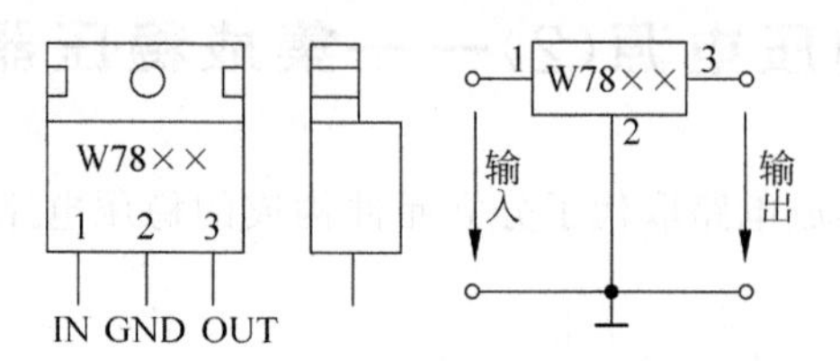

图 4-44 W7800 系列外形及接线图

图 4-45 所示为用三端式稳压器 W7812 构成的单电源电压输出串联型稳压电源的实验电路图。其中整流部分采用了由 4 个二极管组成的桥式整流器成品（又称为桥堆），型号为 2W06（或 KBP306），内部接线和外部引脚引线如图 4-46 所示。滤波电容 C_1、C_2 一般选取几百至几千微法。当稳压器距离整流滤波电路比较远时，在输入端必须接入电容器 C_3（数值为 0.33μF），以抵消线路的电感效应，防止产生自激振荡。输出端电容 C_4（0.1μF）用以滤除输出端的高频信号，改善电路的暂态响应。

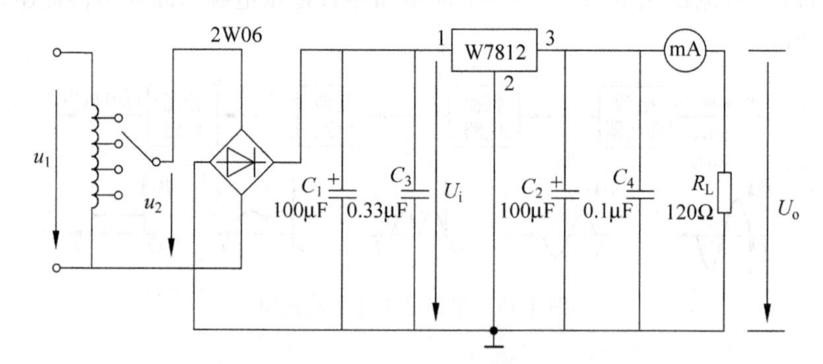

图 4-45 由 W7815 构成的串联型稳压电源

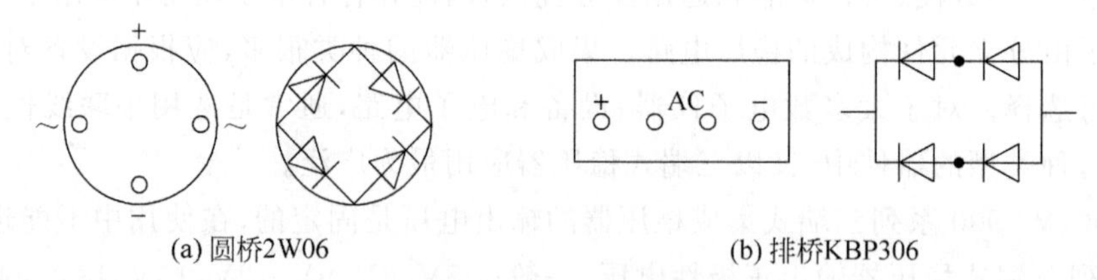

图 4-46 桥堆引脚图

图 4-47 所示为正、负双电压输出电路。例如，需要 $U_{o1}=+15V$，$U_{o2}=-15V$，则可选用 W7815 和 W7915 三端稳压器，这时的 U_i 应为单电压输出时的 2 倍。

当集成稳压器本身的输出电压或输出电流不能满足要求时，可通过外接电路进行性能扩展。图 4-48 所示为一种简单的输出电压扩展电路。如 W7812 稳压器的 3-2 端间输出电压为 12V，因此只要适当选择 R 值，使稳压管 D_W 工作在稳压区，就能使输出电压 $U_o=12+U_Z$，高于稳压器本身的输出电压。

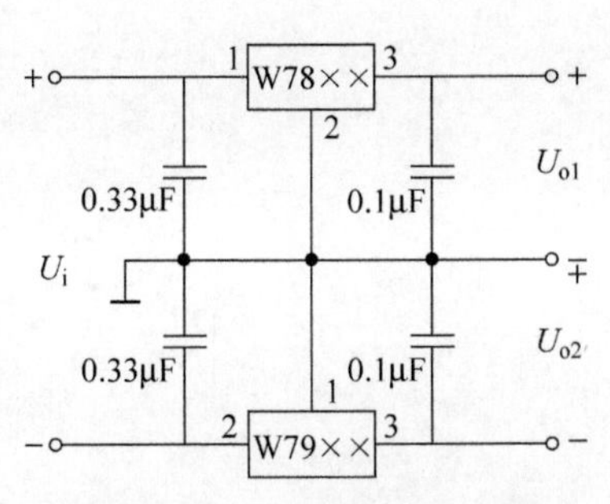

图 4-47 正、负双电压输出电路

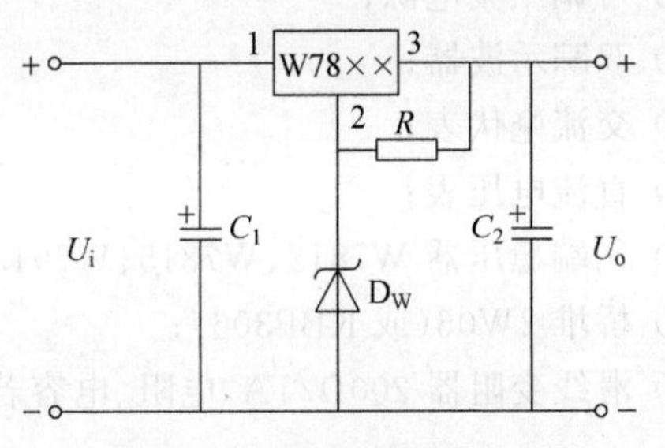

图 4-48 输出电压扩展电路

图 4-49 所示为通过外接晶体管 T 及电阻 R_1 进行电流扩展的电路。电阻 R_1 的阻值由外接晶体管的发射结导通电压 U_{BE}、三端式稳压器的输入电流 I_i(近似等于三端稳压器的输出电流 I_{o1})和 T 的基极电流 I_B 决定，即

$$R_1 = \frac{U_{BE}}{I_R} = \frac{U_{BE}}{I_i - I_B} = \frac{U_{BE}}{I_{o1} - \dfrac{I_C}{\beta}} \tag{4-61}$$

其中，I_C 为晶体管 T 的集电极电流，$I_C = I_o - I_{o1}$；β 为 T 的电流放大系数；对于锗管，U_{BE} 可按 0.3V 估算，对于硅管，U_{BE} 按 0.7V 估算。

(1) 图 4-50 所示为 W7900 系列(输出负电压)外形及接线图。

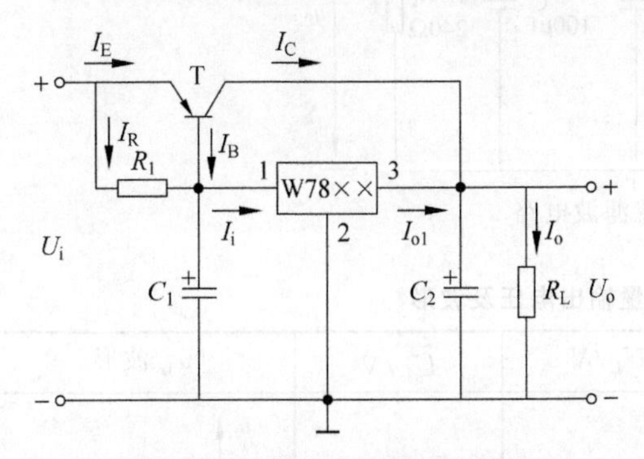

图 4-49 输出电流扩展电路

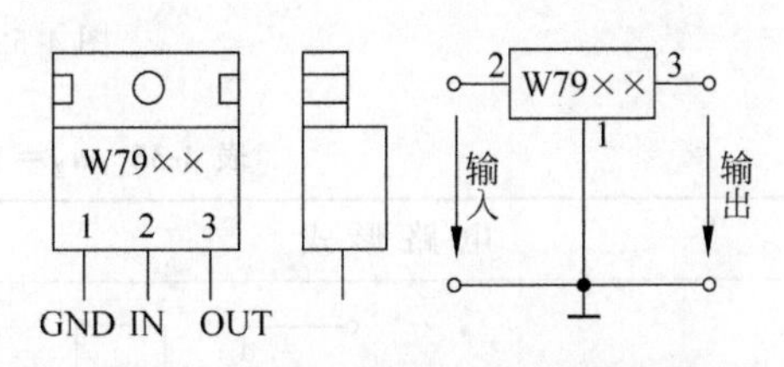

图 4-50 W7900 系列外形及接线图

(2) 图 4-51 所示为可调输出正三端稳压器 W317 外形及接线图。

输出电压计算式为

$$U_o \approx 1.25\left(1 + \frac{R_2}{R_1}\right) \tag{4-62}$$

最大输入电压为

$$U_{im} = 40\text{V} \tag{4-63}$$

输出电压范围为

$$U_o = 1.2 \sim 37\text{V} \tag{4-64}$$

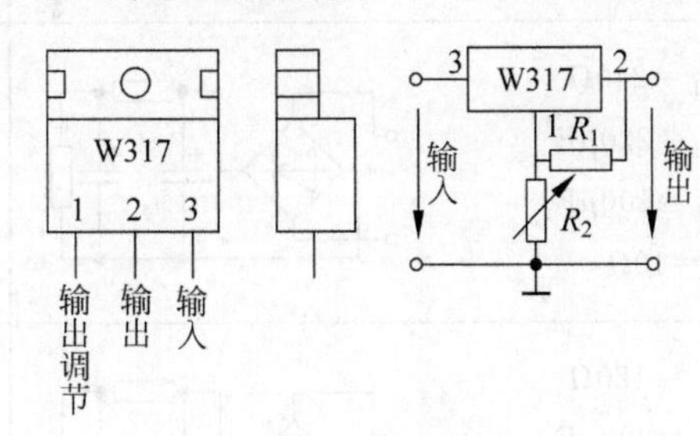

图 4-51 W317 外形及接线图

4.12.3 实验设备与器件

实验所用的设备及器件如下：

(1) 可调工频电源；

(2) 双踪示波器；

(3) 交流毫伏表；

(4) 直流电压表；

(5) 三端稳压器 W7812、W7815、W7915；

(6) 桥堆 2W06(或 KBP306)；

(7) 滑线变阻器 200Ω/1A，电阻、电容若干。

4.12.4 实验内容

1. 整流滤波电路测试

按图 4-52 所示连接实验电路，取可调工频电源 14V 电压作为整流电路输入电压 u_2。接通工频电源，测量输出端直流电压 U_L 及纹波电压$\widetilde{U}_L$，用示波器观察 u_2 和 u_L 的波形，将数据和波形记入表 4-35。

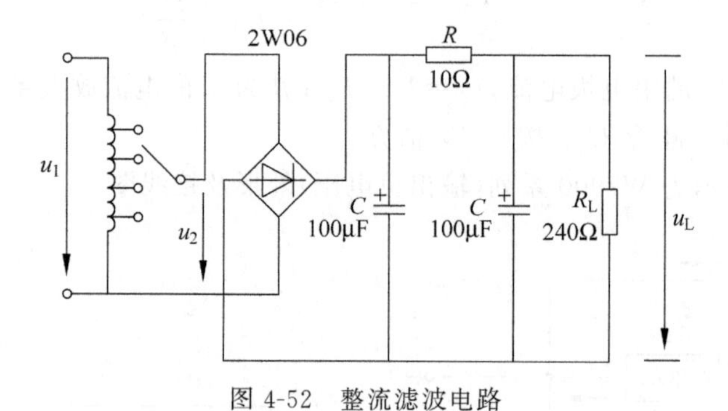

图 4-52 整流滤波电路

表 4-35 $u_2=14V$ 测量输出电压及波形

电路形式	U_L/V	$\widetilde{U}_L$/V	u_L 波形
$R_L=240\Omega$			
$R_L=240\Omega$ $C_1=220\mu F$ $C_2=100\mu F$ $R=10\Omega$			
$R_L=120\Omega$ $C_1=220\mu F$ $C_2=100\mu F$ $R=10\Omega$			

2. 集成稳压器性能测试

断开工频电源,按图 4-45 所示改接实验电路,取负载电阻 $R_L=120\Omega$。

1) 初测

接通工频 14V 电源,测量 u_2 值;测量滤波电路输出电压 U_i(稳压器输入电压),集成稳压器输出电压 U_o,它们的数值应与理论值大致符合,否则说明电路出了故障。设法查找故障并加以排除。

电路经初测进入正常工作状态后,才能进行各项指标的测试。

2) 各项性能指标测试

(1) 输出电压 U_o 和最大输出电流 I_{omax} 的测量。

在输出端接负载电阻 $R_L=120\Omega$,由于 7812 输出电压 $U_o=12V$,因此流过 R_L 的电流 $I_{omin}=\frac{12}{120}=0.1A=100mA$。这时 U_o 应基本保持不变,若变化较大,则说明集成块性能不良。

(2) 稳压系数 S 的测量。

取 $I_o=50mA$,按表 4-32 所示改变整流电路输入电压 U_2(模拟电网电压波动),分别测出相应的稳压器输入电压 U_i 及输出直流电压 U_o,记入表 4-36。

(3) 输出电阻 R_o 的测量。

取 $U_2=14V$,改变滑线变阻器位置,使 I_o 为空载、50mA 和 100mA,测量相应的 U_o 值,记入表 4-37。

表 4-36 $I_o=50mA$ 测量电压值

测试值			计算值
U_2/V	U_i/V	U_o/V	S
10			$S_{12}=$
14		12	
17			$S_{23}=$

表 4-37 $U_2=14V$ 测量电压值

测试值		计算值
I_o/mA	U_o/V	R_o/Ω
空载		$R_{o12}=$
50	12	$R_{o23}=$
100		

(4) 输出纹波电压的测量。

取 $U_2=14V$,$U_i=12V$,$I_o=100mA$,测量输出纹波电压 U_o 并记录。

3) 集成稳压器性能扩展*

根据实验器材,选取图 4-47、图 4-48 或图 4-51 所示各元器件,并自拟测试方法与表格,记录实验结果。

4.12.5 思考题

(1) 整理实验数据,列出实验结果。

(2) 讨论表 4-35 所得的波形说明了什么问题?

(3) 计算 S 和 R_o,说明有稳压和无稳压两种电源的稳定程度。

4.13 晶闸管可控整流电路

晶闸管可控整流电路是指由晶闸管调节输出整流电压或电流的电路。

4.13.1 实验目的

(1) 学习单结晶体管和晶闸管的简易测试方法。

(2) 熟悉单结晶体管触发电路(阻容移相桥触发电路)的工作原理及调试方法。

(3) 熟悉用单结晶体管触发电路控制晶闸管调压电路的方法。

4.13.2 实验原理

可控整流电路的作用是把交流电变换为电压值可以调节的直流电。图 4-53 所示为单相半控桥式整流实验电路。主电路由负载 R_L(灯泡)和晶闸管 T_1 组成,触发电路为单结晶体管 T_2 及一些阻容元件构成的阻容移相桥触发电路。改变晶闸管 T_1 的导通角,便可调节主电路的可控输出整流电压(或电流)的数值,这点可由灯泡负载的亮度变化看出。晶闸管导通角的大小取决于触发脉冲的频率 f,由公式

$$f = \frac{1}{RC}\ln\left(\frac{1}{1-\eta}\right) \tag{4-65}$$

可知,当单结晶体管的分压比 η(一般为 0.5~0.8)及电容 C 值固定时,则频率 f 大小由 R 决定,因此,通过调节电位器 R_W,可以改变触发脉冲频率,主电路的输出电压也随之改变,从而达到可控调压的目的。

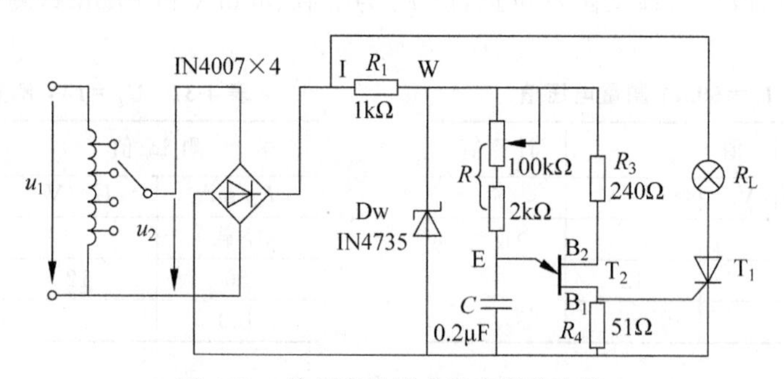

图 4-53 单相半控桥式整流实验电路

用万用表的电阻挡(或数字万用表二极管挡)可以对单结晶体管和晶闸管进行简易测试。

图 4-54 所示为单结晶体管 BT33 引脚排列、结构图及电路符号。好的单结晶体管 PN 结正向电阻 R_{EB1}、R_{EB2} 均较小,且 R_{EB1} 稍大于 R_{EB2},PN 结的反向电阻 R_{B1E}、R_{B2E} 均应很大,根据所测阻值,即可判断出各引脚及管子的质量优劣。

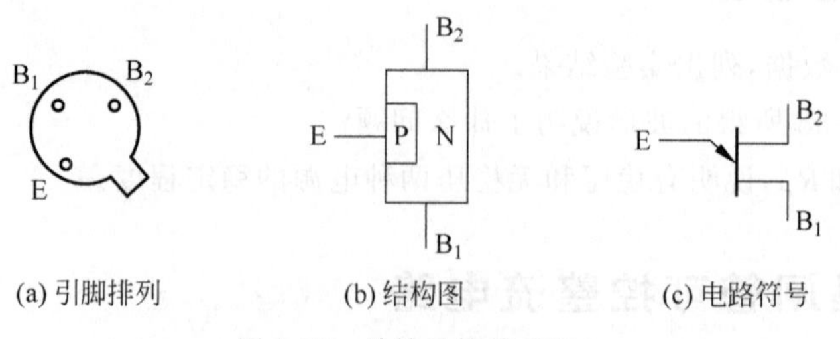

图 4-54 单结晶体管 BT33

图 4-55 所示为晶闸管 3CT3A 引脚排列、结构图及电路符号。晶闸管阳极(A)与阴极(K)、阳极(A)与门极(G)之间的正、反向电阻 R_{AK}、R_{KA}、R_{AG}、R_{GA} 均应很大，而 GK 之间为一个 PN 结，PN 结正向电阻应较小，反向电阻应很大。

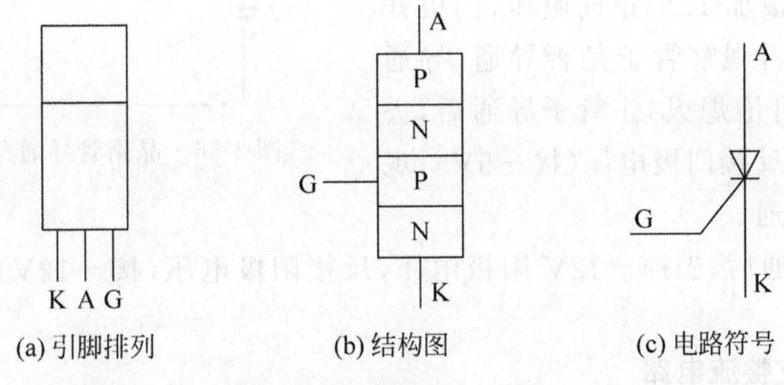

图 4-55　晶闸管 3CT3A

4.13.3　实验设备及器件

实验所需的设备及器件如下：

(1) 可调工频电源；

(2) 双踪示波器；

(3) 交流毫伏表；

(4) 直流电压表；

(5) ±5V 直流电源；

(6) ±12V 直流电源；

(7) 万用电表；

(8) 晶闸管 3CT3A，单结晶体管 BT33，二极管 IN4007×4，稳压管 IN4735，灯泡(12V/0.1A)。

4.13.4　实验内容

1. 单结晶体管的简易测试

用万用表 $R\times10\Omega$ 挡分别测量 EB_1、EB_2 间正、反向电阻，记入表 4-38。

表 4-38　测量电阻值(1)

R_{EB1}/Ω	R_{EB2}/Ω	$R_{B1E}/k\Omega$	$R_{B2E}/k\Omega$	结论

2. 晶闸管的简易测试

用万用表 $R\times1k\Omega$ 挡分别测量 AK、AG 间正、反向电阻；用 $R\times10\Omega$ 挡测量 GK 间正、反向电阻，记入表 4-39。

表 4-39　测量电阻值(2)

$R_{AK}/k\Omega$	$R_{KA}/k\Omega$	$R_{AG}/k\Omega$	$R_{GA}/k\Omega$	$R_{GK}/k\Omega$	$R_{KG}/k\Omega$	结论

3. 晶闸管导通、关断条件测试

断开±12V、±5V直流电源，按图4-56所示连接实验电路。

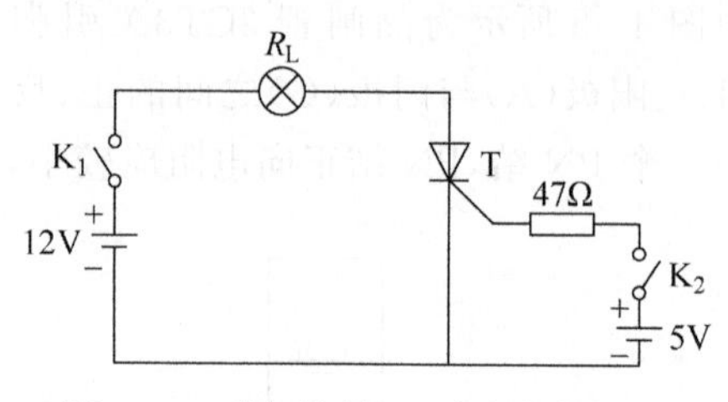

图4-56 晶闸管导通/关断条件测试

(1) 晶闸管阳极加12V正向电压，门极开路，加5V正向电压，观察管子是否导通(导通时灯泡亮，关断时灯泡熄灭)。管子导通后，去掉+5V门极电压，反接门极电压(接-5V)，观察管子是否继续导通。

(2) 晶闸管导通后，去掉+12V阳极电压，反接阳极电压(接-12V)，观察管子是否关断，并记录。

4. 晶闸管可控整流电路

按图4-53所示连接实验电路。取可调工频电源14V电压作为整流电路输入电压u_2，电位器R_W置于中间位置。

1) 单结晶体管触发电路

(1) 断开主电路(把灯泡取下)，接通工频电源，测量u_2值。用示波器依次观察并记录交流电压u_2、整流输出电压u_1(I-O)、削波电压u_W(W-O)、锯齿波电压u_E(E-O)、触发输出电压u_{B1}(B_1-O)。记录波形时，注意各波形间对应关系，并标出电压幅度及时间。将数据记入表4-40。

(2) 改变移相电位器R_W阻值，观察u_E和u_{B1}变化及u_{B1}的移相范围，记入表4-40。

表4-40 测量单结晶体管触发电路电压值

u_2	u_1	u_W	u_E	u_{B1}	移相范围

2) 可控整流电路

断开工频电源，接入负载灯泡R_L，再接通工频电源，调节电位器R_W，使电灯由暗到较亮，再到最亮，用示波器观察晶闸管两端电压u_{T1}、负载两端电压u_L，并测量负载直流电压U_L及工频电源电压有效值U_2，记入表4-41。

表4-41 测量可控整流电路

参数	暗	较亮	最亮
u_L波形			
u_{T1}波形			
导通角θ			
U_L/V			
U_2/V			

4.13.5 思考题

(1) 总结晶闸管导通、关断的基本条件。

(2) 画出实验中记录的波形(注意各波形间对应关系)，并进行讨论。

(3) 对实验数据U_L与理论计算数据$U_L=0.9U_2\dfrac{1+\cos\theta}{2}$进行比较，并分析产生误差原因。

(4) 分析实验中出现的异常现象。

第5章 模拟电子技术设计性实验

CHAPTER 5

模拟电子技术设计性实验是在掌握基础验证性实验方法的基础上的进阶，是对模拟电子技术知识的深刻理解与综合运用，实验项目具有典型性和代表性。

5.1 晶体管放大电路

在掌握晶体管放大电路基本特性的基础上，根据技术指标要求设计单管放大电路并进行电路仿真或安装及调试，熟悉软件及仪器仪表的使用。

5.1.1 实验目的

(1) 根据一定的技术指标要求设计单级放大电路，学习单级放大电路的一般设计方法。

(2) 学习晶体管放大电路静态工作点的设置与调整方法；学习放大电路的电压放大倍数、最大不失真输出电压、输入电阻、输出电阻及频率特性等基本性能指标的测试方法。

(3) 研究电路参数变化对放大器性能指标的影响及放大器的安装与调试技术。

(4) 进一步学习万用表、示波器、信号发生器、直流稳压电源和毫伏表等常用仪器的正确使用方法。

5.1.2 实验原理

一个具有实用价值的电路是由若干个单级放大电路组成的，因此对单级放大电路的研究也为多级放大电路的研究与应用奠定了理论基础。由于单级放大电路在多级放大电路中所处位置不同，对其性能要求也不相同，但它们的最基本任务是相同的，即放大，而且要不失真地放大。单级放大电路的放大能力一般可达到几十到几百倍。

1. 单级放大电路

能完成不失真放大的单级放大电路很多，最常用的有基本放大电路(见图5-1)和电流负反馈工作点稳定的电路(见图5-2)。基本放大电路简单、元件少，流过 R_b 的电流为 I_B，故 R_b 可选得较大，放大器的输入电阻较高，放大器对信号源的影响较小，具有较高的放大能力，但它在温度变化时工作点不够稳定，使不失真放大的要求受到影响，适用于对稳定性要求不高的场合。电流负反馈工作点稳定的电路，由于电路负反馈的作用使工作点比较稳定，故使用场合比较广泛。

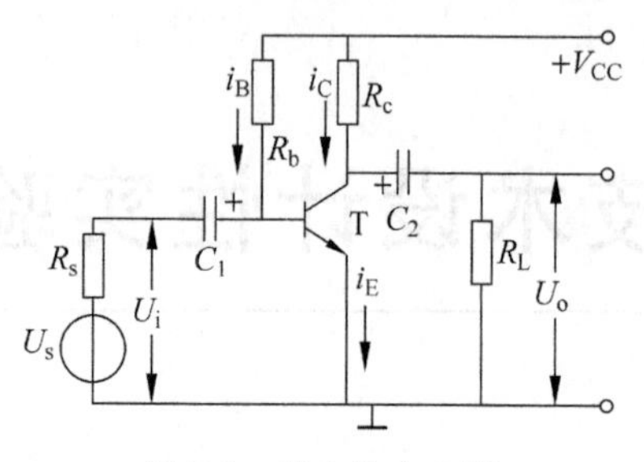

图 5-1 基本放大电路

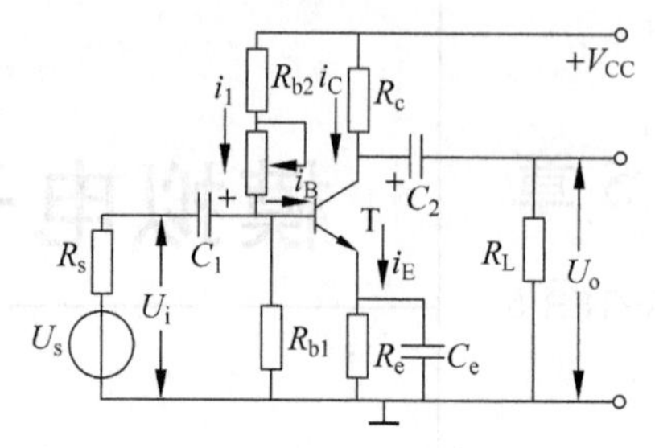

图 5-2 电流负反馈工作点稳定的电路

2. 静态工作点的选取

放大器中静态工作点的选取十分重要，它影响放大器的增益、失真及其他各方面。

(1) 静态工作点与增益。图 5-1 和图 5-2 所示放大倍数均由 $A_u = U_o/U_i = -\beta R'_L/r_{be}$ 表示，其中 R'_L 与静态工作点无关，在线性区 β 值变化甚小。在 $r_{be} = r_{bb'} + r_e(1+\beta)$ 中，$r_{bb'}$ 取决于基区材料，不同类型的管子 $r_{bb'}$ 相差较大，其值从几欧姆到几百欧姆；而 $r_e = 26\text{mV}/I_{EQ}$，它取决于工作电流，工作电流大，则 r_e 小。可见工作点不同，其放大倍数也不同。

(2) 静态工作点与非线性失真。静态工作点选得过高或过低都会产生非线性失真。如果 Q 点选得过高，如图 5-3 中的 Q_1，微弱的输入信号也会产生饱和失真，使输出的电压波形产生下削波。相反，如果 Q 点选得太低，如图 5-3 中的 Q_2，易产生截止失真，其输出电压产生上削波。为了得到最大不失真输出幅度，其静态工作点应设在交流负载线的中间位置，如图 5-4 所示。从输入特性上看，如果 Q 点设置不当，将产生严重的非线性失真，如图 5-5 所示。由于晶体管特性的非线性，输入信号虽然是正弦波，但 i_B 已经成为上尖下钝的波形，它是由于晶体管输入特性的非线性引起的失真，故称为非线性失真。同样，晶体管输出特性的不均匀也会引起失真。这种由于晶体管特性的非线性或不均匀性引起的非线性失真又称为固有失真。适当选择静态工作点，如使

$$I_{BQ} = I_{bm} + 10\,\mu\text{A} \tag{5-1}$$

可以减小这种失真但不能完全消除。在多级放大器中，由于前级输入信号的正半周到了下级输入端变成了负半周(即倒相)，利用这种倒相作用可以使固有失真得到补偿，减小失真程度。

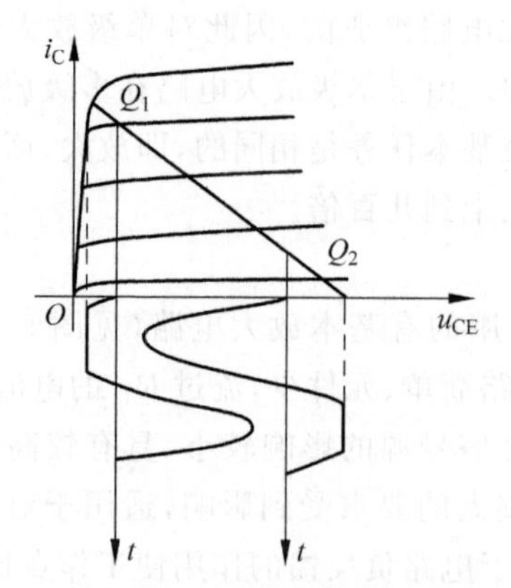

图 5-3 静态工作点过高或过低时放大电路工作情况

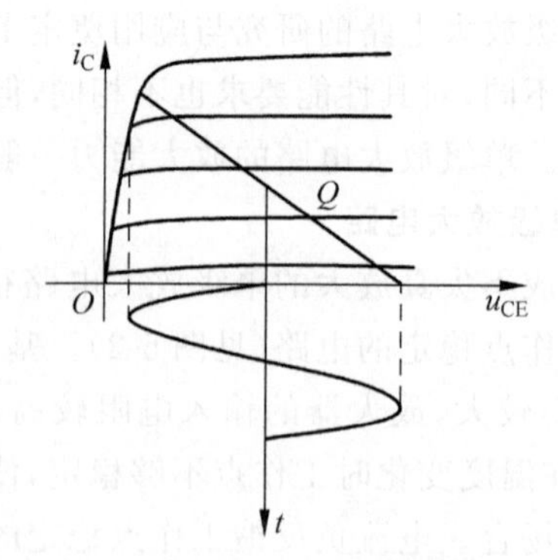

图 5-4 静态工作点设置合理时放大电路工作情况

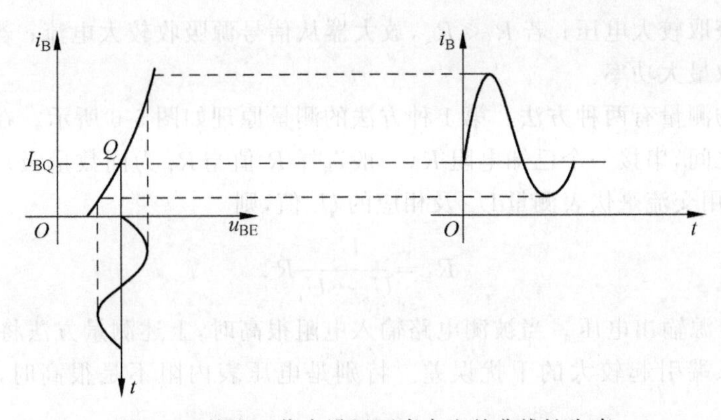

图 5-5 静态工作点设置不当产生的非线性失真

综上所述，静态工作点不仅影响放大器的增益，还影响着非线性失真，至于静态工作点选在电流较大区域好还是选在电流较小区域好，要视具体情况而定。例如，要得到最大的输出幅度，静态工作点要选在交流负载线的正中间位置；若信号幅度小又想得到较高的增益，静态工作点可选在电流较大区域。又如，为提高电路的输入电阻，减小噪声系数和能量损耗，静态工作点可选在电流较小区域。

5.1.3 性能指标与测试方法

晶体管放大器的主要性能指标有电压放大倍数 A_u、最大不失真输出电压 U_{omax}、输入电阻 R_i、输出电阻 R_o 和频率响应 Δf 等。对于如图 5-2 所示的电路，各性能指标的计算式与测试方法如下。

1. 电压放大倍数 A_u

$$A_u = \frac{U_o}{U_i} = -\frac{\beta R'_L}{r_{be}} \tag{5-2}$$

其中，$R'_L = R_c // R_L$；r_{be} 为晶体管输入电阻，即

$$r_{be} = r_{bb'} + (1+\beta)\frac{26\text{mV}}{I_{EQ}} \approx 300 + (1+\beta)\frac{26\text{mV}}{I_{EQ}} \tag{5-3}$$

电压放大倍数的测量实质上是测量放大器的输入电压 u_i 和输出电压 u_o。

测量方法：在输出波形不失真的情况下，给定输入值（有效值 U_i 或峰值 U_{im}）或输出值（有效值 U_o 或峰值 U_{om}），测量相应的输出值或输入值即可，则

$$A_u = \frac{U_o}{U_i} = \frac{U_{om}}{U_{im}} \tag{5-4}$$

2. 最大不失真输出电压 U_{omax}

U_{omax} 为在给定静态工作点的条件下，放大器所能输出的最大且不失真的电压值。

测量方法：在测量电压放大倍数的基础上，逐渐增大输入信号幅值，同时观察输出波形，当输出波形刚出现失真时的 U_o 即为 U_{omax}。

3. 输入电阻 R_i

$$R_i = r_{be} // R_{b1} // R_{b2} \approx r_{be} \tag{5-5}$$

输入电阻的大小反映了放大电路消耗信号源功率的大小。若 $R_i \gg R_s$（信号源内阻），放

大器从信号源获取较大电压；若 $R_i \ll R_s$，放大器从信号源吸收较大电流；若 $R_i = R_s$，放大器从信号源获取最大功率。

输入电阻的测量有两种方法。第1种方法的测量原理如图5-6所示。在信号源输出与放大器输入端之间，串接一个已知电阻 R（一般选择 R 值与 R_i 为同数量级），在输出波形不失真的情况下，用交流毫伏表测量 U_s 及相应的 U_i 值，则

$$R_i = \frac{U_i}{U_s - U_i} R \tag{5-6}$$

其中，U_s 为信号源输出电压。当被测电路输入电阻很高时，上述测量方法将因 R 和毫伏表的接入而在输入端引起较大的干扰误差。特别是电压表内阻不是很高时，U_s 和 U_i 值会偏小。

第2种方法的测量原理如图5-7所示。当 $R=0$ 时，输出电压波形不失真的条件下，用交流毫伏表测出输出电压 U_{o1}；当 R 取固定电阻时，测出输出电压 U_{o2}，则

$$R_i = \frac{U_{o2}}{U_{o2} - U_{o1}} R \tag{5-7}$$

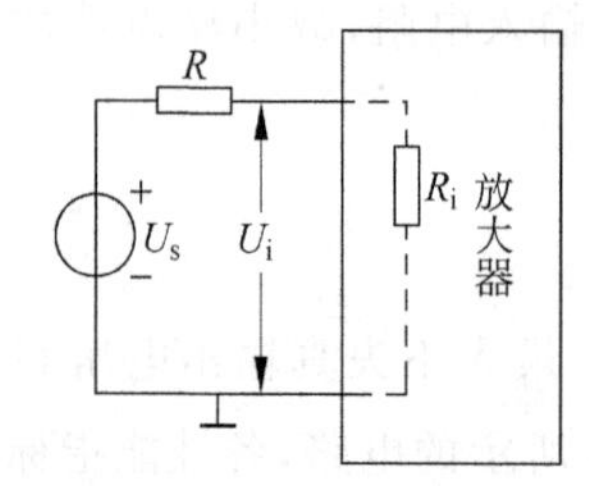

图 5-6 输入电阻测试电路(1)

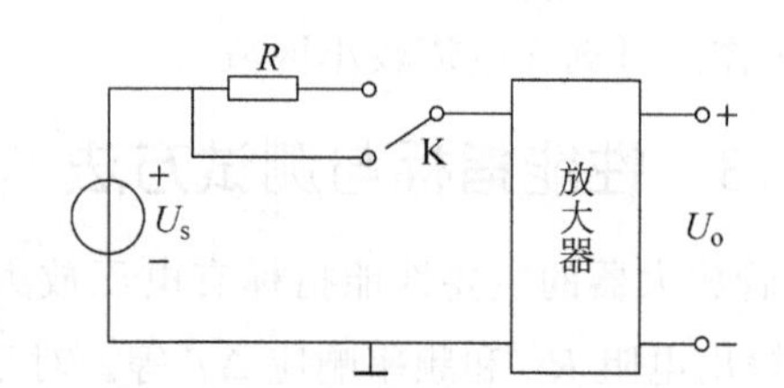

图 5-7 输入电阻测试电路(2)

4. 输出电阻 R_o

$$R_o = r_o \parallel R_c \approx R_c \tag{5-8}$$

其中，r_o 为晶体管的输出电阻；输出电阻 R_o 的大小反映了放大器带负载的能力，R_o 越小，带负载的能力越强，当 $R_o \ll R_L$ 时，放大器可等效成一个恒压源。

测量方法如图5-8所示。在输出波形不失真的情况下，首先测量 R_L 未接入（空载）时的输出电压 U'_o，然后接入负载 R_L，再测量此时放大器的输出电压 U_o，则

$$R_o = \left(\frac{U'_o}{U_o} - 1\right) R_L \tag{5-9}$$

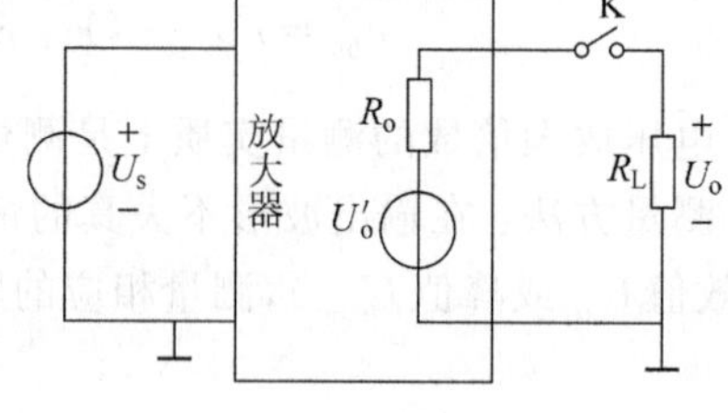

图 5-8 输出电阻测试电路

测量时应注意：两次测量时输入电压 U_i 应保持相等，且大小适当，保证在 R_L 接入和断开时输出波形不失真。R_L 应与 R_o 为同数量级电阻。

5. 频率响应 Δf

放大器的幅频特性如图5-9所示，影响放大器幅频特性的主要因素是电路中存在的各种电容元件。

$$\Delta f = f_H - f_L \tag{5-10}$$

其中，f_H 为放大器的上限频率，主要受晶体管的结电容和电路的分布电容的限制；f_L 为放大器的下限频率，主要受耦合电容 C_1、C_2 和射极旁路电容 C_e 的影响。

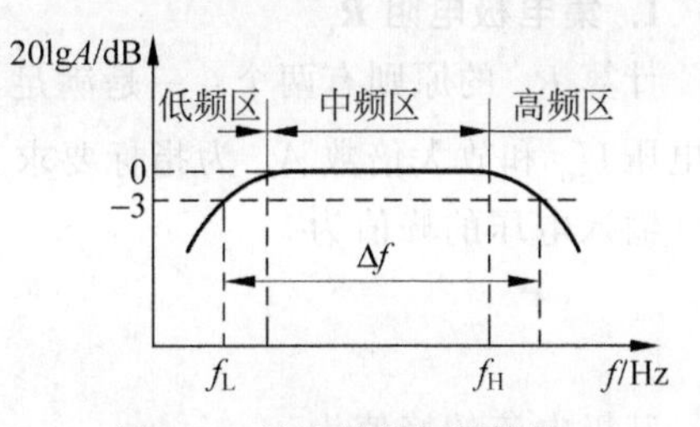

图 5-9 放大器的幅频特性

要严格计算电容 C_1、C_2 和 C_e 同时存在时对放大器低频特性的影响比较麻烦。在工程设计中，为了简化计算，通常以每个电容单独存在时所决定的转折频率为基本频率。电容 C_1、C_2 和 C_e 所对应的等效回路如图 5-10 所示。如果放大器的下限频率 f_L 已知，可按以下表达式估算电容 C_1、C_2 和 C_e。

$$C_1 \geqslant (3 \sim 10)\frac{1}{2\pi f_L(R_s + r_{be})} \tag{5-11}$$

$$C_2 \geqslant (3 \sim 10)\frac{1}{2\pi f_L(R_c + R_L)} \tag{5-12}$$

$$C_3 \geqslant (1 \sim 3)\frac{1}{2\pi f_L\left(R_e \mathbin{/\!/} \dfrac{R_s + r_{be}}{1+\beta}\right)} \tag{5-13}$$

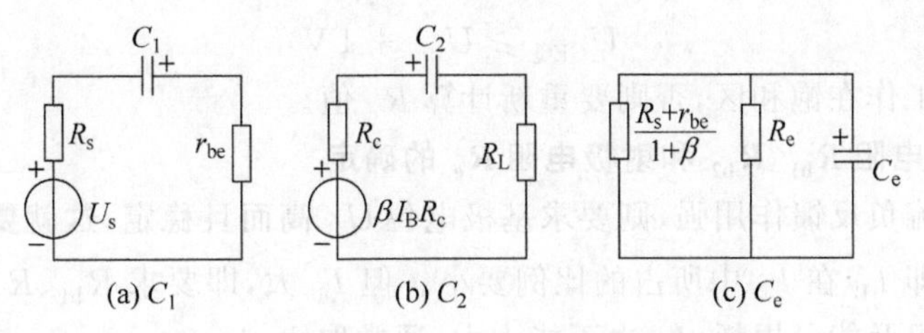

图 5-10 电容 C_1、C_2 和 C_e 对应的等效回路

放大器的幅频特性可通过测量不同频率时的电压放大倍数 A_u 获得。通常采用逐点法测量放大器的幅频特性曲线。测量时，每改变一次信号源的频率（注意维持输入信号 U_i 的幅值不变且输出波形不失真），用晶体管毫伏表或示波器测量一个输出电压值，分别计算其增益，然后将测试结果画在半对数坐标纸上（见图 5-9），将所测结果连接成曲线。

如果只要求测量放大器的频率响应 Δf 或通频带 BW，则首先测出放大器中频区（如 $f_0 =$ 1kHz）时的输出电压 U_o，然后升高频率直到输出电压降到 $0.707U_o$（维持 U_i 不变），此时所对应的信号源的频率就是上限频率 f_H。同理，维持 U_i 不变，降低频率直到输出电压降到 $0.707U_o$，此时所对应的频率为下限频率 f_L，则放大器的频率响应 $\Delta f = f_H - f_L$。

5.1.4 单级放大器的设计原则

所谓设计，就是按照指标要求，根据理论的主要原则把电路选出来，确定使用的电源电压和有源器件，确定静态工作点，计算出各元件数值的整个过程。因为在设计中常采用近似公式或经验公式，有时也称此过程为电路估算或工程估算。根据所给已知条件的不同，工程估算没有固定格式，但有一些原则可以遵守。下面通过对图 5-2 所示电路的计算介绍一些设计原则。

1. 集电极电阻 R_c

计算 R_c 的原则有两个：一是满足放大倍数要求；二是不能产生饱和失真。一般以输出电压 U_o 和放大倍数 A_u 为指标要求。

输入电压的峰值为

$$U_{im}=\frac{U_{om}}{A_u} \tag{5-14}$$

基极电流的峰值为

$$I_{bm}=\frac{U_{im}}{r_{be}} \tag{5-15}$$

对于小信号放大器，其静态工作点一般在 1～2mA，此时的 r_{be} 值可按 1kΩ 估算。

$$R'_L=\frac{U_{om}}{I_{cm}}=R_c \mathbin{/\!/} R_L \tag{5-16}$$

$$I_{cm}=\beta I_{bm} \tag{5-17}$$

则

$$R_c=\frac{R_L R'_L}{R_L-R'_L} \tag{5-18}$$

由于计算方法的欠缺，所求的 R_c 是否可用，要通过对静态工作点的验证加以判定，一般使

$$U_{CEQ}\geqslant U_{om}+1\text{V} \tag{5-19}$$

才能使放大器不工作在饱和区，否则要重新计算 R_c 值。

2. 偏置电路电阻 R_{b1}、R_{b2} 和射极电阻 R_e 的确定

要使直流电流负反馈作用强，则要求基极电位 U_B 高而且稳定，这就要求流过偏置电路的电流 I_1 要大，即 I_B 在 I_1 中所占的比例要小。但 I_1 大，即要求 R_{b1}、R_{b2} 要小，这又影响着电路的输入电阻及能量损耗，I_1 也不能太大，通常取

$$I_1=(5\sim 10)I_B \tag{5-20}$$

U_E 越高(U_B 越高)，电流反馈越强。但 U_E 越高，电源的有效利用率越低，即 $U_E(U_B)$ 也不能太高，一般取

$$U_B=(5\sim 10)U_{BE},\quad U_B=\begin{cases}3\sim 5\text{V}, & \text{硅管}\\ 1\sim 3\text{V}, & \text{锗管}\end{cases} \tag{5-21}$$

考虑到不使信号进入截止区而产生截止失真，要求 $I_{CQ}>I_{cm}$，一般取

$$I_{CQ}=0.5\text{mA}+I_{cm} \tag{5-22}$$

$$I_{BQ}=\frac{I_{CQ}}{\beta_s} \tag{5-23}$$

故有

$$R_{b1}=\frac{U_B}{I_1} \tag{5-24}$$

$$R_{b2}=\frac{V_{CC}-U_B}{I_1}=\frac{V_{CC}}{I_1}-R_{b1} \tag{5-25}$$

为了调节静态工作点方便，通常把 R_{b2} 用一个可变电阻和一个固定电阻代替，使固定电阻阻值加上可变电阻中间值等于 R_{b2}。

$$R_e = \frac{U_E}{I_E} \approx \frac{U_B - U_{BE}}{I_{CQ}} \tag{5-26}$$

3. 晶体管的选择

(1) 晶体管的选取依据很多,如极限参数、频率特性、噪声系数,以及 h_{fe} 和 h_{ie} 等。这些依据,在选取晶体管时,又根据晶体管在多级放大器中所处的位置不同而有所侧重。

(2) 极限参数。极限参数是选择晶体管的重要原则,特别是在选择放大器的末级和末前级晶体管时。极限参数很多,但经常考虑的是集电极耗散功率 P_{CM}、击穿电压 $U_{(BR)CEO}$、最大集电极电流 I_{CM},即要求加于晶体管两端的电压应小于 $U_{(BR)CEO}$。在甲类工作时,I_{CQ} 与 U_{CEO} 的乘积应小于 P_{CM};在乙类工作时,P_{CM} 又决定着输出功率。在小信号放大电路中以上 3 个参数易于满足,选择晶体管时可不考虑极限参数。

(3) 频率性能。无论晶体管工作在哪一级,晶体管的截止频率 f_β 都应大于放大电路的上限频率 f_H。从手册中查出特性频率 f_T,可通过 $f_T \approx \beta f_\beta$ 求出 f_β。

(4) 噪声系数。为了减小放大电路的噪声,应选择噪声系数小的晶体管,特别是当晶体管工作在前置级时更应如此,因为第 1 级的噪声对整个放大电路影响最大。

(5) 在晶体管型号确定后,应选出需要的 β 值。一般希望 β 选高一些,但也不是越高越好。β 太高会容易引起自激振荡,何况一般 β 值高的晶体管工作多不稳定,受温度影响大。通常 β 取值为 50～100,但低噪声高 β 值的晶体管(如 1815、9011～9015 等),β 值达数百时温度稳定性仍较好。

4. 电源电压 V_{CC}

电源电压 V_{CC} 既要满足输出幅度、工作点稳定的要求,又不能选得太高,以免对电源设备和晶体管的耐压提出过高而又不必要的要求。

$$V_{CC} = U_{CEQ} + I_{CQ}(R_c + R_e) \tag{5-27}$$

$$U_{CEQ} = U_{om} + U_{CES} \tag{5-28}$$

5.1.5 设计举例

技术指标与要求:已知信号频率 $f_0 = 1\text{kHz}$,负载电阻 $R_L = 3\text{k}\Omega$,晶体管参数见手册,β 自测(一般为 $50 < \beta < 100$),要求工作点稳定,电压放大倍数 $A_u \geqslant 70$,输出电压 $U_{om} \geqslant 2\text{V}$(峰值)。

1. 选择电路形式

因要求工作点稳定性好,故选用分压式电流负反馈电路,如图 5-2 所示。

2. 选择晶体管

在小信号放大器中,由于对极限参数要求不高,一般不考虑极限参数。

由于要求工作频率很低,3AX 系列可以满足,考虑到通用性,也可以选取高频小功率 3DG 系列的晶体管。选取 3DG6B,集电极最大允许电流 $I_{CM} = 20\text{mA}$,$U_{(BR)CEO} = 20\text{V}$,$I_{CBO} < 0.01\mu\text{A}$,实测 $\beta = 70$。

3. 集电极电阻 R_c 的确定

设计要求 $A_u \geqslant 70$,考虑留有一定裕量,按 $A_u = 80$ 设计。同样,U_{om} 按 2.5V 设计。

故输入电压的峰值为

$$U_{im} = \frac{U_{om}}{A_u} = \frac{2.5 \times 10^3}{80} \approx 31\text{mV}$$

如果静态电流选在 2mA 左右，晶体管的输入电阻可以按 1kΩ 估计，则基极电流的峰值为

$$I_{bm}=\frac{U_{im}}{r_{be}}=\frac{31}{1}=31\mu A$$

集电极电流的峰值为

$$I_{cm}=\beta I_{bm}=70\times 31=2170\mu A=2.17mA$$

根据设计指标提出

$$U_{om}=2.5V,\ I_{cm}=2.17mA$$

则

$$R'_L=\frac{U_{om}}{I_{cm}}=\frac{2.5}{2.17}\approx 1.15k\Omega$$

集电极电阻

$$R_c=\frac{R_L R'_L}{R_L-R'_L}\approx 1.86k\Omega$$

取标称值

$$R_c=2k\Omega$$

4. 射极电阻 R_e 的确定

根据工作点稳定的条件 $U_B=(5\sim10)U_{BE}=3\sim5V$（硅管），取 $U_B=3V$。为了避免输入信号因截止而产生失真，故取

$$I_{CQ}=I_{cm}+0.5mA=2.67mA$$

则

$$R_e=\frac{U_E}{I_E}\approx\frac{U_B-U_{BE}}{I_{CQ}}\approx 0.86k\Omega$$

取标称值

$$R_e=0.91k\Omega$$

5. 确定电源电压 V_{CC}

$$V_{CC}=U_{CEQ}+I_{CQ}(R_c+R_e)=U_{om}+U_{CES}+I_{CQ}(R_c+R_e)=11.3V$$

取

$$V_{CC}=12V$$

6. 基极偏置电阻 R_{b1}、R_{b2} 的确定

根据工作点稳定的另一条件

$$I_1\approx(5\sim10)I_B \tag{5-29}$$

$$I_{BQ}=\frac{I_{CQ}}{\beta}=\frac{2.6mA}{70}=37\mu A$$

选 $I_1=0.2mA$，则 $R_{b1}=\frac{U_B}{I_1}=15k\Omega$，实选 $R_{b1}=15k\Omega$，$R_{b2}=\frac{V_{CC}-U_B}{I_1}=45k\Omega$。

通常都是通过改变 R_{b2} 实现静态工作点的改变，所以 R_{b2} 可用 47kΩ 电位器与固定电阻 20kΩ 串联实现。

7. 电容的选取

耦合电容和旁路电容并不是每次都进行计算，而是根据经验和参考一些电路酌情选择，

在低频范围内通常取

$$C_1=C_2=(5\sim 20)\mu F \tag{5-30}$$

$$C_e=(50\sim 200)\mu F \tag{5-31}$$

选 $C_1=C_2=10\mu F$(耐压 15V),$C_e=47\mu F$(耐压 6V),电容应选取标称值,并注意耐压。

8. 校核放大倍数与静态工作点

1) 放大倍数

$$R'_L=\frac{R_cR_L}{R_c+R_L}=1.2k\Omega$$

$$r_{be}=300+(1+\beta)\frac{26mV}{I_E}=1k\Omega$$

$$A_u=-\beta\frac{R_L}{r_{be}}=-84$$

可见满足指标要求。

2) 静态工作点 U_{CEQ}

为使放大器不产生饱和失真,要求

$$U_{CEQ}>U_{om}+1=3.5V$$

$$U_{CEQ}=V_{CC}-I_{CQ}(R_c+R_e)=4.2V$$

显然 $U_{CEQ}>U_{om}+1$,即放大器在满足输出幅度的要求下没有饱和失真,再加上 $I_{CQ}=I_{cm}+0.5mA$ 的条件,可见放大电路工作在放大区。

9. 元件表

当电路设计完毕后,为便于了解各元件的性能和索取元件,应列出元件表,如表 5-1 所示。

表 5-1 元件表

序号	参数和型号	数量	序号	参数和型号	数量
V_1	$\beta=70$,3DG6B	1	C_1	$10\mu F$(15V)	1
⋮			⋮		
R_c	2kΩ	1			
⋮					

5.1.6 电路安装与调试

1. 装接自己设计的单级放大电路

(1) 检查元器件。用图示仪检查三极管的主要参数,用万用表检查三极管的质量、电阻的阻值以及电解电容的充放电情况。

(2) 对电路进行组装。按照自己设计的电路,在面包板上插接元器件或在有铆钉的通用实验电路板上焊接元件。组装时,应尽量按照电路的形式与顺序布线,要求做到元件排列整齐,密度均匀,不互相重叠,连接线尽量短和直,避免交叉,必须交叉时要使用绝缘导线。应注意电解电容正负极性,正极接高电位,负极接低电位,并且不要放在功率大的电阻旁边,防止过热融化。元件标称值字符朝外以便检查,焊接时一个铆钉孔内一般只允许焊入 2~3

个线头。

安装完毕后，应对照电路图仔细检查，看是否有错接(焊)、漏接(焊)和虚接(焊)现象，并用万用表检查底板上电源正负极之间有无短路现象，若有，则应迅速排除故障，否则不能进行性能测试。

2. 通电调试

通电调试包括测试和调整两方面，测试是对安装完成的电路板的参数及工作状态进行测量，以便提供调整电路的依据。经过反复的调整和测量，使电路性能达到要求，最后通过测试获得电路的各项主要性能指标，以作为书写总结报告的依据。

为了使调试能顺利进行，最好在电路原理图上标明元器件参数、主要测试点的电位值及相应的波形图，具体步骤如下。

1) 通电观察

把经过准确测量的电源电压接入电路，此时不应急于测量数据，而应先观察有无异常现象，包括电路中有无冒烟、有无异常气味以及元器件是否发烫、电源输出有无短路现象等。如果有异常现象发生，应立即切断电源，检查电路，排除故障，待故障排除后方可重新接通电源。

2) 静态工作点的测试与调整

静态工作点是由各级电流和电压描述的。在输入特性上，I_{BQ}、U_{BEQ}确定了静态工作点(忽略了U_{CE}的影响)；在输出特性上，静态工作点由U_{CEO}、I_{CO}、I_{BO}描述。测量静态工作点时把以上数值测量出来即可，但在测量时应注意以下几点。

(1) 一般只测电压而避免测电流，因为测电流要断开电路，而电流大小可以通过测电压再换算出来。例如，要测I_{CO}，只要把U_E测出就可通过已知R_e求出I_{CO}，即$I_{CO} \approx I_{EO} = U_E/R_e$。

(2) 当使用的测量仪表公共端接机壳时，应把测量仪表公共端与放大器公共端接在一起(共地)，否则测量仪表外壳引入的干扰将使电路工作状态改变，并且测量结果也不可靠。例如，要测U_{CEQ}，可测出C、E两点电位U_{CQ}与U_{EQ}，$U_{CEQ}=U_{CQ}-U_{EQ}$；若使用浮动电源(公共端不接地)的仪表(如万用表)测量电路，可直接跨在元件两端测量，但要注意是否会引入干扰。

(3) 注意使用仪表的内阻，正确选择测量仪表的量程范围，减少测量误差。例如，测量图5-2所示的U_{BEQ}，采用测量U_B与U_E的办法，再算出U_{BE}，而U_B是由R_{b1}和R_{b2}分压决定的(当忽略I_B对R_{b1}和R_{b2}支路影响时)；当测量U_B时，要求测量仪表内阻要远大于R_{b1}，否则当仪表接入时，由于仪表的分流作用而改变了原分压比，测出的数据已不是U_B的实际值了。另外，为了在测量静态工作点时减少外界的干扰，原则上应使输入端交流短路。

测量电路静态工作点的方法：接通直流电源，放大电路不加输入信号，将放大器输入端接地，用万用表分别测量晶体管的E、B、C极对地的电压U_{EQ}、U_{BQ}、U_{CQ}。其中，应首先调节R_{b2}，使U_{EQ}为设计值，然后再测U_{BQ}和U_{CQ}，则集电极电流为

$$I_{CO} \approx I_{EO} = \frac{U_{EQ}}{R_e} \tag{5-32}$$

集电极与发射极电位差为

$$U_{CEQ} = U_{CQ} - U_{EQ} \tag{5-33}$$

基极与发射极之间电位差为

$$U_{BEQ}=U_{BQ}-U_{EQ} \tag{5-34}$$

基极电流为

$$I_{BQ}=\frac{I_{CQ}}{\beta} \tag{5-35}$$

正常情况下,U_{CEQ} 应为正几伏,说明晶体管工作在放大状态。若 $U_{CEQ}\approx V_{CC}$,说明晶体管工作在截止状态;若 $U_{CEQ}<0.5V$,说明晶体管已进入饱和状态。上述两种情况说明,所设置的静态工作点偏离较大,或应检查电路有无故障,测量有无错误,以及读数是否错误等。

3) 动态(性能指标)的测试与电路参数修改

按照如图 5-11 所示的测量系统接线,测量放大器的主要性能指标。示波器用于观测放大器的输入输出电压波形,晶体管毫伏表用于测量放大器的输入输出电压。当频率改变时,信号发生器的输出电压可能变化,应及时调整,维持电压恒定。测量时,信号发生器的频率应调到放大器中频区的某个频率 f_0,一般情况下 $f_0=1kHz$。在电路的输入端接入适当幅度的信号,并沿着信号的流向,逐次检测各有关点的波形、参数或电位,通过计算测量结果,估算电路性能指标,然后进行适当调整,使指标达到要求。电路性能经调整、初测达到指标要求后,可进行电路性能指标的全面测量。

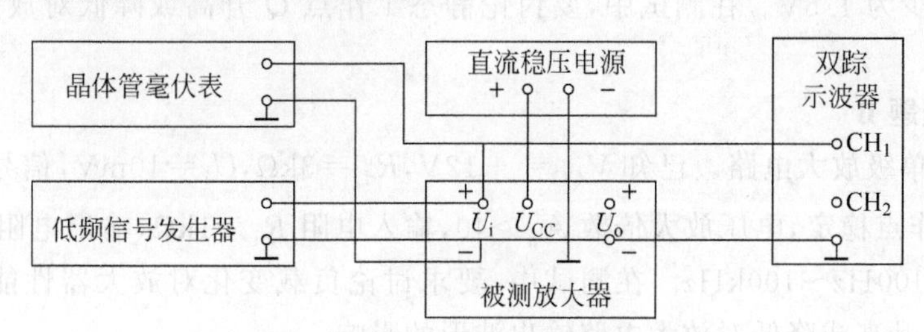

图 5-11 测试放大器性能指标的接线图

有时,电路的性能指标达不到设计要求,就必须通过实验调整修改电路参数,使之满足各项指标要求。

例如,希望提高电压放大倍数 A_u,根据式(5-2)分析,可以有 3 种方法,即

$$\begin{cases} R'_L\uparrow \rightarrow R_o\uparrow \\ r_{be}\downarrow \rightarrow R_i\downarrow \Rightarrow A_u\uparrow \\ \beta\uparrow \rightarrow r_{be}\uparrow \end{cases}$$

增大 R'_L 会使输出电阻 R_o 增大;减小 r_{be} 会使输入电阻 R_i 减小。若 R_i 和 R_o 有裕量,可通过调整 R_c 或 I_{CQ} 提高电压放大倍数,但这样会影响静态工作点,要重新调整确定静态工作点。提高晶体管的放大倍数 β 比较有效。对于如图 5-2 所示的分压式直流负反馈偏置电路,由于基极电位 U_{BQ} 固定,则

$$I_{CQ}\approx I_{EQ}=\frac{U_{BQ}-U_{BEQ}}{R_e}\approx\frac{U_{BQ}}{R_e} \tag{5-36}$$

因此,改变 β 不会影响放大器的静态工作点。

再比如,希望提高最大不失真输出电压 U_{omax},可将静态工作点 Q 移到负载线中点附

近,此时输出波形顶部、底部同时失真,电路达到最大输出。

总之,不论采用何种方法,都必须进行综合考虑,通过实验调整修改电路参数,尽可能满足各项指标要求。经调整后的元件参数值,与设计计算值肯定有一定的差别。

4) 调试注意事项

(1) 调试前应先对各种仪器进行检查,熟悉其使用方法,避免由于仪器使用不当,或仪器的性能达不到要求而造成测量结果不准,导致做出错误的判断。

(2) 正确选择测量点和测量方法。

(3) 调试过程中,不但要认真观察测量,还要记录,并善于进行分析和判断。养成严谨的科学作风,不可急于求成,更不能没有目的地乱调、乱测和乱改接线,甚至把电路拆掉重新安装。这样,不仅不能解决问题,相反还会发生更大的故障,甚至损坏元器件和测量仪器。

5.1.7 设计任务

结合上述分析,提供3个备选设计任务及具体技术指标要求。以下设计选题任选其一完成。

1. 设计选题 A

设计一个单级放大电路。已知信号频率 $f_0=2\text{kHz}$,负载电阻 $R_L=3.3\text{k}\Omega$,晶体管参数见手册,β 自测(一般为 $50<\beta<100$),要求工作点稳定,电压放大倍数 $A_u\geqslant 80$,输出电压用毫伏表测得至少为1.5V。在测试中,要讨论静态工作点 Q 升高或降低对放大电路输出波形的影响。

2. 设计选题 B

设计一个单级放大电路。已知 $V_{CC}=+12\text{V}$,$R_L=3\text{k}\Omega$,$U_i=10\text{mV}$,信号源内阻 $R_s=600\Omega$,要求工作点稳定,电压放大倍数 $A_u>40$,输入电阻 $R_i>1\text{k}\Omega$,输出电阻 $R_o<3\text{k}\Omega$,频率响应 Δf 为100Hz~100kHz。在测试中,要求讨论负载变化对放大器性能的影响,以及静态工作点 Q 升高或降低对放大电路输出波形的影响。

3. 设计选题 C

设计一个单级放大电路。已知 $V_{CC}=+12\text{V}$,$R_L=2\text{k}\Omega$,$U_i=100\text{mV}$,信号源内阻 $R_s=600\Omega$,要求工作点稳定,电压放大倍数 $A_u>30$,输入电阻 $R_i>2\text{k}\Omega$,输出电阻 $R_o<3\text{k}\Omega$,频率响应 Δf 为20Hz~100kHz。

5.1.8 要求

查阅有关资料,选定放大电路的静态工作点,确定电路中所有元器件参数,并画出电路原理图,完成一份设计报告。

拟定调整测试内容、步骤和所需仪器,可画出测试电路和记录表格,完成一份预习报告。

独立完成电路的安装和调整测试,并达到性能要求。

完成论据可靠、步骤清晰、测试数据齐全的设计实验总结报告。

5.1.9 实验研究与思考题

(1) 若 Q 点在交流负载线中点,当 R_{b2} 增加时,U_{CEQ} 将如何变化?此时若增大输入信号 U_i,首先会出现什么失真?波形如何?

(2) 在用万用表(MF41-20kΩ)测量 U_B 时,用高量程挡还是低量程挡好?为什么?

(3) 分别增大或减小电阻 R_{b2}、R_c、R_L、R_e 及电源电压 V_{CC},对放大器的静态工作点 Q 及性能指标有何影响?为什么?

(4) 调整静态工作点时,R_{b2} 用一个固定电阻与电位器相串联实现,而不能直接用电位器,为什么?

(5) 一般情况下,实验调整后的电路参数设计计算值都会有差别,为什么?

(6) 测量放大器性能指标 A_u、R_i、R_o 和 Δf 时,为什么不用万用表测量?

5.2 差动放大电路

对比长尾型、恒流源型等典型的差动放大电路,设计符合技术指标要求的差动放大电路,并进行仿真、安装及测试等。

5.2.1 实验目的

(1) 掌握差动放大器的主要特性及其测试方法。

(2) 学习带恒流源式差动放大器的设计方法和调试方法。

5.2.2 实验原理

1. 直流放大电路的特点

在生产实践中,常需要对一些变化缓慢的信号进行放大,此时就不能用阻容耦合放大电路了。因此,若要传送直流信号,就必须采用直接耦合。图 5-12 所示的就是一种简单的直流放大电路。

由于该电路级间是直接耦合,不采用隔直元件(如电容或变压器),便带来了新的问题。首先,由于电路的各级直流工作点不是相互独立的,便产生级间电平如何配置才能保证有合适的工作点和足够的动态范围的问题。其次,当直流放大电路输入端不加信号时,由于温度、电源电压的变化或其他干扰而引起的各级工作点电位的缓慢变化,都会经过各级放大使末级输出电压偏离零值而上下摆动,这种现象称为零点漂移。这时,如果在输入端加入信号,则输出端不仅有被放大的信号,而且是放大信号和零点漂移量的总和,严重的零点漂移量甚至会比真正的放大信号大得多,因此抑制零点漂移是研制直流放大电路的一个主要问题。差动式直流放大电路能较好地抑制零点漂移,因此在科研和生产实践中得到广泛的应用。

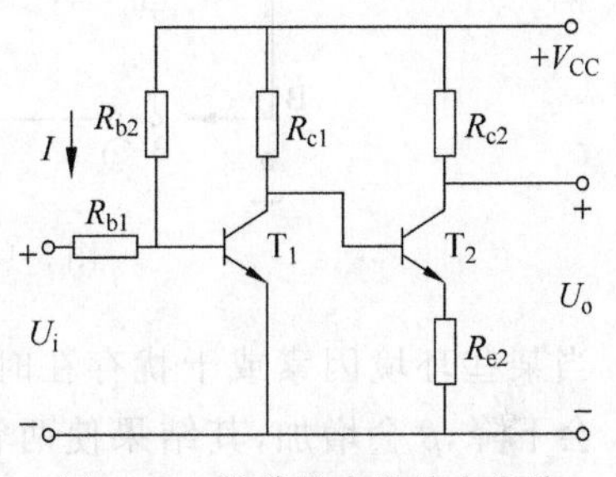

图 5-12 简单的直流放大电路

2. 差动式直流放大电路

典型的差动式直流放大电路如图 5-13 所示。它是一种特殊的直接耦合放大电路,要求电路两边的元器件完全对称,即两管型号相同、特性相同,各对应的电阻值相等。

为了改善差动式直流放大电路的零点漂移,利用负反馈能稳定工作点的原理,在两管公共发射极回路接入稳流电阻 R_E 和负电源 V_{EE},R_E 越大,稳定性越好。但由于负电源不可能选得很低，因而限制了 R_E 阻值的增大。为了解决这一矛盾，实际应用中常用晶体管恒流源代替 R_E，形成了具有恒流源的差动放大器，如图 5-14 所示。具有恒流源的差动放大器应用十分广泛，特别是在模拟集成电路中，常被用作输入级或中间放大级。

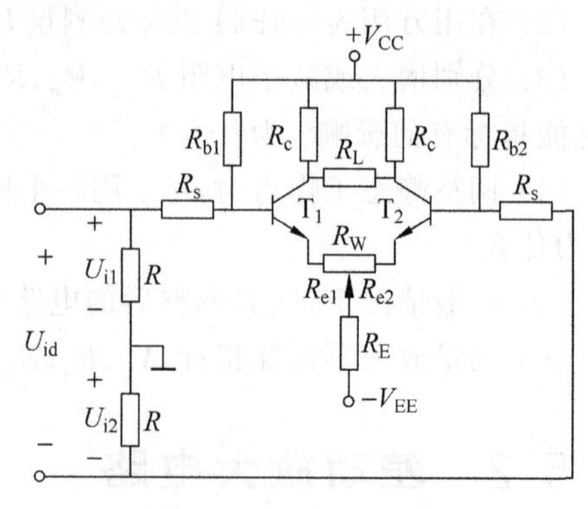

图 5-13 典型差动式直流放大电路

在图 5-13 中，静态时，两输入端不加信号。由于电路两边电路参数、元件都是对称的，故两管的电流电压相等，即 $I_{B1}=I_{B2}, I_{C1}=I_{C2}$，$U_{CQ1}=U_{CQ2}$，此时输出电压为 $U_{CQ1}-U_{CQ2}=0$，负载电阻 R_L 没有电流通过，而流过 R_E 的电流为两管电流 I_E 之和。所以在理想情况下，当输入信号为零时，此差动放大直流电路的输出也为零。

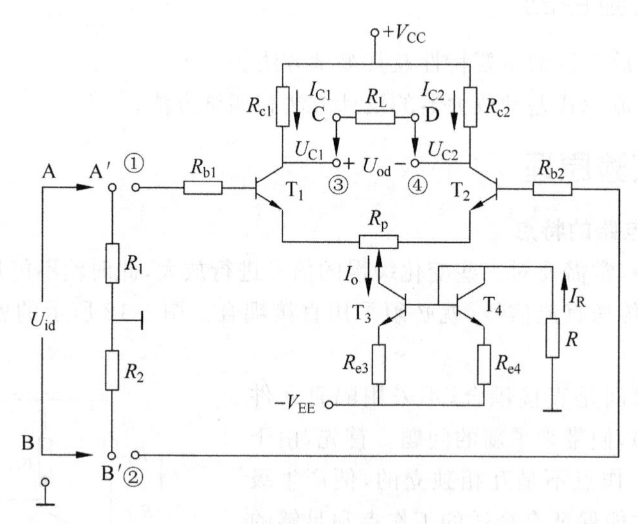

图 5-14 具有恒流源的差动放大器

当某些环境因素或干扰存在时，会引起电路参数变化。例如，当温度升高时，三极管 U_{BE} 会下降，β 会增加，其结果使两管的集电极电流增加了 ΔI_{CQ}。由于电路对称，故必有 $\Delta I_{CQ1}=\Delta I_{CQ2}=\Delta I_{CQ}$，使两管集电极对地电位也产生了增量 ΔU_{CQ1} 和 ΔU_{CQ2}，且数值相等。此时输出电压的变化量 $\Delta U_o=\Delta U_{CQ1}-\Delta U_{CQ2}=0$，这说明虽然由于温度升高，每个管子的集电极对地电位产生了漂移，但只要电路对称，输出电压取自两管的集电极，差动式直流放大电路可以利用一个管子的漂移去补偿另一个管子的漂移，从而使零点漂移得到抵消，放大器性能得到改善。可见，差动放大器能有效地抑制零漂。

在图 5-14 中，T_1 和 T_2 称为差分对管，常采用双三极管，如 5G921、BG319 或 FHIB 等，它与信号源内阻 R_{b1}、R_{b2}，集电极电阻 R_{c1}、R_{c2} 和电位器 R_p 共同组成差动放大器的基本电路。T_3、T_4 和电阻 R_{e3}、R_{e4}、R 共同组成恒流源电路，为差分对管的设计提供恒定电流 I_o。电路中 R_{b1}、R_{b2} 是取值相同而且比较小的电阻，其作用是使在连接不同输入方式时加到电路两边的信号大小相等、极性相反，或大小相等、极性相同，以满足差模信号输入或共模信号输入时的需要。晶体管 T_1 与 T_2，T_3 与 T_4 是分别连接在同一块衬底上的管子，电路参数应完全对称，调节 R_p 可调整电路的对称性。

3. 输入输出信号的连接方式

如图 5-14 所示，差分放大器的输入信号 U_{id} 与输出信号 U_{od} 可以有以下 4 种不同的连接方式。

(1) 双端输入-双端输出。连接方式：①-A′-A，②-B′-B；③-C，④-D。

(2) 双端输入-单端输出。连接方式：①-A′-A，②-B′-B；③和④分别接一个电阻 R_L 到地。

(3) 单端输入-双端输出。连接方式：①-A，②-B-地；③-C，④-D。

(4) 单端输入-单端输出。连接方式：①-A，②-B-地；③和④分别接一个电阻 R_L 到地。

连接方式不同，电路的特性参数也有所不同。

4. 静态工作点的计算

静态时，差分放大器的输入端不加信号 U_{id}，对于恒流源电路，有

$$I_R = 2I_{B4} + I_{C4} = \frac{2I_{C4}}{\beta} + I_{C4} \approx I_{C4} = I_o \tag{5-37}$$

故称 I_o 为 I_R 的镜像电流，其表达式为

$$I_o = I_R = \frac{-V_{EE} + 0.7V}{R + R_{e4}} \tag{5-38}$$

式(5-38)表明，恒定电流 I_o 主要由电源电压 $-V_{EE}$ 和电阻 R、R_{e4} 决定，与晶体管的特性参数无关。对于差分对管 T_1 和 T_2 组成的对称电路，则

$$I_{C1} = I_{C2} = \frac{I_o}{2} \tag{5-39}$$

$$U_{C1} = U_{C2} = V_{CC} - I_{C1}R_{c1} = V_{CC} - \frac{I_o R_{c1}}{2} \tag{5-40}$$

可见差分放大器的静态工作点主要由恒流源电流 I_o 决定。

5.2.3 主要性能及测试方法

下面介绍差动放大器的传输特性、差模特性、共模特性及测试方法等。

1. 传输特性

传输特性是指差动放大器在差模信号输入时，输出电流 I_C 随输入电压 U_{id} 的变化规律，传输特性曲线如图 5-15 所示。

(1) 当差模输入电压 $U_{id}=0$ 时，两管的集电极电流相等，$I_{C1}=I_{C2}=\frac{I_o}{2}$，称$\frac{I_o}{2}$点为静态工作点。

(2) U_{id} 增加(±25mV 以内时)，I_{C1} 随 U_{id} 线性增加，I_{C2} 随 U_{id} 线性减小，$I_{C1}+I_{C2}=I_o$ 的关系不变，称这个区域为差动放大器的线性放大区。

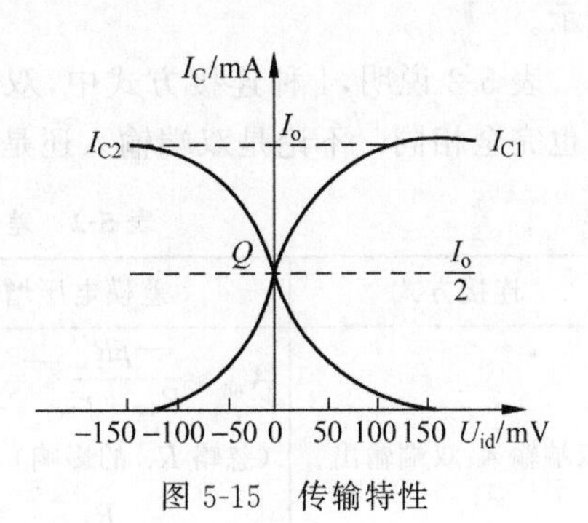

图 5-15 传输特性

(3) U_{id} 增加到使 T_1 趋于饱和区，T_2 趋于截止区时(U_{id} 超过±50mV)，I_{C1} 的增加和 I_{C2} 的减小都逐渐缓慢，这时 I_{C1} 和 I_{C2} 随 U_{id} 非线性变化，称这个区域为差动放大器的非线性区。增大射极电阻 R_p(若 R_p 为固定电阻)，可加强电流负反馈作用，扩展线性区，缩小非线性区。

(4) U_{id} 再继续增加(超过±100mV)，T_1 饱和时，I_{C1} 不再随 U_{id} 变化；T_2 截止时，I_{C2} 为反向饱和电流，称这个区域为限幅区。

以上分析表明，传输特性直观地反映了差分放大器的电路对称性和工作状态，可用来设置差动放大器的静态工作点以及调整与观测电路的对称性。

可以通过测量 T_1、T_2 集电极电压 U_{C1}、U_{C2} 随差模电压 U_{id} 的变化规律测量差模传输特性。因为 $U_{C1}=V_{CC}-I_{C1}R_{c1}$，如果 $+V_{CC}$、R_{c1} 确定，则 U_{C1} 与 $-I_{C1}$ 的变化规律完全相同，而且测量电压 U_{C1}、U_{C2} 比测量电流 I_{C1}、I_{C2} 更方便，测量方法如图 5-16 所示。信号发生器输出为 $U_{id}=50\text{mV}$，$f_i=1\text{kHz}$ 正弦波。设差分放大器为单端输入-双端输出接法，示波器上将显示如图 5-17 所示的传输特性曲线。Q 点就是静态工作点，对应的电压为 $\frac{U_{CQ}}{2}$，当 U_{id} 增加时，U_{C1} 随 U_{id} 线性减少，U_{C2} 随 U_{id} 线性增加，但始终保持 $U_{C1}+U_{C2}=\frac{U_{CQ}}{2}$ 的关系不变。所以，此传输特性可以用来设置差分放大器的静态工作点，观测电路的对称性。

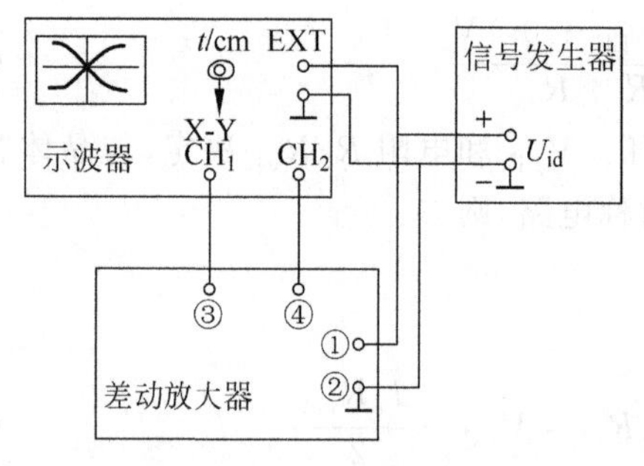

图 5-16 测量差模传输特性接线图

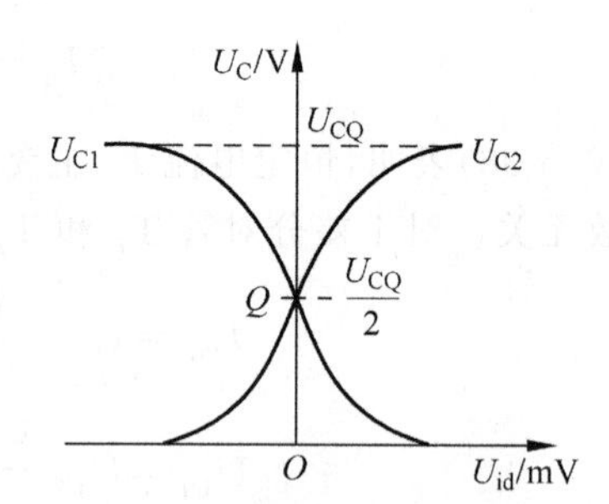

图 5-17 差模传输特性曲线

2. 差模特性

当差分放大器的两个输入端输入一对差模信号(大小相等、极性相反)时，与差分放大器 4 种接法所对应的差模电压增益 A_{ud}、差模输入电阻 R_{id}、差模输出电阻 R_{od} 的关系如表 5-2 所示。

表 5-2 说明，4 种连接方式中，双端输出时的差模特性完全相同，单端输出时的差模特性也完全相同。不论是双端输入还是单端输入，其差模输入电阻 R_{id} 均相同。

表 5-2 差分放大器 4 种接法的差模特性

连接方式	差模电压增益	差模输入电阻	差模输出电阻
双端输入-双端输出	$A_{ud}\approx\frac{-\beta R_L'}{R_{b1}+r_{be}}$ (忽略 R_p 的影响) $R_L'=R_c//\frac{R_L}{2}$	$R_{id}=2(R_{b1}+r_{be})$ (忽略 R_p 的影响) $r_{be}\approx 300+(1+\beta)\frac{26\text{mV}}{I_{E1}}$	$R_{od}=2R_c$
单端输入-双端输出	同双端输入-双端输出	同双端输入-双端输出	$R_{od}=2R_c$

续表

连接方式	差模电压增益	差模输入电阻	差模输出电阻
双端输入-单端输出	$A_{ud}\approx\frac{1-\beta R'_L}{2(R_{b1}+r_{be})}$ $R'_L=R_c//R_L$	同双端输入-双端输出	$R_{od}=R_c$
单端输入-单端输出	同双端输入-单端输出	同双端输入-双端输出	$R_{od}=R_c$

差模电压增益 A_{ud} 的测量方法：输入差模信号为 $U_{id}=20\text{mV}$，$f_i=100\text{Hz}$ 正弦波，设差分放大器为单端输入-双端输出接法。用双踪示波器分别观测 U_{C1} 和 U_{C2}，它们应是一对大小相等、极性相反的不失真正弦波。用晶体管毫伏表或示波器分别测量 U_{C1} 和 U_{C2} 的值，则差模电压增益为

$$A_{ud}=\frac{U_{C1}+U_{C2}}{U_{id}} \tag{5-41}$$

如果是单端输出，则

$$A_{ud}=\frac{U_{C1}}{U_{id}}=\frac{U_{C2}}{U_{id}} \tag{5-42}$$

如果测得 U_{C1} 与 U_{C2} 不相等，说明放大器的参数不完全对称。如果 U_{C1} 与 U_{C2} 相差较大，应重新调整静态工作点，使电路性能尽可能对称。

差模输入电阻 R_{id} 和差模输出电阻 R_{od} 的测量方法与基本设计实验的单管放大器输入电阻 R_i 和输出电阻 R_o 的测量方法相同。

3. 共模特性

当差分放大器的两个输入端输入一对共模信号(大小相等、极性相同的一对信号，如漂移电压、电源波动产生的干扰等)ΔU_{ic} 时，有以下共模特性。

双端输出时，由于同时从两管的集电极输出，如果电路完全对称，则输出电压 $\Delta U_{C1}\approx\Delta U_{C2}$，共模电压增益为

$$A_{uc}=\frac{\Delta U_{oc}}{\Delta U_{ic}}\approx\frac{\Delta U_{C1}-\Delta U_{C2}}{\Delta U_{ic}}=0 \tag{5-43}$$

如果恒流源电流恒定不变，则 $\Delta U_{C1}=\Delta U_{C2}\approx 0$，则 $A_{uc}\approx 0$。说明差分放大器双端输出时，对零点漂移等共模干扰信号有很强的抑制能力。

单端输出时，由于只从一个管的集电极输出电压 ΔU_{C1} 或 ΔU_{C2}，则共模电压增益为

$$A_{uc}=\frac{\Delta U_{C1}}{\Delta U_{ic}}=\frac{\Delta U_{C2}}{\Delta U_{ic}}\approx\frac{R'_L}{2R'_e} \tag{5-44}$$

其中，R'_e 为恒流源的交流等效电阻，即

$$R'_e=r_{ce3}\left(1+\frac{\beta_3 R_{e3}}{r_{be3}+R_B+R_{e3}}\right) \tag{5-45}$$

$$r_{be3}=300\Omega+(1+\beta)\frac{26\text{mV}}{I_{E3}} \tag{5-46}$$

$$R_B=R\ //\ R_{e4} \tag{5-47}$$

其中，r_{ce3} 为 T_3 的集电极输出电阻，一般为几百千欧姆。

由于 $R'_e \gg R'_L$，则共模电压增益 $A_{uc}<1$。所以，差分放大器即使是单端输出，对共模信号也无放大作用，仍有一定的抑制能力。

常用共模抑制比表征差分放大器对共模信号的抑制能力，即

$$K_{CMR}=\left|\frac{A_{ud}}{A_{uc}}\right| \tag{5-48}$$

或

$$K_{CMR}=20\lg\left|\frac{A_{ud}}{A_{uc}}\right| \text{dB} \tag{5-49}$$

K_{CMR} 越大，说明差分放大器对共模信号的抑制力越强，放大器的性能越好。

共模抑制比 K_{CMR} 的测量方法如下：当差模电压增益 A_{ud} 的测量完成后，将放大器的①端与②端相连接，输入 $U_{ic}=500\text{mV}$，$f_i=100\text{Hz}$ 的共模信号。如果电路的对称性好，恒流源恒定不变，则 U_{C1} 和 U_{C2} 的值近似为零，示波器观测 U_{C1} 和 U_{C2} 的波形，近似于一条水平直线。共模放大倍数 $A_{uc}\approx 0$，则共模抑制比 K_{CMR} 为

$$K_{CMR}=\left|\frac{A_{ud}}{A_{uc}}\right|\approx\infty \tag{5-50}$$

如果电路的对称性不好或恒流源不恒定，则 U_{C1} 和 U_{C2} 为一对大小相等、极性相反的正弦波，用交流毫伏表测量 U_{C1} 和 U_{C2}，则共模电压增益为

$$A'_{uc}=\frac{U_{C1}+U_{C2}}{U_{ic}} \text{ 或 } A'_{uc}=\frac{U_{C1}}{U_{ic}} \text{ （单端输出时）} \tag{5-51}$$

放大器的共模抑制比 K_{CMR} 为

$$K_{CMR}=20\lg\left|\frac{A_{ud}}{A_{uc}}\right| \text{dB} \tag{5-52}$$

由于 $A'_{uc}\ll 1$，所以放大器的共模抑制比也可以达到几十分贝。在要求不高的情况下，可以用一个固定电阻代替恒流源，T_1 和 T_2 也可采用特性相近的两只晶体管，而不一定要用对管，可以通过调整外参数使电路尽可能对称。

5.2.4 设计举例

设计一个具有恒流源的单端输入-双端输出差动放大器。

已知：$+V_{CC}=+12\text{V}$，$-V_{EE}=-12\text{V}$，$R_L=20\text{k}\Omega$，$U_{id}=20\text{mV}$。

性能指标要求：$R_{id}>20\text{k}\Omega$，$A_{ud}\geqslant 20$，$K_{CMR}>60\text{dB}$。

1. 确定电路连接方式及晶体管型号

设计要求共模抑制比较高，即电路的对称性好，所以采用集成差分对管 BG319 或 FHIB。BG319 内部有 4 只特性完全相同的晶体管，引脚如图 5-18 所示。FHIB 内部有两只特性完全相同的晶体管，引脚如图 5-19 所示。图 5-20 所示为具有恒流源的单端输入-双端输出差分放大器电路，其中 T_1、T_2、T_3、T_4 为 BG319 晶体管，在图示仪上测量 $\beta_1=\beta_2=\beta_3=\beta_4=60$。

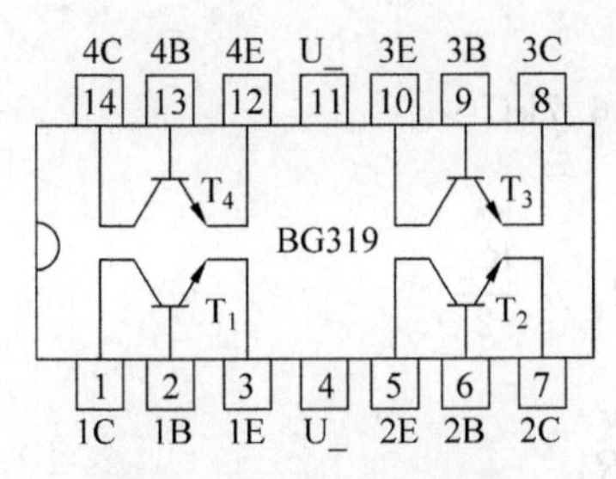

图 5-18　BG319 引脚图

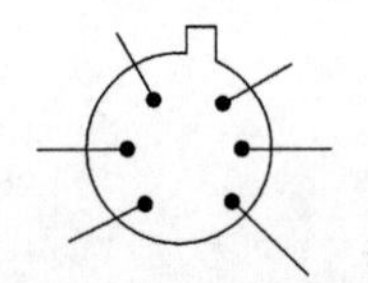

图 5-19　FHIB 引脚图

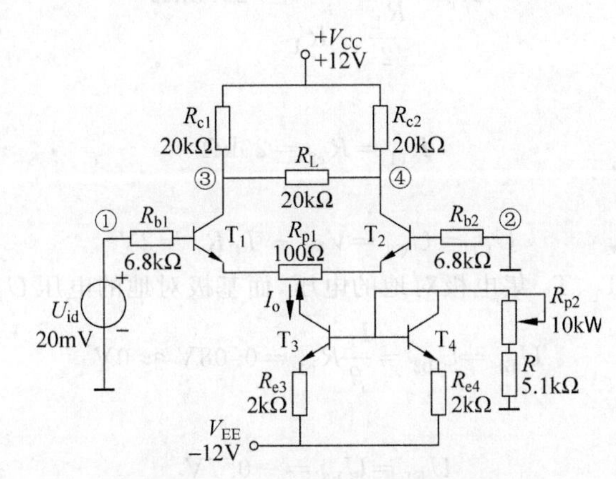

图 5-20　设计举例题的实验电路

2. 设置静态工作点计算元件参数

差动放大器的静态工作点主要由恒流源 I_o 决定，故一般先设定 I_o。I_o 取值不能太大，I_o 越小，恒流源越稳定，漂移越小，放大器的输入阻抗越高。但也不能太小，一般为几毫安。

这里取 $I_o=1\text{mA}$，由式(5-39)得

$$I_R=I_o=1\text{mA} \tag{5-53}$$

$$I_{C1}=I_{C2}=I_o/2=0.5\text{mA} \tag{5-54}$$

$$r_{be}=300\Omega+(1+\beta)\frac{26\text{mV}}{I_o/2}=3.5\text{k}\Omega \tag{5-55}$$

要求 $R_{id}>20\text{k}\Omega$，由表 5-2 可得

$$R_{id}=2(R_{b1}+r_{be})>20\text{k}\Omega \tag{5-56}$$

则

$$R_{b1}>6.5\text{k}\Omega \tag{5-57}$$

取

$$R_{b1}=R_{b2}=6.8\text{k}\Omega \tag{5-58}$$

要求 $A_{ud}>20$，由表 5-2 可得

$$A_{ud}=\left|\frac{-\beta R'_L}{R_{b1}+r_{be}}\right|>20 \tag{5-59}$$

取

$$A_{ud}=30 \tag{5-60}$$

则

$$R'_{L}=6.7\text{k}\Omega \tag{5-61}$$

由表 5-2 得

$$R'_{L}=R_{c} \;/\!/\; \frac{R_{L}}{2} \tag{5-62}$$

则

$$R_{c}=\frac{R'_{L}\times \frac{R_{L}}{2}}{\frac{R_{L}}{2}-R'_{L}}=20.3\text{k}\Omega \tag{5-63}$$

取

$$R_{c1}=R_{c2}=20\text{k}\Omega \tag{5-64}$$

由式(5-40)得

$$U_{C1}=U_{C2}=V_{CC}-I_{C}R_{c}=2\text{V} \tag{5-65}$$

U_{C1}、U_{C2} 分别为 T_1、T_2 集电极对地的电压，而基极对地的电压 U_{B1}、U_{B2} 则为

$$U_{B1}=U_{B2}=\frac{I_{C}}{\beta}R_{b1}=0.08\text{V}\approx 0\text{V} \tag{5-66}$$

则

$$U_{E1}=U_{E2}=-0.7\text{V} \tag{5-67}$$

射极电阻不能太大，否则负反馈作用太强，使得放大器增益很小，一般取 100Ω 左右的电位器，以便调整电路的对称性，现取 $R_{p1}=100\Omega$。

对于恒流源电路，其静态工作点和元件参数计算如下。

$$I_{R}=I_{o}=\frac{-V_{EE}+0.7\text{V}}{R+R_{e}} \tag{5-68}$$

则

$$R+R_{e}=12.7\text{k}\Omega \tag{5-69}$$

射极电阻 R_{e} 一般取几千欧，这里取 $R_{e3}+R_{e4}=2\text{k}\Omega$，则 $R=9\text{k}\Omega$。为方便调整 I_{o}，R 用 5.1kΩ 固定电阻与 10kΩ 电位器 R_{p2} 串联。

3. 静态工作点的调整方法

输入端①接地，用万用表测量差分对管 T_1、T_2 的集电极对地的电压 U_{C1}、U_{C2}。如果电路不对称，则 U_{C1} 与 U_{C2} 不等，应调整 R_{p1}，使其满足 $U_{C1}=U_{C2}$，再测量电阻 R_{c1} 两端的电压，并调节 R_{p2}，使 $I_{o}=2\frac{U_{R_{c1}}}{R_{c1}}$，以满足设计要求值(如 1mA)。

5.2.5 电路安装与调试

认真安装电路，并仔细检查后通电。

输入端①接地，用万用表测量 T_1、T_2 的集电极对地的电压 U_{C1}、U_{C2}。若 $U_{C1}\neq U_{C2}$，证明电路不对称，应调整 R_{p1}，测得③、④间电压为零，使 $U_{C1}=U_{C2}$，这一过程称为调零。再测量电阻 R_{c1} 两端的电压，并调节 R_{p2} 使 $I_{o}=2U_{R_{c1}}/R_{c1}$，满足设计要求值(如 1mA)。由于

I_o 为设定值，不一定使两只管子工作在放大状态，所以要用万用表分别测量 T_1、T_2 各极对地的电压，即 U_{C1}、U_{B1}、U_{E1}、U_{C2}、U_{B2}、U_{E2}。这时 $U_{BE}\approx0.7V$，U_{CE} 应为正几伏电压。如果 T_1、T_2 已经工作在放大状态，再利用差模传输特性曲线，观测电路的对称性，并调整静态工作点 I_o 的值。将输入端①输入差模信号 $U_{id}=200mV$，其测量方法如图 5-20 所示。进一步调节 R_{p1}、R_{p2}，使传输特性曲线尽可能对称。如果选用特性不太一致的晶体管作为差分对管，改变 R_{p1}、R_{p2} 的值仍然不能使特性曲线对称，可适当调整电路外参数，如 R_{c1} 或 R_{c2}，使 R_{c1} 与 R_{c2} 不等，以满足传输特性曲线对称。待电路的差模特性曲线对称后，移去信号源，再用万用表测量各三极管的电压值，并记录下来，然后再计算静态工作点 I_o、U_{CE1}、U_{CE2}、U_{CE3}、A_{ud}、A_{uc}、K_{CMR} 和 R_{id} 的值。

5.2.6 设计任务

结合上述分析，提供 3 个差动放大器的备选设计任务及具体技术指标要求。

1. 设计选题 A

设计一个双端输入-双端输出差动式直流放大电路，要求当输入信号 $U_{id}=100mV$ 时，输出电压不小于 2V，$K_{CMR}>40dB$。设计条件：信号源是平衡输出，内阻 $R_{内}=40k\Omega$，负载电阻 $R_L=120k\Omega$。

2. 设计选题 B

设计一个带有恒流源的单端输入-单端输出的差动放大器。已知电源电压为 +12V，输入信号是频率为 1kHz，幅值为 20mV 的交流信号，负载电阻 $R_L=20k\Omega$，要求 $R_{id}>10k\Omega$，$A_{ud}>15$，$K_{CMR}>50dB$。以上两个选题提供的差分对管为 BG319 或 FHIB。

3. 设计选题 C

用集成模拟乘法器 MC1496 设计实现一个双端输入-单端输出的差动放大器，其他要求同设计选题 B。

注意：*MC1496 为双差分对模拟乘法器，其内部电路和引脚排列如图 5-21 所示。T_1 和 T_2、T_3 和 T_4、T_5 和 T_6 为 3 对差分对管，T_7、T_8、T_9 组成多路恒流源电路。利用 T_1、T_2、T_5 或 T_3、T_4、T_6 可构成具有恒流源的差分放大电路。*

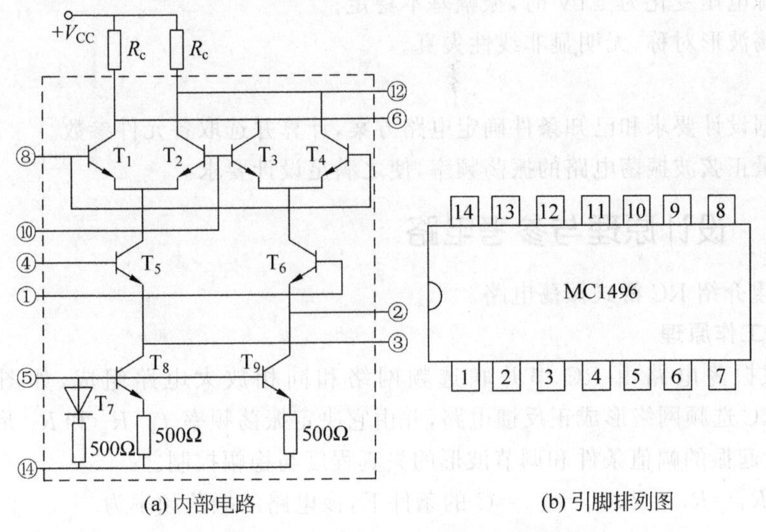

图 5-21　MC1496 内部电路及引脚排列

5.2.7 实验研究与思考题

(1) 差动放大器中两管及元件对称对电路性能有何影响?

(2) 为什么电路在工作前要进行零点调整?

(3) 恒流源的电流 I_o 取大一些好还是小一些好?

(4) 用一个固定电阻 $R_e=1\text{k}\Omega$ 代替恒流源电路,即将 R_e 跨接在负电源和电位器 R_{p1} 滑动端之间,输入共模信号 $U_{ic}=500\text{mV}$,观察 U_{C1} 与 U_{C2} 波形,其大小、极性和共模抑制比 K_{CMR} 与恒流源电路相比有何区别?为什么?

(5) 可否用交流毫伏表跨接在输出端③与④之间(双端输出时)测差动放大器的输出电压 U_{od}?为什么?

(6) 用一根短路线将 R_{p1} 短接,传输特性曲线有何变化?为什么?如果用两只 100Ω 的电阻代替 R_{p1},传输特性又如何变化?为什么?

5.3 RC 正弦波振荡电路

用集成运算放大器所构成的正弦波振荡电路有 RC 桥式振荡电路、RC 移相振荡电路、正交式正弦波振荡电路和 RC 双 T 振荡电路等多种形式。最常采用的是 RC 桥式振荡电路,它适合产生 1MHz 以下的低频振荡信号。本节介绍常用的 RC 桥式振荡电路的设计方法,并通过实验掌握其调试技能。

5.3.1 设计任务与要求

下面对 RC 正弦波振荡电路提出具体设计任务、技术指标及要求。

1. 任务

设计一个 RC 正弦波振荡电路。其正弦波输出要求为:

(1) 振荡频率 500Hz;

(2) 振荡频率测量值与理论值的相对误差小于±5%;

(3) 电源电压变化为±1V 时,振幅基本稳定;

(4) 振荡波形对称,无明显非线性失真。

2. 要求

(1) 根据设计要求和已知条件确定电路方案,计算并选取各元件参数。

(2) 测量正弦波振荡电路的振荡频率,使之满足设计要求。

5.3.2 设计原理与参考电路

下面着重介绍 RC 桥式振荡电路。

1. 电路工作原理

RC 桥式振荡电路由 RC 串并联选频网络和同相放大电路组成,如图 5-22 所示。图 5-22 中,RC 选频网络形成正反馈电路,并由它决定振荡频率 f_0,R_a 和 R_b 形成负反馈回路,由它决定起振的幅值条件和调节波形的失真程度与稳幅控制。

在满足 $R_1=R_2=R$,$C_1=C_2=C$ 的条件下,该电路的振荡频率为

$$f_0=\frac{1}{2\pi RC} \tag{5-70}$$

起振幅值条件为

$$A_{uf1}=\frac{R_a+R_b}{R_a}\geqslant 3 \tag{5-71}$$

$$\frac{R_b}{R_a}\geqslant 2 \tag{5-72}$$

其中，$R_b=R_4+R_3/\!/r_d$，r_d 为二极管的正向动态电阻。

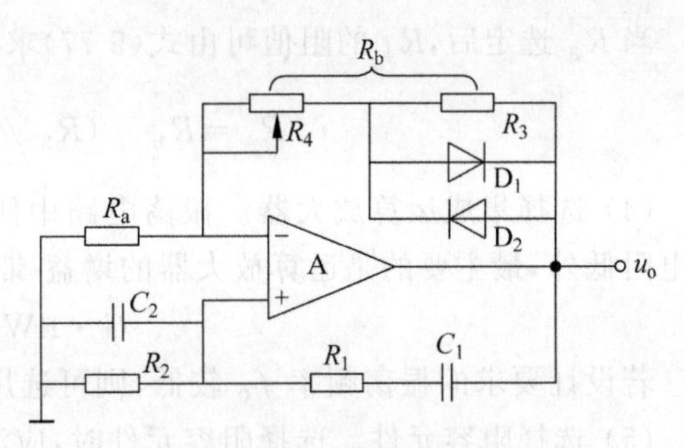

图 5-22 RC 桥式振荡电路

2. 参数确定与元件选择

一般来说，设计振荡电路就是要产生满足设计要求的振荡波形。因此，振荡条件是设计振荡电路的主要依据。

设计如图 5-22 所示的振荡电路，需要确定和选择的元件如下。

(1) 确定 R、C 值。根据设计所要求的振荡频率 f_0，先确定 R 与 C 之积，即

$$RC=\frac{1}{2\pi f_0} \tag{5-73}$$

为了使选频网络的选频特性尽量不受集成运算放大器的输入电阻 R_i 和输出电阻 R_o 的影响，应使 R 满足

$$R_i\gg R\gg R_o \tag{5-74}$$

一般 R_i 为几百千欧姆以上(如 LM741 型 $R_i\geqslant 0.3\text{M}\Omega$)，而 R_o 仅为几百欧以下。初步选定 R 之后，计算出电容 C 值，再复算 R 的取值是否能满足振荡频率的要求。考虑到电容 C 的标称档次较少，也可以先初选电容 C，再计算电阻 R。

(2) 确定 R_a 和 R_b。电阻 R_a 和 R_b 应由起振的幅值条件确定。由式(5-72)可知，$R_b\geqslant 2R_a$，通常取 $R_b=(2.1\sim2.5)R_a$，这样既能保证起振，又不致产生严重的波形失真。

此外，为了减小输入失调电流和漂移的影响，电路还应满足直流平衡条件，即

$$R=R_a /\!/ R_b \tag{5-75}$$

于是可导出

$$R_a=\left(\frac{3.1}{2.1}\sim\frac{3.5}{2.5}\right)R \tag{5-76}$$

(3) 确定稳幅电路及元件值。常用的稳幅方法是利用 A_{uf} 随输出电压振幅上升而下降(负反馈加强)的自动调节作用实现稳幅。因此，R_a 可选用正温度系数的电阻(如钨丝灯泡)，或 R_b 选用负温度系数的电阻(如热敏电阻)。

在图 5-22 所示的电路中，稳幅电路由两只正反向并联的二极管 D_1、D_2 与电阻 R_3 并联组成，利用二极管正向动态电阻的非线性实现稳幅，为了减小因二极管特性的非线性而引起的波形失真，在二极管两端并联小电阻 R_3，这是一种最简单易行的稳幅电路。

在选取稳幅元件时，应注意：

① 稳幅二极管 D_1、D_2 宜选用特性一致的硅管；

② 并联电阻 R_3 的取值不能过大(对削弱波形失真不利)，也不能过小(稳幅效果差)，实践证明，$R_3\approx r_d$ 时效果最佳，通常 R_3 取 3～5kΩ 即可。

当 R_3 选定后，R_4 的阻值可由式(5-77)求得。

$$R_4 = R_b - (R_3 \,/\!/\, r_d) \approx R_b - \frac{R_3}{2} \tag{5-77}$$

(4) 选择集成运算放大器。振荡电路中使用的集成运算放大器除要求输入电阻高、输出电阻低外，最主要的是运算放大器的增益-带宽积($G \cdot \mathrm{BW}$)应满足

$$G \cdot \mathrm{BW} > 3f_0 \tag{5-78}$$

若设计要求的振荡频率 f_0 较低，则可选用任意型号的运算放大器(如通用型)。

(5) 选择阻容元件。选择阻容元件时，应注意选用稳定性较好的电阻和电容(特别是串并联回路的 R 和 C)，否则将影响频率的稳定性。此外，还应对 RC 串并联网络的元件进行选配，使电路中的电阻、电容分别相等。

5.3.3 实验内容与步骤

实验参考电路如图 5-22 所示。

(1) 根据已知条件和设计要求计算和确定元件参数，并在实验电路板上搭接电路，检查无误后接通电源，进行调试。

(2) 调节反馈电阻 R_4，使电路起振且波形失真最小，并观察电阻 R_4 的变化对输出波形 u_o 的影响。

(3) 测量和调节参数，改变振荡频率，直至满足设计要求为止。

测量频率的方法很多，如直接测量法(频率计、TDS 数字示波器均可)、测周期计算频率法以及应用李沙育图形法等，测量时要求观测并记录运放反相、同相端电压 u_N、u_P 和输出电压 u_o 波形的幅值与相位关系，测出 f_0，计算反馈放大电路闭环电压增益 A_{uf} 和反馈系数 F_u。

5.3.4 预习要求与思考题

(1) 复习 RC 正弦波振荡电路的工作原理。

(2) 根据设计任务和已知条件设计如图 5-22 所示的 RC 桥式振荡电路，计算并选取参数。

(3) 根据实验内容，自拟实验步骤。

(4) 在如图 5-22 所示的 RC 桥式振荡电路中，若电路不能起振，应调节哪个参数？如何调节？若输出波形失真，应调节哪个参数？如何调节？

5.3.5 实验报告要求

(1) 原理电路的设计，内容包括：简要说明电路的工作原理和主要元件在电路中的作用；元件参数的确定和元器件选择。

(2) 记录并整理实验数据，画出输出电压 u_o 和运放反相、同相端电压 u_N、u_P 的波形(标出幅值、周期、相位关系)，分析实验结果，得出相应的结论。

(3) 将实验测得的正弦波频率、输出与输入的幅值分别与理论计算值进行比较，分析产生误差的原因。

(4) 调试过程中所遇到的问题以及解决的方法。

(5) 回答思考题。

5.3.6 主要元器件

(1) 集成运算放大器：LM324 或 LM741。

(2) 1/4W 金属膜电阻：10kΩ、20kΩ、15kΩ 若干。

(3) 可调电阻：30kΩ。

(4) 瓷片电容：0.03μF/25V×2。

(5) 二极管：1N4001×2。

5.4 场效应管放大电路

根据设计任务及技术指标要求，可选取结型场效应管或绝缘栅型场效应管进行电路设计、验证及测试等。

5.4.1 实验目的

(1) 掌握场效应管的输出特性、转移特性、主要性能参数及其测试方法。

(2) 学习场效应管源极跟随器的设计方法和安装测试技术。

5.4.2 实验原理

1. 场效应管的特点

场效应管也是半导体器件，与晶体管相比具有以下特点。

(1) 场效应管是电压控制器件。晶体管的输出电流受输入电流的控制，而场效应管的漏极电流受输入输出电压 U_{GS} 的控制。

(2) 场效应管的输入电阻极高，可达到 $10^5 \sim 10^{15}\Omega$；而一般晶体管的输入电阻则小得多。

(3) 场效应管为单极型导电，即电子或空穴单独导电；晶体管为双极型导电，即电子或空穴同时导电。

(4) 噪声系数 N_F 小。

2. 场效应特性曲线及主要参数测试方法

图 5-23 所示为 N 沟道结型场效应管工作原理。由于栅(G)源(S)之间的 PN 结加的是反向偏压，不存在栅流，输入阻抗很高，所以它没有输入特性，它是利用栅源之间的电压 U_{GS} 控制漏极(D)电流 I_D；它仅有描述栅极电压和漏极电流关系的转移特性以及描述漏极电流与漏极电压关系的输出特性(漏极特性)，后者与晶体管的输出特性相似。

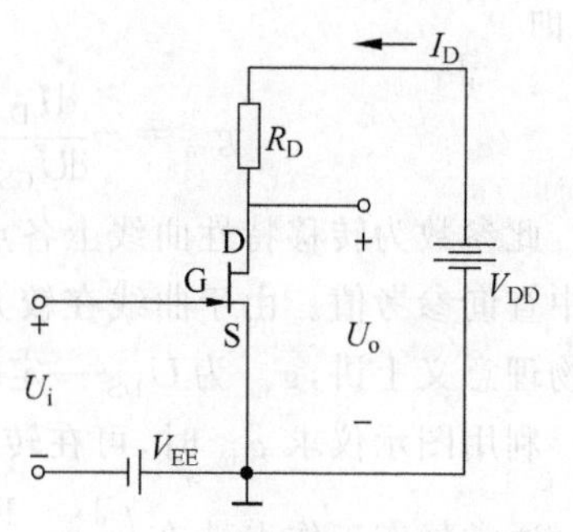

图 5-23 N 沟道结型场效应管工作原理

1) 转移特性(U_{GS}-I_D)曲线

测量转移特性原理的电路如图 5-24 所示。现在以 N 沟道结型场效应管为例进行讨论。

测量时，先固定一个电压 U_{DS1}，然后改变 U_{GS} 就可得出一组对应的 I_D 值。根据这一组 U_{GS} 与 I_D 的对应数值，就可画出一条转移特性曲线，如图 5-25 所示。然后令 U_{DS} 为 U_{DS2}，可得另一组 U_{GS} 与 I_D 的对应数据，画出另一条曲线。由图 5-25 可见，在电流较小时，两条曲线是重合在一起的，只有电流较大时两条曲线才稍微分开，实际的曲线是极其接近的，因此一般只画出一条曲线。在转移特性曲线上可以定义出几个重要参数。

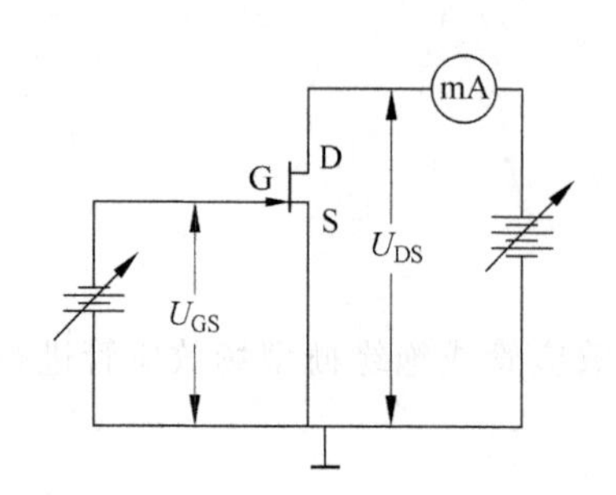

图 5-24　测量转移特性原理的电路

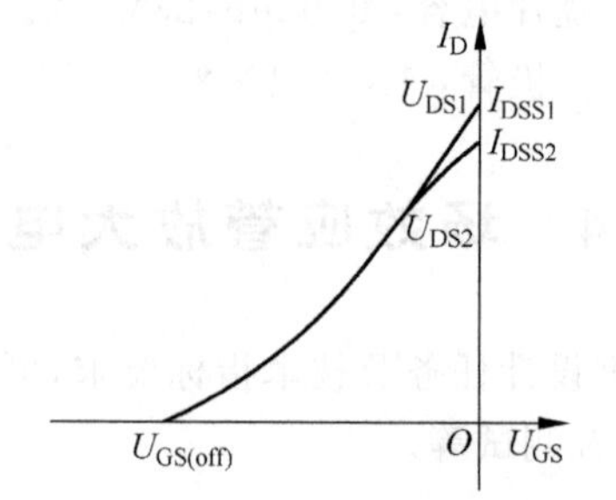

图 5-25　转移特性曲线

(1) 夹断电压 $U_{GS(off)}$。

场效应管的夹断电压 $U_{GS(off)}$ 是指栅源之间耗尽层扩展到沟道夹断时所必需的栅源电压值。测量方法：当 U_{DS} 为某一定值，如 10V 时，改变 U_{GS} 值，使 $I_D=50\mu A$，对应的 U_{GS} 值就是夹断电压 $U_{GS(off)}$。结型场效应管的 $U_{GS(off)}$ 为负，一般 $|U_{GS(off)}|<9V$。

(2) 饱和漏电流 I_{DSS}。

饱和漏电流 I_{DSS} 是指场效应管工作在放大状态时输出的最大电流。测量方法：当 $U_{GS}=10V$ 时，对应的漏极电流就是饱和漏电流 I_{DSS}。一般结型场效应管的 $I_{DSS}<10mA$。

有了以上两个参数之后，转移特性曲线也可以用下面的表达式描述。

$$I_D=I_{DSS}\left(1-\frac{U_{GS}}{U_{GS(off)}}\right)^2 \tag{5-79}$$

当测出 I_{DSS} 和 $U_{GS(off)}$ 后，也可以用计算法画出转移特性曲线。

场效应管除了以上两个重要参数之外，还有一个重要参数——跨导 g_m，它是表征场效应管放大能力的一个重要参数。g_m 越大，放大能力越强。它的定义为 I_D 对 U_{GS} 的变化率，即

$$g_m=-\frac{dI_D}{dU_{GS}}\bigg|_{U_{DS}=\text{常数}}=-\frac{2I_{DSS}}{U_{GS(off)}}\left(1-\frac{U_{GS}}{U_{GS(off)}}\right) \tag{5-80}$$

此参数为转移特性曲线上各点的斜率。当静态工作点一定时，g_m 为某固定值，可在手册中查询参考值。由于曲线在较大范围内接近直线，因此 g_m 在曲线较大范围内是接近的。从物理意义上讲，g_m 为 U_{DS} 一定时栅极电压变化所引起的漏极电流的变化量。

利用图示仪求 g_m 时，可在转移特性上通过静态工作点附近找两点，为了减少噪声系数 N_F，通常静态工作点选在 $\left(\frac{1}{3}\sim\frac{1}{2}\right)I_{DSS}$。例如，图 5-26 所示的 A 点与 B 点，A 点对应着 U_{GSA} 和 I_{DA}，B 点对应着 U_{GSB} 和 I_{DB}，则

$$g_m=\frac{\Delta I_D}{\Delta U_{GS}}=-\frac{I_{DA}-I_{DB}}{U_{GSA}-U_{GSB}} \tag{5-81}$$

也可在曲线上测出 I_{DSS} 和 $U_{GS(off)}$。

2）漏极特性

漏极特性是以 U_{GS} 为参量，改变 U_{DS} 测得 I_D，画出对应的 I_D-U_{DS} 曲线。测量电路如图 5-24 所示，漏极特性曲线如图 5-27 所示。可以看出，它与晶体管输出特性相似，只是参量不同。

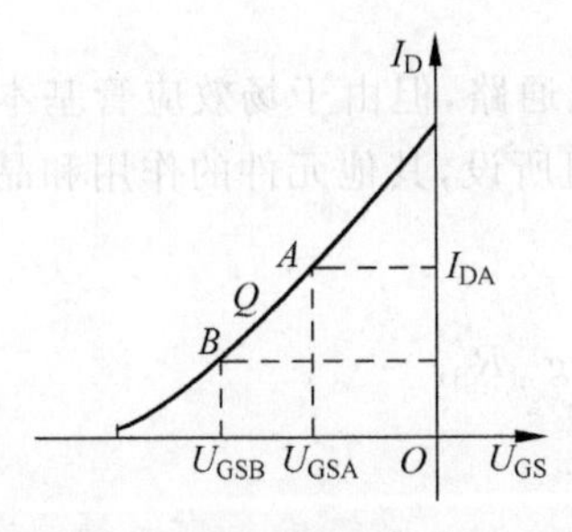

图 5-26　利用图示仪求 g_m

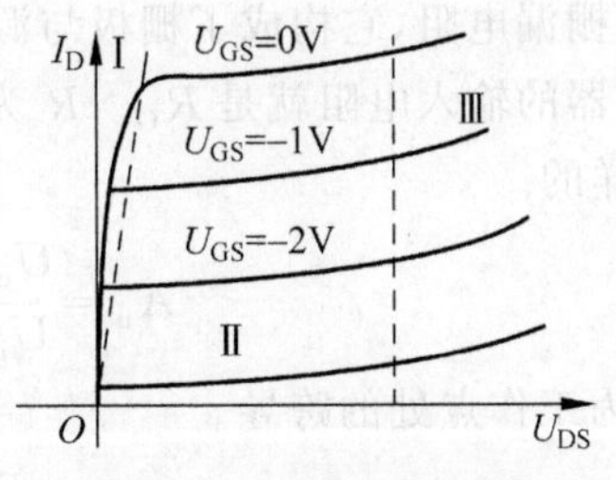

图 5-27　漏极特性曲线

特性曲线分为 3 个区间。

(1) Ⅰ区——可变电阻区。

在这个区域中，电流 I_D 随 U_{GS} 增大而上升，此时沟道变宽，导电面积加大，沟道电阻减小；当 U_{DS} 一定时，I_D 随 U_{GS} 增大而增大。反之 U_{GS} 越负，沟道电阻越大，电流越小。

(2) Ⅱ区——饱和区。

在这个区域中，电流 I_D 随 U_{DS} 的变化是极其缓慢的，可以说 I_D 基本上与 U_{DS} 无关，因为 U_{DS} 的变化只能改变预夹断点的位置，不能改变沟道中电场强度，I_D 仅随 U_{GS} 的变化而变化。U_{GS} 上升，I_D 增大；U_{GS} 下降，I_D 减小；当 U_{GS} 下降到等于夹断电压时，$I_D=0$。可见 U_{GS} 对 I_D 有较好的控制作用，这个区域是工作区域，也能说明场效应管为压控元件。场效应管作为放大器时，就工作在这一区域。

(3) Ⅲ区——击穿区。

电压 U_{DS} 过大时，将使 PN 结击穿，电流 I_D 猛增，曲线上翘，管子将不能正常工作，甚至烧毁。工作时要避免进入此区域。

3. 放大电路

电子场效应管也具有放大作用，如果不考虑物质本质上的区别，可把场效应管的栅极(G)、源极(S)、漏极(D)分别与晶体三极管的基极(B)、发射极(E)、集电极(C)相对应。场效应管放大电路和晶体管放大电路相似，也有共源、共漏、共栅之分，最常用的是共源电路和共漏(源极输出器)电路，其电路结构与晶体管电路也基本相同。偏置电路稍复杂些，分为固定偏置电路、自给偏压偏置电路和分压式偏置电路等，应根据场效应管的结构情况区分使用。比较常见的自给偏压偏置电路如图 5-28 所示。

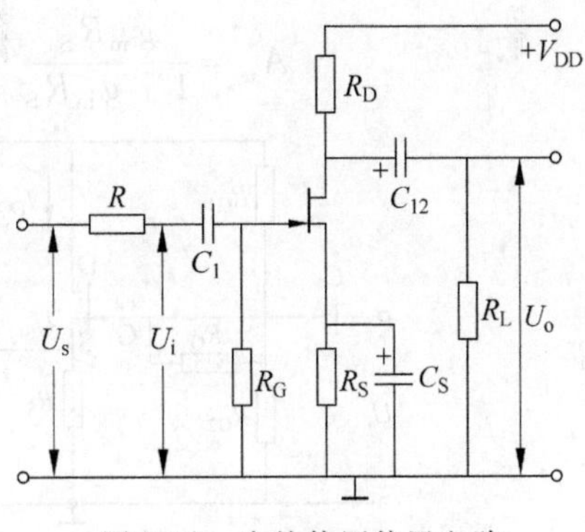

图 5-28　自给偏压偏置电路

图 5-28 中，偏压由 R_S、C_S 自偏电路产生。可知

$$U_{GSQ} = -I_{DQ}R_S \tag{5-82}$$

其中，I_{DQ} 由式(5-79)决定。

前面已指出，Q 点一般选在特性曲线$\left(\frac{1}{3}\sim\frac{1}{2}\right)I_{DSS}$。当 Q 点选定后，U_{GSQ}、I_{DQ} 已知，R_S 即可求出。

R_S 为栅漏电阻，它构成了栅极与源极之间的直流通路，但由于场效应管基本上不存在栅流，放大器的输入电阻就是 R_G。R 为测量输入电阻所设，其他元件的作用和晶体管放大电路是一样的。

$$A_u = \frac{U_o}{U_i} = \frac{I_D R'_D}{U_i} = -g_m R'_D \tag{5-83}$$

其中，g_m 为工作点处的跨导。

$$R'_D = R_D \mathbin{/\!/} R_L$$

$$R_i = R_G$$

$$R_o = R_D$$

图 5-29 所示的结型场效应管源极跟随器的特点是输入阻抗特别高，输出阻抗低，电压放大倍数近似为 1，常被用在测量仪器的输入端，起阻抗变换的作用。该电路采用电阻分压式偏置电路，再加上源极电阻 R_S，产生很深的直流负反馈，因此电路的稳定性很好。当 $R_G \gg R_{G1}$ 和 R_{G2} 时，基本关系式为

$$U_{GQ} = \frac{R_{G2}}{R_{G1} + R_{G2}} V_{DD} \tag{5-84}$$

$$U_{SQ} = I_{DQ} R_S \tag{5-85}$$

$$U_{GSQ} = U_{GQ} - U_{SQ} = \frac{R_{G2}}{R_{G1} + R_{G2}} V_{DD} - I_{DQ} R_S \tag{5-86}$$

$$R_i = R_G + R_{G1} \mathbin{/\!/} R_{G2} \tag{5-87}$$

$$R_o = \frac{1}{g_m} \mathbin{/\!/} R_S = \frac{R_S}{1 + g_m R_S} \tag{5-88}$$

$$A_u = \frac{g_m R_S}{1 + g_m R_S} \tag{5-89}$$

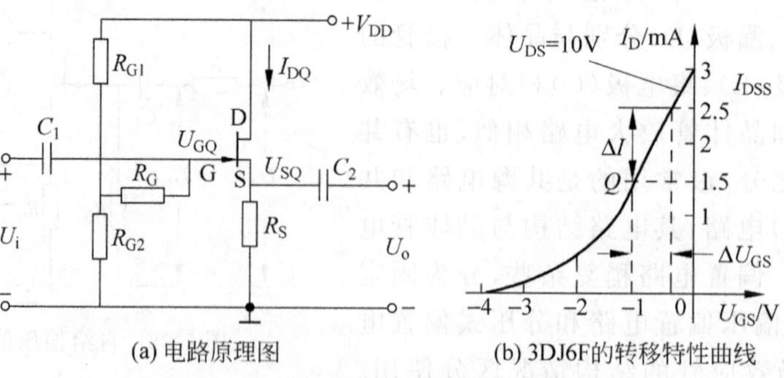

图 5-29 结型场效应管源极跟随器

当 $g_m R_S \gg 1$ 时，$A_u \approx 1$。若源极输出器接负载电阻 R_L，则

$$A_u = \frac{g_m R'_S}{1 + g_m R'_S} \tag{5-90}$$

其中

$$R'_S = R_S /\!/ R_L \tag{5-91}$$

5.4.3　设计举例

设计一个场效应管源极跟随器。已知所用电源电压 $V_{DD} = +12V$，场效应管自选，要求输入电阻 $R_i > 2M\Omega$，$A_u \approx 1$，$R_o < 1k\Omega$。

(1) 根据设计要求，场效应管可选结型场效应管或绝缘栅型场效应管。这里选结型场效应管 3DJ6F。

(2) 采用如图 5-29 所示的结型场效应管源极跟随器电路。

(3) 场效应管的静态工作点要借助转移特性曲线来设置。利用图示仪测得 3DJ6F 的转移特性曲线如图 5-29(b)所示。根据 Q 点一般选在特性曲线 $\left(\frac{1}{3} \sim \frac{1}{2}\right) I_{DSS}$ 的原则，取静态工作点 Q，其对应的参数分别为

$$U_{GS(off)} = -4V,\ I_{DS} = -3mA,\ I_{DQ} = 1.5mA$$

$$U_{GSQ} = 1V,\ g_m = \frac{\Delta I}{\Delta U_{GS}} = 2mS$$

因为要求 $A_u \approx 1$，即空载时要求 $g_m R_S \gg 1$，所以可得

$$R_S \gg \frac{1}{g_m} = 0.5k\Omega$$

取标称值

$$R_S = 5.6k\Omega$$

由式(5-85)得

$$U_{SQ} = I_{DQ} R_S = 8.4V$$

由式(5-86)得

$$U_{GQ} = U_{GSQ} + U_{SQ} = 9.4V$$

由式(5-84)得

$$\frac{R_{G2}}{R_{G1} + R_{G2}} \approx \frac{U_{GQ}}{V_{DD}} = 0.78$$

若取 $R_{G2} = 75k\Omega$，则 $R_{G1} = 21k\Omega$，可用 10kΩ 固定电阻与 47kΩ 电位器串联，用以调整静态工作点。

因设计要求 $R_i > 2M\Omega$，由式(5-87)得

$$R_G \approx R_i$$

取 $R_G = 2.2M\Omega$。

由式(5-88)得

$$R_o = \frac{1}{g_m} /\!/ R_S = \frac{R_S}{1 + g_m R_S} = 0.46k\Omega$$

满足指标 $R_o < 1k\Omega$ 的要求。

因本设计对频率响应未提出要求，所以只能根据已知电路元件参数选取 C_1 和 C_2。场效应管的输入输出阻抗比晶体管的都要高，与晶体管放大器相比，场效应管的输入耦合电容 C_1 的值小得多，一般取 C_1 为 0.02μF 左右，这里取 $C_1 = 0.022\mu F$，$C_2 = 20\mu F$。场效应管跟随器的输入电阻可以做得很大，但输出电阻不是很小，比晶体管射极跟随器的输出电阻大得多。因为受互导 g_m 的限制，输出电阻一般为几百欧姆。如果采用如图 5-30 所示的复合互补源极跟随器电路，可获得较小的输出电阻，其阻抗变换系数 $\frac{R_i}{R_o}$ 比图 5-29 所示的场效应管源极跟随器要大得多。

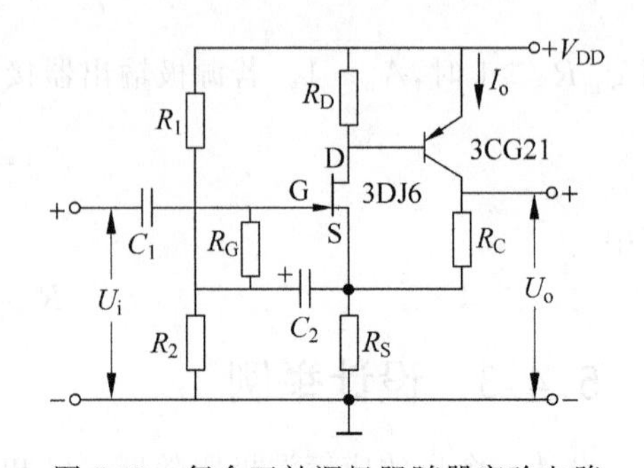

图 5-30　复合互补源极跟随器实验电路

对于如图 5-30 所示电路，利用微变等效电路分析表明，电路的输入电阻 R_i、输出电阻 R_o 及电压放大倍数 A_{um} 的表达式如下。

$$R_i = R_G[1 + (1 + \beta')g_m R'] \tag{5-92}$$

其中

$$R' = R_S /\!/ R_{G1} /\!/ R_{G2} \tag{5-93}$$

$$\beta' = \frac{\beta R_D}{R_D + r_{be}} \tag{5-94}$$

$$R_o = \frac{R_C + (1 + g_m R_C)R'}{1 + (1 + \beta')g_m R'} \tag{5-95}$$

$$A_{um} = \frac{g_m \beta' R_C + (1 + \beta')g_m R'}{1 + (1 + \beta')g_m R'} \tag{5-96}$$

如果

$$g_m \beta' R_C = 1 \tag{5-97}$$

则

$$A_{um} \approx 1 \tag{5-98}$$

若增大 R_C，使 $g_m \beta' R_C \gg 1$，则电压放大倍数 $A_u > 1$，说明该电路还可以用作放大倍数大于 1 的高输入阻抗的同相放大器。这种电路常被用作高灵敏度测量仪器的输入级电路。

5.4.4 安装与调试

1. 静态工作点的调整和测试

连接自己设计的场效应管源极跟随电路，结型场效应管的栅源极不能接反，静态时 $U_{GS} < 0$。由于场效应管的输入阻抗很高，测量 U_{GQ} 时，一般是测量电阻 R_{G2} 对地的电压 $U_{R_{G2}}$，即 $U_{GQ} \approx U_{R_{G2}}$。采用等效内阻较高的仪表测量直流电压 U_{GQ} 和 U_{SQ}，防止仪表内阻对被测电压产生影响。调整 R_{G1}，使静态工作点 U_{GQ}、U_{SQ} 和 I_{DQ} 满足设计要求。

2. 动态性能指标的测试

性能指标 R_i、R_o、Δf 和 A_u 的测试方法参见之前的实验。输入信号后，若输出波形底部或顶部没有同时出现失真,说明电路的静态工作点没有设置在合适的位置,可重新调整静态工作点,使输出波形底部或顶部同时出现失真,说明此时源极跟随器跟随范围最大。因场效应管的实际转移特性与用图示仪测得的转移特性有一定误差,故本实验测量值与理论计算值误差可能较大。

5.4.5 设计任务

1. 设计选题 A

设计一个场效应管源极跟随器。场效应管自选,已知 $U_i=300\text{mV}$,$R_L=2\text{k}\Omega$,$V_{DD}=+15\text{V}$。要求 $A_u\approx1$,$R_i>2\text{M}\Omega$,$R_o<1\text{k}\Omega$,$\Delta f=50\text{Hz}\sim500\text{kHz}$。

2. 设计选题 B

设计一个 $|A_u|=10$ 的场效应管共源放大电路。已知所用电源电压为 $V_{DD}=+18\text{V}$。

3. 设计选题 C

设计一个 $|A_u|=10$ 的绝缘栅型场效应管共源放大电路。已知输入信号有效值 $U_i=150\text{mV}$,$R_L=20\text{k}\Omega$,选 3DOID 型场效应管,其参数为 $I_{DSS}=0.35\text{mA}(U_{DS}=10\text{V})$,$g_m=1\text{mS}$,$U_{GS(off)}=-1.5\text{V}$。

5.4.6 要求

查阅资料,总结场效应管的使用注意事项。

5.4.7 实验研究与思考题

(1) 场效应管源极跟随器与晶体管射极跟随器各有哪些优缺点和用途?

(2) 为什么场效应管的电压放大倍数一般没有晶体管的电压放大倍数大?

(3) 测量场效应管源极跟随器的静态工作点 U_{GQ}、U_{SQ}、U_{GSQ} 和 I_{DQ} 时,采用什么方法?对测试仪表有什么要求?

(4) 测量场效应管放大电路输入电阻 R_i 时,应考虑哪些因素?为什么?

(5) 为什么场效应管输入端的耦合电容 C_1 一般只需 0.02μF 左右,比晶体管的耦合电容小得多?

(6) 在设计举例的源极跟随器电路中,为什么要接电阻 R_G 构成分压式偏置电路?

(7) 场效应管源极跟随器的频率响应、跟随范围与哪些参数或因素有关?为什么?

5.5 模拟运算电路

利用集成运算放大器可以构成加、减、乘、除、乘方、开方、积分、微分等各种模拟运算电路,在许多实时控制和物理量的检测中有着非常广泛的应用前景。本实验着重讨论最基本的比例、加、减与积分运算电路。

5.5.1 设计任务与要求

1. 任务

设计一个能实现下列运算关系的运算电路(任选其一)。

$$u_o = 4u_{i1} - 2u_{i2} \tag{5-99}$$

$$u'_o = -0.1\int(4u_{i1} - 2u_{i2})dt \tag{5-100}$$

该电路满足下列技术要求。

输入电阻

$$R_i > 10k\Omega \tag{5-101}$$

各级的输出失调电压

$$U_{OO} \leqslant 5mV \tag{5-102}$$

输入信号：方波 u_{i1}，重复频率为 100Hz，幅度自选；直流电压 u_{i2}，幅值为 1.5V。

2. 要求

(1) 确定电路方案，计算并选取外电路的元件参数。

(2) 对集成运算放大器进行静态测试、调零和消除自激振荡。

(3) 用示波器分别测试 u_{i1}、u_{i2} 和各级的输出电压，分析是否满足函数式的要求。

(4) 输入信号 u_{i1} 改为 $f=100Hz$ 的正弦交流信号(u_{i2} 为直流电压不变)，测试 u'_o的输出波形。

5.5.2 设计原理与参考电路

分析了多种运算电路的原理，并提供了设计参考电路。

1. 比例运算电路

1) 电路工作原理

比例运算(反相比例运算与同相比例运算)是一种应用最广泛的基本运算电路。根据集成运算放大器的基本原理，理想条件下比例运算电路的闭环特性如表 5-3 所示。

表 5-3 理想条件下比例运算电路的闭环特性

电路及参量	反相比例运算	同相比例运算	备注
原理电路	R_f R_1 U_i A U_o R_p	R_f R_1 A U_o U_i R_2	
闭环电压增益 A_{uf}	$-\frac{R_f}{R_1}$	$1+\frac{R_f}{R_1}$	
闭环带宽 BW_f	$A_{uo}\cdot BW\cdot\frac{R_1}{R_f}$	$\frac{A_{uo}}{A_{uf}}\cdot BW$	A_{uo} 为开环电压增益，A_{uf} 为闭环电压增益，BW 为开环带宽
输入电阻 R_{if}	R_1	$R_1(1+A_{uo}F_u)$	R_1 为差模输入电阻，F_u 为反馈系数
输出电阻 R_{of}	≈ 0		
平衡电阻	$R_p=R_1/\!/R_f$	$R_2=R_1/\!/R_f$	

2）参数确定与元件选择

在设计比例运算电路时，通常是根据已知的闭环电压增益 A_{uf}、输入电阻 R_{if}、闭环带宽 BW_f、最大输出电压 U_{omax}、最小输入电压 U_{imin} 等条件选择运放和确定外电路的元件参数。方法如下。

(1) 选择集成运算放大器。选择集成运算放大器时，首先应查阅产品手册，了解运放的主要性能，如开环电压增益 A_{uo}、开环带宽 BW、输入失调电压 U_{IO}、输入失调电流 I_{IO}、输入偏置电流 I_{IB}、最大输出电压 U_{omax}、差模输入电阻 R_{id} 和输出电阻 R_{od} 等，并注意以下几点。

为了减小闭环增益误差，提高放大电路的工作稳定性，应尽量选用失调温漂小、开环电压增益高、输入电阻高、输出电阻低的运算放大器。此外，为减少放大电路的频率失真和相位失真(动态误差)，集成运算放大器的增益-带宽积 $G\cdot BW$ 和转换速度 S_R 必须满足

$$G\cdot BW > |A_{uf}|\cdot BW_f \tag{5-103}$$

$$S_R > 2\pi f_{max} U_{omax} \tag{5-104}$$

其中，f_{max} 为输入信号最高工作频率；U_{omax} 为最大输出电压幅值。

对于同相比例运算电路，还要特别注意共模信号输入的问题。也就是说，要求集成运算放大器允许的共模输入电压范围必须大于实际的共模输入信号幅值，并要求有很高的共模抑制比。

(2) 选择 R_f。反馈电阻 R_f 的最大值由允许的输出失调电压 U_{OO} 和输入失调电流 I_{IO} 决定。即

$$R_f = \left|\frac{U_{OO}}{I_{IO}}\right| \tag{5-105}$$

其中，I_{IO} 的大小由已选定的运算放大器给定；U_{OO} 为设计要求值。若未提出此项要求，则 R_f 可在低于 1MΩ 的范围内取任意值。不过 R_f 值不宜过大，否则误差电压过大；R_f 也不能过小，因为 R_f 是放大电路的一个负载，若过小，运算放大器易过载(输出 u_o 为定值)。

(3) 选择 R_1 和 R_p。参照表 5-3 可直接求出 R_1 和平衡电阻 R_p。

(4) 选择电阻元件。运算电路中电阻的精度是决定运算精度的主要因素，因此要精心选配电阻，并要选用误差较小的金属膜电阻。

2. 加法运算电路

1）电路工作原理

根据输入信号是从反相端输入还是从同相端输入，加法运算电路可分为反相加法电路和同相加法电路两种，如图 5-31 和图 5-32 所示。

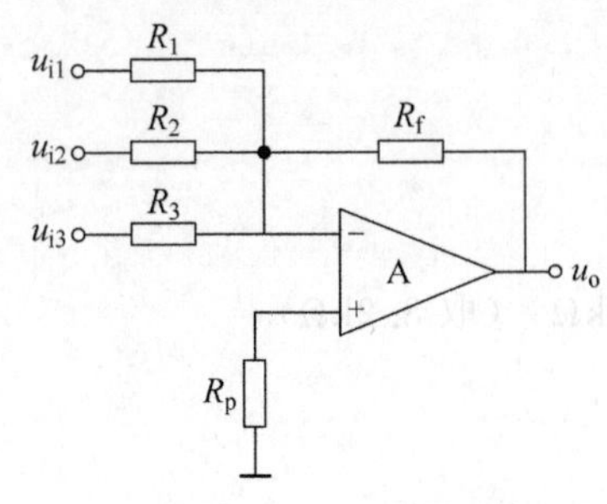

图 5-31 反相加法电路

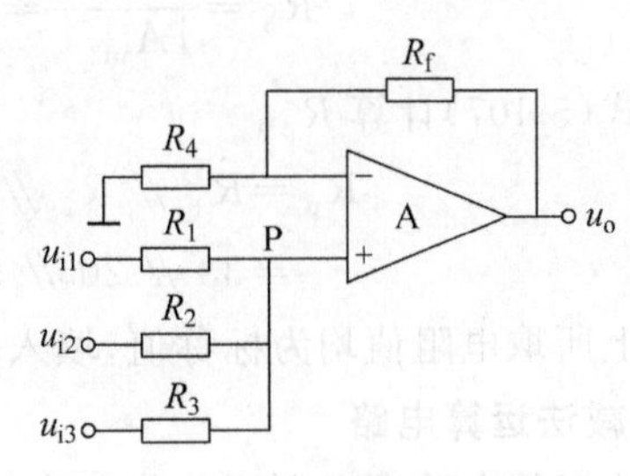

图 5-32 同相加法电路

理想条件下,图 5-31 所示反相加法电路的输出电压与输入电压的关系为

$$u_o = -\left(\frac{R_f}{R_1}u_{i1} + \frac{R_f}{R_2}u_{i2} + \frac{R_f}{R_3}u_{i3}\right) = -(A_{uf1}u_{i1} + A_{uf2}u_{i2} + A_{uf3}u_{i3}) \tag{5-106}$$

平衡电阻为

$$R_p = R_1 \mathbin{/\!/} R_2 \mathbin{/\!/} R_3 \mathbin{/\!/} R_f \tag{5-107}$$

同理,在理想条件下,图 5-32 所示同相加法电路的输出电压与输入电压的关系为

$$u_o = \left(1 + \frac{R_f}{R_4}\right)R_p\left(\frac{1}{R_1}u_{i1} + \frac{1}{R_2}u_{i2} + \frac{1}{R_3}u_{i3}\right),\ R_p = R_1 \mathbin{/\!/} R_2 \mathbin{/\!/} R_3 \tag{5-108}$$

由式(5-108)可知,R_p 与每个回路的电阻有关,因此要满足一定的比例系数时,电阻选配较困难,调节不太方便。

2）参数确定与元件选择

根据设计要求和已知条件,选择集成运算放大器和确定外电路的元件参数,需要注意的是,在加法运算电路中,输出电压的峰-峰值不能超出运算放大器最大输出电压范围 U_{omax}。图 5-31 所示的反相加法电路中运放正常工作,必须满足

$$|-(A_{uf1}u_{i1} + A_{uf2}u_{i2} + A_{uf3}u_{i3})| \leqslant U_{omax} \tag{5-109}$$

电阻 R_1、R_2、R_3 的选择可由式(5-106)或式(5-108)确定。

3）设计举例

设计一个能完成 $u_o = -(1.5u_{i1} + 2.5u_{i2} + u_{i3})$ 的运算电路。要求输出失调电压 $U_{OO} \leqslant \pm 5\text{mV}$,计算各元件参数值(运放采用通用型 LM741)。

根据设计要求,选定图 5-31 所示反相加法电路为设计电路。查看手册,LM741 的输入失调电流 $I_{IO} \leqslant 200\text{nA}$,若 $I_{IO} = 100\text{nA}$,则

$$R_f = \left|\frac{U_{OO}}{I_{IO}}\right| = \frac{0.05\text{V}}{100 \times 10^{-9}\text{A}} = 50\text{k}\Omega \quad (\text{取 } 51\text{k}\Omega)$$

按式(5-106)分别计算 R_1、R_2、R_3。

$$R_1 = \frac{R_f}{|A_{uf1}|} = \frac{51\text{k}\Omega}{1.5} = 34\text{k}\Omega \quad (\text{取 } 33\text{k}\Omega)$$

$$R_2 = \frac{R_f}{|A_{uf2}|} = \frac{51\text{k}\Omega}{2.5} = 20.4\text{k}\Omega \quad (\text{取 } 20\text{k}\Omega)$$

$$R_3 = \frac{R_f}{|A_{uf3}|} = \frac{51\text{k}\Omega}{1} = 51\text{k}\Omega$$

按式(5-107)计算 R_p。

$$R_p = R_1 \mathbin{/\!/} R_2 \mathbin{/\!/} R_3 \mathbin{/\!/} R_f = 33 \mathbin{/\!/} 20 \mathbin{/\!/} 51 \mathbin{/\!/} 51 = 8.4\text{k}\Omega \quad (\text{取 } 8.2\text{k}\Omega)$$

以上所取电阻值均为标称值,填入表 5-3 即可。

3. 减法运算电路

减法运算电路可以利用差分电路由单运放实现,也可以利用反相信号求和由双运放实现,如图 5-33 所示,在理想条件下,输出电压与输入电压的关系为

$$u_o = \frac{R_{f1}R_{f2}}{R_1R_2}u_{i1} - \frac{R_{f2}}{R_3}u_{i2} \tag{5-110}$$

当 $R_2=R_3$ 时，有

$$u_o = \frac{R_{f2}}{R_2}\left(\frac{R_{f1}}{R_1}u_{i1} - u_{i2}\right) \tag{5-111}$$

平衡电阻

$$R_{p1} = R_1 /\!/ R_{f1} \tag{5-112}$$

$$R_{p2} = R_2 /\!/ R_3 /\!/ R_{f2} \tag{5-113}$$

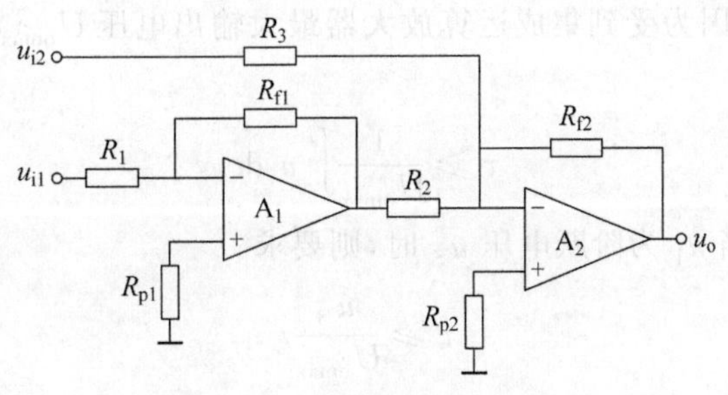

图 5-33 双运放减法运算电路

与单运放减法运算电路相比，双运放减法运算电路不仅克服了外电路电阻值不易计算与调整的缺点，还降低了对运放本身共模抑制比的要求。

4. 积分运算电路

同相输入和反相输入均可构成积分电路。下面仅介绍与反相积分电路设计有关的问题。

1）电路工作原理

反相积分运算电路如图 5-34 所示。在理想条件下，输出电压为

$$u_o = -\frac{1}{RC}\int u_i \mathrm{d}t = -\frac{1}{\tau}\int u_i \mathrm{d}t \tag{5-114}$$

当 u_i 为阶跃电压 u_S 时，输出电压为

$$u_o = \frac{1}{RC}u_S t = \frac{u_S}{\tau}t \tag{5-115}$$

此时输出电压 u_o 是时间的线性函数，其斜率与输入电压成正比，与时间常数 τ 成反比。当应用图 5-34 所示电路进行积分运算时，应尽量减小由于集成运算放大器的非理想特性而引起的积分漂移（积分误差）。针对这种情况，在如图 5-34 所示的反相积分电路中接入静态平衡电阻 R_p（$R_p=R$），用来补偿偏置电流所产生的失调。实际应用电路中，往往在积分电容 C 的两端并联积分漂移泄放电阻 R_f，用于防止积分漂移所造成的积分器饱和或

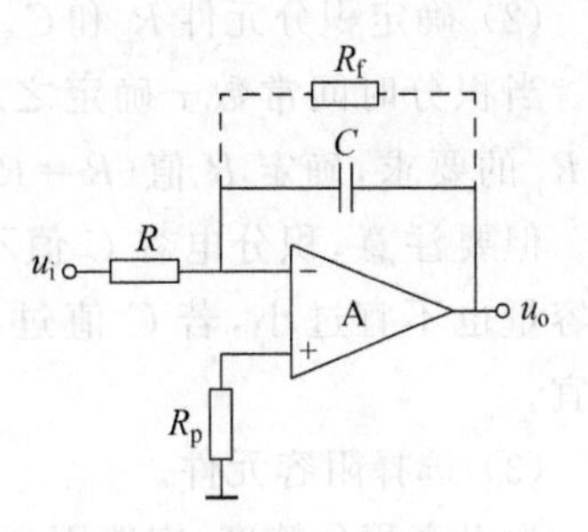

图 5-34 反相积分运算电路

截止现象。但是 R_f 对电容 C 的分流作用会引入新的积分误差，为了减小此误差，必须满足 $R_fC \gg RC$。通常选取 $R_f \geqslant 10R$。

2）参数确定和元件选择

积分运算电路的积分误差除了与积分电容的质量有关外，主要是集成运算放大器参数的非理想性所致。因此，为了减小积分误差，应选用输入失调参数小，开环增益高、输入电阻高、开环带宽较宽的运算放大器。

（1）确定积分时间常数 τ。

积分时间常数 τ 是决定积分器工作速度的主要参数，τ 值越小，工作速度越高。但是 τ 取值不允许选得太小，因为受到集成运算放大器最大输出电压 U_{omax} 的限制，τ 与 U_{omax} 之间必须满足

$$\tau \geqslant \frac{1}{U_{omax}}\int_0^t u_i \mathrm{d}t \tag{5-116}$$

其中，t 为积分时间；当 u_i 为阶跃电压 u_S 时，则要求

$$\tau \geqslant \frac{u_S}{U_{omax}}t \tag{5-117}$$

可知，τ 越大，积分器输出越小；相反，τ 越小，集成运算放大器的输出在不到积分时间 t 时将可能出现饱和现象。

当 u_i 为正弦输入信号 $u_i = U_{im}\sin\omega t$ 时，有

$$\begin{aligned} u_o &= -\frac{1}{\tau}\int U_{im}\sin\omega t\,\mathrm{d}t \\ &= -\frac{U_{im}}{\tau\omega}\cos\omega t \end{aligned} \tag{5-118}$$

为了不产生波形失真，必须满足

$$\frac{U_{im}}{\tau\omega} \leqslant U_{omax} \tag{5-119}$$

即

$$\tau \geqslant \frac{U_{im}}{U_{omax}\omega} \tag{5-120}$$

对于正弦输入信号的积分电路，时间常数 τ 的选择不仅受到集成运算器最大输出电压 U_{omax} 的限制，而且与信号频率有关，频率越低，τ 应越大。

（2）确定积分元件 R 和 C。

当积分时间常数 τ 确定之后，可进一步确定 R 和 C。首先可根据积分电路对输入电阻 R_i 的要求，确定 R 值（$R = R_i$）。电阻 R 的取值确定后，满足 τ 值的积分电容 C 即可求出。但要注意，积分电容 C 值不宜过大，若过大，使泄漏电阻相应增大，增大了积分误差；电容量也不宜过小，若 C 值过小，积分漂移显著。所以，一般积分电容选在 $0.01 \sim 1\mu F$ 为宜。

（3）选择阻容元件。

为提高积分精度，应选用高质量的积分电容和高精度的积分电阻，如选用聚苯乙烯电容或聚四氟乙烯电容均可。如果积分时间常数过小，选用云母电容也能得到较好的结果。

3）设计举例

设计一个反相积分电路，电路如图 5-34 所示。已知输入脉冲方波的幅值为 2V，周期为 $T=5\text{ms}$，积分电路输入电阻 $R_i>10\text{k}\Omega$。采用 LM741 型运算放大器，要求计算并选取各元件参数。

查看手册，LM741 型运算放大器的最大差模输入电压 $U_{idmax}\leqslant|\pm30\text{V}|$，最大共模输入电压 $U_{icmax}\leqslant|\pm15\text{V}|$，最大输出电压 U_{omax} 可取±10V，积分时间 $t=T/2=2.5\text{ms}$。由式(5-117)确定积分时间常数为

$$\tau\geqslant\frac{u_S}{U_{omax}}t=\frac{2\text{V}}{10\text{V}}\times2.5\text{ms}=0.5\text{ms}$$

取 $\tau=1\text{ms}$。

为了满足输入电阻 $R_i>10\text{k}\Omega$ 的要求，取积分电阻 $R=10\text{k}\Omega$，则积分电容为

$$C=\frac{\tau}{R}=0.1\mu\text{F}$$

积分漂移泄放电阻 R_f 为

$$R_f\geqslant10R=100\text{k}\Omega$$

平衡电阻 R_p 为

$$R_p=R\,/\!/\,R_f=9\text{k}\Omega$$

5.5.3　实验内容与步骤

(1) 根据已知条件和设计要求，选定电路方案，包括比例运算电路、加减运算电路和积分运算电路，画出原理电路图，并计算与选取各元件参数。

(2) 在实验电路板上组装所设计的电路。检查无误后，接通电源进行调试。调试时要注意，对于有一个以上基本运算单元的电路要逐级进行单独调试。

(3) 比例运算电路的调试。

① 调零与消除自激振荡。

② 输入频率为 100Hz 的方波信号 u_{i1}，调节方波幅度，用示波器分别测量与记录 u_{i1} 和 u_{o1} 的波形，标出其幅值、周期和相位关系，研究 u_{o1} 与 u_{i1} 的关系式，并与理论值 $u_{o1}=4u_{i1}$ 比较。

(4) 第 2 级加减运算电路的调试。u_{i2} 为 1～2V 的直流电压，此直流电压可由+5V 直流电源用电组分压所得，也可采用可调电阻调压。正常工作时，$u_{o2}=4u_{i1}-2u_{i2}=u_{o1}-2u_{i2}$。

(5) 积分运算电路的调试。积分运算电路的输出为 $u'_o=-0.1\int(4u_{i1}-2u_{i2})\text{d}t=-0.1\int u_{o2}\text{d}t$。

① 调零。积分运算电路的调零主要是减小积分漂移。调试步骤如下：将输入端接地，用直流电压表监测积分器的输出电压并观察输出积分漂移的变化情况，同时反复调节调零电位器，直至积分漂移变化最小。

② 保持 u_{i1} 和 u_{i2} 不变，分别观察积分器输出与输入电压的波形，并记录相应的 u_{i1}、u_{i2}、u_{o1}、u_{o2}、u'_o 的幅值和相位关系，将测量值和理论值列表比较，得出结论。

③ 保持 u_{i1} 输入方波的频率不变(如 100Hz)，改变方波幅度，分别观测并记录积分器输

出与输入电压幅值的变化关系，确定本电路输入方波信号的幅度范围。

④ 保持 u_{i1} 输入方波的幅值不变(自选一个定值)，改变方波频率，分别观测并记录积分器输出与输入电压频率的变化关系，确定本电路输入方波的频率范围。

5.5.4 预习要求与思考题

(1) 复习集成运算放大器基本运算电路的工作原理，熟悉集成运算放大器静态调试的内容和方法。

(2) 根据设计任务与已知条件确定实验电路，并计算和选取参数。

(3) 根据实验内容，自拟实验方法和设计步骤。

(4) 非理想运算放大器运算电路的运算误差与哪些因素有关？实验中采用哪些方法可以减小运算误差？

(5) 本实验电路输入信号 u_{i1} 若改为同频率的正弦交流信号(u_{i2} 为直流电压不变)，试定性分析积分器输出 u_o'的波形。

5.5.5 实验报告要求

(1) 原理电路的设计，内容如下。

① 方案比较。分别画出各方案的原理图，说明其原理、优缺点以及最后选定方案。

② 主要参数的计算。

③ 元器件的选取。

(2) 记录、整理实验数据，画出各级输入与输出电压的波形图(标出幅值、周期和相位关系)，分析实验结果，确定实验电路的工作频率范围和输入方波信号的幅度范围。

(3) 定性分析产生运算误差的原因，说明在实验中采取了哪些减小运算误差的措施。

(4) 回答思考题。

(5) 心得体会与建议。

5.5.6 主要元器件

(1) 集成运算放大器：LM741 或 LM324，1～2 片。

(2) 1/4W 金属膜电阻：7.5kΩ、10kΩ、30kΩ、15kΩ、100kΩ，若干。

(3) 瓷片电容：0.01μF。

5.6 方波-三角波产生电路

电子电路领域中的信号波形，除了正弦波以外，另一类就是非正弦波。非正弦波一般又称为脉冲波，如方波(占空比为 50%)、矩形波、三角波都是最常见的脉冲波，它们被广泛应用在测量、自动控制、计算技术、通信等领域。本实验要求以模拟集成电路为核心元件设计一个方波-三角波产生电路，通过本实验，了解集成运算放大器的波形变换及非线性应用。

5.6.1 设计任务与要求

方波-三角波产生电路设计任务的具体技术指标及要求如下。

1. 任务

设计一个用集成运算放大器构成的方波-三角波产生电路，指标要求如下。

(1) 方波：重复频率为500Hz，相对误差<±5%；脉冲幅度为±(6~6.5)V。

(2) 三角波：重复频率为500Hz，相对误差<±5%；幅度为1.5~2V。

2. 要求

(1) 根据设计要求和已知条件确定电路方案，计算并选取各单元电路的元件参数。

(2) 测量产生电路输出方波的幅度和重复频率，使之满足设计要求。

(3) 测量三角波产生电路输出三角波的幅度和重复频率，使之满足设计要求。

5.6.2　设计原理与参考电路

能产生方波(或矩形波)的电路形式有很多，如由门电路、集成运算放大器或555定时器组成的多谐振荡器均能产生矩形波。再经过积分电路产生三角波(或锯齿波)。下面仅介绍由集成运算放大器组成的方波-三角波产生电路。

1. 简单的方波-三角波产生电路

图5-35所示为由集成运算放大器组成的反相输入施密特触发器(即迟滞比较器)构成的多谐振荡器，RC积分电路起反馈即延迟作用，电容上的电压 u_C 即是它的输入电压，近似于三角波，这是一种简单的方波-三角波产生电路，其特点就是电路简单，但输出三角波的线性度差。

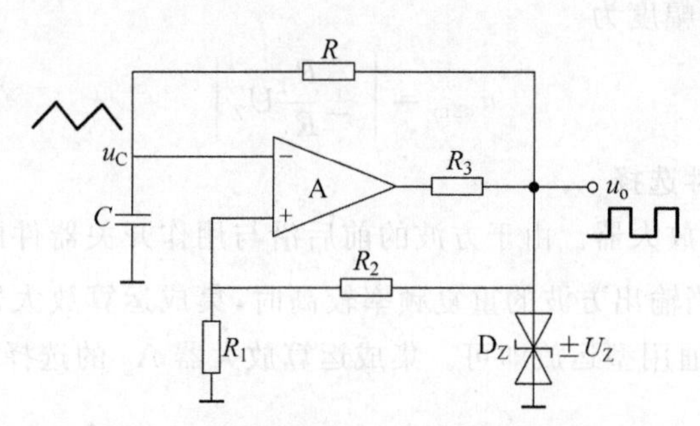

图5-35　简单的方波-三角波产生电路

该电路的有关计算式如下。

振荡周期为

$$T = 2RC\ln\left(1+\frac{2R_1}{R_2}\right) \tag{5-121}$$

输出三角波 u_C 的幅度为

$$U_{cm} = \left|\pm\frac{R_1}{R_1+R_2}U_Z\right| \tag{5-122}$$

输出方波 u_o 的幅度为

$$U_{om} = |\pm U_Z| \tag{5-123}$$

2. 常见的方波-三角波产生电路

图5-36所示为由集成运算放大器组成的一种常见的方波-三角波产生电路。运算放大器 A_1 与电阻 R_1、R_2 构成同相输入施密特触发器(即迟滞比较器)。运算放大器 A_2 与 R、C

构成积分电路，二者形成闭合回路。由于电容 C 的密勒效应，A_2 的输出为线性度较好的三角波。

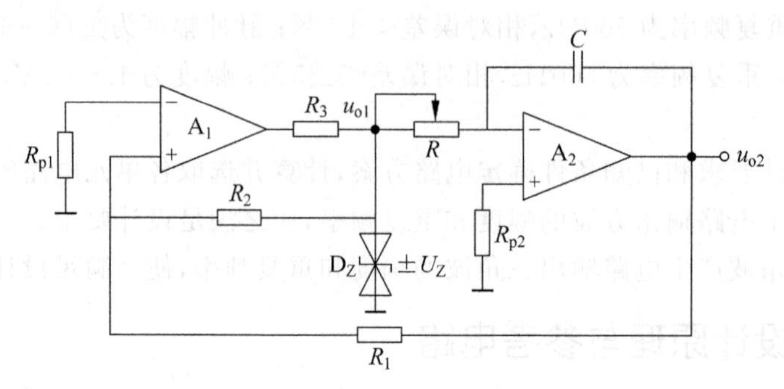

图 5-36 常见的方波-三角波产生电路

不难分析，该电路的有关计算式如下。

振荡周期为

$$T=\frac{4R_1RC}{R_2} \tag{5-124}$$

输出的方波 u_{o1} 的幅度为

$$u_{o1m}=|\pm U_Z| \tag{5-125}$$

输出三角波 u_{o2} 的幅度为

$$u_{o2m}=\left|\pm\frac{R_1}{R_2}U_Z\right| \tag{5-126}$$

3. 参数确定与元件选择

(1) 选择集成运算放大器。由于方波的前后沿与用作开关器件的运算放大器 A_1 的转换速率 S_R 有关，因此当输出方波的重复频率较高时，集成运算放大器 A_1 应选用高速运算放大器，一般要求选用通用型运放即可。集成运算放大器 A_2 的选择原则参见 5.5 节“积分运算电路”部分。

(2) 选择稳压二极管 D_Z。稳压二极管 D_Z 的作用是限制和确定方波的幅度，要根据设计所要求的方波幅度选择稳压管的稳定电压 U_Z。此外，方波幅度和宽度的对称性也与稳压管的对称性有关，为了得到对称的方波输出，通常应选用高精度的双向稳压二极管(如 2DW7 型)。R_3 为稳压管的限流电阻，其值由所选用的稳压管稳压电流决定。

(3) 确定正反馈回路电阻 R_1 与 R_2。在图 5-35 或图 5-36 所示电路中，R_1 与 R_2 的比值均决定了运算放大器 A 或 A_1 的触发翻转电平(即上、下门槛电压)，也就是决定了三角波的输出幅度。因此，根据设计要求的三角波输出幅度，可以确定 R_1 与 R_2 的阻值。

(4) 确定积分时间常数 RC。积分元件 R、C 的参数值应根据方波和三角波所要求的重复频率确定。当正反馈回路电阻 R_1、R_2 的阻值确定以后，再选取电容 C 值，由式(5-121)或式(5-124)求得 R。

5.6.3 实验内容与步骤

实验参考电路如图 5-36 所示。

(1) 根据已知条件和设计要求,计算并确定元件参数,然后在实验电路板上搭接电路,检查无误后再接通电源进行调试。

(2) 用双踪示波器同时观察输出电压 u_{o1}、u_{o2} 的波形,分别记录其幅值、周期以及它们相互之间的相位关系。

(3) 调节积分电阻 R(或改变积分电容 C),使振荡频率满足设计要求,调节 R_1/R_2 的比值,使三角波的幅值满足设计要求。

5.6.4 预习要求与思考题

(1) 复习集成运算放大器波形变换与非正弦产生电路的工作原理,熟悉其设计和调试方法。

(2) 根据设计任务与已知条件,设计如图 5-36 所示方波-三角波产生电路,计算并选取参数。

(3) 根据实验内容,自拟实验步骤。

(4) 在如图 5-36 所示的方波-三角波产生电路中,若要求输出占空比可调的矩形脉冲,电路应做何改动?为什么?

(5) 工作于非线性状态下的运算放大器(如比较器),调试中是否需要调零消振?为什么?

(6) 画出用 RC 正弦波振荡器、迟滞比较器与积分器串接以产生正弦波、方波、三角波的原理电路图。

5.6.5 实验报告要求

(1) 原理电路的设计:简要说明电路的工作原理和主要元件在电路中的作用;元件参数的确定和元件选择。

(2) 记录并整理实验数据,画出输出电压 u_{o1}、u_{o2} 的波形(标出幅值、周期和相位关系),分析实验结果,得出相应结论。

(3) 将实验测出的振荡频率、输出电压的幅值分别与理论计算值进行比较,分析产生误差的原因。

(4) 调试过程中所遇到的问题以及解决的方法。

(5) 回答思考题。

5.6.6 主要元器件

(1) 集成运算放大器:LM324 或 LM741,1~2 片。

(2) 1/4W 金属膜电阻:10kΩ、20kΩ、3.3kΩ,若干。

(3) 可调电阻:30kΩ。

(4) 瓷片电容:0.047μF/25V。

(5) 稳压二极管:2DW7×2。

5.7 语音放大电路

在日常生活和工作中,经常会遇到一些问题。例如,在检修各种机器设备时常常需要依据故障设备的异常声响寻找故障,这种异常声响的频谱覆盖面往往很广;又如,在打电话时，有时往往因声音太大或干扰太大而难以听清对方讲的话，于是需要一种既能放大语音信号又能降低外来噪声的仪器。具有类似功能的实用电路实际上就是一个能识别不同频率范围的小信号放大系统。本实验从教学训练的角度出发，要求设计一个集成运算放大器组成的语音放大电路。

5.7.1 设计任务与要求

语音放大电路设计任务的具体技术指标及要求如下。

1. 任务

设计并制作一个由集成运算放大器组成的语音放大电路。该放大电路的原理框图如图5-37所示。

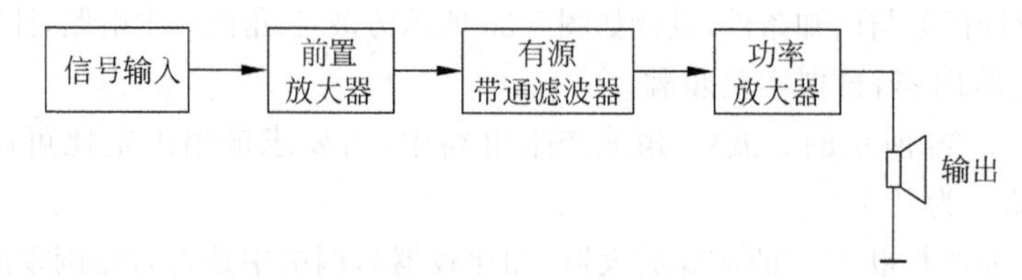

图5-37 语音放大电路原理框图

各基本单元电路的设计条件分别如下。

(1) 前置放大器的输入信号 $u_{id}<10mV$；输入阻抗 $R_i \geqslant 100k\Omega$；共模抑制比 $K_{CMR} \geqslant 60dB$。

(2) 有源带通滤波器的带通频率范围为300Hz～3kHz。

(3) 功率放大器最大不失真输出功率 $P_{om} \geqslant 5W$；负载阻抗 $R_L = 40\Omega$；电源电压为+5V和+12V。

(4) 输出功率连续可调。直流输出电压≤50mV(输入短路时)；静态电源电流≤100mA(输入短路时)。

2. 要求

(1) 根据设计要求和已知条件确定前置放大电路、有源带通滤波电路和功率放大电路的方案，计算并选取单元电路的元件参数。

(2) 前置放大电路的组装与调试。测量前置放大电路的差模电压增益 A_{ud1}、共模电压增益 A_{uc1}、共模抑制比 K_{CMR1}、带宽 BW_1、输入电阻 R_i 等各项技术指标，并与设计要求值进行比较。

(3) 有源带通滤波电路的组装与调试。测量有源带通滤波电路的差模电压增益 A_{ud2}、带宽 BW_2，并与设计要求值进行比较。

(4) 功率放大电路的组装与调试。测量功率放大电路的最大不失真输出功率 P_{om}、电源供给功率 P_V、输出效率 η、直流输出电压、静态电源电流等技术指标。

(5) 整体电路的联调与试听。

5.7.2 设计原理与参考电路

下面分别分析语音放大设计电路的各个单元电路及组成，并提供设计参考电路。

1. 前置放大电路

前置放大电路也称为测量用小信号放大电路。在测量用的放大电路中，一般传感器送来的直流或低频信号经放大后多以单端方式传输。在典型情况下，有用信号的最大幅度可能仅有几毫伏，而共模噪声可能高达几伏，故放大器输入漂移和噪声等因素对于总的精度影响很大，放大器本身的共模抑制特性也是同等重要的问题。因此，前置放大电路应该是一个高输入阻抗、高共模抑制比、低漂移的小信号放大电路。

2. 有源滤波电路

有源滤波电路是用有源器件与RC网络组成的滤波电路。

有源滤波电路的种类很多，如果按通带的性能划分，可分为低通(LPF)、高通(HPF)、带通(BPF)、带阻(BEF)滤波器，下面着重讨论典型的二阶有源滤波器。

1）二阶有源LPF

(1) 基本原理。典型的二阶有源低通滤波器如图5-38所示，为抑制尖峰脉冲，在反馈回路可增加电容 C_3，一般为22～51pF。该滤波器每节RC电路每倍频程衰减－6dB，每级滤波器每倍频程衰减－12dB。其传递函数为

$$A(s)=\frac{A_{uf}\omega_n^2}{s^2+\frac{\omega_n}{Q}s+\omega_n^2} \tag{5-127}$$

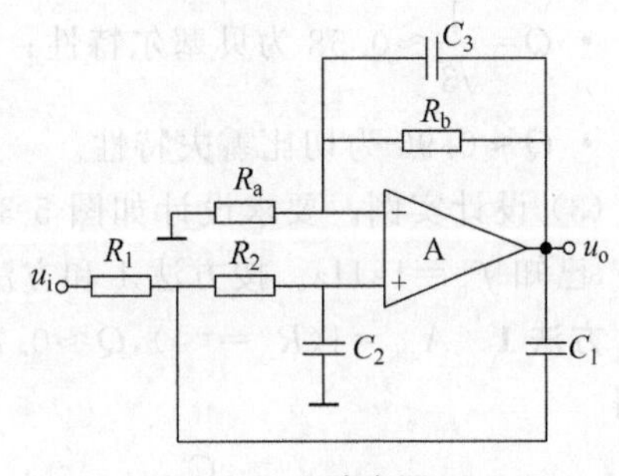

图5-38 二阶有源LPF

其中，A_{uf} 为通带增益；ω_n 为固有角频率；Q 为品质因数。

$$A_{uf}=1+\frac{R_b}{R_a} \tag{5-128}$$

$$\omega_n=\frac{1}{\sqrt{R_1R_2C_1C_2}} \tag{5-129}$$

$$Q=\frac{\sqrt{R_1R_2C_1C_2}}{C_2(R_1+R_2)+(1-A_{uf})R_1C_1} \tag{5-130}$$

(2) 设计方法。下面介绍设计二阶有源LPF时选用 R、C 的两种方法。

方法1 设 $A_{uf}=1$，$R_1=R_2$，则 $R_a=\infty$，以及

$$Q=\frac{1}{2}\sqrt{\frac{C_1}{C_2}} \tag{5-131}$$

$$f_n=\frac{1}{2\pi R\sqrt{C_1C_2}} \tag{5-132}$$

$$C_1=\frac{2Q}{\omega_nR} \tag{5-133}$$

$$C_2=\frac{1}{2Q\omega_nR} \tag{5-134}$$

$$n=\frac{C_1}{C_2}=4Q^2\text{（}n\text{ 为阶数）} \tag{5-135}$$

在此设计中，由于通常增益 $A_{uf}=1$，因而工作稳定，故适用于高 Q 值应用。

方法 2 设 $R_1=R_2=R, C_1=C_2=C$，则

$$Q=\frac{1}{3-A_{uf}},\ f_n=\frac{1}{2\pi RC} \tag{5-136}$$

由式(5-136)得知，f_n 和 Q 可分别由 R 和 C 值以及运放增益 A_{uf} 的变化单独调整，相互影响不大，因此该设计法对要求特性保持一定而 f_n 在较宽范围内变化的情况比较适用，但必须使用精度和稳定性均较高的元件。在图 5-38 所示，Q 值按照近似特性可有如下分类：

- $Q=\frac{1}{\sqrt{2}}\approx 0.71$ 为巴特沃斯特性；
- $Q=\frac{1}{\sqrt{3}}\approx 0.58$ 为贝塞尔特性；
- $Q\approx 0.96$ 为切比雪夫特性。

(3) 设计实例。要求设计如图 5-38 所示的具有巴特沃斯特性($Q\approx 0.71$)的二阶有源 LPF，已知 $f_n=1\text{kHz}$。按方法 1 和方法 2 两种设计方法分别进行计算，可得以下两种结果。

方法 1 $A_{uf}=1(R_a=\infty)$，$Q\approx 0.71$，选取 $R_1=R_2=160\text{k}\Omega$，由式(5-128)和式(5-126)可得

$$\frac{C_1}{C_2}\approx 2$$

$$C_1=\frac{2Q}{\omega_n R}=1400\text{pF}$$

$$C_2=\frac{C_1}{2}=700\text{pF}\quad（取标称值 680\text{pF}）$$

方法 2 取 $R_1=R_2=160\text{k}\Omega$，$Q\approx 0.71$，由式(5-136)可得

$$A_{uf}=\frac{3Q-1}{Q}\approx 1.59$$

$$C_1=C_2=\frac{1}{2\pi f_n R}=0.001\mu\text{F}$$

2）二阶有源 HPF

(1) 基本原理。HPF 与 LPF 几乎具有完全的对偶性，把图 5-38 所示的 R_1、R_2 和 C_1、C_2 位置互换就构成如图 5-39 所示的二阶 HPF。二者的参数表达式与特性也具有对偶性，二阶 HPF 的传递函数为

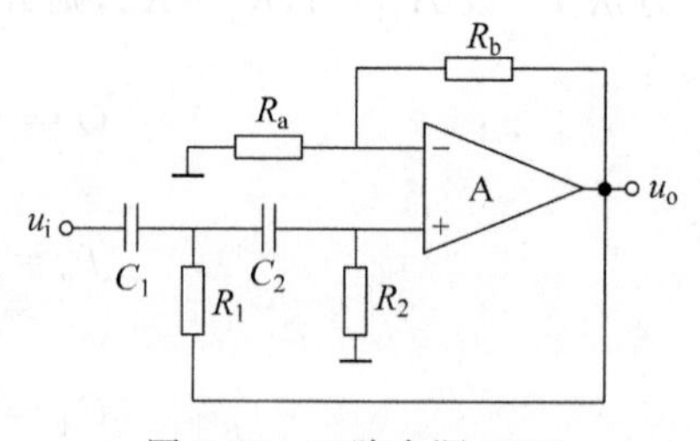

图 5-39 二阶有源 HPF

$$A(s)=\frac{A_{uf}s^2}{s^2+\frac{\omega_n}{Q}s+\omega_n^2} \tag{5-137}$$

$$A_{uf}=1+\frac{R_b}{R_a} \tag{5-138}$$

$$\omega_n=\frac{1}{\sqrt{R_1R_2C_1C_2}} \tag{5-139}$$

$$Q=\frac{1/\omega_n}{R_1(C_1+C_2)+(1-A_{uf})R_2C_2} \tag{5-140}$$

(2) 设计方法。HPF 中 R、C 参数的设计方法也与 LPF 相似,有以下两种。

方法 1　设 $A_{uf}=1$,取 $C_1=C_2=C$,根据所要求的 Q、$f_n(\omega_n)$,可得

$$R_1=\frac{1}{2Q\omega_nC} \tag{5-141}$$

$$R_2=\frac{2Q}{\omega_nC} \tag{5-142}$$

$$n=\frac{R_2}{R_1}=4Q^2 \tag{5-143}$$

方法 2　设 $R_1=R_2=R$,$C_1=C_2=C$,根据所要求的 Q、ω_n,可得

$$A_{uf}=3-\frac{1}{Q},\ R=\frac{1}{\omega_nC} \tag{5-144}$$

这两种方法的应用特点与 LPF 情况完全相同。

(3) 设计实例。设计如图 5-39 所示的具有巴特沃斯特性的二阶有源 HPF($Q\approx0.71$),已知 $f_n=1\text{kHz}$,计算 R、C 的参数值。

方法 1　设 $A_{uf}=1(R_a=\infty)$,选取 $C_1=C_2=C=1000\text{pF}$,求得 $R_1=112\text{k}\Omega$,$R_2=216\text{k}\Omega$,各选用 110kΩ 与 220kΩ 标称值即可。

方法 2　取 $R_1=R_2=R=160\text{k}\Omega$,求得 $A_{uf}=1.59$,$C_1=C_2=C=1000\text{pF}$。

3) 二阶有源 BPF

(1) 基本原理。带通滤波器(BPF)能通过指定范围的频率,这个频率范围就是电路的带宽 BW,滤波器的最大输出电压峰值出现在中心频率 f_0 上。

BPF 的带宽越窄,选择性越好,也就是电路的品质因数 Q 越高。电路的 Q 值计算式为

$$Q=\frac{f_0}{\text{BW}} \tag{5-145}$$

可见,高 Q 值滤波器有较窄的带宽,较大的输出电压;反之,低 Q 值滤波器有较宽的带宽,势必输出电压较小。

(2) 参考电路。BPF 的电路形式较多,下面列举一二供参考。

• 文氏桥式 BPF

大家所熟悉的 RC 桥式振荡电路(如图 5-22 所示)实质就是一个选择性很好的有源 BPF 电路。该电路在满足 $R_1=R_2=R$,$C_1=C_2=C$ 的条件下,Q 值与中心频率 f_0 分别为

$$Q=\frac{1}{3-A_{uf}}=\frac{1}{2-\frac{R_b}{R_a}} \tag{5-146}$$

$$f_0=\frac{1}{2\pi\sqrt{R_1R_2C_1C_2}}=\frac{1}{2\pi RC} \tag{5-147}$$

其中

$$A_{uf}=1+\frac{R_b}{R_a} \tag{5-148}$$

通带电压增益为

$$A_0=\frac{A_{uf}}{3-A_{uf}} \tag{5-149}$$

• 宽带 BPF

在满足 LPF 的通带截止频率高于 HPF 的通带截止频率的条件下，把相同元件压控电压源滤波器的 LPF 和 HPF 串接起来可以实现巴特沃斯通带响应，如图 5-40 所示。用该方法构成的 BPF 通带较宽，通带截止频率易于调整，因此多用作测量信号噪声比(S/N)的音频带通滤波器。例如，在电话通信系统中，采用如图 5-40 所示的滤波器能抑制低于 300Hz 和高于 3000Hz 的信号，整个通带增益为 8dB，运算放大器为 LM741。

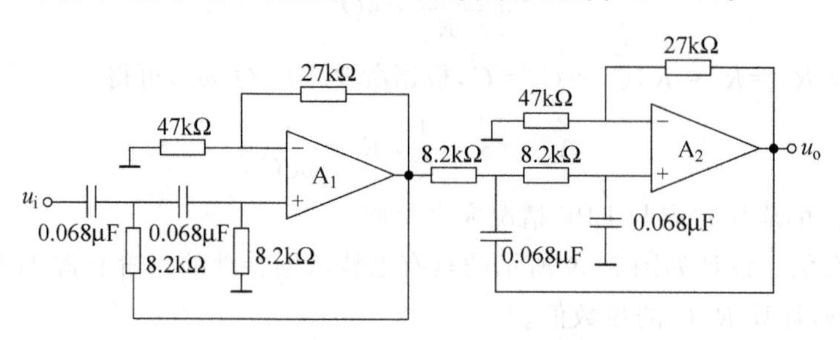

图 5-40 宽带 BPF

3. 功率放大电路

功率放大电路的主要作用是向负载提供功率，要求输出功率尽可能大，转换功率尽可能高，非线性失真尽可能小。

功率放大电路的电路形式很多，有双电源供电的 OCL 互补对称功放电路，单电源供电的 OTL 功放电路、BTL 桥式推挽功放电路和变压器耦合功放电路等。这些电路都各有特性，可根据设计要求和具备的实验条件综合考虑做出选择。下面介绍几种常用的集成功放电路。

1) 五端集成功放(200X 系列)

TDA200X 系列包括 TDA2002/TDA2003/TDA2030(D2002/D2003/D2030 或 MPC2002H 等)，均为单片集成功放器件。其性能优良，功能齐全，并附加有各种保护、消噪声电路，外接元件大大减小，仅有 5 个引出端(脚)，易于安装使用，因此也称为五端集成功放。集成功放基本都工作在接近乙类(B 类)的甲乙类(AB 类)状态，静态电流大都为 10～50mA，因此静态功耗很小，但动态功耗很大，且随输出的变化而变化。

图 5-41 和图 5-42 所示为 TDA2002/TDA2003 的典型应用电路。图 5-42 的补偿元件 R_X 和 C_X 可按式(5-150)选用。

$$R_X=20R_2,\quad C_X=\frac{1}{2\pi R_1 f_c} \tag{5-150}$$

其中，f_c 为 -3dB 带宽。通常取 $R_X\approx 39\Omega$，$C_X\approx 0.033\mu F$。

在使用集成功放时，应注意以下几点。

(1) 均应安装适当的散热器。

(2) 必须在电源引脚旁加去耦电容以防止自激振荡，调试时用示波器监视输出波形。

(3) 电解电容极性不能接反，集成功放的引脚不能接错，特别是 TDA2003 的引脚要另焊导线引出并加套管，以免碰撞短路。

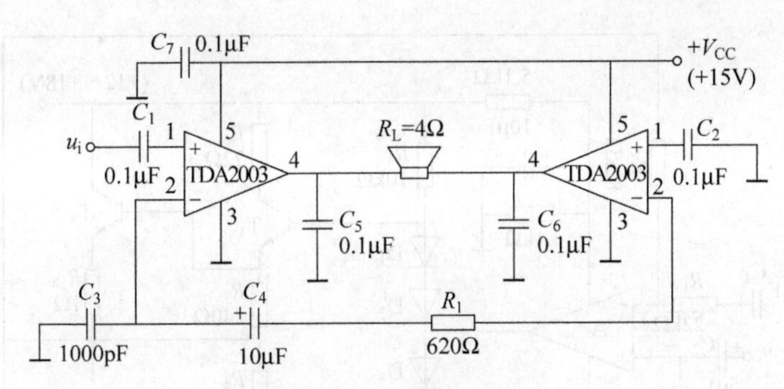

图 5-41 简易 BTL 功放

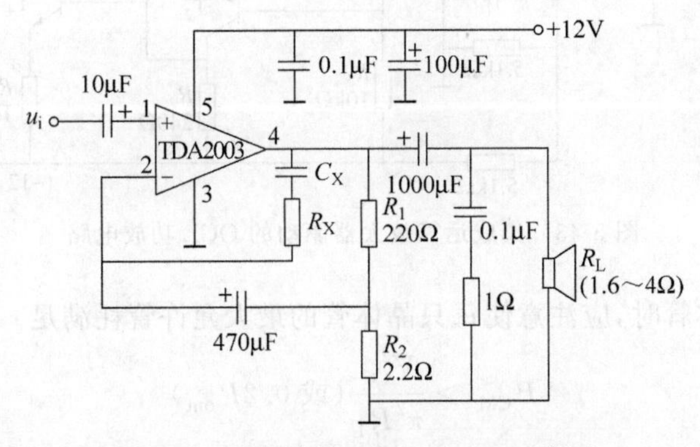

图 5-42 五端功放 TDA2002/2003 应用

(4) 经常注意观察稳压电源上电流表的指示，以防电流过大。若电流过大，应关闭电源，检查电路。

(5) 为防止功放电路对前级的影响，功放级的电源线要单独连接，接线不要交叉，并尽可能短。

2）用集成运算放大器驱动的功放电路

图 5-43 所示为直接利用运算放大器驱动互补输出级的功放电路，这种电路总的增益取决于比值$(R_1+R_3)/R_1$，而互补输出级能扩展输出电流，不能扩展输出电压。运算放大器输出一般仅有±(10～12)V，所以输出功率不大，特点是结构简单。

该电路的输出功率为

$$P_o = I_o^2 R_L \tag{5-151}$$

当输入信号幅值足够大，U_{om} 达到 $V_{CC}-U_{CES}$ 时，此时最大不失真输出功率为

$$P_{om} = \frac{1}{2}\frac{(V_{CC}-U_{CES})^2}{R_L} \approx \frac{1}{2}\frac{V_{CC}{}^2}{R_L} \tag{5-152}$$

直流电源提供的功率为

$$P_V = \frac{2}{\pi}\frac{V_{CC}^2}{R_L} \tag{5-153}$$

电路的效率为

$$\eta = \frac{P_o}{P_V} \tag{5-154}$$

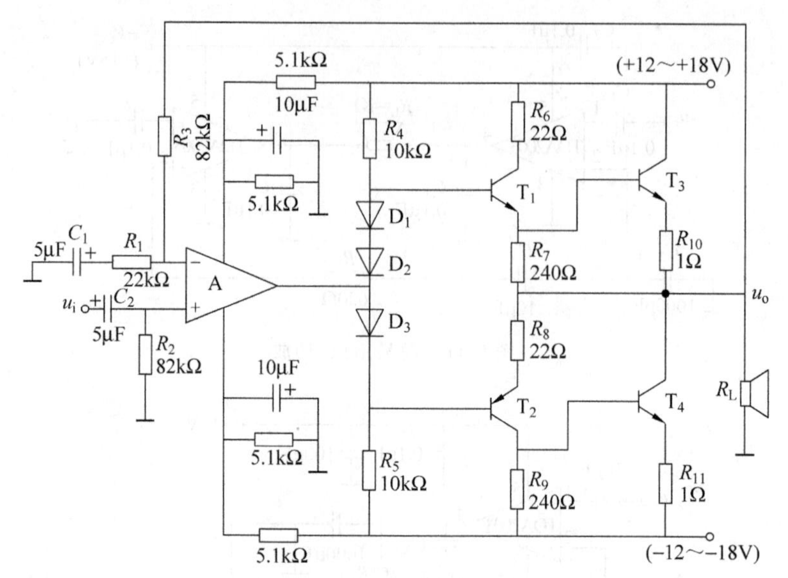

图 5-43 集成运算放大器驱动的 OCL 功放电路

在选择输出晶体管时，应注意使每只晶体管的最大允许管耗满足

$$P_{CM} > \frac{V_{CC}^2}{\pi^2 R_L}（或 0.2P_{om}） \tag{5-155}$$

最大集电极电流满足

$$I_{CM} > \frac{V_{CC}}{R_L} \tag{5-156}$$

反向击穿电压满足

$$|V_{(BR)CEO}| > 2V_{CC} \tag{5-157}$$

5.7.3 实验内容与步骤

1. 分配各级放大电路的电压放大倍数

由电路设计要求得知，该放大器由 3 级组成，总电压放大倍数 $A_u = A_{u1}A_{u2}A_{u3}$。应根据放大器所要求的总放大倍数 A_u 合理分配各级的电压放大倍数（$A_{u1} \sim A_{u3}$），同时还要注意考虑各级基本放大电路所能达到的放大倍数。因此，在分配和确定各级电压放大倍数时，应注意以下几点。

(1) 由输入信号 u_{id}、最大不失真输出功率 P_{om} 和负载阻抗 R_L 求出总电压放大倍数（增益）A_u。

(2) 为了提高信噪比 S/N，前置放大电路的放大倍数可以适当取得大一些。一般来说，一级放大倍数可达几十倍。

(3) 为了使输出波形不致产生饱和失真，输出信号的幅值应小于电源电压。

2. 确定电路方案

根据已分配确定的电压放大倍数和设计已知条件，分别确定前置级、有源滤波级与输出级的电路方案，并计算和选取各元件参数。

3. 组装电路并调试

在实验电路板上组装所设计的电路，检查无误后接通电源进行调试。在调试时要注意先进行基本单元电路的调试，再进行系统联调；也可以对基本单元采取边组装边调试的办法，最后系统联调。

4. 前置放大电路的调试

1）静态调试

调零和消除自激振荡。

2）动态调试

(1) 在两输入端加差模输入电压 u_{id}（输入正弦电压，幅值与频率自选），测量输出电压 u_{od1}，观测与记录输出电压与输入电压的波形（幅值、相位关系），算出差模放大倍数 A_{ud1}。

(2) 在两输入端加共模输入电压 u_{ic}（输入正弦电压，幅值与频率自选），测量输出电压 u_{oc1}，算出共模放大倍数 A_{uc1}。

(3) 算出共模抑制比 K_{CMR}。

(4) 用逐点法测量幅频特性，并作出幅频特性曲线，求出上、下限截止频率。

(5) 测量差模输入电阻。

5. 有源带通滤波电路的调试

1）静态调试

调零和消除自激振荡。

2）动态调试（测试方法同上）

(1) 测量幅频特性，作出幅频特性曲线，求出带通滤波电路的带宽 BW_2。

(2) 在通带范围内，输入端加差模输入电压（输入正弦信号，幅值与频率自选），测量输出电压，算出通带电压放大倍数（通带增益）A_{u2}。

6. 功率放大电路的调试

1）静态调试

集成功放（如 TDA200X）或用运算放大器驱动的功放电路，其静态调试均应在输入端对地短路的条件下进行。

(1) 图 5-42 所示电路静态调试。输入对地短路，观察输出有无振荡，如有振荡，采取消振措施以消除振荡。

(2) 图 5-43 所示电路静态调试。静态调试时调整参数，使 T_1、T_3 和 T_2、T_4 组成的 NPN 复合管和 PNP 复合管的特性尽量一致，即 $I_{C3} \approx I_{C4}$，此时有 $u_o \approx 0$。从减小交越失真的角度考虑，I_{C3}（I_{C4}）应大一些，但静态电流增大会使效率 η 相应下降，一般取 $I_{C3} \approx I_{C4} = 5 \sim 10\text{mA}$ 为宜。

2）功率参数测试

集成或分立元件电路的功率参数测试方法基本相同。测试中应注意在输出信号不失真的条件下进行，因此测试过程中必须用示波器监视输出信号。

(1) 测量最大输出功率 P_{om}。输入 $f = 1\text{kHz}$ 的正弦输入信号（u_{i3}），并逐渐增大输入电压幅值直至输出电压 u_o 的波形出现临界削波，测量此时 R_L 两端输出电压的最大值 U_{om} 或有效值 U_o，则

$$P_{om}=\frac{U_{om}^{2}}{2R_{L}}\approx\frac{U_{o}^{2}}{2R_{L}} \tag{5-158}$$

(2) 测量电源供给的平均功率 P_V。近似认为电源供给整个电路的功率即为 P_V(前级消耗功率不大),所以,在测试 U_{om} 的同时,只要在供电回路串入一只直流电流表测出直流电源提供的平均电流 $I_{C(AV)}$,即可求出 P_V。

$$P_V=V_{CC}I_{C(AV)} \tag{5-159}$$

此平均电流 $I_{C(AV)}$ 也就是静态电源电流。

(3) 计算效率 η。

$$\eta=\frac{P_{om}}{P_V} \tag{5-160}$$

(4) 计算电压增益 A_{u3}。

$$A_{u3}=\frac{U_o}{U_{i3}} \tag{5-161}$$

7. 系统联调

经过以上对各级放大电路的局部调试之后,可以逐步扩大到整个系统的联调。

(1) 令输入信号 $u_i=0$(前置级输入对地短接),测量输出端的直流输出电压。

(2) 输入 $f=1\text{kHz}$ 的正弦信号,改变 u_i 幅值,用示波器观察输出电压 u_o 波形的变化情况,记录输出电压最大不失真幅度所对应的输入电压的变化范围。

(3) 输入 u_i 为一定值的正弦信号(在 u_o 不失真范围内取值),改变输入信号的频率,观察 u_o 幅值变化情况,记录幅值下降到 $0.707U_{om}$ 之内的频率变化范围。

(4) 计算总电压放大倍数 $A_u=u_o/u_i$。

8. 试听

系统的联调与各项性能指标测试完毕之后,可以模拟试听效果。去掉信号源,改接微音器或收音机(接收音机的耳机输出口即可),用扬声器(4Ω 喇叭)代替 R_L,从扬声器即可传出说话声或收音机播出的美妙音乐声。从试听效果看,应该是音质清楚、无杂音、音量大,电路运行稳定为最佳设计。

5.7.4 预习要求与思考题

(1) 复习差分放大电路、有源滤波电路和功率放大电路的工作原理,熟悉静态与动态的调试方法。

(2) 根据设计任务与要求,确定各级的电压放大倍数和电路方案,并计算和选取外电路的元件参数。

(3) 计算放大电路的性能指标。

前置输入级:差模电压增益 A_{ud1}、共模电压增益 A_{uc1}、输入电阻 R_i。

有源滤波级:通带电压增益 A_{u2}、带宽 BW_2。

功率放大级:最大不失真输出功率 P_{om}、电源提供的直流功率 P_V、效率 η。

(4) 根据测试内容,自拟实验方法和调试步骤。

(5) 思考在有源二阶 HPF 实验中,采用组件 LM741(开环增益 $A_{uo}=80\text{dB}$,上限截止频率 $f_H=7\text{Hz}$),当闭环增益 $A_{uf}=2$ 时所对应的频率。

5.7.5 实验报告要求

(1) 原理电路的设计。内容包括：方案比较，分别画出各方案原理图，说明其原理、优缺点和最后的方案；每级电压放大倍数的分配值和分配理由；每级主要性能指标的计算(抄录预习内容3的预习结果)；每级主要参数的计算与元器件选择。

(2) 整理各项实验数据，并画出有源带通滤波器和前置输入级的幅频特性曲线，画出各级输入、输出电压的波形(标出幅值和相位关系)，分析实验结果，得出结论。

(3) 将实验测量值分别与理论计算值进行比较，分析误差原因。

(4) 分析总体调试结果和试听结果，是否满足设计要求。

(5) 在整个调试和试听过程中所遇到的问题和解决方法。

(6) 总结收获和体会。

5.7.6 主要元器件

(1) 集成运算放大器：LM741 或 LM324，3～4 片。

(2) 集成功放：TDA2003(另加散热器)，1 片。

(3) 4Ω 喇叭、麦克风：1 只。

(4) 1/4W 金属膜电阻、可调电阻、电容，若干。

5.8 多路数据巡回检测与显示电路

自动化工业生产或大型设备(如激光器)经常需要对生产过程或运行状态的各种工作参数(如压力、温度、流量、电压、电流等)实时进行巡回检测、监视并报警，以确定系统的稳定性和可靠性。

5.8.1 任务与要求

设计并调试多路数据巡回检测、显示与报警电路，其原理框图如图 5-44 所示，图中 3 路模拟信号分别为温度(t)、直流电压(V_{DC})与交流正弦电压(u_{AC})。各路模拟参数的控制要求如下：正常工作温度 $t=(27\pm3)$℃，当 $t>30$℃或 $t<24$℃时报警(发光显示)；正常直流电压 $V_{DC}=(1.5\sim3.5)$V，当 $V_{DC}<1.5$V 时，报警(发光显示)；交流正弦电压 $u_{AC}=(1\sim2)$V，$f=1$kHz，观测 D/A 转换后的电压波形；采样数据巡回显示。

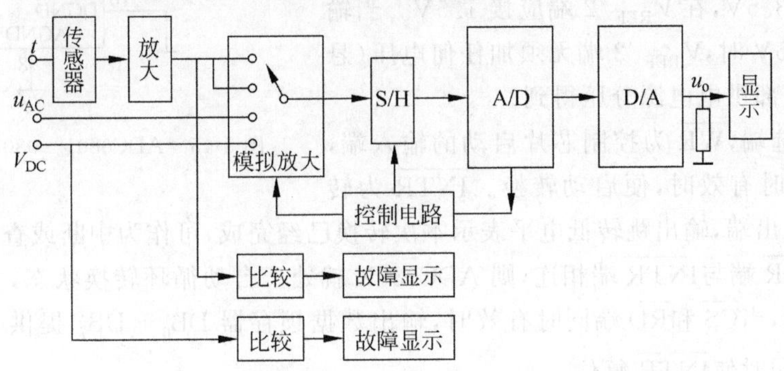

图 5-44 多路数据巡回检测、显示与报警电路原理框图

5.8.2 实验参考电路

多路数据巡回检测与显示电路的各个单元电路的设计参考如下。

1. A/D 转换

A/D 转换芯片种类繁多,按转换原理分类,主要有逐次比较式、双积分式、量化反馈式和并行式。现仅以逐次比较式单片集成芯片 ADC0801 系列为例进行介绍。

ADC0801~0805 型芯片为美国 National Senicondactor 公司的产品,是当前较流行的中速廉价型产品之一。由于它具有三态输出锁存器,可直接驱动数据总线,因而可直接与微处理器接口连接。此外,模拟输入采用差分输入方式,能最大限度抑制共模噪声。主要特性如下。

(1) 分辨率:8 位。

(2) 转换时间:100μs。

(3) 非线性误差:$\pm\frac{1}{4}$LSB(0801),±1LSB(0804/0805)。

(4) 片内有时钟产生器。

(5) 电源电压:单+5V 供电。

(6) 模拟输入电压范围:0~5V。

(7) 模拟输入通道数:单通道。

(8) 低功耗:典型电源电流为 1.5mA。

ADC0801~0805 典型外部接线如图 5-45 所示。图中外接电阻、电容的典型应用参数为 $R=10\text{k}\Omega$,$C=150\text{pF}$,$f_{\text{CLK}}=1/1.1RC=610\text{kHz}$。

ADC0801~0805 提供两个信号输入端 $V_{\text{IN}}(+)$ 和 $V_{\text{IN}}(-)$。当输入信号为 0~$V_{\max}$ 时,$V_{\text{IN}}(-)$接地,$V_{\text{IN}}(+)$接 $V_{\max}$;当输入信号为 $V_{\min}$~$V_{\max}$ 时,$V_{\text{IN}}(-)$接 $V_{\min}$,$V_{\text{IN}}(+)$接 $V_{\max}$。同时,还分别设置有模拟地和数字地的引入端。

转换器的零点无须调整,输入电压的范围可以通过调整 $V_{\text{REF}}/2$ 端的电压加以改变,$V_{\text{REF}}/2$ 端的电压值应为输入电压范围的 1/2。例如,输入电压范围为 0.5~3.5V,在 $V_{\text{REF}}/2$ 端应接 1.5V。当输入电压为 0~5V 时,$V_{\text{REF}}/2$ 端无须加任何电压(悬空即可),由内部供电电源分压得到。

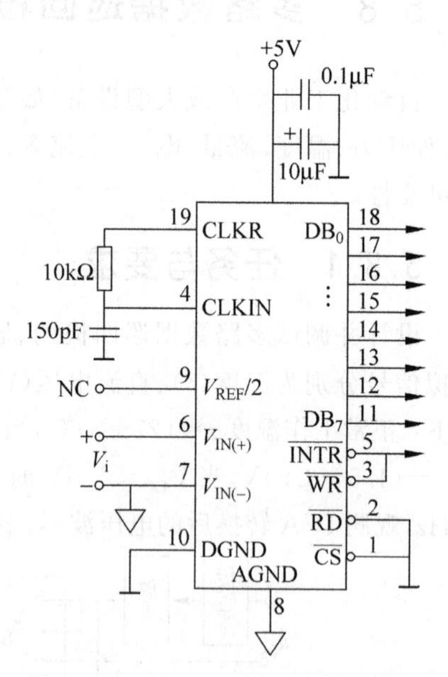

图 5-45 ADC0801~0805 外部接线

$\overline{\text{CS}}$ 为片选端,$\overline{\text{WR}}$ 为控制芯片启动的输入端,当$\overline{\text{CS}}$、$\overline{\text{WR}}$ 同时有效时,便启动转换。$\overline{\text{INTR}}$ 为转换结束信号输出端,输出跳转低电平表示本次转换已经完成,可作为中断或查询信号。如果将$\overline{\text{CS}}$ 接地,$\overline{\text{WR}}$ 端与$\overline{\text{INTR}}$ 端相连,则 ADC080X 就处于自动循环转换状态。$\overline{\text{RD}}$ 为转换结果读出控制端,当$\overline{\text{CS}}$ 和$\overline{\text{RD}}$ 端同时有效时,输出数据锁存器 DB_0~DB_7 提供 8 位并行二进制数码输出,同时使$\overline{\text{INTR}}$ 复位。

2. 信号提取与比较

如前所述，自动控制系统中，控制的对象是某些物理量。因此，首先要把这些物理量转换为便于处理的电信号或其他信号，而实现这个变换的部件称为传感器。通常所说的放大器的输入信号，从某种意义上讲，取决于传感器的质量。

传感器的种类很多，最常用的有光传感器、温度传感器和压力传感器等。下面以AD590为例着重介绍温度传感器的典型应用电路。

1）集成电路温度传感器 AD590 电路简介

AD590是电流型（即产生一个与绝对温度成正比的电流输出）集成温度传感器的代表产品，与传统的热电阻、热电偶、半导体PN结等温度传感器相比，它具有体积小、线性度好、稳定性好、输出信号大且规范化等优点。其电路原理与底视封装如图5-46所示。

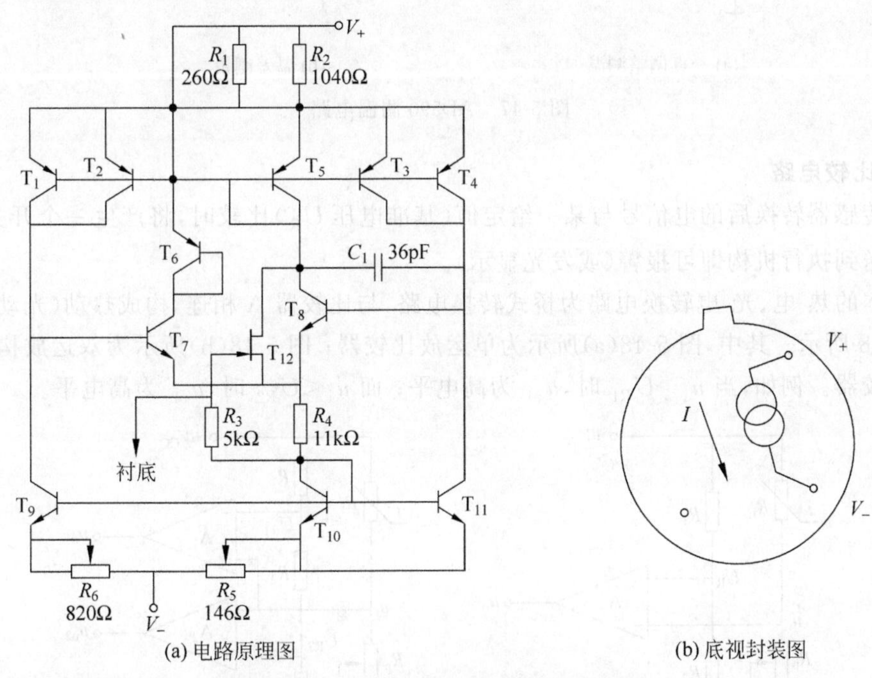

(a) 电路原理图 (b) 底视封装图

图5-46 AD590电路原理与底视封装

AD590的主要电气参数如下。

(1) 工作电压范围：4～30V。

(2) 测温范围：−50～150℃。

(3) 温度系数：1μA/K。

(4) 25℃电流输出(298.20K)：298.2μA。

(5) 输出阻抗：大于10MΩ。

由于AD590是一个温控的恒流源器件，因此使用时往往转换为电压信号，如图5-47所示。其中，图5-47(a)所示为最简单的测温电路，它仅对某一温度进行调整，至于这一点选什么温度值好，视使用范围而定，若选在25℃，通过调节R_p，使$(R+R_p)I=298.2\text{mV}$，则在此温度下的温度系数能满足1μA/K的精确度要求。图5-47(b)所示为温差测量电路，若$T_1=T_2$，$I=0$，则$u_T=0$；若$V_+=V_-=5\text{V}$，则调节范围为±1μA(相当于±1℃)，由于

$R_f=10k\Omega$,故电路输出 $u_T=(T_2-T_1)\times10mV/℃$。这种电路通常把 T_1 视为参考温度,T_2 为监视的被测温度。

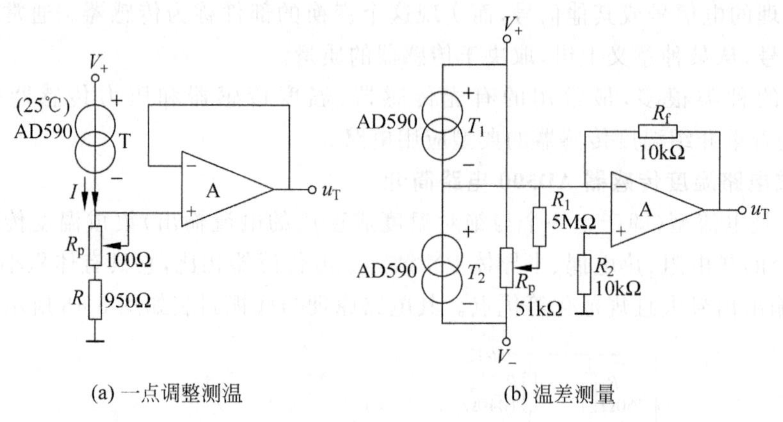

(a) 一点调整测温　　(b) 温差测量

图 5-47　AD590 测温电路

2）比较电路

经传感器转换后的电信号与某一给定值(基准电压 U_R)比较时,将产生一个开关信号,此信号送到执行机构即可报警(或发光显示)。

基本的热-电、光-电转换电路为桥式转换电路,与比较器 A 相连,构成热动(光动)开关,如图 5-48 所示。其中,图 5-48(a)所示为单运放比较器;图 5-48(b)所示为双运放构成的上下限比较器。例如,当 $u_i>U_{R1}$ 时,u_{o1} 为高电平;而 $u_i<U_{R2}$ 时,u_{o2} 为高电平。

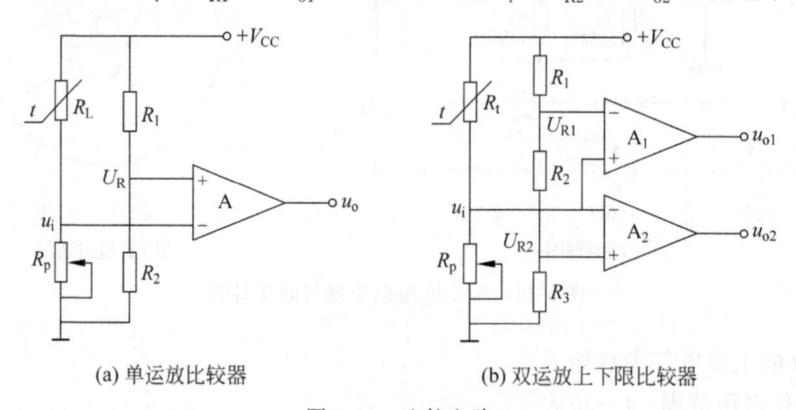

(a) 单运放比较器　　(b) 双运放上下限比较器

图 5-48　比较电路

3. 取样/保持(S/H)电路

在 A/D 转换前需要将模拟信号转换成能直接满足 A/D 转换要求的信号电平及输入方式,而为了减小动态数据的测量误差,对于快速变化的输入信号往往设置取样/保持(S/H)电路,以防止采样过程中的信号发生变化。因此,多路开关 S/H 电路是数据采集系统前向通道中的一个重要环节。

此外,转换电路中是否一定要使用取样/保持器,这完全取决于输入信号的频率。对于快速变化的信号,必须在 A/D 前加 S/H 电路;对于一般非快速变化的输入信号,可以不使用 S/H 电路。有关这方面的详细讨论,在此不做介绍,请读者参阅其他文献。

目前取样/保持电路大多为集成芯片，最常用的有 LF198/298/398 和 AD582。图 5-49 所示为 LF398 的内部原理电路与引脚配置。如图 5-49 所示，当 8 端逻辑控制为高电平时，输出处于跟随状态，有 $u_o = u_i$；当 8 端为低电平时，输出处于保持状态。保持电容 C_H 一般选用 0.01～0.1μF 的优质电容器(如聚四氟乙烯电容)。

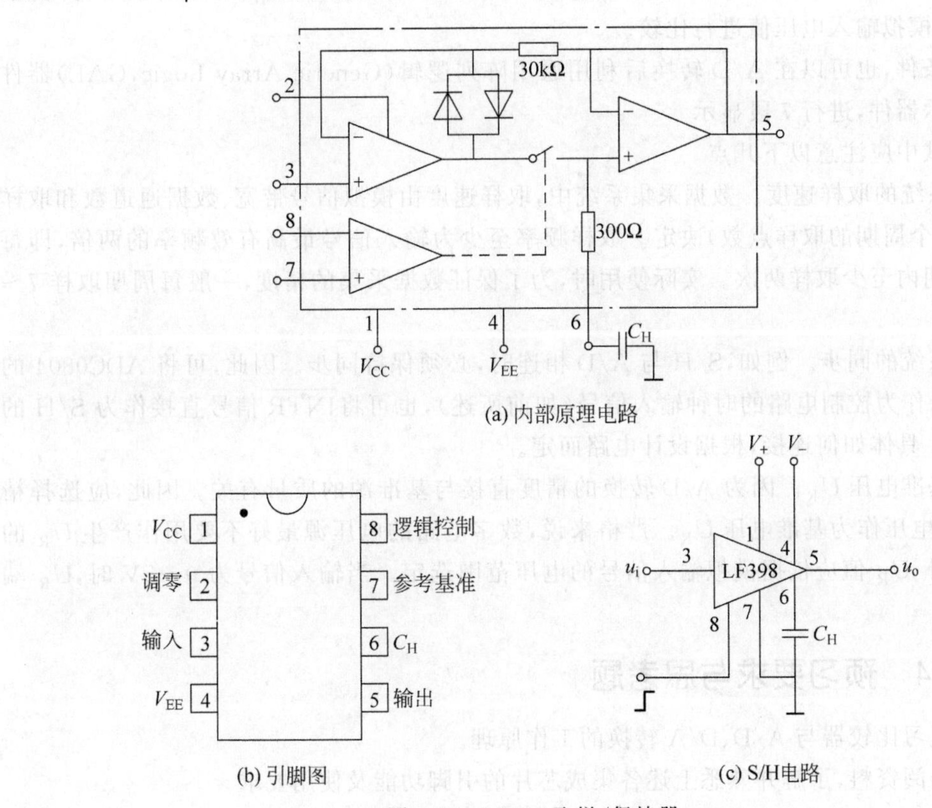

(a) 内部原理电路

(b) 引脚图

(c) S/H电路

图 5-49 LF398 取样/保持器

5.8.3 实验内容与步骤

(1) 以图 5-47(a)所示电路为参考电路(R 值另取)，测量 $t = 20 \sim 30$℃时温度传感器 AD590 的温度-电压变化曲线，确定 $t = (27 \pm 3)$℃时所对应的电压值 u_T。

(2) 根据步骤(1)所测电压值，设计并调试温度变量的转换与比较电路，并用发光二极管显示不正常温度。

(3) 设计并调试模拟信号为直流电压($V_{DC} = 1.5 \sim 3.5$V)时的比较电路，当输入电压 $V_{DC} < 1.5$V 时，发光二极管显示欠压状态。

(4) 利用所提供的元器件设计并调试如图 5-44 所示数据采集与转换电路，主要包括以下几部分。

- 多路模拟开关(如选用双 4 路模拟开关 CC4052 或 8 路模拟开关 CC4051)。
- 取样/保持电路(LF398)。
- A/D 转换(单通道 8 位 ADC0804)。
- D/A 转换(8 位 DAC0808)。

- 控制电路，作用是协调各部分电路的正常工作。例如，控制电路的时钟脉冲可使用A/D转换结束信号$\overline{INTR}$，而控制电路的输出应作为开关电路的地址选择信号、S/H的逻辑控制信号以及锁存器的输入信号等。

(5) 输出显示。用示波器观察并测量D/A转换后交流电压u_{AC}的输出波形，并与取样/保持前模拟输入电压值进行比较。

若有条件，也可以在A/D转换后利用通用阵列逻辑(Generic Array Logic，GAL)器件或其他显示器件，进行7段显示。

在调试中应注意以下几点。

(1) 系统的取样速度。数据采集系统中，取样速度由模拟信号带宽、数据通道数和取样频率(即每个周期的取样点数)决定。取样频率至少为输入信号最高有效频率的两倍，即每个信号周期内至少取样两次。实际使用时，为了保证数据采集的精度，一般每周期取样7～10次。

(2) 系统的同步。例如，S/H与A/D相连时，必须保持同步。因此，可将ADC0804的$\overline{INTR}$信号作为控制电路的时钟输入信号(如前所述)，也可将$\overline{INTR}$信号直接作为S/H的控制信号。具体如何连接，根据设计电路而定。

(3) 基准电压U_R。因为A/D转换的精度直接与基准源的质量有关。因此，应选择精确、稳定的电压作为基准电压U_R。严格来说，数字电路的电压源最好不要用作产生U_R的电源。另外，U_R值应依据模拟输入信号的电压范围选定。当输入信号为0～5V时，U_R端可以悬空。

5.8.4 预习要求与思考题

(1) 复习比较器与A/D、D/A转换的工作原理。

(2) 查阅资料，了解并熟悉上述各集成芯片的引脚功能及使用要求。

(3) 根据设计任务与要求，设计如图5-44所示的总体原理电路。

5.8.5 实验报告要求

(1) 原理电路的设计。内容包括：温度电压的变换电路、放大电路和比较电路；直流电压(V_{DC})的欠压比较电路；控制电路；A/D、D/A转换电路等。

(2) 画出总体原理电路图。

(3) 整理实验数据，记录观察到的波形，分析转换误差。

(4) 设计与调试过程中遇到的问题和解决方法。

5.8.6 主要元器件

(1) LM339(或LM324)、LF398、CC4051(或CC4052)，各1片。

(2) AD590、ADC0804、DAC0808、74LS138、74LS74，各1片。

(3) 电阻、电容、发光二极管，若干。

第 3 篇

模拟电子技术课程设计

模拟电子技术课程设计包括一般方法和具体设计实例两部分。其中，设计实例部分选取具有通用性、典型性、实用性的课题，每个课题均提供参考电路、参数分析计算和仿真验证等。

第6章 课程设计一般方法

CHAPTER 6

经过基本设计性实验的学习,我们已经基本掌握了各种半导体元器件和具有不同功能的单元电路的设计、安装和调试方法,现在应该能够运用这些基本知识,并在单元电路设计的基础上,设计出具有各种不同用途和一定工程意义的模拟电子线路装置,如经常应用的扩音机电路、电视机的低放电路等。我们所说的课程设计就是指根据技术指标的要求,独立进行电路选取、工程估算、实验测试与调整,制作出实际电子产品并写出总结报告的电路综合性设计。当然,为了设计出一些小型甚至中型的模拟电子线路装置,除了应具备相应的理论知识以外,还必须有一个正确的设计方法。既要防止单纯依靠书本公式死记硬背设计步骤的设计方法,又要防止完全依靠实验拼凑的盲目实践。我们把定性分析、定量估算和实验调整三者有机地结合起来,做到理论指导下的实践。通过这一电路综合性设计训练,深化所学的理论知识,培养综合运用所学知识的能力,掌握一般电子电路的分析方法和工程估算方法,提高独立分析与解决问题的能力;并通过这一综合性训练,培养学生严肃认真的学习作风和科学态度,为以后从事电子电路设计和研制电子产品打下坚实基础。实践证明,经过此实践性环节训练的学生,对以后的毕业设计和从事电子技术方面的工作都有很大帮助。

通常所说的课程(综合)设计一般包括拟定性能指标、电路的预设计、实验和修改设计4个环节。

衡量设计的标准:工作稳定可靠,能达到所要求的性能指标,并留有适当的裕量;电路简单、成本低;功耗低;所采用元器件的品种少、体积小且货源充足;便于生产、测试和维修等。

课程设计的一般设计方法和步骤:选择总体方案;设计单元电路;选择元器件;计算参数;审图;实验(包括修改测试性能);画出总体电路图。

由于电子电路种类繁多,设计方法和步骤也因情况不同而各异,所以上述设计步骤需要交叉进行,有时甚至会出现反复。因此,在设计时应根据实际情况灵活掌握。

6.1 总体方案的选择

总体方案的选择包括一般过程和应注意的问题两方面。

6.1.1 选择总体方案的一般过程

设计电路的第1步就是选择总体方案。所谓总体方案,是根据所提出的任务、要求及性能指标，用具有一定功能的若干单元电路组成一个整体实现各项功能，满足设计要求和技术指标。

符合要求的总体方案往往不止一个，应针对任务、要求和条件，查阅相关资料，广开思路，提出若干不同的方案，然后仔细分析每个方案的可行性和优缺点，比较后从中选择合适的方案。在选择过程中，常用框图表示各种方案的基本原理。框图一般不必画得太详细，只要说明基本原理就可以了。

6.1.2 选择方案应注意的几个问题

(1) 应当针对关系到电路全局的问题开动脑筋，多提不同的方案，深入分析比较。有些关键部分，还要提出各种具体电路，根据设计要求进行分析比较，从而找出最优方案。

(2) 既要考虑方案的可行性，又要考虑性能、可靠性、成本、功耗和体积等实际问题。

(3) 选定一个满意的方案并非易事，在分析论证和设计过程中需要不断改进和完善，出现一些反复是难免的，但应尽量避免方案上的大反复，以免浪费时间和精力。

6.2 单元电路设计

在确定了总体方案并画出详细框图之后，便可进行单元电路设计。设计单元电路的一般方法和步骤如下。

(1) 根据设计要求和已选定的总体方案的原理框图，确定对各单元电路的设计要求，必要时应详细拟定主要单元电路的性能指标。特别应注意各单元电路之间的相互配合，尽量少用或不用电平转换之类的接口电路，以简化电路结构，降低成本。

(2) 拟定各单元电路的要求后应全面检查一遍，确认无误后方可按一定顺序分别设计各单元电路。

(3) 选择单元电路的结构形式。一般情况下，应查阅有关资料，以拓展知识面，开阔眼界，从而找到合适的电路。如果确实找不到性能指标完全满足要求的电路，也可选用与设计要求比较接近的电路，然后调整电路参数。

6.3 绘制总电路图

设计好各单元电路以后，应画出总电路图。总电路图是进行实验和印刷电路板设计制作的主要依据，也是进行生产、调试、维修的依据，应认真对待。

6.4 元器件的选择

从某种意义上讲，电子电路的设计就是选择最合适的元器件，并把它们组合起来。因此，在设计过程中，经常遇到选择元器件的问题，不仅在设计单元电路和总体电路以及计算参数时要考虑选择哪些元器件合适，而且在提出方案、分析和比较方案的优缺点时，也需要考虑用哪些元器件以及它们的性价比如何等。如何选择元器件呢？必须搞清两个问题。

(1) 根据具体问题和方案，需要哪些元器件？每个元器件应具有哪些功能和性能指标？

(2) 实验室有哪些元器件？哪些在市场上能买到？性能如何？价格如何？体积多大？电子元器件种类繁多，新产品不断出现，需要注意元器件的信息和新动向，多查资料。

元器件的选择方法如下。

1. 一般优先选用集成电路

集成电路的应用越来越广泛，它不但减小了电子设备的体积，降低了成本，提高了可靠性，安装、调试比较简单，而且大大简化了设计，使设计变得非常方便。各种模拟集成电路的应用使放大器、稳压电源和其他一些模拟电路的设计比以前容易得多。例如，+5V直流稳压电源的稳压电路，以前常用晶体管等分立元件构成串联式稳压电路，现在一般都用集成三端稳压器W7805构成，显然后者比前者简单得多，而且很容易设计制作，成本低，体积小，重量轻，维修简单。

但是，不要以为采用集成电路一定比用分立元件好，有些功能相当简单的电路，只要用一只三极管或二极管就能解决问题，若采用集成电路反而会使电路复杂，成本增加。例如，5～10MHz的正弦信号发生器，用一只高频三极管构成电容三点式LC振荡器即可满足要求；若采用集成运放构成同频率的正弦波信号发生器，由于宽频带集成运放价格高，成本必然高。因此，在频率高、电压高、电流大或要求噪声低等特殊场合，仍需要采用分立元件，必要时可画出两种电路进行比较。

2. 集成电路的选择

集成电路的品种很多，选择方法一般是“先粗后细”，即先根据总体方案考虑应该选用什么功能的集成电路，然后考虑具体性能，最后根据价格等因素选用某种型号的集成电路。例如，需要构成一个三角波发生器，既可用函数发生器8038，也可用集成运放构成，因此就必须了解8038的具体性能和价格。若用集成运放构成三角波发生器，就应了解集成运放的主要指标，选择哪种型号符合三角波发生器的要求，以及货源和价格等情况，综合比较后再确定选择哪种集成电路。

选用集成电路时，还必须注意以下几点。

(1) 应熟悉集成电路的品种和几种典型产品的型号、性能、价格等，以便在设计时能提出较好的方案，较快地设计出单元电路和总电路。

(2) 选择集成运放，应尽量选择全国集成电路标准化委员会提出的“优选集成电路系列”(集成运放)中的产品。

(3) 集成电路的常用封装方式有3种：扁平式、直立式和双列直插式，为便于安装、更换、调试和维修，一般情况下，应尽可能选用双列直插式集成电路。

3. 阻容元件的选择

电阻和电容是两种常用的分立元件，它们的种类很多，性能各异。阻值相同、品种不同的两种电阻或容量相同、品种不同的两种电容在同一电路中的同一位置，可能效果不大一样。此外，它们的价格和体积也可能相差很大。如图6-1所示的反相比例放大电路，当它的输入信号频率为100kHz时，如果R_1和R_f采用两只0.1%的绕线电阻，其效果不如采用两只0.1%的金属膜电阻，这是因为绕线电阻一般电感效应较大，且价格贵。又如图6-2所示的直流稳压电源中的滤波电容的选

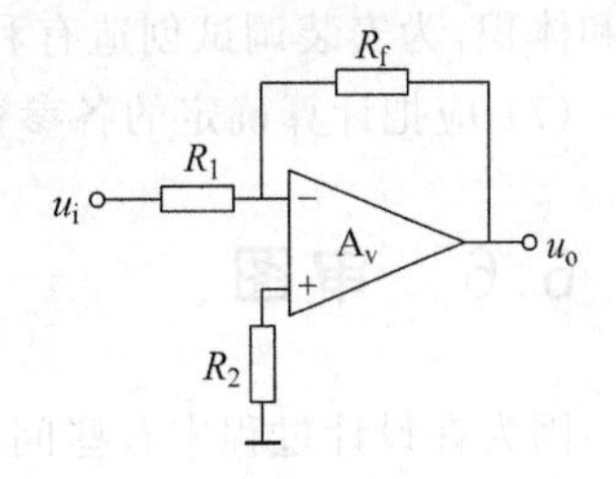

图6-1 反相比例放大电路

择，C_1 起滤波作用，C_3 用于改善电源的动态特性(即在负载电流突变时，可由 C_3 提供较大的电流)，它们通常采用大容量的铝电解电容，这种电容的电感效应较大，对高次谐波的滤波效果差，通常需要并联一只 0.01～0.1μF 的高频滤波电容，即图 6-2 中的 C_2 和 C_4。若选用两只 0.047μF 的聚苯乙烯电容作为 C_2 和 C_4，不仅价格贵，体积大，而且效果差，即输出电压的纹波较大，甚至可能产生高频自激振荡，改用两只 0.047μF 的瓷片电容就可克服上述缺点。所以，设计者应当熟悉常用电阻和电容的种类、性能和特点，以便根据电路的要求进行选择。

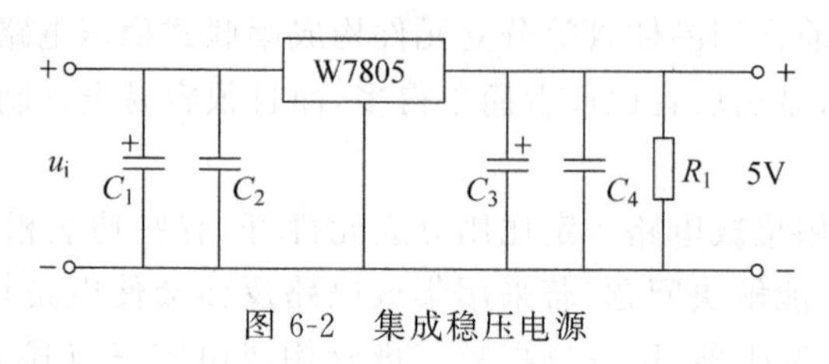

图 6-2　集成稳压电源

6.5 计算参数

在电子电路的设计过程中，经常需要计算一些参数。例如，在设计积分电路时，不仅要求出电阻值和电容值，还要估算出集成运放的开环电压放大倍数、差模输入电阻、转换速率、输入偏置电流、输入失调电压、输入失调电流和温漂，才能根据计算结果选择元器件。

至于计算参数的具体方法，主要在于正确运用在"模拟电子技术基础"课程中已经学过的分析方法，搞清电路原理，灵活运用计算公式。对于一般情况，计算参数应注意以下几点。

(1) 各元器件的工作电压、电流、频率和功耗等应在允许范围内，并留有适当裕量，以保证电路在规定的条件下能正常工作，达到所要求的性能指标。

(2) 对于环境温度、交流电网电压等工作条件，计算参数时应按最不利的情况考虑。

(3) 涉及元器件的极限参数(如整流桥的耐压)时，必须留有足够的裕量，一般按 1.5 倍左右考虑。例如，如果实际电路中三极管 U_{CE} 的最大值为 20V，挑选三极管时应按 $U_{(BR)CEO}>30V$ 考虑。

(4) 电阻值尽可能选在 1MΩ 以下，最大一般不应超过 1MΩ，其数值应在常用电阻标称值系列之内，并根据具体情况正确选择电阻的品种。

(5) 非电解电容尽可能在 100pF～0.1μF 选择，其数值应在常用电容器标称值系列之内，并根据具体情况正确选择电容的品种。

(6) 在保证电路性能的前提下，尽可能设法降低成本，减少器件品种，减小元器件的功耗和体积，为安装调试创造有利条件。

(7) 应把计算确定的各参数值标在电路图的恰当位置。

6.6 审图

因为在设计过程中有些问题难免考虑不周，各种计算可能出现错误，所以在画出总电路图并计算出全部参数值之后，要进行全面审查，审图时应注意以下几点。

(1) 先从全局出发，检查总体方案是否合适，有无问题，再检查各单元电路的原理是否正确，电路形式是否合适。

(2) 检查各单元电路之间的连接电平、配合等有无问题。

(3) 检查电路图中有无烦琐之处，是否可以简化。

(4) 根据电路图中所标出的各元器件的型号、参数等，验算能否达到性能指标，有无合适的裕量。

(5) 要特别注意电路图中各元器件是否工作在额定值范围内，以免实验时损坏。

(6) 解决所发现的全部问题后，若改动较多，应当复查一遍。

6.7　实验

(1) 检查各元器件的性能和质量能否满足设计要求。

(2) 检查各单元电路的功能和主要指标是否达到设计要求。

(3) 检查各个接口电路是否起到应有的作用。

(4) 把各单元电路组合起来，检查总体电路的功能，从中发现设计中的问题。

在实验过程中遇到问题时，应善于理论联系实际，深入思考，分析原因，找出解决问题的办法。经测试，性能达到全部要求后，再画出正式的电路图。

第7章 CHAPTER 7 模拟电子技术课程设计实例

一个电子产品的设计、制作过程所涉及的知识面很广，加上电子技术的发展异常迅速，新的电子器件的功能在不断提升，新的设计方法不断发展，新的工艺手段层出不穷，它们对传统的设计、制作方法提出了新的挑战。但如果初次涉足电子产品的设计、制作，了解并实践一下电子产品的设计、制作的基本过程是很有必要的。

7.1 模拟电路课程设计基础

多级放大器是诸多电子设备的核心环节，扩音机、毫伏表、示波器、收录机等的核心电路都是多级放大器。为了获得一般性设计知识，首先对多级放大器的设计进行讨论，包括多级放大器设计的一般原则、多级放大器的设计任务等。

7.1.1 多级放大器的设计

多级放大器的组成、技术指标、设计任务和一般设计原则是多级放大器设计的关键问题，相关概念和原则阐述如下。

1. 多级放大器电路的组成

多级放大电路的原理框图如图7-1所示，按各级的作用分为输入级、中间级、末前级和输出级。

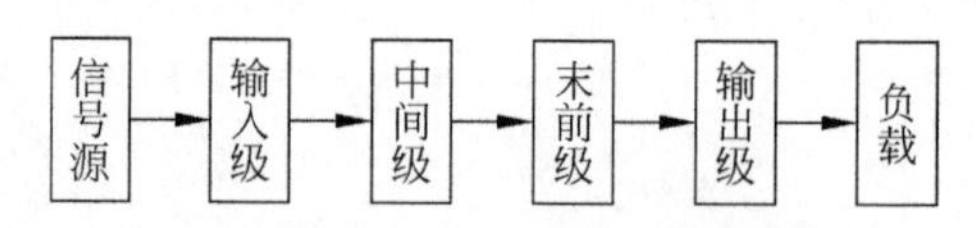

图7-1 多级放大电路的原理框图

(1) 输入级的输入端与信号源相连，输出端与中间级相接，担负着一定的放大任务。根据多级放大器的不同使用场合，对这一级有不同的要求，如有的要求输出阻抗高，有的要求输出阻抗低，有的要求放大倍数大，有的要求噪声系数小等。

(2) 中间级主要用来对信号进行放大，多级放大器的放大倍数主要由中间级实现，它可以是一级，也可以是多级，根据需要而定。中间级常采用共射电路或共射、共集组合电路。

(3) 末前级为输出级提供足够的激励信号，以便使输出级输出较大的输出功率。

(4) 输出级的任务是进行功率放大并把能量有效地传送给负载。

2. 多级放大电路的技术指标

(1) 放大器所需要的总增益,有时给出输出功率(给定负载和灵敏度)。

(2) 通频带(f_L 和 f_H),特殊用途的放大器不用 -3dB 定义 f_L 和 f_H 时,需要加以注明。

以上两条是多级放大器的一般性技术指标,为了强调放大器某一技术性能,还要提出以下指标:输入电阻 R_i、输出电阻 R_o、交流声和噪声、稳定性、畸变。

3. 多级放大电路的设计任务

(1) 确定放大器的级数。

(2) 选定电路形式。

(3) 选定晶体管型号或集成运放类型。

(4) 确定各级静态工作点。

(5) 计算电路元件。

(6) 校核主要技术指标。

(7) 列出元器件表。

4. 多级放大电路设计的一般原则

下面以分立元件为例,集成电路相对简单。

1) 级数的确定

根据总的增益要求确定放大器级数。设放大器总增益为 A_u,需要放大器的级数为 n,每级放大器增益为 A_{ui},则

$$A_u = A_{u1} \times A_{u2} \times \cdots \times A_{un} = \prod_{i=1}^{n} A_{ui} \tag{7-1}$$

若每级增益均匀分配,都是 A_{ui},则

$$n = \frac{\lg|A_u|}{\lg|A_{ui}|} \tag{7-2}$$

放大器放大倍数设定为多少为宜呢?一般来讲,一级放大器放大倍数可达几十倍,两级放大器可达数百倍,三级放大器可达数千倍,到底取多少为好,还要看各个电路具体情况。例如,为了改善放大器性能需要引入反馈的情况,为了工作点稳定偏置电路电阻选得较小的情况,这些都要影响放大倍数。因此,不能片面追求级数少而忽略其他因素,一般按放大倍数估算级数时,放大倍数指标要留有15%~20%的裕量。

2) 电路形式选择

电路形式的选择主要指级间耦合的选择、各级电路组态的选择及偏置电路的选择等。

(1) 级间耦合的选择。放大器级间耦合方式有变压器耦合、阻容耦合和直接耦合。变压器耦合方式中,级与级之间采用变压器连接。优点是级与级之间能够较好地匹配,耗能少;缺点是通频带较窄,只有几百到几千赫兹,非线性失真较大,加之本身体积大、价格较贵,一般只使用在需要节省能源和节省晶体管的功率输出级。随着对放大器通频带要求增宽以及小型化、集成化的发展,变压器耦合使用场合已越来越少。

阻容耦合方式中,前后级通过电容连接。它具有体积小、重量轻、频率响应好、各级静态工作点独立等优点;缺点是各级之间不易实现阻抗匹配,功率增益比变压器耦合小,为了获得同样的功率增益使用级数较多,能量损耗较大。由于它的优点突出,仍是目前使用最多的一种。

直接耦合方式中，前后级之间直接连接，比阻容耦合频率响应要好，又因无需大电容，便于集成，且省去了偏置电路电阻，提高了电流增益和放大器频率，被广泛应用于线性集成电路中。

(2) 电路组态的选择。电路组态选择的任务是确定多级放大器各级电路形式。

对输入级的主要要求有3个。其一，应具有高的输入电阻，以免影响信号源的正常工作，其阻值高达几十千欧姆到几兆欧姆，像晶体管毫伏表、示波器等测量仪器中放大器的输入级那样。为了得到较高的输入电阻，可采用共集电极电路(射极输出器)或场效应管电路。某些特殊场合需要输入电阻低，可采用共基极电路。其二，满足下一级对前一级输出电阻的要求。其三，尽量压低噪声系数，并具有一定的放大能力。输入信号一般较弱，如果不减小输入级本身的噪声系数，噪声可能把信号淹没。减小噪声的办法很多，最主要的是选择噪声系数小的器件，如选用场效应管作为输入级放大管、减小静态电流、选择热噪声小的电阻元件(如金属膜电阻)、压缩通带宽度、实现信号源与放大器输入电路匹配等措施。为了放大信号和减小噪声系数，可采用共射电路。

中间级的主要任务是放大，可使用一级或数级，一般均采用共射电路。有时为了加宽通带而采用共射和共集(共基)的组合电路。为了防止寄生振荡而常采用一级与二级之间构成反馈环路，而不采用多级之间的反馈。

输出级的主要任务是向负载输送较大的功率，根据负载情况选择输出电路的形式。当负载电阻较大又希望有电压增益时，可采用共射或共基电路；负载电阻较小时，可采用共集电路或互补对称电路，以减小输出电阻，提高带负载的能力，或采用变压器耦合的功放电路。

(3) 偏置电路选择。根据对电路的稳定性要求与经济性考虑，可采用工作点稳定的电路或固定偏置电路，在阻容耦合电路中常采用分压式电流负反馈偏置电路。

3) 晶体管的选择

晶体管是放大器的核心元件，正确选择晶体管是保证放大器具有良好性能的条件，在选择晶体管时要遵循以下原则。

(1) 晶体管的频率特性应该满足放大器上限频率 f_H 的要求，一般取

$$f_T = (5 \sim 10) f_H \tag{7-3}$$

其中，f_T 为晶体管的特征频率。

(2) β 值的选择。从放大倍数考虑，应该选择 β 值高的晶体管，但 β 值高，温度稳定性一般较差，兼顾二者，选择 β 值为60～100较为适宜。但也必须注意到，随着工艺水平的提高，β 值的选择也越来越高。

小信号放大器(如多级放大器中的输入级、中间级使用的晶体管)按以上两个条件选择就够了。对于放大器输出级和末前级的晶体管选择，除了以上两点外，更重要的是注意其极限参数。要求晶体管的极限参数：$U_{(BR)CEO}$ 大于晶体管工作时最大反向电压；I_{CM} 大于晶体管工作时最大电流；P_{CM} 大于晶体管工作时最大管耗。

4) 静态工作点的选择

多级放大器的静态工作点影响着放大器性能的很多方面，如放大倍数、放大器的频率特性、噪声系数、温度稳定性、放大器的非线性失真和最大不失真输出幅度等。静态工作点的设置对这些方面当然不能全面兼顾，而且也没有必要，而是根据多级放大器中各级所处的位置所起的作用确定其静态工作点。

(1) 输入级。高灵敏度的放大器的输入信号幅度极其微弱，为使信号不被噪声淹没，要求输入级的噪声系数 N_F 小，而 N_F 与静态工作点关系又极其密切(与电压关系不大)，一般规律是静态电流小，N_F 小，但静态电流也不能太小，会导致放大倍数太低，而且又工作在晶体管特性的弯曲部分，非线性失真加大，故一般选

$$\begin{cases} I_{CQ} = \begin{cases} 0.1 \sim 1\text{mA}, 锗管 \\ 0.2 \sim 2\text{mA}, 硅管 \end{cases} \\ U_{CEQ} = 1 \sim 3\text{V} \end{cases} \tag{7-4}$$

若对输入级的输入电阻要求很高，可采用场效应管电路或共集电路。采用共集电路时，其静态工作点可选得高些，可接近中间级的静态工作点。

(2) 中间级。中间级的主要作用是放大，稳定的放大倍数主要由中间级实现。因此，中间级的静态工作点要保证晶体管有高的、稳定的 β 值，静态电流应选在1～3mA。中间级最后一级的 β 要选得高些，以满足输出级激励的电流要求。中间级的电压幅度变化范围不会超过1V(峰-峰)，只要考虑使晶体管不要工作在饱和区就够了，一般选

$$\begin{cases} I_{CQ} = 1 \sim 3\text{mA} \\ U_{CEQ} = 2 \sim 3\text{V} \end{cases} \tag{7-5}$$

(3) 输出级。输出级要向负载提供足够的功率，它既要求输出足够的电压幅度，又要求有足够大的电流。甲类工作时，静态工作点要选在交流负载线的正中间；乙类工作时，在交越失真被克服的条件下应尽量降低工作点，小功率管为几毫安，大功率管为几十毫安。

5) 元件参数的选择

元件参数的选择是为了满足放大器的放大倍数、动态范围、通频带、温度稳定性等技术要求。现在以多级放大器的一级RC耦合电路作为例子进行讨论，电路如图7-2所示。但用在多级放大电路时，要特别注意前后级对其放大性能的影响。

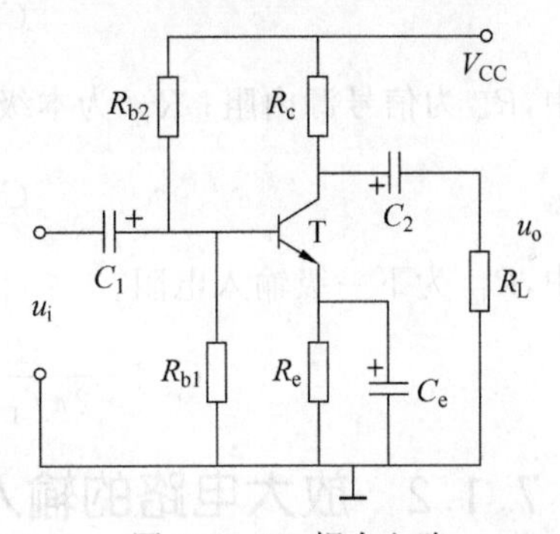

图7-2 RC耦合电路

(1) 集电极电阻 R_c 的选择。若放大器为输出级，则 R_c 的确定要保证输出级有足够的动态范围；输入级、中间级选择 R_c 时，主要考虑满足放大倍数(不产生饱和失真)。由式(7-6)可求出 R_c。因为

$$A_u = -\frac{\beta R'_L}{r_{be}} \tag{7-6}$$

$$R'_L = R_c \mathbin{/\mkern-6mu/} R_L = R_c \mathbin{/\mkern-6mu/} R_{i2} \tag{7-7}$$

其中，r_{be}、R_{i2} 为本级和下一级的输入电阻。

原则上讲，R_c 增大会使放大倍数增大，但 R_c 太大时，如已经超过下一级输入电阻 R_{i2}，再增大 R_c 对放大倍数已影响不大，并有可能由于 R_c 的增大使静态工作点接近饱和区，造成动态范围减小，放大倍数反而因 β 下降而下降，甚至产生饱和失真。

(2) 偏置电阻的选择，包括射极电阻和分压电阻的选择。

射极电阻 R_e 阻值大，电流负反馈强，工作点稳定。但 R_e 越大，U_{BE} 就越小，动态范围下降。可根据 $U_E=(5\sim10)U_{BE}$ 或 $U_E=(1/5\sim1/3)V_{CC}$ 求出 U_E；再利用 $R_e=U_E/I_{CQ}$ 求出 R_e。

流过分压电阻 R_{b1} 和 R_{b2} 的电流 I_{Rb} 越大，I_{BQ} 的变化对基极电位 U_B 的影响越小。

但 I_{Rb} 太大，R_b 对信号电流分流作用也大，A_u 就要下降，为兼顾两者，取

$$\begin{cases} I_{Rb}=(5\sim 10)I_{BQ} \\ U_B=U_E+U_{BEQ} \\ R_{b1}=\dfrac{U_B}{I_{Rb}} \end{cases} \tag{7-8}$$

使用硅管时，有

$$\begin{cases} R_{b1}\geqslant (5\sim 10)R_e \\ R_{b2}=\dfrac{V_{CC}-U_B}{I_{Rb}}=\dfrac{V_{CC}-U_B}{U_B}R_{b1} \end{cases} \tag{7-9}$$

(3) 耦合电容 C_1、C_2 与射极旁路电容 C_e 的选择。C_1、C_2、C_e 越大，低频特性越好。但电容太大也会带来一些不利影响，如电容大，一般漏电电流大；耦合电容隔直作用下降；旁路电容大，漏电电流大，也会改变 U_E 值；漏电电流大，其温度稳定性也差。另外，当电容耐压一定时，电容将与电容体积成正比，电容体积增大，它与地之间的分布电容也增大，使放大器高频特性变差。选取 C_1、C_2、C_e 的范围为

$$\begin{cases} C_1=C_2=5\sim 10\mu F \\ C_e=50\sim 200\mu F \end{cases} \tag{7-10}$$

也可按以下方式计算。

$$C_1>\frac{1}{2\pi f_L(R_s+R_{i1})} \tag{7-11}$$

其中，R_s 为信号源内阻；R_{i1} 为本级输入电阻；f_L 为放大器下限频率。

$$C_2>\frac{1}{2\pi f_L(R_{i2}+R_c)} \tag{7-12}$$

其中，R_{i2} 为下一级输入电阻。

$$C_e>\frac{1}{2\pi f_L(R_b+r_{be})},\quad R_b=R_{b1}\ /\!/\ R_{b2} \tag{7-13}$$

7.1.2 放大电路的输入级设计

放大器的输入级是指多级放大器中最前面的1～2级。其输入端接收由传感器送来的信号，它把信号放大后再送给中间级，因此要求：①根据多级放大器的不同任务，输入级要接收不同传感器送来的信号，就有一个输入级与各种传感器件的配合问题，它的输入阻抗应当适应不同传感器件的要求；②放大后的信号要送到下一级，输出阻抗要与下一级匹配；③由于输入级在多级放大器的最前面，输入信号电平很低，输入级本身产生的噪声要和信号一起经过放大器全程放大，当噪声较大时就可能将信号淹没，这就要求噪声系数要小。为了满足这些不同的要求，输入级有各种各样的设计电路。

1. 输入级与传感器的配合

1）输入级与传声器的配合

传声器(麦克风)有各种各样，用得最多的是动圈式话筒，它是在声音的作用下话筒中的线圈在磁场中振动产生电信号的声电转换器件。动圈式话筒的输出阻抗有高阻式和低阻式两种。国家规定，高阻式话筒配合的输入级应具有60kΩ的输入阻抗，低阻式话筒配合的输

入级应具有 1000Ω 和 600Ω 的输入阻抗。高阻动圈式话筒输入信号幅度约为 4mV,其频率特性较差,一般用于扩音。低阻式话筒输入信号幅度有 0.3mV、1mV、3mV、10mV 共 4 种,频率特性好,用于质量要求较高的设备中,这种扩音机电路要求具有 0.3mV、3mV 的灵敏度。输入级除对话筒提供的信号给予配合外,还应考虑输入级与话筒之间的连接问题,目前一般采用话筒线连接,而国产话筒线的分布电容约为 120～150pF/m,频率为 10kHz 时,100m 的话筒线集中等效容抗为 1kΩ,这一数值的容抗是与放大器输入阻抗并联的,会使高频率特性变差。因此,要求高阻式话筒电缆长度不应超过 10m,低阻式话筒电缆长度不应超过 50m,当电缆长度较长时,要考虑在输入级加高频补偿。另外,输入级与话筒的连接有平衡式和非平衡式两种,平衡式的信噪比较高,用于要求较高的电路中。

2) 输入级与压电式拾音器的配合

国产的普及型电唱机几乎都采用压电式拾音器(唱头),它是通过压电效应进行能量转换的。根据采用的压电元件不同,又有晶体拾音器和陶瓷拾音器之分,两者特性基本相同,但晶体拾音器怕热怕潮,要注意保管。压电式拾音器的特点是：容性输出阻抗在低频时非常高,要求与之配合的输入级输入阻抗应高于 250kΩ；输出电压高,一般的输出电压为零点几伏,晶体拾音器有 1V 的开路电压(受潮后可下降到 0.1V)。国家规定,使用普及型压电式拾音器时,其标称输入阻抗/输入信号电压为 1MΩ/150mV。压电式拾音器的频率特性较差,在几千赫兹的高频端有一个明显的谐振峰,对音质要求较高时应采用电磁式拾音器。

3) 输入级与电磁式拾音器的配合

电磁式拾音器的特点是：频带宽,失真小,输出电压可达几毫伏。与电磁式拾音器配合的输入级的输入阻抗要求为 50kΩ,输入灵敏度要求为 3～5mV,它适用于高保真的扩音设备。为减小噪声输入,其连线要屏蔽完善且尽量短。

4) 输入级与线路的配合

从收录机、扩音机、信号源送到输入级的信号要用线路连接,就存在一个输入级与线路的配合问题,这些线路信号的特点是：信号幅度高,都在数百毫伏；信号幅度变化大,有的高达几伏；输出阻抗不一。针对这些特点,要求输入级应具有较宽的线性范围；对大信号要不失真地放大,对小信号又要保持信噪比。为防止信号过大损坏电路元件,电路要有保护措施,频率特性要平直等。国家规定扩音机的线路输入阻抗及信号电平有以下两种。

(1) 线路Ⅰ：600Ω、5kΩ/－15dB、－12dB、－6dB、0dB、＋6dB、＋10dB。

(2) 线路Ⅱ：50kΩ/150mV。

2. 晶体管的噪声

1) 什么是噪声

在放大电路中,除了有用的信号电压(电流)外,任何干扰电压(电流),无论是外来的或是内部产生的,都称为噪声。在输入级,由于信号很微弱,这些外来的或输入级本身产生的噪声将和信号一起被放大,单纯依靠增大放大倍数是无法解决的。减小外来的和输入级本身产生的噪声对输入级尤为重要。为了说明噪声对放大器的影响,通常用信号功率 P_S 和噪声功率 P_N 的比值(即信噪比 P_S/P_N)衡量。信噪比越大,说明噪声影响越小。由于放大器电路本身会产生噪声,放大器输入端信噪比和放大器输出端信噪比并不相同,为了表示放大器电路本身产生的噪声对信噪比的影响,又引入了噪声系数 F,它定义为输入端的信噪比与输出端信噪比的比值,即

$$F=\frac{P_{Si}/P_{Ni}}{P_{So}/P_{No}} \tag{7-14}$$

用分贝表示为

$$N_F=10\lg\frac{P_{Si}/P_{Ni}}{P_{So}/P_{No}} \tag{7-15}$$

N_F 越小，说明电路本身产生的噪声越小。

2）晶体管产生的几种噪声

电路中的各种元器件都会产生噪声，在选择时要注意，其中又以晶体管产生的噪声为主。

（1）基极电阻的热噪声。这种噪声是由载流子不规则的热运动造成的。基区体电阻 $r_{bb'}$ 越小，热噪声就越小；高频管（特别是平面型高频管）$r_{bb'}$ 越小，热噪声就越小。

（2）散粒噪声。它是由于发射区载流子扩散到基区的速度不一致造成集电极电流不规则变化产生的。这种噪声和管子的静态电流有很大关系，电流越大，噪声也越大。

（3）分配噪声。它是由于载流子在基区中复合率的起伏引起集电极电流密度起伏造成的。这种噪声和频率有关，当频率高达某一定值，即 $f>\sqrt{1-\alpha}\,f_a\approx f_a/\sqrt{\beta}$（$f_a$ 为共基极截止频率，α 和 β 均为电流放大系数）时，分配噪声将随频率增大而增大。当放大器信号频率不高或输入级采用高频管时，分配噪声不明显。分配噪声又称为高频噪声。

（4）$1/f$ 噪声。它是由于半导体材料本身及工艺水平所引起的一种噪声，其大小与晶体管表面状态有关，与工作频率呈反比。$1/f$ 噪声在低频 $f<1000\text{Hz}$ 时较明显。

3）在设计低噪声电路时应考虑的问题

（1）选用低噪声晶体管。选用 N_F 小，β 值高的晶体管时，注意手册上所给出的 N_F 都是在某特定条件下测出的，如测量频率一般为 1kHz，而放大器的实际工作频率是一个频带，因此实际的 N_F 要比手册上给出的大得多。N_F 与频率的关系如图 7-3 所示。为了减小 N_F，在满足通带要求的前提下尽量压缩通带，使它工作在 f_1 与 f_2 之间，不必留过多的裕量，高频管虽比低频管的 N_F 小，但低频管 f_1 可做到 100Hz 以下，而高频管的 f_1 则较高，使用时应注意。另外，场效应管的散粒噪声比双极型晶体三极管小，特别是中频区 N_F 很小，输入级采用场效应管，可使 N_F 较小。

（2）正确选择晶体管的静态工作点。晶体管散粒噪声的存在使噪声系数与静态工作点有很大关系，集电极电流 I_C 小，噪声系数 N_F 也小，而 U_{CE} 对 N_F 影响不大。3DX6 晶体管集电极电流与噪声系数的关系如图 7-4 所示。为了减小噪声，静态电流取得较小，一般 I_{CQ} 可选在 0.5mA 以下，有的甚至选到 10μA。但当 I_{CQ} 减小时，f_T 也下降，选用时应注意。

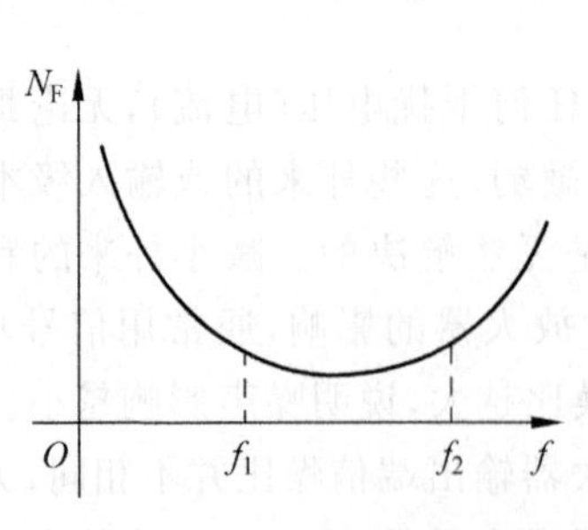

图 7-3 N_F 与频率关系曲线

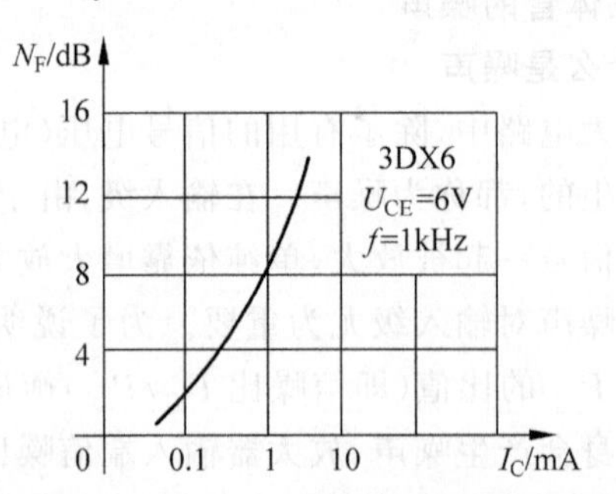

图 7-4 集电极电流与噪声系数关系曲线

(3) 合理选配信号源内阻与静态工作点。晶体管的噪声系数还与信号源内阻有关，当输入级有最佳信号源内阻时噪声系数也最小。图 7-5 所示的噪声系数等值曲线说明了当静态工作点一定时，为了获得最小噪声系数，可选用的信号源内阻的范围；或者当信号源内阻一定时，为了获得最小噪声系数可选用的静态工作点范围。

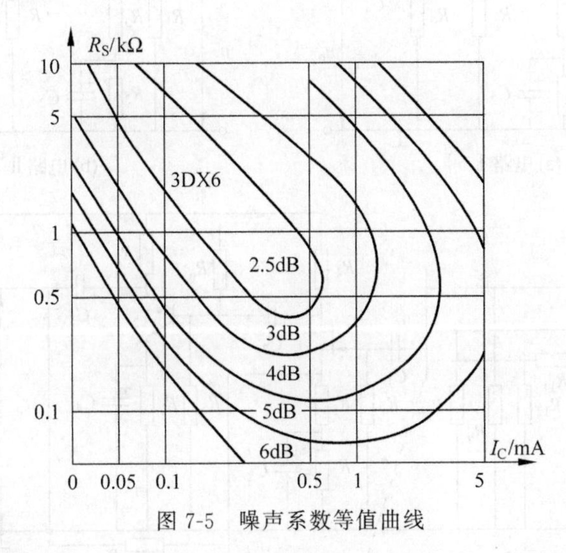

图 7-5 噪声系数等值曲线

3. 输入级电路设计

1）电路选择

前面已讨论了输入级的设置，除了完成一定的放大任务外，还要满足一些特殊的指标要求，甚至为了满足特殊的指标要求而放弃放大倍数。例如，为了满足输入电阻高的要求而采用共集电极电路或采用共集电极并带有自举电容的电路。

当然，也可以兼顾放大倍数和输入阻抗，采用结型场效应管放大电路，甚至采用 MOS 管放大电路。为了提高带负载能力可采用射极输出器或源极输出器电路。为了减小噪声系数，可选用噪声系数小的元件并正确运用。为了放大器性能的稳定，可采用带负反馈的放大电路。图 7-6(a)所示电路由场效应管共源电路和共漏电路组成，它具有一定的电压增益，输入阻抗高，输入电阻为电路中的 R_1，又引入了电流负反馈，增加了电路的稳定性。第 2 级为源级输出电路，带负载能力较强。图 7-6(b)所示电路第 2 级采用了射极输出电路，其性能与图 7-6(a)接近。图 7-6(c)所示为两级电压串联负反馈电路，除了增加电路的稳定性，它可以与多路输入的不同内阻、不同幅度的信号源相配合。

2）共源放大电路的设计

(1) 静态工作点的选取。根据输入电阻要求，当结型管满足要求时不再选用 MOS 管，一般选 3DJ2、3DJ6 就可以了。为了满足放大器动态范围要求，管子的参数 I_{DSS}、$U_{GS(off)}$、g_m 不能太小，一般要求

$$\begin{cases} I_{DSS} > 1\text{mA} \\ |U_{GS(off)}| > 1\text{V} \\ g_m > 0.5\text{mA/V} \end{cases} \tag{7-16}$$

当管子确定后，式(7-16)所指出的管子的实际参数可利用图示仪测出。为了减小噪声

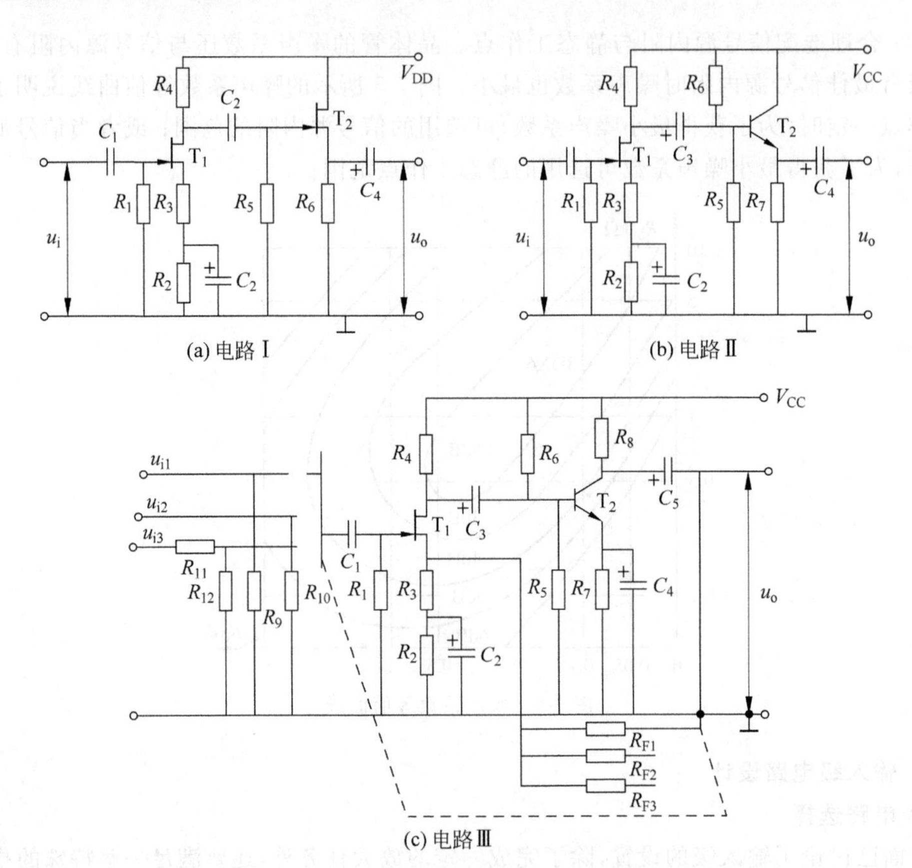

(a) 电路Ⅰ　　(b) 电路Ⅱ

(c) 电路Ⅲ

图 7-6　输入级电路选择的 3 种形式

系数，在转移特性上选 I_{DQ} 时，I_{DQ} 应选小些，即 U_{GS} 选大些，一般使 $U_{GS} > \frac{1}{2}|U_{GS(off)}|$。当 U_{GS} 确定后，也可求出 I_{DQ}。

$$U_{DQ} = I_{DSS}\left(1 - \frac{U_{GS}}{U_{GS(off)}}\right)^2 \tag{7-17}$$

因为

$$-U_{GS} = U_S \tag{7-18}$$

通常取

$$\begin{cases} U_{DS} = (1 \sim 2)U_S \\ U_D = U_{DS} + U_S \end{cases} \tag{7-19}$$

(2) 元件参数的计算。因为输入级的输入电阻就是 R_1，所以 R_1 应根据输入电阻要求来选。关于 R_2、R_3、R_4 的选取，由电路可知

$$R_2 + R_3 = \frac{|U_{GS}|}{I_{DQ}} \tag{7-20}$$

$$R_4 = \frac{V_{DD} - U_D}{I_{DQ}} \tag{7-21}$$

由共源电路电压放大倍数(中频段)公式可知

$$\begin{cases} A_{um1}=\dfrac{g_m}{1+g_m R_S}R'_D \\ R'_D=R_4 /\!/ r_{i2}\approx R_4 \\ R_S=R_3 \end{cases} \tag{7-22}$$

则

$$A_{um1}=\frac{g_m}{1+g_m R_3}R_4 \tag{7-23}$$

当 $1+g_m R_3 \gg 1$ 时，有

$$A_{um1}\approx\frac{R_4}{R_3} \tag{7-24}$$

即

$$R_3\approx\frac{R_4}{|A_{um1}|} \tag{7-25}$$

$$R_2=\frac{|U_{GS}|}{I_{DQ}}-R_3 \tag{7-26}$$

耦合电容 C_1 和旁路电容 C_2 的选取如下。

$$C_1\geqslant(3\sim10)\frac{1}{2\pi f_L R_1} \tag{7-27}$$

$$C_2\geqslant\frac{1+g_m R_2}{2\pi f_L R_2} \tag{7-28}$$

3）源极输出器的设计

(1) 静态工作点的选取。为了得到较大的跟随范围，将静态工作点设得较高，一般设

$$U_{GS}=\frac{U_{GS(off)}}{2} \tag{7-29}$$

再利用 $I_{DQ}=I_{DSS}\left(1-\dfrac{U_{GS}}{U_{GS(off)}}\right)^2$ 求出 I_{DQ}，且 $U_S=-U_{GS}$。

(2) 元件参数的计算。

$$R_S=\frac{U_S}{I_{DQ}} \tag{7-30}$$

即

$$R_6=\frac{U_S}{I_{DQ}} \tag{7-31}$$

$R_5=R_{i2}$，对场效应管来说，一般可选为几百千欧姆甚至兆欧姆级。

(3) 本级的电压增益为

$$A_{um2}=\frac{R'_S}{\dfrac{1}{g_m}+R'_S} \tag{7-32}$$

其中

$$R'_S=R_S /\!/ R_L=R_6 /\!/ R_L \tag{7-33}$$

输出电阻为

$$R_{o}=R_{S}\ /\!/\ \frac{1}{g_{m}}=R_{6}\ /\!/\ \frac{1}{g_{m}} \tag{7-34}$$

4）射极跟随器的设计

为了确定静态工作点，必须首先确定本级的输出幅度，即跟随范围。如果多级放大器输出幅度已知，可通过对各级的增益分配确定本级的输出幅度。如果放大器的输入信号幅度已知，也可以确定本级的跟随范围。假设 U_{i} 已知，则

$$U_{om2}=A_{um1}U_{i}\times\sqrt{2} \tag{7-35}$$

一般取

$$U_{CEQ}=U_{om2}+(2\sim 3)\text{V},\ V_{CC}=U_{CEQ}+U_{EQ}\geqslant 3U_{om2} \tag{7-36}$$

通过管子的总电流 I_{CQ} 应等于流过 $R_{e}(R_{7})$ 的电流 I_{Re} 与流过负载 R_{L} 的电流 I_{o2} 之和，即

$$I_{CQ}\approx I_{EQ}=I_{Re}+I_{o2} \tag{7-37}$$

从电流增益出发，希望 I_{o2} 所占的比例越大越好，但负载也不能太大，一般取

$$I_{CQ}=(1.5\sim 2)I_{o2} \tag{7-38}$$

$$I_{o2}=\frac{U_{o2}}{R_{L}} \tag{7-39}$$

则

$$R_{7}=R_{e}=\frac{U_{EQ}}{I_{CQ}}=\frac{V_{CC}-U_{CEQ}}{I_{CQ}} \tag{7-40}$$

关于偏置电路，为了工作点稳定，取

$$I_{R}=(5\sim 10)I_{BQ} \tag{7-41}$$

$$R_{5}=\frac{U_{EQ}+U_{BE}}{I_{R}} \tag{7-42}$$

$$R_{6}=\frac{V_{CC}-U_{B}}{U_{B}}R_{5}=\frac{V_{CC}-U_{EQ}-U_{BEQ}}{U_{EQ}+U_{BEQ}}R_{5} \tag{7-43}$$

输出电阻为

$$R_{o}=R_{e}\ /\!/\ \frac{R'_{S}+r_{be}}{1+\beta} \tag{7-44}$$

其中，$R_{e}=R_{7}$；$R'_{S}=R_{4}/\!/R_{5}/\!/R_{6}$。

5）带有电压串联负反馈的输入级电路设计

当输入信号为多路不同内阻、不同幅度的信号时，则要求放大器应具有不同的输入电阻，不同的放大倍数与之配合，通常采用的办法有两种。一种办法是有几路输入信号，就用几个输入级与之配合，这样比较容易，但元器件使用较多；另一种办法是采用带有负反馈的电路，如图 7-6(c)所示，在电路输入端采用不同电路与信号源配合。当要求的输入电阻较小时，可采用一个电阻与 R_{1} 并联，满足对输入电阻的要求，像电路中 u_{i1} 和 u_{i2} 那样；当要求的输入电阻较高时，直接用一个电阻与 R_{1} 并联不易满足输入电阻的要求，可采用串联分压式，像 u_{i3} 那样。对不同幅度的信号采用不同的反馈深度进行放大，使输入级输出端各种信号的输出幅度相近。

7.1.3 滤波电路的设计

滤波电路各个单元电路的原理及相关经典电路具有一定的参考价值。

1. 滤波电路

1）无源滤波电路

让高于截止频率 f_c 的信号通过的滤波电路称为高通滤波器；让低于截止频率 f_c 的信号通过的滤波电路称为低通滤波器。一阶高通和低通 RC 滤波电路及其频率特性如图 7-7 所示，截止频率以外的衰减特性为一阶 RC 滤波器理论上每倍频程变化 6dB，其截止频率（又称为转折频率）为

$$f_c=\frac{1}{2\pi RC} \tag{7-45}$$

当频率确定后，无源滤波器电路中 R 一般选为 10～100kΩ。

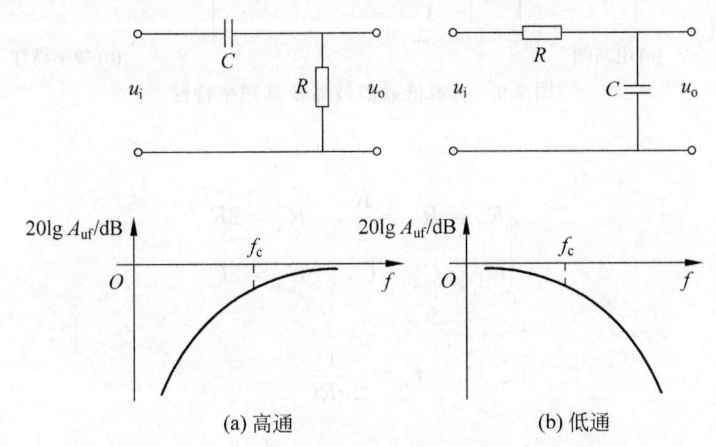

图 7-7 一阶高通/低通 RC 滤波电路及其频率特性

2）有源滤波电路

当需要更陡的衰减特性时，可以用几阶滤波器串联使用，而每阶用分贝表示的幅频特性，在几阶串联后其幅频特性进行同一坐标上的累加，这样累加的结果使衰减特性大大改善，二阶 RC 滤波器衰减特性为每倍频程 12dB，三阶 RC 滤波器为每倍频程 18dB。但累加的结果将使转折频率改变，转折频率附近的特性变差，为了改善这一特性，可把 RC 滤波电路和有源元件晶体管相应地组合起来，变成有源滤波电路。有源高通滤波器和低通滤波器及其频率特性分别如图 7-8 和图 7-9 所示。

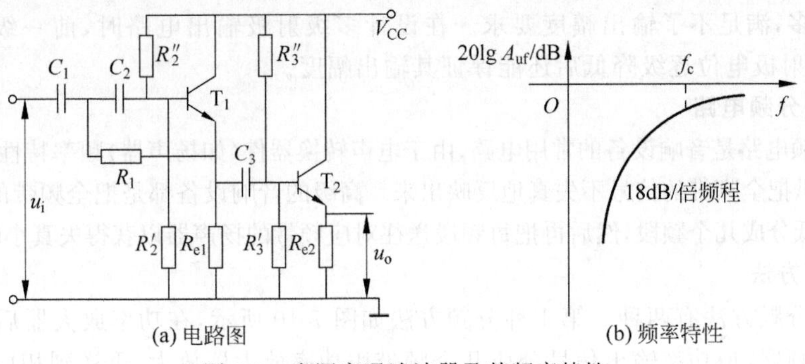

图 7-8 有源高通滤波器及其频率特性

在图 7-8 所示的电路中,第 1 级 RC 滤波器的电阻 $R_2=R'_2//R''_2$ 不直接接地,而接到 T_1 的发射极,用以改善转折频率处的频率特性。图 7-9 所示电路中的 C_4 不直接接地,而接在 T_3 的发射极,也是同样的目的。由于 T_1 和 T_2 为射极跟随器,各级的输入电阻主要由偏置电路的电阻 $R'_2//R''_2$ 和 $R'_3//R''_3$ 决定,则滤波电路元件 $R_3=R'_3//R''_3$。图 7-9 所示的偏流可以通过 R_b 从电源取得,当滤波电路与前级为直接耦合时,也可省去 R_b 从前级取得的偏流。

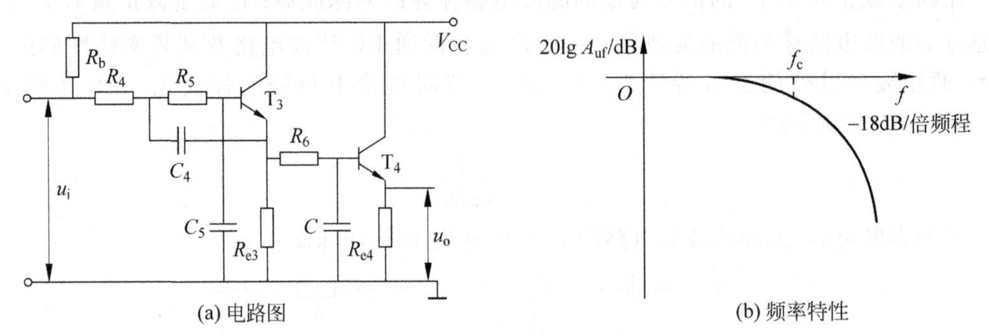

图 7-9 有源低通滤波器及其频率特性

当

$$\begin{cases} R_1=R_3=\dfrac{R}{2}, \quad R_2=2R \\ C_1=C_2=C, \quad C_3=2C \end{cases} \tag{7-46}$$

则

$$f_c=\frac{1}{2\pi RC}$$

当

$$\begin{cases} R_4=R_5=R_6=R \\ C_4=2C, \ C_5=\dfrac{C}{2}, \ C_6=C \end{cases} \tag{7-47}$$

则

$$f_c=\frac{1}{2\pi RC}$$

当 f_c 确定后,R 可在 10～100kΩ 取值,电容 C 可根据式(7-46)和式(7-47)求出。

射极跟随器 R_e 的大小是在静态工作点确定后(一般使 $U_{CEQ}=U_{Re}$)得出的。但由于是多级射极输出,当前一级 U_E 确定为 $V_{CC}/2$ 时,由于 U_{BE} 的存在,最后一级的 U_E 可能比 $V_{CC}/2$ 低得多,满足不了输出幅度要求。在设计多级射极输出电路时,前一级 U_E 可高于 $V_{CC}/2$,在发射极电位逐级降低后还能保证其输出幅度。

2. 电子分频电路

电子分频电路是音响设备的常用电路,由于电声转换器件(如扬声器)频率特性的限制,不可能用一只喇叭把全频带的信号不失真地反映出来。高级的音响设备都是把全频带的音响信号按照频率的高低分成几个频段,然后再把每频段送往对应频带的扬声器以获得失真小的音响效果。

1) 分频方法

常用的分频方法有两种。第 1 种分频方法如图 7-10 所示,在功率放大器后面通过电抗元件组成分频器,把功率输出信号分成几个频带用功率放大器放大,再送到相应频带的扬声器。第 2 种方法是在功率放大器前面用 RC 有源滤波器进行分频,然后送到专用的功率放大器放大,再送到相应频带的扬声器。这种分频又称为电子分频,其电路如图 7-11 所示。

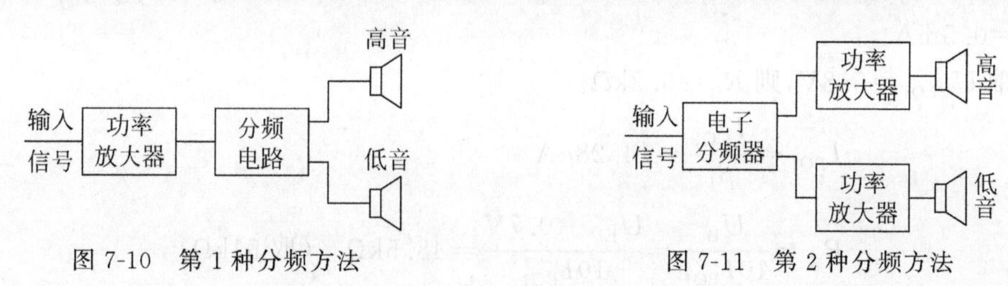

图 7-10 第 1 种分频方法　　图 7-11 第 2 种分频方法

比较起来,前者少用一个功率放大器,但分频器电路通过的电流较大,需要有通过大电流的电感元件,有一定的功率耗损,与扬声器不易匹配。后者多用一个功率放大器,因为它是小功率分频,可采用 RC 滤波器,损耗小,易于获得较陡的分频特性,功率放大器与扬声器易于匹配,在一般固定式设备中电子分频器使用较多。电子分频器通常由高通滤波器和低通滤波器组成,如图 7-12 所示,两个滤波器的截止频率相同,其频率特性如图 7-12(b)所示,截止频率仍以幅频特性下降 3dB 定义。

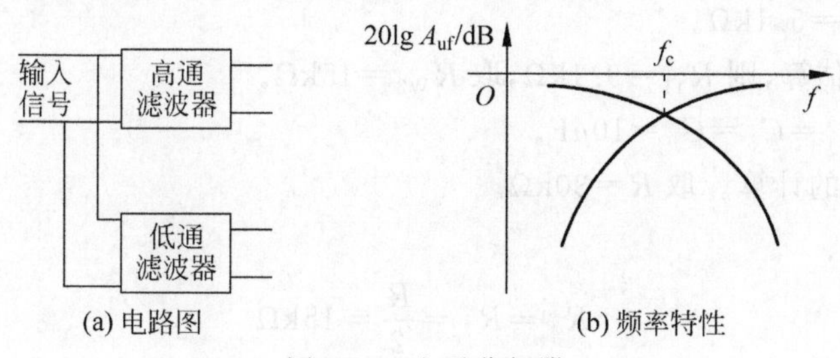

图 7-12 电子分频器

2)电路设计

(1) 电路选取。电子分频电路如图 7-13 所示,为获得较好的分频效果,分频电路输入端采用输出电阻较小的射极输出器,输出端采用输入电阻较高的射极输出器,以减小分频电路负载。输出端加了 R_{W1}、R_{W2} 的控制。

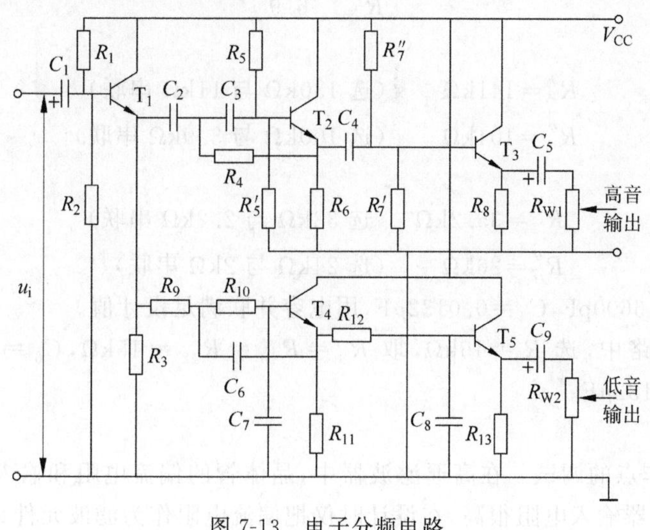

图 7-13 电子分频电路

(2) 各级静态工作点的确定及电路元件的计算。选取电源电压为12V。考虑到各级电流不大，$T_1 \sim T_5$ 选取高频小功率管3DG6($\beta=70$)。选取 T_1、T_2、T_4 的 $I_{CQ}=1mA$，T_3、T_5 的 $I_{CQ}=0.5mA$。

选取 $U_{CEQ1}=5.8V$，则 $R_3=6.2k\Omega$。

$$I_{BQ1}=\frac{I_{CQ1}}{\beta_1}=14.28\mu A$$

$$R_2=\frac{U_B}{10I_{BQ1}}=\frac{U_{E1}+0.7V}{10I_{BQ1}}=48.5k\Omega \quad (取51k\Omega)$$

$$R_1=\frac{V_{CC}-U_B}{10I_{BQ1}}=35.9k\Omega \quad (取39k\Omega)$$

选取 $U_{CEQ2}=5.8V$，则 $R_6=6.2k\Omega$。

选取 $U_{CEQ3}=5.8V$，则 $R_8=12.4k\Omega$，取 $12k\Omega$。

因射极输出器输出 $I_{CQ}=(1.5\sim2)I_{om}$，故选取 $R_{W1}=22k\Omega$。

因为 $U_{E4}=U_{E1}-U_{BE4}-I_{B4}(R_9+R_{10})$，又因 $U_{E1}=6.2V$，$I_{CQ4}=1mA$，故取 $U_{E4}=5.1V$ 估算，即 $R_{11}=5.1k\Omega$。

U_{E4} 按4.3V估算，则 $R_{11}=9.1k\Omega$，取 $R_{W2}=15k\Omega$。

耦合电容取 $C_1=C_5=C_9=10\mu F$。

(3) 滤波元件的计算。取 $R=30k\Omega$。

由式(7-46)得

$$R_4=R_7=\frac{R}{2}=15k\Omega$$

$$R_5=2R=60k\Omega$$

因

$$R_5=R'_5 /\!/ R''_5=60k\Omega$$

又因 $V_{CC}=12V$，$U_E=6.2V$，即 $U_{B2}=6.9V$，则

$$\frac{R''_5}{R'_5}=\frac{5.1}{6.9}$$

解出

$$R'_5=141k\Omega \quad (选130k\Omega与11k\Omega串联)$$

$$R''_5=104k\Omega \quad (选100k\Omega与3.9k\Omega串联)$$

以同样方法求出

$$R'_7=35.2k\Omega \quad (选33k\Omega与2.2k\Omega串联)$$

$$R''_7=26k\Omega \quad (选24k\Omega与2k\Omega串联)$$

并算出 $C_2=C_3=6600pF$，$C_4=0.0132\mu F$，用电容并联满足设计值。

低通滤波电路中，选 $R=15k\Omega$，取 $R_9=R_{10}=R_{12}=15k\Omega$，$C_6=0.0265\mu F$，$C_7=6600pF$，$C_8=0.0132\mu F$。

3）电路调试

(1) 静态工作点的调试。在高通滤波器中，晶体管的偏流电阻和输入电阻都是滤波元件，但因射极输出器输入电阻很高，在设计时仅把偏流电阻作为滤波元件计算；在调整静态

工作点时，可改变射极电阻 R_e 而不能改变滤波元件 R_b。在低通滤波器中，偏流由前级经滤波元件流入，发射极电位逐级降低，当测量值偏离设计值时，也可改变 R_e 加以调整。

(2) 截止频率的调整。因元件的标称值与实际值总存在着误差，测量中当发现实际值与设计值有误差时，可改变电路元件实现设计要求，但因电阻与静态工作点有关，一般只改变滤波电容来满足截止频率 f_c 的要求，因为需要的元件并非都是标称值，有时需要几只元件串联或并联，在电路板上要留有空位置。

7.1.4 功率放大电路的设计

功率放大器的作用是为负载 R_L 提供一定的输出功率。当负载一定时，希望输出的功率尽可能大，输出信号的非线性失真尽可能小，效率尽可能高。功率放大器的常见电路形式有单电源供电的 OTL 电路和正负双电源供电的 OCL 电路。有集成运放和晶体管组成的功率放大器，也有专用集成电路功率放大器芯片。

1. 集成运放与晶体管组成的功率放大器

由集成运放与晶体管组成的 OCL 功率放大器电路如图 7-14 所示，其中运算放大器 A 组成驱动级，晶体管 T_1～T_4 组成复合式互补对称电路。

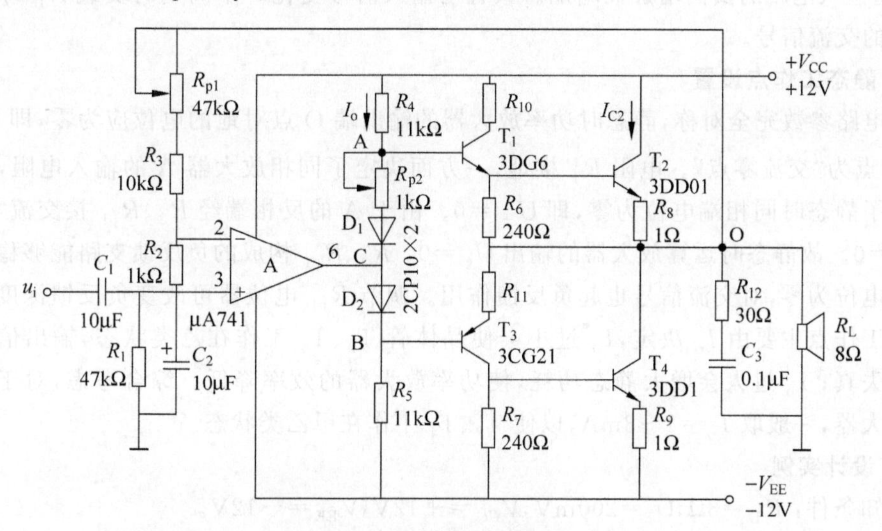

图 7-14 集成运放与晶体管组成的 OCL 功率放大器

1) 电路工作原理

晶体管 T_1、T_2 为相同类型的 NPN 管，所组成的复合管仍为 NPN 型。T_3、T_4 为不同类型的晶体管，所组成的复合管的导电极性由第 1 只管决定，即为 PNP 型。R_4、R_5、R_{p2} 和二极管 D_1、D_2 所组成的支路是两对复合管的基极偏置电路，静态时支路电流 I_o 的计算式为

$$I_o = \frac{2V_{CC} - 2U_D}{R_4 + R_5 + R_{p2}} \tag{7-48}$$

其中，U_D 为二极管的正向压降。

为降低静态功耗和克服交越失真，静态时 T_1、T_3 应工作在微导通状态，即满足

$$U_{AB} \approx U_{D1} + U_{D2} \approx U_{BE1} + U_{EB3} \tag{7-49}$$

二极管 D_1、D_2 与晶体管 T_1、T_3 应为相同类型的半导体材料，如 D_1、D_2 为硅二极管 2CP10，T_1、T_3 也应为硅晶体管，T_1 为 3DG6，则 T_3 可为 3CG21。R_{p2} 用于调整复合管的微导通状态，其调节范围不能太大，一般采用几百欧或 1kΩ 电位器（最好采用精密可调电位器）。安装电路时首先应使 R_{p2} 的阻值为零，调整输出级静态工作电流或输出波形的交越失真时再逐渐增大阻值，否则静态时因 R_{p2} 的阻值较大会使复合管的电流过大而损坏。

R_6、R_7 用于减小复合管的穿透电流，提高电路的稳定性，一般为几十至几百欧。R_8、R_9 为直流负反馈电阻，可以改善功率放大器的性能，一般为几欧。R_{10}、R_{11} 为平衡电阻，使 T_1、T_3 的输出对称，一般为几十至几百欧。R_{12}、C_3 组成消振网络，可改善负载接扬声器时的高频特性，因扬声器呈感性，易引起高频自激，并入此容性网络可使等效负载呈阻性。此外，感性负载易产生瞬时过压，有可能损坏晶体管 T_2、T_4。R_{12}、C_3 的取值依据扬声器的频率响应而定，以效果最佳为目标，一般 R_{12} 为几十欧，C_3 为几千皮法至 0.1μF。

功率放大器在交流信号输入时的工作过程如下：当输入信号为正半周时，运算放大器 A 的输出电压 U_C 上升，U_B 也上升，T_3、T_4 截止，T_1、T_2 导通，负载 R_L 中只有正向电流 I_L，且随输入电压增加而增加。反之，当输入信号为负半周时，负载 R_L 中只有负向电流 I_L，且随输入电压的负向增加而增加。只有当输入信号变化一个周期时负载 R_L 才获得一个完整的交流信号。

2）静态工作点设置

设电路参数完全对称，静态时功率放大器的输出端 O 点对地的电位应为零，即 $U_o=0$，常称 O 点为"交流零点"。电阻 R_1 接地，一方面决定了同相放大器 A 的输入电阻，另一方面保证了静态时同相端电位为零，即 $U_+=0$。由于 A 的反相端经 R_3、R_{p1} 接交流零点，所以 $U_-=0$。故静态时运算放大器的输出 $U_C=0$。R_3、R_{p1} 构成的负反馈支路能够稳定交流零点的电位为零，对交流信号也起负反馈作用。调节 R_{p1} 电位器可改变负反馈深度。电路的静态工作点主要由 I_o 决定，I_o 过小会使晶体管 T_2、T_4 工作在乙类状态，输出信号会出现交越失真；I_o 过大会增大静态功耗，使功率放大器的效率降低。综合考虑，对于数瓦的功率放大器，一般取 $I_o=1\sim3\text{mA}$，以使 T_2、T_4 工作在甲乙类状态。

3）设计实例

已知条件：$R_L=8\Omega$，$U_i=200\text{mV}$，$V_{CC}=+12\text{V}$，$V_{EE}=-12\text{V}$。

性能指标要求：$P_o\geqslant 2\text{W}$，失真度 $\gamma<3\%$（1kHz 正弦波）。

采用如图 7-14 所示电路，运放用 μA741。功率放大器的电压增益可表示为

$$A_u=\frac{U_o}{U_i}=\frac{\sqrt{P_oR_L}}{U_i}=1+\frac{R_3+R_{p1}}{R_2} \tag{7-50}$$

若取 $R_2=1\text{k}\Omega$，则 $R_3+R_{p1}=19\text{k}\Omega$。现取 $R_3=10\text{k}\Omega$，R_{p1} 为 47kΩ 电位器。

如果功放级前级是音量控制电位器（一般为 4.7kΩ），应取 $R_1=47\text{k}\Omega$，以保证功放级的输入阻抗远大于前级的输出阻抗。

若取静态电流 $I_o=1\text{mA}$，因静态时 $U_C=0$，由式(7-48)可得

$$I_o\approx\frac{V_{CC}-U_D}{R_4+R_{p2}}=\frac{12\text{V}-0.7\text{V}}{R_4}\quad（设\ R_{p2}\approx 0）$$

则 $R_4=11.3\text{k}\Omega$，取标称值 11kΩ。其他元件参数的取值如图 7-14 所示。

2. 集成功率放大器

集成功率放大器具有性能稳定、工作可靠及安装调试简单等优点。单只集成功率块的应用已在单元电路实验中作过介绍，这里不再重复。在小功率的家用电器中，在电源电压和负载不变的情况下，为了增加输出功率，采用两只集成功率块组成桥接推挽式放大电路。

1）桥接推挽式放大电路

桥接推挽式放大电路又称为平衡式无变压器(Balanced Transformer Less)电路，所以也称为BTL电路。它的输出功率要比OTL电路增大2～3倍。图7-15所示为桥接推挽式放大电路的原理图。它由功率放大器Ⅰ和Ⅱ组成，功率放大器可以是OTL电路或OCL电路，也可以是由变压器耦合的功率放大电路，但使用中多用前两者。浮动负载接在两个放大器的输出端。由T、R_c、R_e 等组成倒相电路，它提供给功率放大器Ⅰ和Ⅱ两个幅度相等、相位相反的信号 U_{o1} 和 U_{o2}。当信号为负半周，即 U_{o1} 为正，U_{o2} 为负时，T_1、T_2' 导通，电流由电源流出经过 T_1、R_L、T_2'，在负载上得到一个正半周信号。当信号为正半周，即 U_{o1} 为负，U_{o2} 为正时，T_1'、T_2 导通，电流流经 T_1'、R_L、T_2，负载得到一个负半周信号。当电源电压负载 R_L 不变时，流经 R_L 的电流(忽略管子的饱和压降)将比单OTL电路或OCL电路的电流增大一倍，即输出功率为单只功放输出功率的4倍。

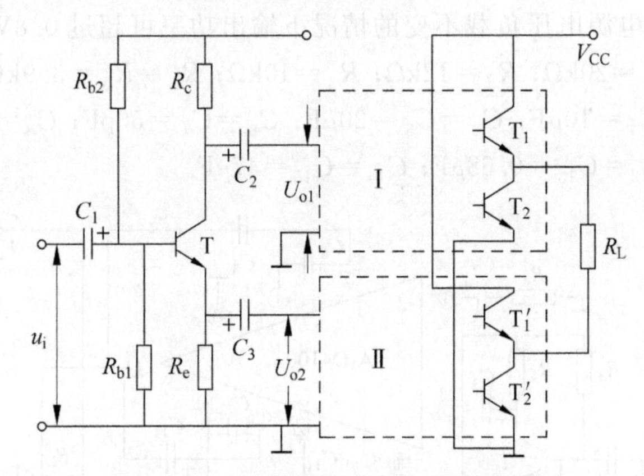

图7-15 桥接推挽式放大电路原理图

2）倒相电路

(1) CE分割式倒相电路。利用晶体管放大器集电极与发射极相位相反的原理实现倒相，其电路如图7-15所示，在这个电路中只要适当选择集电极电阻 R_c 和发射极电阻 R_e，使 $R_c=R_e$，就可使 $U_{o1}=-U_{o2}$。这种电路的优点是元件少、简单；缺点是集电极与发射极输出电阻不同导致输出幅度不同。在这个实际电路中，由于集成电路输入阻抗很高，放大器的负载很小，U_{o1} 和 U_{o2} 相差不大。

(2) 自倒相电路。如图7-16所示，信号从第1级同相端输入，经放大输出为 U_{o1}，放大倍数为 $1+R_1/R_2 \approx R_1/R_2$，$U_{o1}$ 经 C_2、R_7 接到第2级反相输入端，输出为 U_{o2}，负载接在两个输出端之间，如果令第2级放大倍数为1，则 $U_{o1}=-U_{o2}$。输入信号为正时，U_{o1} 为正，U_{o2} 为负；输入信号为负时，U_{o1} 为负，U_{o2} 为正，达到自动倒相的目的。加到负载两端的电压为 $2U_{o1}$，即输出功率在理想情况下等于单只OTL电路输出功率的4倍。这种电路结构简单，外加元件少，且因使用公共偏置电路，两个集成块静态电位一致，静态时无电流流过负载。

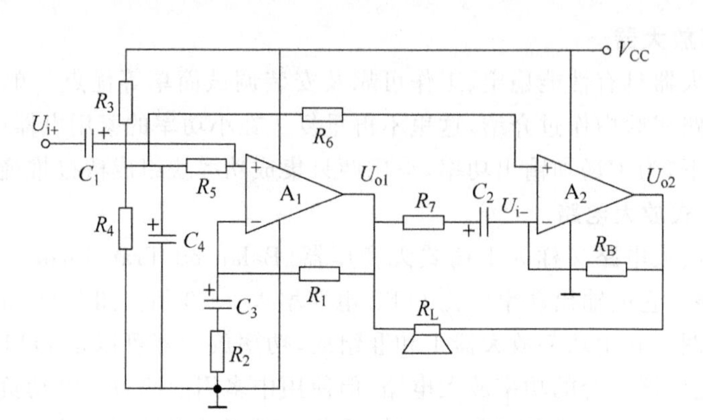

图 7-16 自倒相电路

3）桥接推挽电路实例

CE 分割式 BTL 电路如图 7-17 所示，倒相器的电源从集成块⑫端引出，只要 R_4、R_5 阻值一样，倒相电路的输出就是一样的，集成块的增益由 R_{11} 和 R_6、R_7 的比值决定，实测这种电路，当 $V_{CC}=6V$，$R_L=8\Omega$，用一只集成块时，输出功率 $P_{om}=0.3W$，而用两只集成块电路组成 BTL 电路时，在电源电压负载不变的情况下输出功率可超过 0.8W。图 7-17 中参数分别为：T 选 3DG6；$R_1=20k\Omega$；$R_2=12k\Omega$；$R_3=10k\Omega$；$R_4=R_5=3.9k\Omega$；$R_6=R_7=680k\Omega$；$R_L=8\Omega$；$C_1=C_3=C_4=10\mu F$；$C_2=C_5=20\mu F$；$C_6=C_7=50pF$；$C_8=C_9=1000pF$；$C_{10}=C_{11}=C_{16}=220\mu F$；$C_{12}=C_{13}=0.68\mu F$；$C_{14}=C_{15}=47\mu F$。

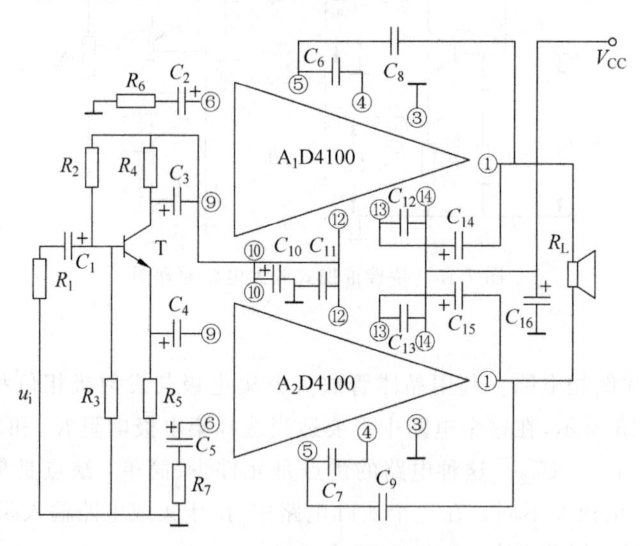

图 7-17 CE 分割式 BTL 电路

由两片 LA4100 接成的自倒相 BTL 功率放大器如图 7-18 所示。

输入信号经 LA4100(1)放大后，获得同相输出电压 U_{o1}，其电压增益 $A_{u1}\approx R_{11}/R_{F1}$（40dB）。$U_{o1}$ 经外部电阻 R_1、R_{F2} 组成的衰减网络加到 LA4100(2)的反相输入端，衰减量为 $R_{F2}/(R_1+R_{F2})$（$-40dB$），这样两个功放的输入信号大小相等，方向相同。如果使 LA4100(2)的电压增益 $A_{u2}\approx(R_2/\!/R_{11})/R_{F2}\approx A_{u1}$，则两个功放的输出电压 U_{o2} 与 U_{o1} 大小相等，方向相反，因而 R_L 两端的电压 $U_L=2U_{o1}$，输出功率 $P_L=(2U_{o1})^2/R_L=4U_{o1}^2/R_L$。

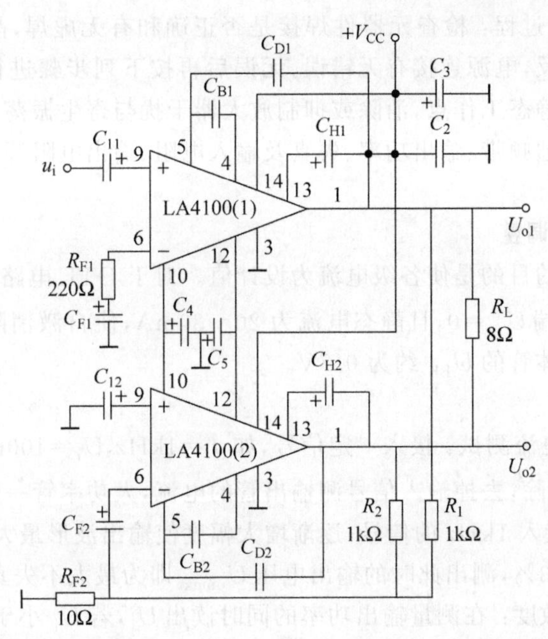

图 7-18 由两片 LA4100 接成的自倒相 BTL 功率放大器

由于接成 BTL 电路形式后，输出功率是 OTL 形式的 4 倍，实际上获得的输出功率只有 OTL 形式的 2～3 倍。BTL 电路的优点是在较低的电源电压下，为获得较大的输出功率，通常采用双声道集成功率放大器来实现，如 LA4182，其内部有两个完全相同的集成功放。需要注意的是，对于 BTL 电路，负载的任何一端都不能与公共地线短接，否则会烧坏功放块。图 7-18 所示的其他元件参数与 OTL 电路完全相同。

4）使用 BTL 电路注意事项

(1) 组装。典型电路的外围元件数值也为常用值，除反馈元件因为增益需要更换，其他元件数值一般情况下无须改变。焊接时要使元件布局合理，接线尽量短，避免产生自激，并注意电解电容的正负方向。

(2) 静态测试。静态测试前要去掉负载 R_L，并对电路进行详细检查，无误后才能接通电源，为防止直流电流流过负载，两集成块的输出电位差不应大于 200mV，测量时也可在电源电路中串入电流表。当发现静态电流过大(OTL 静态电流为 15～30mA)或不稳定时，说明电路已经产生自激，应切断电源消除自激后再进行测试。

(3) 动态测试。输入端接上信号，输出端接上负载(要严防负载任何一端与地短接)即可进行动态测试，如测量最大不失真输出功率、效率、幅频特性、失真等。若发现集成块过热(以手能否触摸外壳为限)，则要再加散热片。散热片由黄铜板或 2mm 厚的铝板制成，安装时一定要用螺丝将外加散热片与内附散热片紧贴在一起。

3. 电路调试

由于生产实际的复杂性和晶体管特性的分散性，将原定方案毫无改变地实现出来是很少见的。因此，一个放大器在设计过程中或装配出来之后，都要经过调整测试，才能使设计逐步完善，使产品达到预定指标。装配成样机后还要通过温度、震动等各种例行实验，考查机器在各种规定工作条件下各项指标是否符合要求。这一系列的实验都是为了使产品性能更完善、更可靠。一般过程：检查元器件焊接是否正确和有无虚焊，晶体管引脚是否接对，电解电容极性是否接反，电源连接有无错误，无误后再按下列步骤进行调试。接通电源，不加信号调整放大器的静态工作点，消除或抑制放大器干扰与寄生振荡，再加入信号进行动态测试，包括放大倍数、通频带、输出功率、失真及输入电阻、输出电阻等。当然，也要根据需要对以上测试有所侧重。

1）静态工作点的调整

静态工作点调试的目的是使各级电流为设计值。对于 OTL 电路，输出端 $U_A = V_{CC}/2$；对于 OCL 电路，输出端 $U_A = 0$，且静态电流为 20～30mA，使自激消除。静态调整完毕后，所有处于工作状态晶体管的 U_{BE} 约为 0.7V。

2）动态调试

（1）输出管静态电流测试：接入一定信号，如 $f = 1\text{kHz}$，$U_i = 100\text{mV}$。观察输出信号波形，使交越失真刚好消除，去掉输入信号测输出管的电流，大功率管一般为几十毫安。

（2）输出功率：接入 1kHz 的信号，逐渐增大幅度使输出波形最大又刚好不产生削波失真，此时的失真度 $\gamma < 3\%$，测出此时的输出电压 U_{omax} 即为最大不失真输出功率。

（3）测量输入灵敏度：在测量输出功率的同时读出 U_i，若 U_i 小于指标要求 200mV，则合格；若不合格，可适当改变反馈网络。

（4）测量频率特性：测试时应保持 U_i 为恒定值，每改变一个频率，记下对应的 U_o，画出波特图，找出上、下限频率 f_L、f_H。

（5）输出噪声电压的测试：将输入端短路，观察输出噪声电压波形，并测量噪声电压数值。

（6）失真度测量：在通带内选出几个频率，如 100Hz、1kHz、10kHz，在输出功率满足指标要求的情况下，测出失真度 γ。

（7）听音：在以上测量的基础上，把电阻负载换成 8Ω 扬声器或音箱。输入端接收录机送来的信号，音量调节由小到大，声音也应该由小到大，不应该出现尖叫声、噗噗声、沙哑声等，交流声也应该很小。

7.1.5 电路保护的设计

在电子电路的众多元器件中，任何元器件或焊点出了问题，都将使整个电路不能正常工作，因此电子电路的可靠性十分重要，而提高可靠性，要从元器件和电路两方面入手。选用优质元器件并进行筛选，还要正确使用，如减轻负载量以避免工作在极限参数状态、选用优质电路、提高工艺水平等。除以上几点外，还有一个重要问题就是在电路中采取保护性电路，如在多级放大器中为了防止大信号冲击，输入端要加入保护电路。由于输出级工作在大电流状态，一旦有强信号或输出短路，都将使元器件损坏。对于 OCL 电路，输出级中间电位本身为零，若电路产生故障，直流电位偏移过多时就可能烧坏执行元件。因此，在电路中加设保护措施，就可以使电路在发生过压或过流时不致损坏元器件。

1. 输入端保护电路

常采用的输入端保护电路（见图 7-19）属于限制信号电压幅度型。图 7-19(a)所示电路在输入端接了两只背靠背的稳压管，当输入信号幅度超过稳压管稳压值时，其超过部分被削去，保护了晶体管的 PN 结不被击穿。图 7-19(b)所示电路是用两只二极管反向并联在发射极两端，当输入电压超过二极管死区电压时二极管导通，限制了加在发射极两端的电压，保护了晶体管。

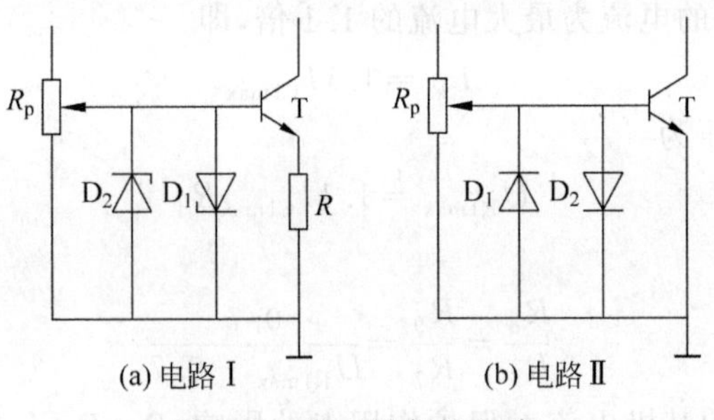

图 7-19　输入端保护电路

输入保护电路可以加在末级功率管的输入端，也可以加在末前级或输入级的输入端，根据所处位置、输入电压高低选择电路形式及器件。

2. 输出端短路保护及强信号冲击保护

在 OCL 或 OTL 电路中，输出端短路，即负载为零时，使输出管工作在大电流情况下，管子极易损坏。有时输出端虽未短路，但由于输入端瞬时强信号冲击，也可以使输出管电流增大损坏输出管。这就需要在输出端短路和强信号冲击时对电路进行保护，要求保护电路能自动地在输出端短路和强信号冲击时限制输出管电流，使输出管工作在安全范围，在不存在输出端短路和强信号冲击时又不影响电路的正常工作。

保护电路原理如图 7-20 所示，在功率输出管 $T_1 \sim T_4$ 前面又增加了 T_5、T_6、D_1、D_2 和 $R_6 \sim R_9$ 组成的输出端短路及强信号冲击保护电路。原理为：当输出端短路时 A 点为地电位，由于信号电流在正半周时使 T_1 管电流很大，R_1 上产生一个电压，符合上正下负，这个电压通过 R_6、R_8 分压加在 T_5 管的 BE 极之间，只要 $U_{R8} \geqslant 0.7\text{V}$，$T_5$ 就导通，分去了信号电流，使流入 T_3 的信号电流大大减小，保护了输出管 T_1、T_3。同理，当信号在负半周时，R_2 的电压降通过 R_7、R_9 的分压使 T_6 导通，分掉 T_4 的信号电流，保护了 T_2、T_4 管。当输出端恢复正常时，A 点不接地，电流正常，T_5、T_6 不导通，对电路正常工作影响不大。

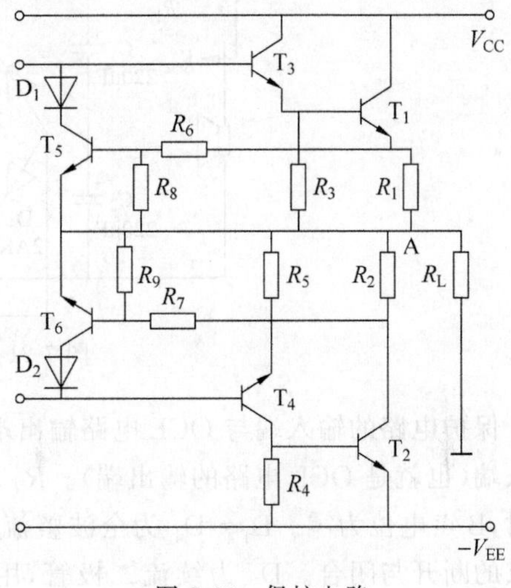

图 7-20　保护电路

当输入端有强信号冲击时，A 点虽不接地，只要 U_{R8} 或 U_{R9} 上电压超过死区电压，T_5 或 T_6 就要导通，分去信号电流，保护了输出管。这种无触点的电子保护电路动作迅速，可靠性强，当输出无短路或无强信号冲击时，T_5、T_6 截止，又不影响电路正常工作。电路的 D_1、D_2 是在电路正常工作时使 T_5、T_6 的集电极处于反向偏置所设。电路的设计方法：先确定保护作用点，即确定流过电阻上的最大电流，再设计出电阻元件。

电路在最大功率输出时的最大电流为

$$I_{\mathrm{C1max}}=V_{\mathrm{CC}}/R_{\mathrm{L}}$$

一般选保护作用点的电流为最大电流的1.1倍，即

$$I_{保}=1.1I_{\mathrm{C1max}} \tag{7-51}$$

此时R_1、R_2上最大电压为

$$U_{\mathrm{R1max}}=1.1I_{\mathrm{C1max}}R_1$$

因为

$$\frac{R_8}{R_6}=\frac{R_9}{R_7}=\frac{0.7}{U_{\mathrm{R1max}}-0.7} \tag{7-52}$$

而且为了降低T_5、T_6的基极电流对保护作用点的影响，R_8、R_9一般选几十欧。当R_8、R_9确定后，R_6、R_7为已知。

3. 负载的保护

在OCL电路中，负载直接与互补对称电路中点相接，虽然改善了放大器性能，但电路一旦出现故障，将使输出端出现较高的失调电压，造成较大的直流电流流过负载，导致损坏。对负载最简单的保护方法是用保险丝，当电流超过允许值时，保险丝熔断保护。因为保险丝的容量既要允许通过最大直流电流，又要允许通过最大输出功率时的信号电流，当后者大于前者时，保险丝失去保险作用。除保险丝外最常用的是电子保护电路，如图7-21所示。

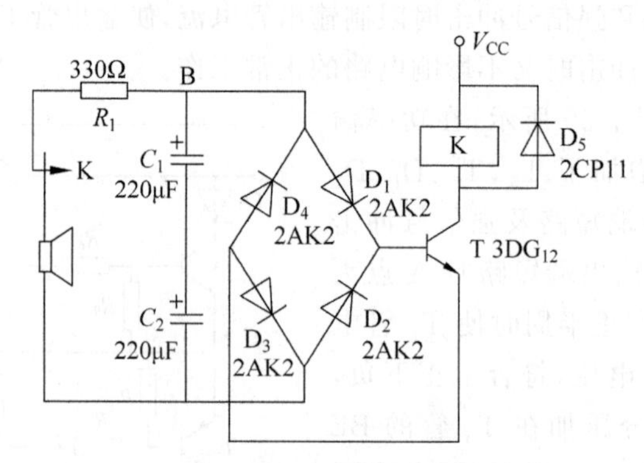

图7-21 电子保护电路

保护电路的输入端与OCL电路输出端相接。负载通过继电器常闭触点接在保护电路输入端(也就是OCL电路的输出端)。R_1、C_1、C_2为低通滤波电路，当输入端为交流信号输入时，B点电位为零。D_1～D_4为全波整流电路，其输出大小控制T的通断，即控制继电器触点的断开与闭合。D_5为续流二极管，用来保护T。OCL电路正常工作时，只有交流输出，低通滤波器输出近似于零，整流无输出，T不导通，继电器触点不动作，负载接在电路中正常工作。当OCL电路有失调电压(正或负)时，经过低通滤波器整流电路去控制T的基极，当失调电压大到一定数值时，T导通，继电器动作，扬声器电路断开，实现了负载保护。这个电路的缺点是：继电器由T的集电极电流直接驱动，电流较小，灵敏度较低，所带负载较小，若要T的电流大，必须增加T的基极电流，又得减小R_1，则增加了信号能量损失。因此，这种电路只适用于10W以下的小功率输出电路。有很多改进继电器带负载能力的措施，如输出采用复合管、采用互补式或差动式电路等，在此不逐一讨论。

7.2 信号发生器的设计

信号发生器是实验室、工业企业自动化电子设备调试及维修的常用仪器，通常提供的波形有正弦波、三角波、方波、阶梯波等。

7.2.1 信号发生器的性能指标

1）输出波形

正弦波、方波、三角波等。

2）频率范围

函数信号发生器的输出频率范围一般分为若干波段，如低频信号发生器的频率范围为1～10Hz、10～100Hz、100Hz～1kHz、1～10kHz、10～100kHz、100kHz～1MHz 共 6 个波段。

3）输出电压

输出电压一般指输出波形的峰-峰值，即 $U_{PP}=2U_m$。

4）波形特性

表征正弦波特性的参数是非线性失真系数 $\tilde{\gamma}$，一般要求 $\tilde{\gamma}<3\%$；表征三角波特性的参数也是非线性失真系数 $\gamma_{\triangle}$，一般要求 $\gamma_{\triangle}<2\%$；表征方波特性的参数是上升时间 t_r，一般要求 $t_r<100$ns（1kHz，最大输出时）。

7.2.2 信号发生器的基本原理

下面介绍一般信号发生器、文氏桥等多种不同信号发生器的基本原理。

1. 一般信号发生器的基本原理

根据用途不同，产生多种波形的信号发生器使用的器件可以是分立器件，也可以采用集成电路。方波-三角波-正弦波信号发生器可以由集成运算放大器与晶体管差分放大器共同组成。产生正弦波、方波和三角波的方案有多种，如首先产生正弦波，然后通过整形电路将正弦波变换成方波，再由积分电路将方波变换成三角波；也可以首先产生三角波-方波，再将三角波变换成正弦波或将方波变换成正弦波等。先产生方波-三角波，再将三角波变换成正弦波的电路设计方法如图 7-22 所示。

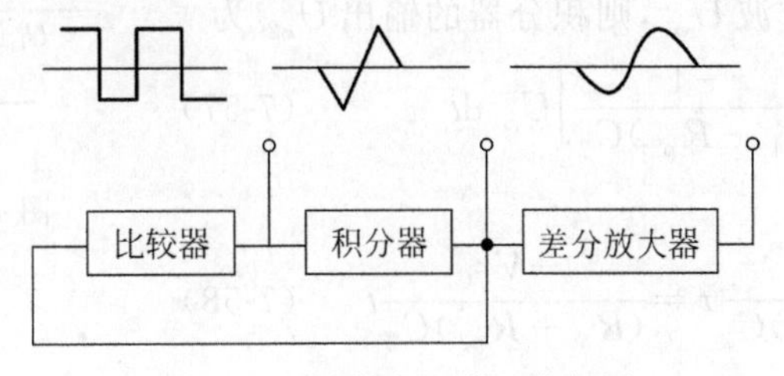

图 7-22 函数发生器组成框图

1）方波-三角波产生电路

自动产生方波-三角波的电路如图 7-23 所示。电路工作原理如下：若 a 点断开，运算放大

器 A_1 与 R_1、R_2 及 R_3、R_{p1} 组成电压比较器，C_1 称为加速电容，可加速比较器的翻转。运放的反相端接基准电压，即 $U_-=0$，同相端接输入电压 U_{ia}，R_1 称为平衡电阻。比较器的输出 U_{o1} 的高电平等于正电源电压 $+V_{CC}$，低电平等于负电源电压 $-V_{EE}$（$|+V_{CC}|=|-V_{EE}|$），当比较器的 $U_+=U_-=0$ 时，比较器翻转，输出 U_{o1} 从高电平 $+V_{CC}$ 跳到低电平 $-V_{EE}$，或从低电平 $-V_{EE}$ 跳到高电平 $+V_{CC}$。设 $U_{o1}=+V_{CC}$，则

$$U_+=\frac{R_2}{R_2+R_3+R_{p1}}(+V_{CC})+\frac{R_3+R_{p1}}{R_2+R_3+R_{p1}}U_{ia}=0 \tag{7-53}$$

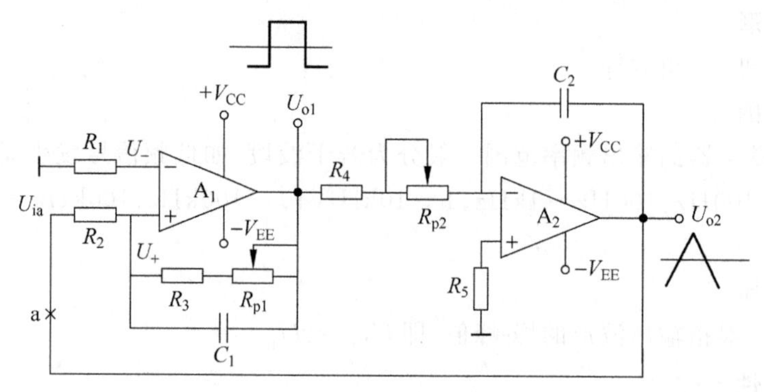

图 7-23 方波-三角波产生电路

整理式(7-53)，得比较器反转下门限电位 U_{ia-} 为

$$U_{ia-}=\frac{-R_2}{R_3+R_{p1}}(+V_{CC})=\frac{-R_2}{R_3+R_{p1}}V_{CC} \tag{7-54}$$

$U_{o1}=-V_{EE}$，则比较器翻转的上门限电位 U_{ia+} 为

$$U_{ia+}=\frac{-R_2}{R_3+R_{p1}}(-V_{EE})=\frac{R_2}{R_3+R_{p1}}V_{CC} \tag{7-55}$$

比较器的门限宽度 U_H 为

$$U_H=U_{ia+}-U_{ia-}=2\times\frac{R_2}{R_3+R_{p1}}V_{CC} \tag{7-56}$$

由式(7-53)～式(7-56)可得比较器的电压传输特性，如图 7-24 所示。

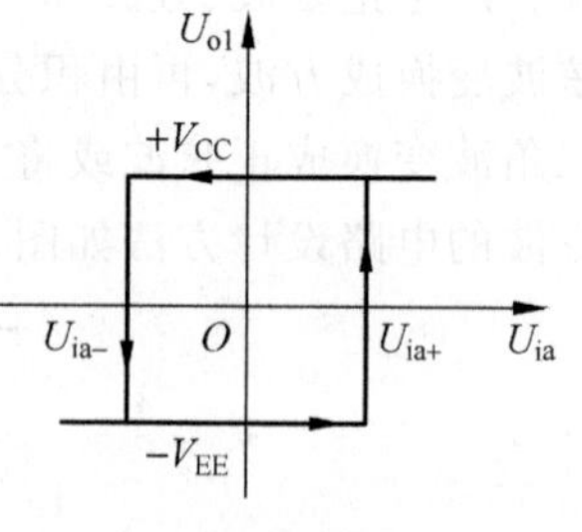

图 7-24 比较器的电压传输特性

a 点断开后，运放 A_2 与 R_4、R_{p2}、C_2 和 R_5 组成反相积分器，其输入信号为方波 U_{o1}，则积分器的输出 U_{o2} 为

$$U_{o2}=\frac{-1}{(R_4+R_{p2})C_2}\int U_{o1}\,dt \tag{7-57}$$

$U_{o1}=+V_{CC}$ 时

$$U_{o2}=-\frac{+V_{CC}}{(R_4+R_{p2})C_2}t=\frac{-V_{CC}}{(R_4+R_{p2})C_2}t \tag{7-58}$$

$U_{o1}=-V_{EE}$ 时

$$U_{o2}=\frac{-(-V_{EE})}{(R_4+R_{p2})C_2}t=\frac{V_{CC}}{(R_4+R_{p2})C_2}t \tag{7-59}$$

可见积分器的输入为方波时，输出是一个上升速率与下降速率相等的三角波，其波形关

系如图 7-25 所示。

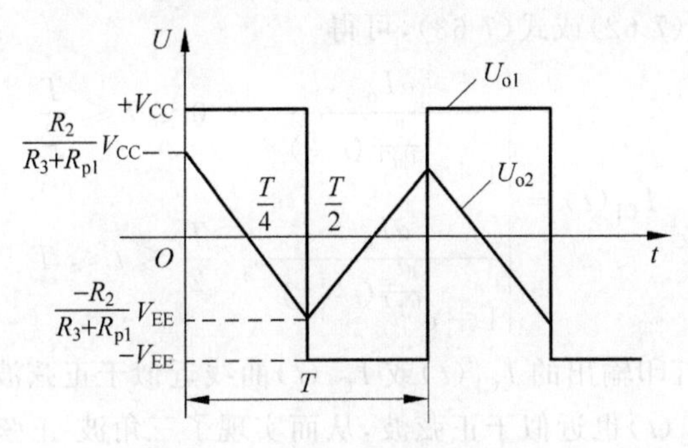

图 7-25 方波-三角波产生电路

a 点闭合，即比较器与积分器首尾相连，形成闭环电路，则自动产生方波-三角波。三角波的幅度 U_{o2m} 为

$$U_{o2m}=\frac{R_2}{R_3+R_{p1}}V_{CC} \tag{7-60}$$

方波-三角波的频率 f 为

$$f=\frac{R_3+R_{p1}}{4R_2(R_4+R_{p2})C_2} \tag{7-61}$$

由式(7-60)和式(7-61)可以得出以下结论。

(1) 电位器 R_{p2} 在调整方波-三角波的输出频率时，不会影响输出波形的幅度。若要求输出频率范围较宽，可用 C_2 改变频率的范围 R_{p2} 实现频率微调。

(2) 方波的输出幅度应等于电源电压 $+V_{CC}$。三角波的输出幅度应不超过电源电压 $+V_{CC}$。电位器可实现幅度微调，但会影响方波-三角波的频率。

2）三角波-正弦波变换电路

根据图 7-22 所示的组成框图，三角波-正弦波的变换电路主要由差分放大器构成。差分放大器具有工作点稳定、输入阻抗高、抗干扰能力较强等优点，特别是作为直流放大器时，可以有效地抑制零点漂移，因此可将频率很低的三角波变换为正弦波。波形变换的原理是利用差分放大器传输特性的非线性。分析表明，传输特性曲线的表达式为

$$I_{C1}=\alpha I_{E1}=\frac{\alpha I_o}{1+e^{-U_{id}/U_T}} \tag{7-62}$$

$$I_{C2}=\alpha I_{E2}=\frac{\alpha I_o}{1+e^{U_{id}/U_T}} \tag{7-63}$$

其中，$\alpha=I_C/I_E\approx1$；I_o 为差分放大器的恒定电流；U_T 为温度的电压当量，当室温为 25℃时，$U_T\approx26\text{mV}$。

如果 U_{id} 为三角波，设表达式为

$$U_{id}=\begin{cases}\frac{4U_m}{T}\left(t-\frac{T}{4}\right), & 0\leqslant t\leqslant\frac{T}{2}\\ \frac{-4U_m}{T}\left(t-\frac{3}{4}T\right), & \frac{T}{2}\leqslant t\leqslant T\end{cases} \tag{7-64}$$

其中，U_m 为三角波的幅度；T 为三角波的周期。

将式(7-64)代入式(7-62)或式(7-63)，可得

$$I_{C1}(t)=\begin{cases}\dfrac{\alpha I_o}{1+e^{\frac{-4U_m}{U_T T}\left(t-\frac{T}{4}\right)}}, & 0\leqslant t\leqslant \dfrac{T}{2}\\[2ex] \dfrac{\alpha I_o}{1+e^{\frac{4U_m}{U_T T}\left(t-\frac{3}{4}T\right)}}, & \dfrac{T}{2}\leqslant t\leqslant T\end{cases} \tag{7-65}$$

对式(7-65)进行计算，打印输出的 $I_{C1}(t)$ 或 $I_{C2}(t)$ 曲线近似于正弦波，则差分放大器的单端输出电压 $U_{C1}(t)$ 和 $U_{C2}(t)$ 也近似于正弦波，从而实现了三角波-正弦波的变换，波形变换过程如图 7-26 所示。为使输出波形更接近正弦波：

(1) 传输特性曲线越对称，线性区越窄越好；

(2) 三角波的幅度 U_m 应正好使晶体管接近饱和区或截止区。

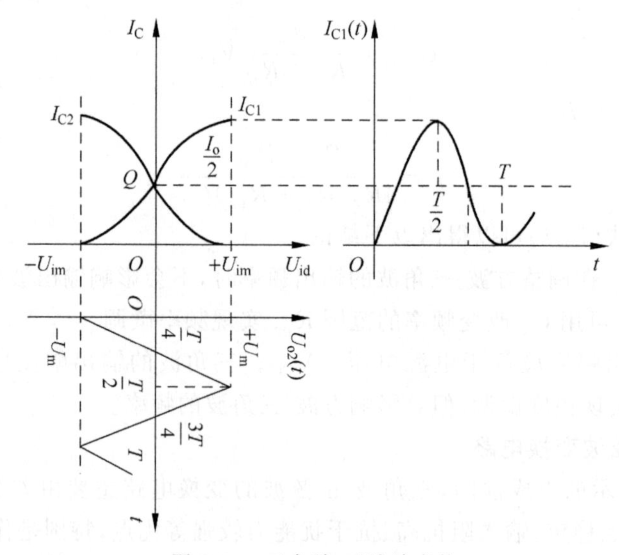

图 7-26 三角波-正弦波变换

图 7-27 所示为实现三角波-正弦波变换的电路。其中，R_{p1} 调节三角波的幅度；R_{p2} 调整电路的对称性；其并联电阻 R_{E2} 用来减小差分放大器的线性区。电容 C_1、C_2、C_3 为隔直电容，C_4 为滤波电容，以滤除谐波分量，改善输出波形。

2. 基于文氏桥振荡电路的信号发生器的原理

图 7-28 所示为基于文氏桥振荡电路的信号发生电路组成框图。有源器件和无源元件的组合可以产生不同频率、不同波形的周期性信号，用运放与无源元件组合成多用信号源可以带来很多优点，如电路可以简单、调谐较为方便等。以下主要讨论采用集成运算放大器构成的文氏电桥振荡器的稳幅、调幅、调频方法。

1) 场效应管稳幅

场效应管稳幅电路如图 7-29 所示，场效应管接在负反馈回路中，其漏源间电阻 r_{DS} 构成 R_f 的一部分，利用场效应管可变电阻区电阻 r_{DS} 与栅偏压近似线性关系的特点，就可以通过改变栅偏压来改变 r_{DS}，使之改变放大器放大倍数，达到输出幅度稳定的目的。为了使

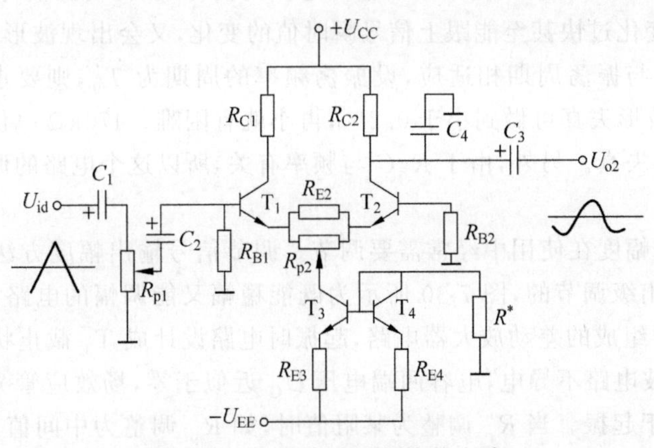

图 7-27　三角波-正弦波变换电路

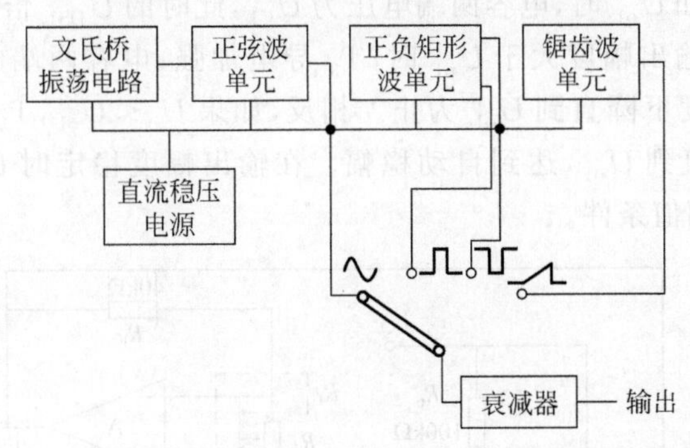

图 7-28　基于文氏桥振荡电路的信号发生电路组成框图

放大器工作在可变电阻区，所加的漏极电压是经过 R_3、R_4 分压取得的，典型电路中 $R_3=5\text{k}\Omega$，$R_4=1\text{k}\Omega$，$R_5=10\text{k}\Omega$，$R_{f1}=2.2\text{k}\Omega$。栅偏压由二极管整流经过稳压管及 R_6、R_7、R_8 滤波电路滤波后加到场效应管栅极。典型电路中 $R_6=100\text{k}\Omega$，$R_7=500\text{k}\Omega$，$R_H=470\text{k}\Omega$，$C=1\mu\text{F}$。

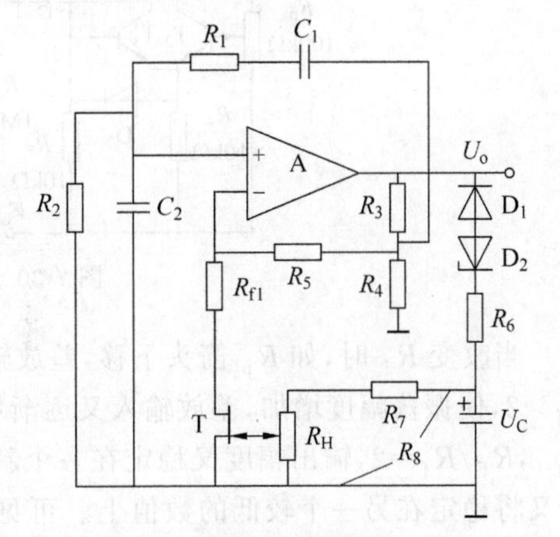

图 7-29　场效应管稳幅电路

起振时，由于输出电压很小，则 U_{GS} 近似于零，r_{DS} 很小，放大器放大倍数很高，便于起振。自动稳幅电路的稳定幅度值为

$$U_m=U_Z+U_D+U_C$$

其中，U_Z、U_D、U_C 分别为稳压管的稳定电压、二极管的正向电压和电容两端电压。当输出电压高于 U_m 时，U_C 将增大，场效应管栅偏压更负，r_{DS} 增大，放大倍数减小，输出下降；当输出电压低于 U_m 时，U_C 下降，栅偏压减小，r_{DS} 下降，放大倍数增加，输出幅度上升，达到自动稳幅的目的。

要想使自动稳幅的过程快，振荡波形好，必须正确选择滤波电路的时间常数。时间常数

$(R_6 // R_8)C$ 过大，将使 U_C 的变化跟不上输出电压的变化，使自动稳幅时间过长；时间常数太小，又会使 U_C 变化过快甚至能跟上信号瞬时值的变化，又会出现波形失真。一般要求滤波电路时间常数要与振荡周期相适应，设振荡频率的周期为 T_0，则要求 $R_8C \geqslant (10\sim20)T_0$。这个电路的波形失真可做到小于0.2%，再小就有困难。470kΩ 电位器有调幅作用，调节它可以减小最小失真。另外，由于 R_8C 与频率有关，所以这个电路的调频范围较窄。

2）调幅方法

信号源的输出幅度在使用中经常需要调节。调节信号输出幅度方法很多，有在振荡级调节的，也有在输出级调节的，图 7-30 所示为既能稳幅又能调幅的电路。在这个电路中增加了由 T_2、T_3、R_8 组成的差动放大器电路，起振时电路设计成 T_3 截止状态，由 R_5、C、D_1、T_3 组成的整流滤波电路不导电，电容两端电压 U_C 近似于零，场效应管 r_{DS} 小，$R_F/R_f>2$，振荡幅度发散，易于起振。当 R_p 调整为某阻值时，如 R_p 调整为中间值，随着振幅的增加，T_3 在信号负半周时逐渐导电，整流滤波电路有电流通过，电容 C 被充电，上负下正，当输出幅度增加到某一数值如 U_{o1} 时，电容两端电压为 U_{C1}，此时的 U_{DS1} 恰好使 $R_F/R_f=2$，满足幅值条件。当振荡器输出幅度大于 U_{o1} 时，T_3 导电加强，电容两端电压升高，r_{DS} 上升使 R_F/R_f 下降，输出幅度下降直到 U_{o1} 为止。相反，如果 $U_o<U_{o1}$，T_3 导电减弱，U_C 下降，r_{DS} 下降使幅度增加直到 U_{o1}，达到自动稳幅。在输出幅度稳定时 $U_C=U_{C1}$，$r_{DS}=r_{DS1}$，$R_F/R_f=2$ 正好满足幅值条件。

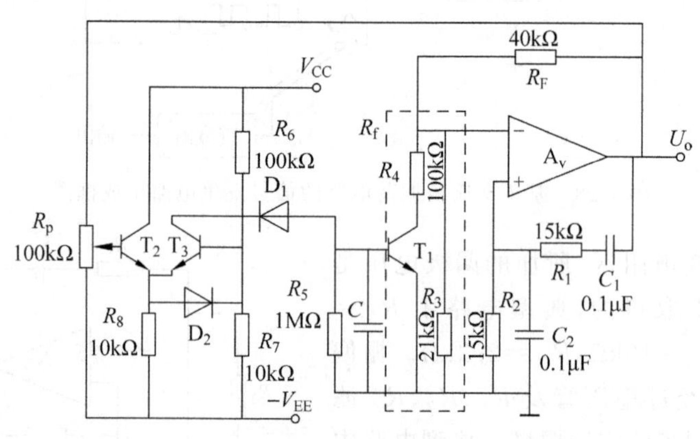

图 7-30　稳幅及调幅电路

当改变 R_1 时，如 R_p 箭头下移，差放输入减少，T_3 导电性减弱，U_C 下降，r_{DS} 减小，$R_F/R_f>2$，使振荡幅度增加，差放输入又逐渐增加，T_3 导电性又逐渐加强直到 $U_C=U_{o1}$，$r_{DS}=r_{DS1}$，$R_F/R_f=2$，输出幅度又稳定在一个新的较高的数值上。相反，当 R_p 箭头上移，输出幅度又将稳定在另一个较低的数值上。可见调节 R_p 可以改变输出幅度，因此这种电路既能调幅又能稳幅，其调幅范围可到 100∶1，波形失真小于2%。滤波电路时间常数取值原则与图 7-29 所示相同。D_2 为防止 T_3 管发射极反向击穿所设。

3）调频方法

在一般 RC 振荡电路中，改变振荡频率时为保持其振荡条件不被破坏，必须使两个电阻或两个电容同步调节，增加了工艺难度，给调频带来不便。采用如图 7-31 所示的电路就可以只调节一个电阻，既可以调频，又可以保持振荡条件。

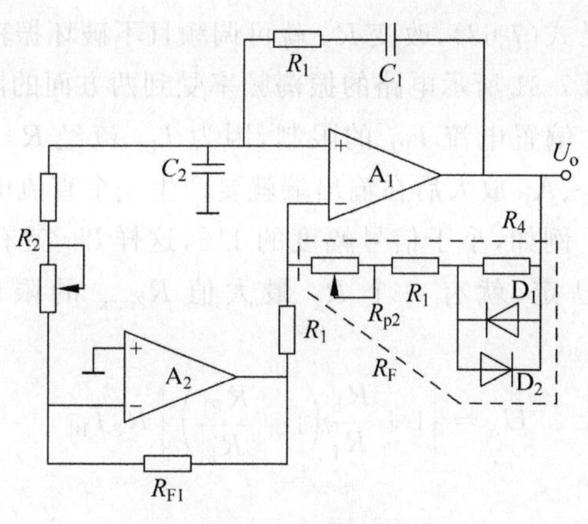

图 7-31　调频电路

在这个电路中,增加了一只运算放大器 A_2,它接在串并联选频网络与负反馈电路之间,选频网络中 R_2 不直接接地,而是接在辅助放大器 A_2 的虚地点,只要元件参数选配得当,就可以达到通过改变 R_2 改变频率的目的。

(1) 振荡条件。由于 R_2 接到 A_2 的虚地点,则反馈网络的反馈系数 $F=U_+/U_o$ 仍由式(7-66)决定。基本放大器的放大倍数应把 A_2 加入后的影响考虑进去,利用叠加原理可以求出 A_2 加入后基本放大器的放大倍数。

令 A_2 的信号为零,则 A_1 同相端 U_+ 在输出端的信号为

$$U_{o1}=\left(1+\frac{R_F}{R_f}\right)U_+$$

令 A_1 的同相端为零,则信号 U_+ 通过 A_2、A_1 放大后在 A_1 输出端为

$$U_{o2}=-\frac{R_{F1}}{R_2}\left(-\frac{R_F}{R_f}\right)U_+=\frac{R_{F1}R_FU_+}{R_2R_f}$$

则

$$U_o=U_{o1}+U_{o2}=\left[1+\frac{R_F}{R_f}\left(1+\frac{R_{F1}}{R_2}\right)\right]U_+$$

基本放大器放大倍数为

$$A_u=\frac{U_o}{U_+}=1+\frac{R_F}{R_f}\left(1+\frac{R_{F1}}{R_2}\right) \tag{7-66}$$

为了满足振荡条件 $AF=1$,则有

$$\begin{cases} f_0=\dfrac{1}{2\pi}\sqrt{\dfrac{1}{R_1R_2C_1C_2}} \\ \dfrac{C_2}{C_1}+\dfrac{R_1}{R_2}=\dfrac{R_F}{R_f}\left(1+\dfrac{R_{F1}}{R_2}\right) \end{cases} \tag{7-67}$$

为使 R_2 为任何值时式(7-67)都成立,则必须有

$$\begin{cases} f_0=\dfrac{1}{2\pi C}\sqrt{\dfrac{1}{RR_2}} \\ C_1=C_2=C \\ R_1=R_{F1}=R_f=R_F=R \end{cases} \tag{7-68}$$

这说明只要电路参数满足式(7-68)，改变 R_2 就可调频且不破坏振荡条件。

(2) 调频范围。如图 7-31 所示电路的振荡频率受到两方面的限制。

最低频率受运放 A_1 偏置电流 I_{B1} 的限制，因为 I_{B1} 流经 R_2 时就要产生一个直流电压，而这一直流电压经 A_2、A_1 放大后在输出端就要产生一个直流电压 U_o，显然它应该比输出信号幅度小得多才行。例如，小于信号幅度的 1%，这样 U_o 就有一个最大值 U_{omax} 的限制，当运放确定后 I_{B1} 已定，就有一个 R_2 最大值 R_{2max} 的限制，即限制了 f_{0max}。由式(7-66)可知

$$U_o=\left[1+\frac{R_F}{R_f}\left(1+\frac{R_{F1}}{R_2}\right)\right]R_2I_{B1}$$

考虑到式(7-68)，有

$$U_o=(2R_2+R)I_{B1}$$

$$U_{omax}=(2R_{2max}+R)I_{B1}$$

当 $R_{2max}\gg R$ 时，有

$$R_{2max}\leqslant\frac{U_{omax}}{2I_{B1}}$$

其最低频率为

$$f_{0max}\geqslant\frac{1}{\pi C}\sqrt{\frac{I_{B1}}{2RU_{omax}}}\tag{7-69}$$

若输出信号有效值 $U_o=3\text{V}$，其幅值为 4.2V，要求直流输出电压小于信号幅值的 1% 时，即 $U_{omax}\leqslant 42\text{mV}$。采用通用型运算放大器 F007 时，$I_{B1}=200\text{nA}$，则 R_{2max} 可用到 100kΩ。当选 $R=10\Omega$，$C=0.3\mu\text{F}$ 时，则 $f_{0max}\geqslant 16.3\text{Hz}$。

振荡器的最高频率将受到运算放大器 A_2 增益带宽积的限制。对反馈放大器通频带 f_{bwf} 的增加是以放大倍数 A_{mf} 的降低为代价的，其增益带宽积等于常数，即

$$A_{mf}f_{bwf}=\text{常数}$$

这个常数通常用单位增益带宽表示，即放大器由于负反馈其增益下降到 1 时对应的带宽用 f_c 表示，即 $A_{mf}f_{bwf}=f_c$。对于 A_2，在某一反馈情况下能够通过的最高频率(近似为带宽)，也就是振荡器的最高振荡频率，用 f_{0max} 表示，则有

$$A_{mf}f_{0max}\leqslant f_c$$

$$A_{mf}\leqslant\frac{f_c}{f_{0max}}$$

$$\frac{R_{F1}}{R_{2min}}\leqslant\frac{f_c}{\dfrac{1}{2\pi C}\sqrt{\dfrac{1}{RR_{2min}}}}$$

即振荡电路电阻 R_2 有一个最小值的限制，即

$$R_{2min}^3\geqslant\frac{R}{4\pi^2f_c^2C^2}$$

$$R_{2min}\geqslant\sqrt[3]{\frac{R}{4\pi^2f_c^2C^2}}\tag{7-70}$$

把式(7-70)代入式(7-68),得振荡电路的最高振荡频率为

$$f_{0\max} \leqslant \sqrt[3]{\frac{f_c}{4\pi^2 R^2 C^2}} \tag{7-71}$$

通用型F007单位增益带宽为1MHz,若其他参数仍取计算最低频率时的参数 $R=10\mathrm{k}\Omega, C=0.3\mu\mathrm{F}$,则

$$f_{0\max} \leqslant 1411\mathrm{Hz}$$

一般组件的单位增益带宽积较小,其振荡频率从几十赫兹到几千赫兹,若要产生较高的振荡频率,可使用速度较快的组件。

4) 正弦信号的输出级

为了防止负载对振荡电路的影响,提高电路的带负载能力,在振荡电路与负载之间都接有输出级电路,图7-32所示为常用的输出级电路之一。它是一个复合式射极跟随器电路,由 T_2、R_3 和偏置电路 R_4、D、R_5 组成恒流源电路作为 T_1 的射极电阻,在设计时使 R_2 远小于 T_2 的交流电阻,由于 T_2 的交流电阻很大,使输出级输入电阻很高,大大减轻了负载对串并联振荡电路的影响。由于 T_1 通过 C_2、C_3 对 T_2 电流的影响又大大降低了输出电阻,提高了输出级的带负载能力,其原理为:当 u_i 为正时,I_{C1} 上升(I_{C1} 上升,I_L 也上升),因 $U_{C1}=V_{CC}-I_{C1}R_2$ 使 U_{C1} 下降,下降的 U_{C1} 通过 C_2、C_3 使 U_{B2} 下降,I_{C2} 下降,因 $I_L=I_{C1}-I_{C2}$,使本来在上升的电流 I_L 上升更高。当 u_i 减小时,使 I_{C1} 下降(I_{E1} 下降,I_L 也下降),则 U_{C1} 上升,上升的 U_{C1} 又通过 C_2、C_3 使 U_{B2} 上升,I_{C2} 上升,使本来在下降的 I_L 下降更快。由此看出,复合式射极跟随器电路比一般的射极跟随器电路输出幅度要大,带负载能力要强。

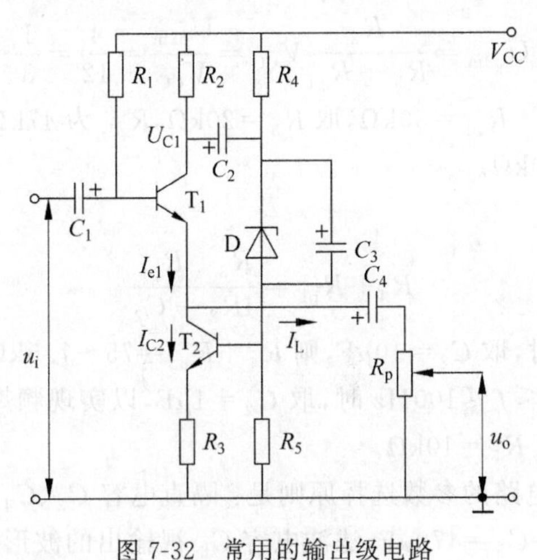

图7-32 常用的输出级电路

7.2.3 信号发生器设计实例

本节列举了一种信号发生器,并给出相关具体设计指标,提供了设计过程及仿真验证。

1. 设计任务

设计一个方波-三角波-正弦波函数发生电路,产生的波形如图7-33所示。

2. 性能指标要求

(1) 频率范围：100Hz～1kHz，或1～10kHz、1～10Hz、10～100Hz等。

(2) 输出电压：方波 $U_{PP}\leqslant 24V$，三角波 $U_{PP}=8V$，正弦波 $U_{PP}>1V$。

(3) 波形特性：方波 $t_r<100ns$，三角波 $\gamma_{\triangle}<2\%$，正弦波 $\widetilde{\gamma}<5\%$。

(4) 正弦波：频率基本误差≤+1.5%f(Hz)；频率漂移(预热30min后)≤0.3%f(Hz)；频率特性≤1dB；非线性失真≤0.1%。

(5) 正负矩形脉冲波：脉冲宽度为100μs～10ms；脉冲前后沿<40ns；波形失真<5%。

(6) 锯齿波：线性度<5%。

(7) 输出幅度≥3V，正弦波为有效值，脉冲波为峰峰值。

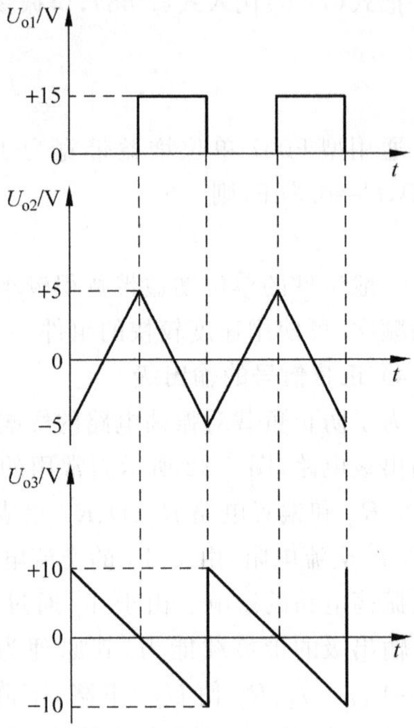

图7-33　3种波形

3. 电路设计仿真

应用Multisim进行电路设计仿真，设计的电路如图7-34所示。

4. 元件参数计算

由式(7-60)得

$$U_{o2m}=\frac{R_2}{R_3+R_{p1}}V_{CC}=\frac{U_{o2m}}{V_{CC}}=\frac{4}{12}=\frac{1}{3}$$

取 $R_3=10k\Omega$，则 $R_3+R_{p1}=30k\Omega$，取 $R_3=20k\Omega$，R_{p1} 为47kΩ的电位器。取平衡电阻 $R_1=R_2/\!/(R_3+R_{p1})\approx 10k\Omega$。

由式(7-61)得

$$R_4+R_{p1}=\frac{R_3+R_{p1}}{4R_2+C_2}$$

当 $1Hz\leqslant f\leqslant 10Hz$ 时，取 $C_2=10\mu F$，则 $R_4+R_{p2}=75\sim 7.5k\Omega$，取 $R_4=5.1k\Omega$，R_{p2} 为100kΩ电位器。当 $10Hz\leqslant f\leqslant 100Hz$ 时，取 $C_2=1\mu F$，以实现频率波段的转换，R_4 和 R_{p2} 的取值不变。取平衡电阻 $R_5=10k\Omega$。

三角波-正弦波变换电路的参数选择原则是：隔直电容 C_3、C_4、C_5 要取得较大，因为输出频率很低，取 $C_3=C_4=C_5=470\mu F$，滤波电容 C_6 视输出的波形而定，若含高次谐波成分较多，C_6 可取得较小，C_6 一般为几十皮法至0.1μF。$R_{E2}=100\Omega$ 与 $R_{p4}=100\Omega$ 并联，以减小差分放大器的线性区。差分放大器的静态工作点可通过观测传输特性曲线、调整 R_{p4} 确定。

5. 电路仿真结果

电路的仿真结果如图7-35和图7-36所示。可以看出产生的方波不够理想，可以采用更换芯片或添加电压跟随器等方法进行进一步的设计。

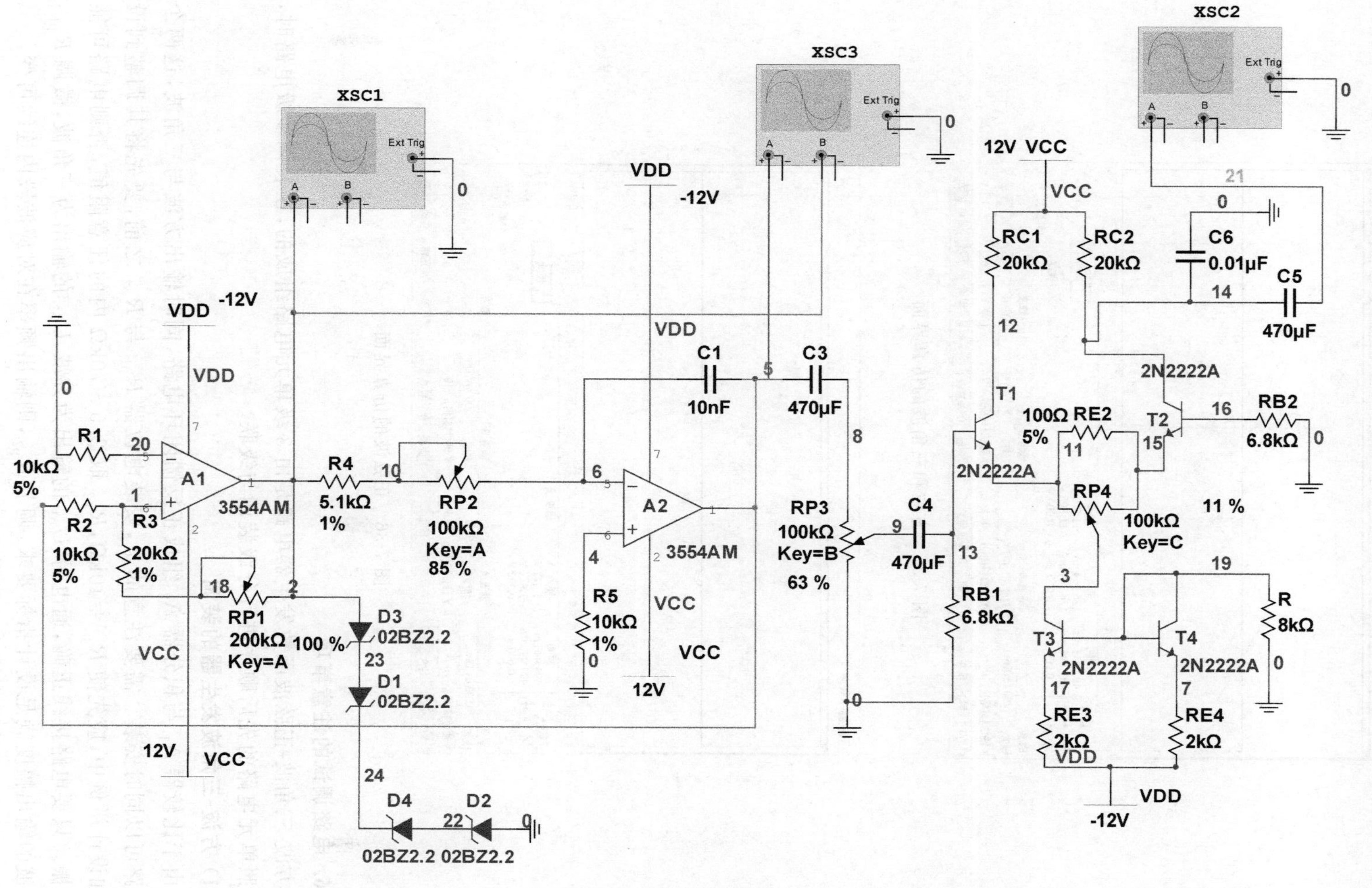

图 7-34 三角波-方波-正弦波函数发生器 Multisim 仿真实验电路

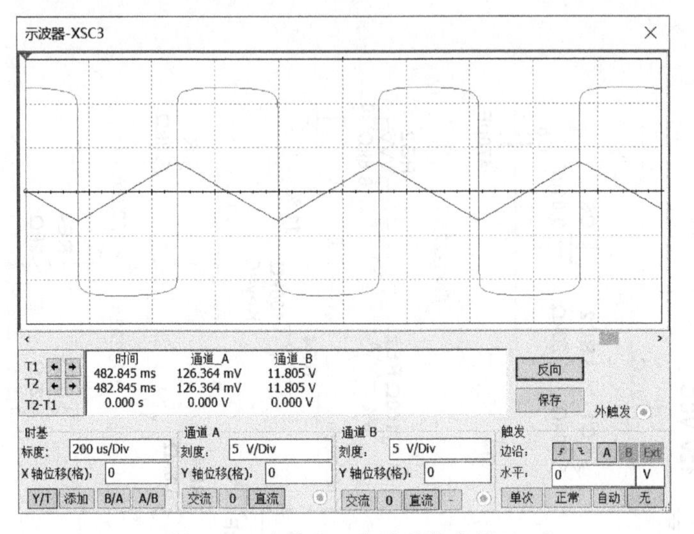

图 7-35 方波和三角波的仿真界面

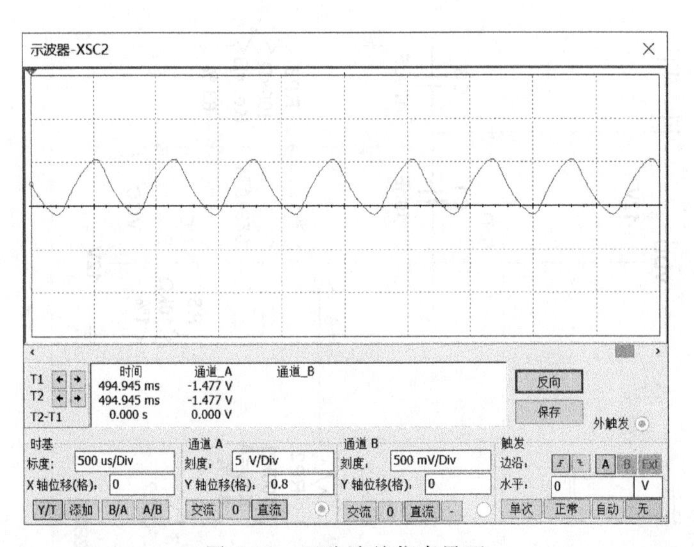

图 7-36 正弦波的仿真界面

6. 电路调试的注意事项

方波-三角波-正弦波函数发生器电路是由 3 级单元电路组成的,在装调多级电路时,通常按照单元电路的先后顺序进行分级装调与级联。

1) 方波-三角波发生器的装调

由于比较器 A_1 与积分器 A_2 组成正反馈闭环电路,同时输出方波与三角波,这两个单元电路可以同时安装。需要注意的是,安装电位器 R_{p1} 与 R_{p2} 之前,要先将其调整到设计值,如设计举例中,应先使 $R_{p1}=10\text{k}\Omega$,R_{p2} 取 2.5～70kΩ 内的任意阻值,否则电路可能不会起振。只要电路接线正确,通电后,U_{o1} 的输出为方波,U_{o2} 的输出为三角波,微调 R_{p1},使三角波的输出幅度满足设计指标要求,调节 R_{p2},则输出频率在对应波段内连续可变。

2) 三角波-正弦波变换电路的装调

按照图 7-34 所示装调三角波-正弦波变换电路,电路的调试步骤如下。

经电容 C_4 输入差模信号电压 $U_{id}=50\text{mV}$，$f_i=100\text{Hz}$ 的正弦波。调节 R_{p4}，使传输特性曲线对称。再逐渐增大 U_{id}，直到传输特性曲线形状如图 7-37 所示，记下此时对应的 U_{id}，即 U_{idm} 值。移去信号源，再将 C_4 左端接地，测量差分放大器的静态工作点 I_o、U_{C1}、U_{C2}、U_{C3}、U_{C4}。

(1) 将 R_{p3} 与 C_4 连接，调节 R_{p3} 使三角波的输出幅度经 R_{p3} 输出后等于 U_{idm} 值，这时 U_{o3} 的输出波形应接近正弦波，调整 C_6 大小可改善输出波形。如果 U_{o3} 的波形出现如图 7-37 所示的几种正弦波失真，则应调整和修改电路参数，产生失真的原因及采取的相应措施如下。

钟形失真如图 7-37(a)所示。传输特性曲线的线性区太宽，应减小 R_{E2}。

半波圆顶或平顶失真如图 7-37(b)所示。传输特性曲线对称性差，工作点 Q 偏上或偏下，应调整电阻 R_{p4}。

非线性失真如图 7-37(c)所示。三角波的线性度较差引起非线性失真，主要受运放性能的影响。可在输出端加滤波网络(如 $C_6=0.1\mu\text{F}$)改善输出波形。

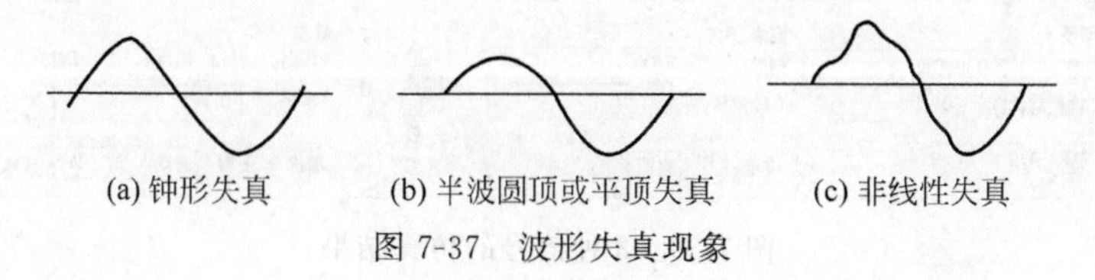

图 7-37 波形失真现象

(2) 性能指标测量与误差分析。方波输出电压 $U_{PP}\leqslant 2V_{CC}$ 是因为运放输出级由 NPN 型与 PNP 型两种晶体管组成复合互补对称电路，输出方波时，两管轮流截止与饱和导通，由于导通时输出电阻的影响，使方波输出幅度小于电源电压值。

(3) 方波的上升时间 t_r 主要受运算放大器转换速率的限制。如果输出频率较高，可接入加速电容 C_1(见图 7-23)，一般取 C_1 为几十皮法。用示波器或脉冲示波器测量 t_r。

7. 备选方案仿真设计

可以采用基于文氏桥的信号发生器以产生上述 3 种波形。参考仿真电路如图 7-38 所示，3 种信号的仿真结果如图 7-39 所示。

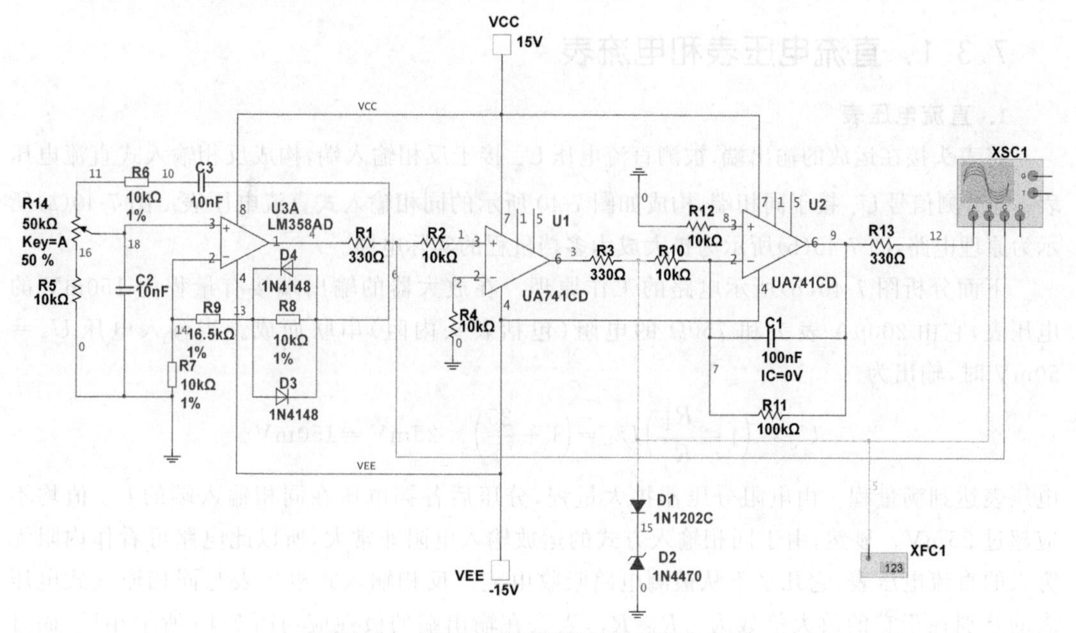

图 7-38 基于文氏桥的信号发生实验电路

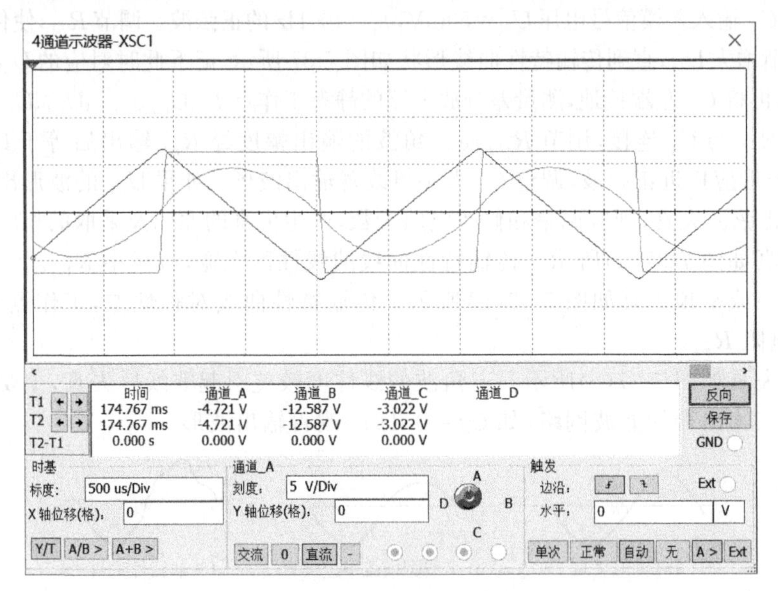

图 7-39 3 种信号的仿真结果

7.3 电表电路的设计

普通的模拟式电表中最常见的是以磁电式电流表(又称为表头)作为指示器,它具有灵敏度高、准确度高、刻度线性以及受外磁场和温度影响小等优点,但其性能还不能达到较理想的程度。在某些测量电路中,要求电压表有很高的内阻,而电流表的内阻却很低,或者需要测量微小的电压、电流等。将集成运放与磁电式电流表相结合,可构成内阻大于 10MΩ/V 的电压表和内阻小于 1Ω 的微安表等性能优良的电子测量仪表。

7.3.1 直流电压表和电流表

1. 直流电压表

将表头接在运放的输出端,被测直流电压 U_x 接于反相输入端,构成反相输入式直流电压表;将被测信号 U_x 接于同相端,构成如图 7-40 所示的同相输入式直流电压表。图 7-40(a)所示为原理电路,图 7-40(b)所示为扩大成为多挡量程的实际电路。

下面分析图 7-40(b)所示电路的工作原理。在放大器的输出端接有量程为 150mV 的电压表,它由 200μA 表头和 750Ω 的电阻(包括表头内阻)串联而成。当输入电压 $U_x = 50\text{mV}$ 时,输出为

$$U_o = \left(1+\frac{R_F}{R_1}\right)U_+ = \left(1+\frac{25}{5}\right)\times 25\text{mV} = 150\text{mV}$$

电压表达到满量程。由电阻分压器扩大量程,分压后各挡电压在同相输入端的 U_+ 值均不应超过 25mV。显然,由于同相输入方式的运放输入电阻非常大,所以此电路可看作内阻无穷大的直流电压表,它几乎不从被测电路吸收电流。反相输入式电压表与同相输入式电压表的差别在于它的放大倍数为 $-R_F/R_1$,表头在输出端的极性应与图 7-40 所示相反,而且

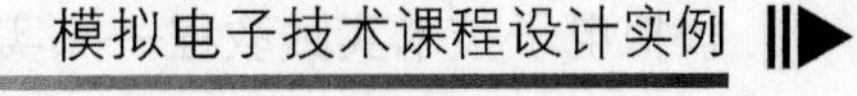

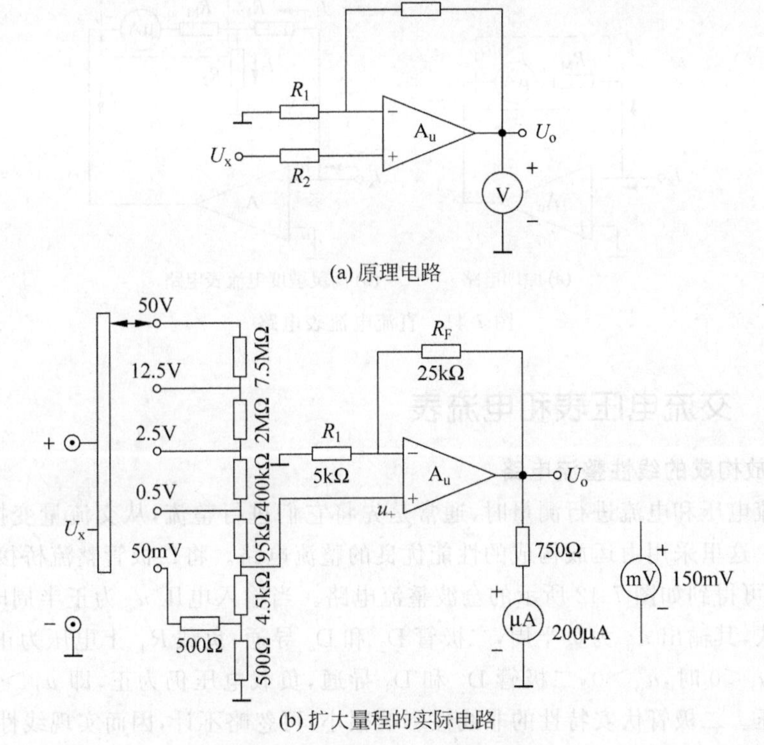

(a) 原理电路

(b) 扩大量程的实际电路

图 7-40　同相输入式直流电压表

输入电阻不会很大。

2. 直流电流表

直流电流表测量的实质是将直流电流转换成电压。仿照直流电压表的构成原理,电流表是把表头接在运放的输出端,通过改变反馈电阻即可改变电流表的量程。由于电流表希望内阻越小越好,所以被测电流 I_x 通常由运放的反相输入端输入。

这里介绍将表头接在反馈回路的直流电流表,其原理电路如图 7-41(a)所示。电阻 R_M 为表头内阻,表头中流过的电流就是被测电流,即

$$I_f = I_x \tag{7-72}$$

且电流与表头内阻 R_M 无关。电流表的内阻很小,约为

$$R_i \approx \frac{R_M}{1 + A_{uo}} \tag{7-73}$$

其中,A_{uo} 为运放的开环电压放大倍数。

图 7-41(b)所示为高灵敏度直流电流表电路。由虚假短路原则 $U_- = U_+$,可推导出表头流过的电流与被测电流的关系为

$$I = \left(1 + \frac{R_1}{R_2}\right) I_x \tag{7-74}$$

可见,被测电流 I_x 小于流过表头的电流 I,所以提高了电流表的灵敏度。利用运放和 100μA 的表头构成的直流电流表,适当选择参数,可达到量程为 10μA、内阻小于 1Ω 的高精度,这是普通微安表所达不到的。

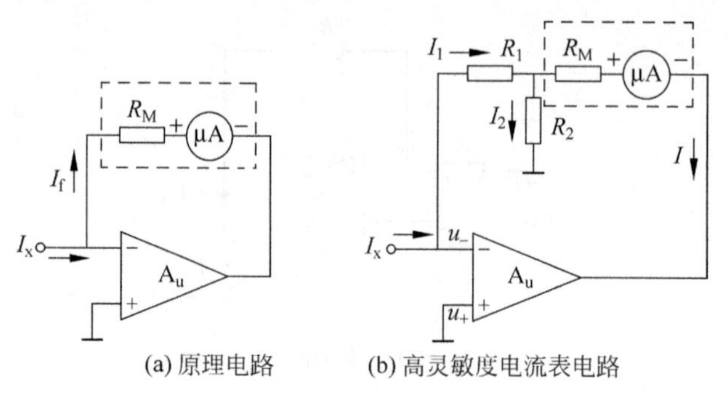

(a) 原理电路　　(b) 高灵敏度电流表电路

图 7-41　直流电流表电路

7.3.2　交流电压表和电流表

1. 由运放构成的线性整流电路

在对交流电压和电流进行测量时，通常是先将它们进行整流，从交流量变换成直流量，然后再测量。这里采用由运放构成的性能优良的整流电路。将二极管整流桥接在运放的反馈回路中，即可得到如图 7-42 所示的全波整流电路。当输入电压 u_i 为正半周时，因运放为反相输入方式，其输出 u_o 为负半周，二极管 D_2 和 D_4 导通，负载 R_L 上电压为正，即 $u_L>0$；当输入电压 $u_i<0$ 时，$u_o>0$，二极管 D_1 和 D_3 导通，负载电压仍为正，即 $u_L>0$，因而得到全波整流电压。二极管伏安特性的非线性影响很小，可忽略不计，因而实现线性整流。负载电压平均值与输入电压有效值(因输入为正弦电压)之间的关系为

$$U_L = 0.9U_i \tag{7-75}$$

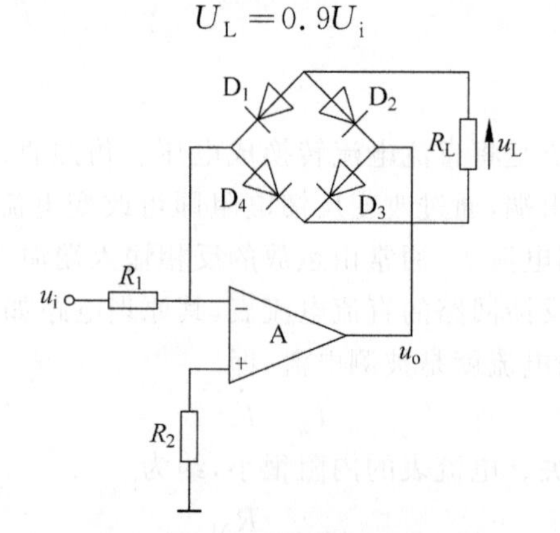

图 7-42　精密全波整流电路

利用整流电路和微安表可构成交流电压表和电流表。

2. 交流电压表

精密半波整流交流电压表电路如图 7-43 所示，它由精密半波整流电路和分压电阻构成。因为被测电压为交流，所以接在运放输出端的是交流电压表。

图 7-43 所示点画线框内部分即为精密半波整流电路，它相当于量程为 50mV，内阻接近无穷大的交流电压表。当同相输入端电压的有效值为 $U_+=50\text{mV}$ 时，流过微安表头的电流平均值 I 为 200μA。输出电压为半波整流电压，其平均值为

$$U_o = 0.45\left(1+\frac{R_F}{R_1}\right)U_+ = 0.45\left(1+\frac{R_F}{R_1}\right)K_i U_x \tag{7-76}$$

其中，U_x 为被测交流电压有效值；K_i 为不同量程的分压系数。

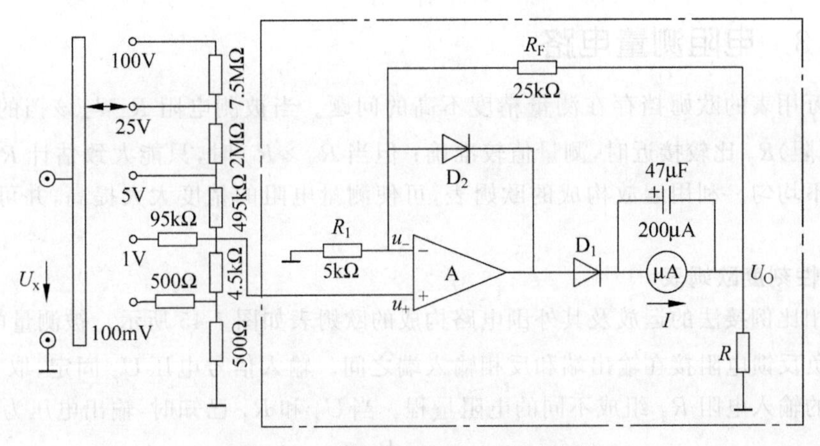

图 7-43　精密半波整流交流电压表

图 7-43 中流过微安表头的电流 I 是被测交流电压经整流而形成的，与 U_x 成正比，所以测量 I 即是测量 U_x。由于 I 为直流，故交流电压表的刻度是均匀的。根据式(7-76)可计算出各分压电阻的阻值。同理，还可构成精密全波整流交流电压表，其工作原理与半波整流交流电压表类似。

3. 交流电流表

将图 7-43 所示的精密全波整流电路稍加改动，即可构成如图 7-44 所示的交流电流表。

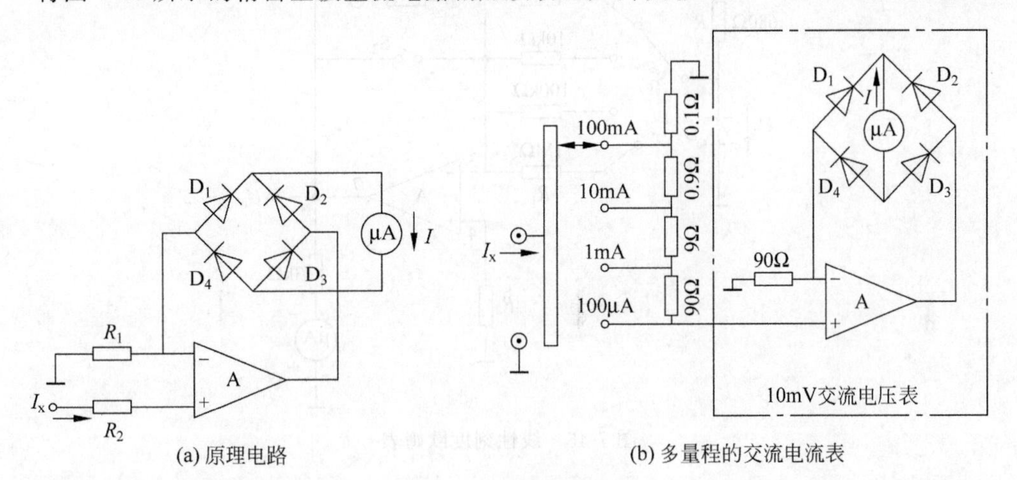

图 7-44　交流电流表

图 7-44(a)中微安表头是经过整流桥接入反馈电路的，所以流过表头的是全波整流电流，它指示的是电流平均值 I，若被测电流为正弦电流，则

$$I = 0.9 I_x \tag{7-77}$$

其中，I_x 为被测电流的有效值。

式(7-77)说明，微安表的指示只取决于 I_x，而与微安表内阻及二极管的非线性无关，因

此其刻度也是均匀的，具有较高的测量精度。

若要测量较大电流，则须扩大电流表的量程，图7-44(b)所示为一个多量程的交流电流表。其测量的实质是将被测电流经已知电阻转换成电压，再利用电压表进行测量。

7.3.3 电阻测量电路

普通万用表的欧姆挡存在测量精度不高的问题。当被测电阻 R_x 与该挡的等效内阻(即中值电阻)R_z 比较接近时，测量值较准确；但当 $R_x \gg R_z$ 时，只能大致估计 R_x 的阻值，因此刻度不均匀。利用运放构成的欧姆表，可使测量电阻的精度大大提高，并可获得线性刻度。

1. 线性刻度欧姆表

由反相比例接法的运放及其外围电路构成的欧姆表如图7-45所示。被测量电阻 R_x 作为运放的负反馈电阻接在输出端和反相输入端之间。输入信号电压 U_z 固定，取自稳压管。不同阻值的输入电阻 R_1 组成不同的电阻量程。当 U_z 和 R_1 已知时，输出电压为

$$U_o = -\frac{R_x}{R_1}U_z$$

可以看出，U_o 与被测电阻 R_x 成正比，由线性欧姆刻度的电压表即可读出电阻 R_x 的阻值。

$$R_x = -\frac{U_o}{U_z}R_1 \tag{7-78}$$

其中，$U_o < 0$。

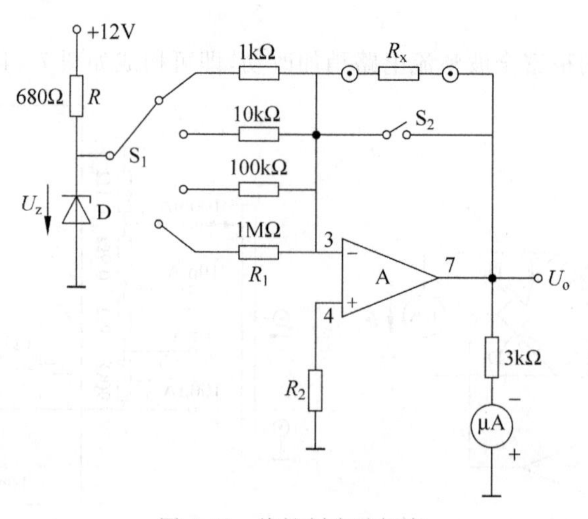

图7-45 线性刻度欧姆表

欧姆表的刻度呈线性是由于它测量的实质是将电阻转换成直流电压，再用电压表测量，所以此电路也称为欧姆-电压转换器。由于输入端失调引起的不平衡，可用开关 S_2 对运放进行调零调整，以提高测量精度。

2. 电桥测量电路

图7-46所示为利用电桥平衡原理测量电阻的欧姆表电路，它实质上是一个差动输入运算放大器电路。被测电阻 R_x 接在同相输入端与地之间。运放的输入为电桥的电源，调节

电阻 R_p 的大小,使输出电压为零,相当于电桥平衡。由差动比例运算关系式的条件可导出

$$\frac{R_x}{R_p}=\frac{R_2}{R_1}$$

即

$$R_x=\frac{R_2}{R_1}R_p=K_oR_p \tag{7-79}$$

其中,K_o 为欧姆表的倍率,当 R_2 取不同阻值时,即构成不同倍率的电阻挡量程;R_p 为带有刻度指示的可变电阻。

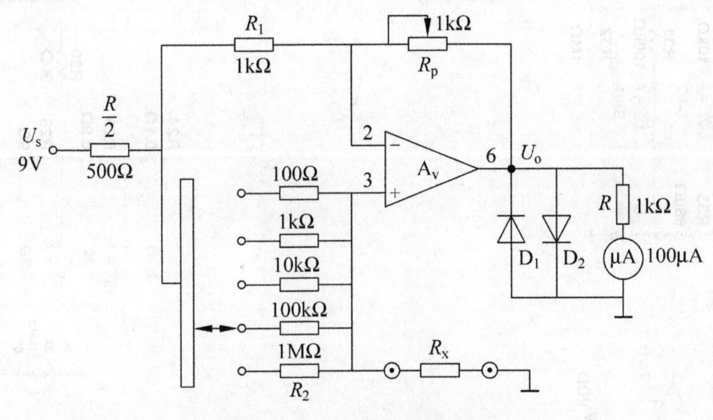

图 7-46　电桥测量电路

这种平衡电桥测量电路大大提高了精度,测量结果与输入无关,其精度主要取决于 R_p 的线性度以及调零准确与否。二极管 D_1、D_2 起输出限幅保护的作用,$R/2$ 为电源 U_s 的限流电阻。

7.3.4　设计实例

本节列举了一个模拟集成万用表的性能指标要求,提供了仿真设计。

1. 设计任务

设计一个模拟集成万用表。

2. 性能指标要求

(1) 直流电压测量范围:(0～15V)±5%。

(2) 直流电流测量范围:(0～10mA)±5%。

(3) 交流电压测量范围及频率范围:有效值(0～5V)±5%;频率范围为50Hz～1kHz。

(4) 交流电流测量范围:有效值(0～10mA)±5%。

(5) 欧姆表量程:0～1kΩ。

(6) 要求自行设计 V_{CC} 和 $-V_{EE}$ 直流稳压电源(不含整流与滤波电路)。

(7) 要求采用模拟集成电路,器件自选。

(8) 采用50μA或100μA直流表,要求测试出其内阻 R_M。

3. 电路仿真设计

仿真电路如图7-47所示。

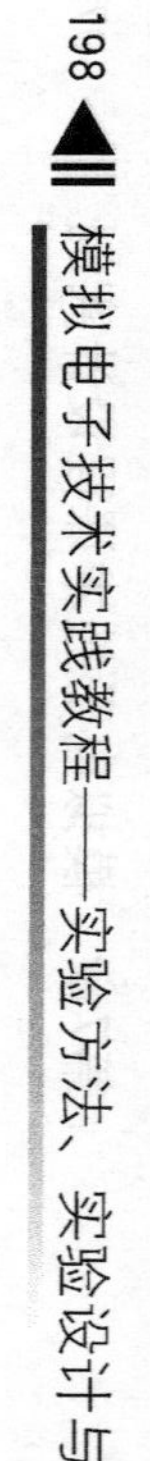

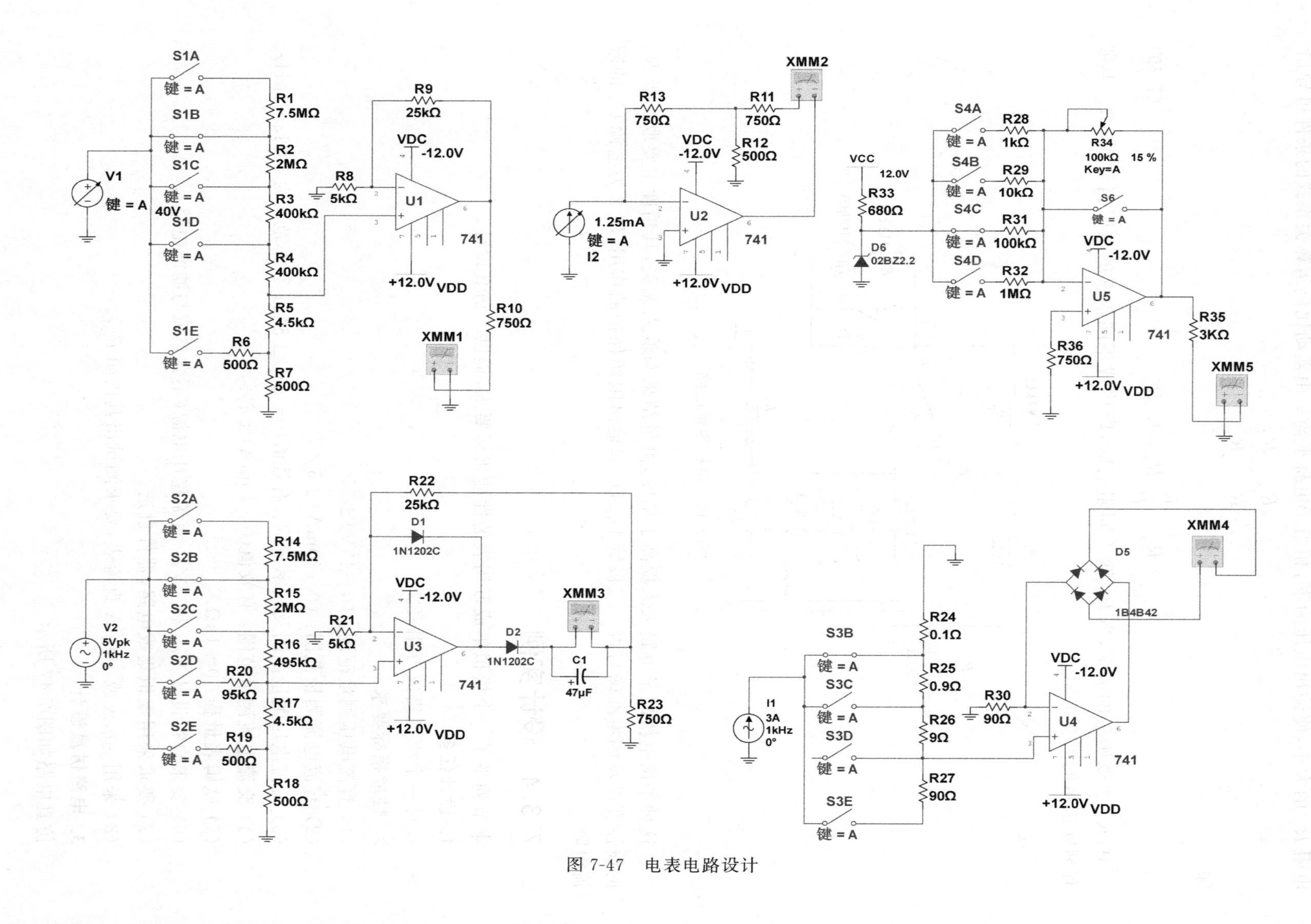

S1A
键 = A
S1B
S1C
S1D
S1E
V1
40V
R1 7.5MΩ
R2 2MΩ
R3 400kΩ
R4 400kΩ
R5 4.5kΩ
R6 500Ω
R7 500Ω
R8 5kΩ
R9 25kΩ
R10 750Ω
VDC -12.0V
U1
741
+12.0V VDD
XMM1
R13 750Ω
R11 750Ω
R12 500Ω
XMM2
U2
1.25mA
I2
VCC 12.0V
R33 680Ω
D6 02BZ2.2
S4A
S4B
S4C
S4D
R28 1kΩ
R29 10kΩ
R31 100kΩ
R32 1MΩ
R34 100kΩ 15 % Key=A
S6
U5
R35 3KΩ
R36 750Ω
XMM5
S2A
S2B
S2C
S2D
S2E
V2 5Vpk 1kHz 0°
R14 7.5MΩ
R15 2MΩ
R16 495kΩ
R17 4.5kΩ
R18 500Ω
R19 500Ω
R20 95kΩ
R21 5kΩ
R22 25kΩ
D1 1N1202C
D2 1N1202C
U3
XMM3
C1 47µF
R23 750Ω
I1 3A 1kHz 0°
S3B
S3C
S3D
S3E
R24 0.1Ω
R25 0.9Ω
R26 9Ω
R27 90Ω
R30 90Ω
U4
D5 1B4B42
XMM4

图 7-47 电表电路设计

7.4　逻辑信号电平测试器的设计

在检修数字集成电路组成的设备时，经常需要用万用表和示波器对电路中的故障部位的高低电平进行测量，以便分析故障原因。使用这些仪器能较准确地测出被测点信号电平的高低和被测信号的周期，但使用者必须一边用眼睛看着万用表的表盘或示波器的屏幕，一边同时寻找测试点，因此使用起来很不方便。本节介绍的仪器采用声音表示被测信号的逻辑状态，高电平和低电平分别用不同声调的声音表示，使用者不需要分神去看万用表的表盘或示波器屏幕。

7.4.1　电路组成及工作原理

图 7-48 所示为测试器原理框图。可以看出电路由 5 部分组成：输入电路、逻辑状态判断电路、音响电路、发音电路和电源。

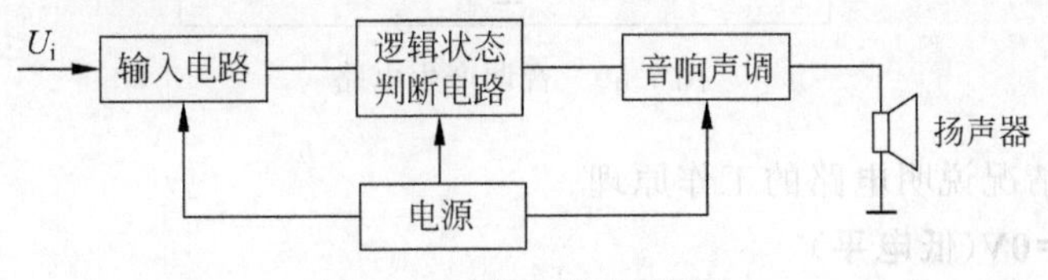

图 7-48　测试器原理框图

1. 输入电路及逻辑判断电路

图 7-49 所示为测试器的输入和逻辑判断电路。

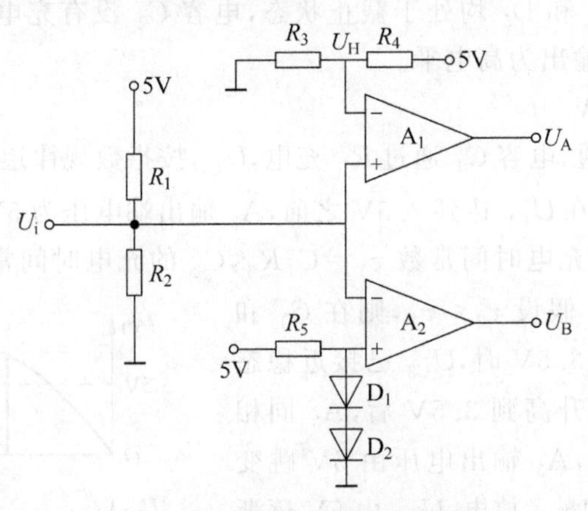

图 7-49　输入和逻辑判断电路

U_i 为被测信号；A_1 和 A_2 为两个运算放大器。可以看出，A_1 和 A_2 分别与它们外围电路组成两个电压比较器。A_2 的同相端电压为 0.4V 左右（D_1 和 D_2 均为锗二极管），A_1 的反相端电压 U_H 由 R_3 和 R_4 分压决定。当被测电压 $U_i<0.4V$ 时，A_1 反相端电压大于同相端电压，使 A_1 输出端 U_A 为低电平（0V）；A_2 反相端电压小于同相端电压，使它的输出端 U_B 为高电平（5V）。当 U_i 为 0.4V～U_H 时，A_1 同相端电压小于 U_H，A_2 同相端电压也小于反相端电压，所以 A_1 和 A_2 的输出电压均为低电平。当 $U_i>U_H$ 时，A_1 输出端 U_A 为高电平，A_2 输出端 U_B 为低电平。

2. 音调产生电路

图 7-50 所示为音调产生电路原理图。电路主要由两个运算放大器 A_3 和 A_4 组成。

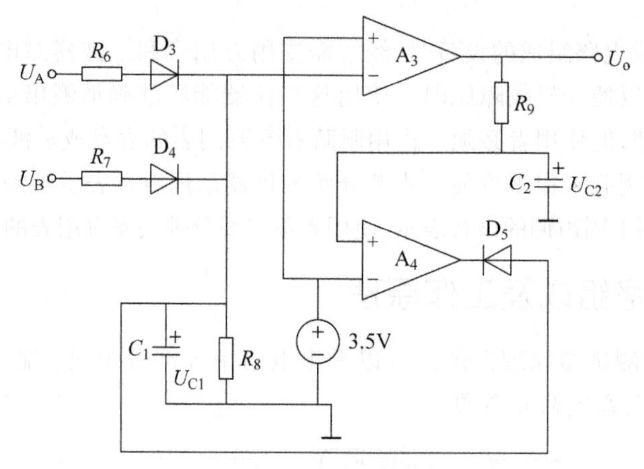

图 7-50 音调产生电路

下面分 3 种情况说明电路的工作原理。

1. $U_A=U_B=0V$(低电平)

此时由于U_A 和 U_B 均为低电平,所以二极管 D_3 和 D_4 截止。因 A_4 的反相输入端电压为 3.5V,同相输入端电压为电容 C_2 两端的电压 U_{C2},由于 U_{C2} 是一个随时间按指数规律变化的电压,所以 A_4 输出电压不能确定,但这个电压肯定大于或等于 0V,因此二极管 D_5 也是截止的。由于 D_3、D_4 和 D_5 均处于截止状态,电容 C_1 没有充电回路,因此 U_{C1} 将保持 0V 的电压不变,使 A_3 输出为高电平。

2. $U_A=5V, U_B=0V$

此时二极管 D_3 导通,电容 C_1 通过 R_6 充电,U_{C1} 按指数规律逐渐升高,由于 A_3 同相输入端电压为 3.5V,所以在 U_{C1} 达到 3.5V 之前,A_3 输出端电压为 5V,C_2 通过 R_9 充电。从图 7-50 可以看出 C_1 的充电时间常数 $\tau_1=C_1R_6$,C_2 的充电时间常数 $\tau_2=C_2(R_9+r_{o3})$,r_{o3} 为 A_3 的输出电阻。假设 $\tau_2<\tau_1$,则在 C_1 和 C_2 充电时,当 U_{C1} 达到 3.5V 时,U_{C2} 已接近稳态时的 5V。因此,在 U_{C1} 升高到 3.5V 后,A_3 同相端电压小于反相端电压,A_3 输出电压由 5V 跳变为 0V,使 C_2 通过 R_9 和 r_{o3} 放电,U_{C2} 由 5V 逐渐降低。当 U_{C2} 降到小于 A_4 反相端电压(3.5V)时,A_4 输出端电压跳变为 0V,二极管 D_5 导通,C_1 通过 D_5 和 A_4 的输出电阻放电。因为 A_4 输出电阻很小,所以 U_{C1} 将迅速降到 0V 左右,这导致 A_3 反相端电压小于同相端电压,A_3 的输出电压又跳变到 5V,C_1 再次充电,如此周而复始,就会在 A_3 输出端形成矩形脉冲信号。U_{C1}、U_{C2} 和 U_o 的波形如图 7-51 所示。

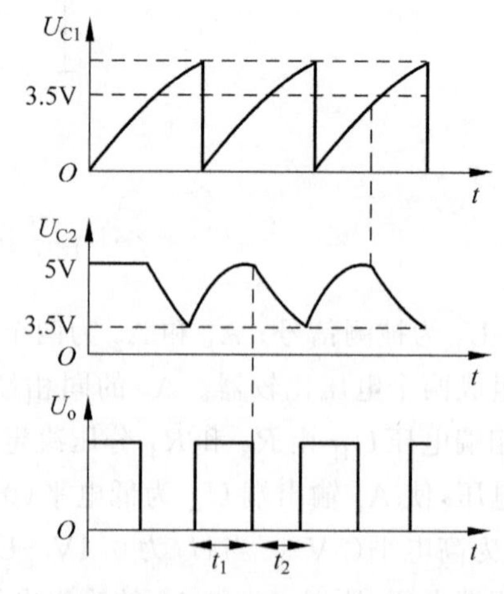

图 7-51 U_{C1}、U_{C2} 和 U_o 的波形

由图 7-51 可以看出 A_3 的输出电压 U_o 的周期为

$$T = t_1 + t_2 \tag{7-80}$$

根据一阶电路的响应特点可知，在 t_1 期间电容 C_1 充电，$U_{C1}(t_1)=5\left(1-e^{-\frac{t_1}{\tau_1}}\right)$；在 t_2 期间电容 C_2 放电，$U_{C2}(t_2)=5e^{-\frac{t_2}{\tau_2}}$。根据 $U_{C1}(t)$ 和 $U_{C2}(t)$ 的表达式可以分别求出：

$$t_1 = -\tau_1 \ln 0.3 \approx 1.2\tau_1 \tag{7-81}$$

$$t_2 = -\tau_2 \ln 0.7 \approx 0.36\tau_2 \tag{7-82}$$

这就是说，只要改变时间常数 τ_1、τ_2，就可改变 U_o 的周期。

3. $U_A=0V$，$U_B=5V$

此时电路的工作过程与 $U_A=5V$，$U_B=0V$ 时相同，唯一的区别是由于 D_4 导通，D_3 截止，U_B 高电平通过 R_7、D_4 向 C_1 充电，所以 C_1 的充电时间常数改变了，使 U_o 的周期发生相应的变化。

7.4.2　逻辑信号电平测试器的设计实例

下面列举逻辑信号电平测试器的技术指标和仿真电路。

1. 技术指标

(1) 测量范围：低电平<0.8V，高电平>3.5V。

(2) 用 1kHz 的音响表示被测信号为高电平。

(3) 用 800Hz 的音响表示被测信号为低电平。

(4) 当被测信号为 0.8～3.5V 时，不发出音响。

(5) 输入电阻大于 20kΩ。

(6) 工作电源为 5V。

2. 电路仿真设计

图 7-52 所示为逻辑信号电平测试器整机仿真电路。

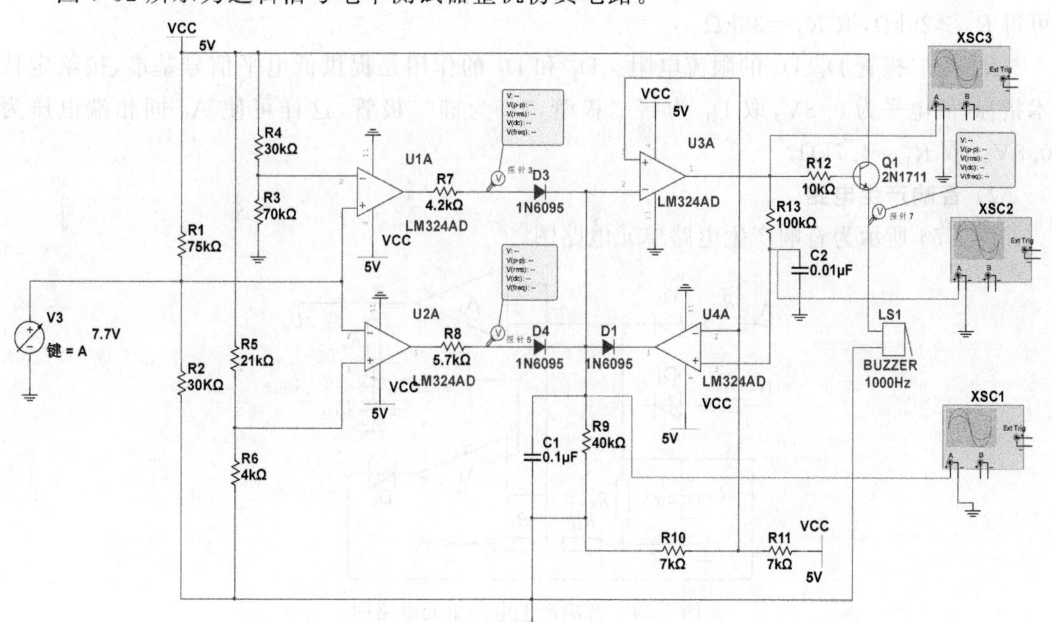

图 7-52　逻辑信号电平测试器整机仿真电路

3. 元件参数计算

1）输入和逻辑判断电路

输入和逻辑判断电路如图7-53所示，输入电路由R_1和R_2组成。电路的作用是保证测试器输入端悬空时，既不是高电平，也不是低电平。一般情况下，在输入端悬空时，$U_i=1.4\text{V}$。根据技术指标要求输入电阻大于20kΩ，因此可得

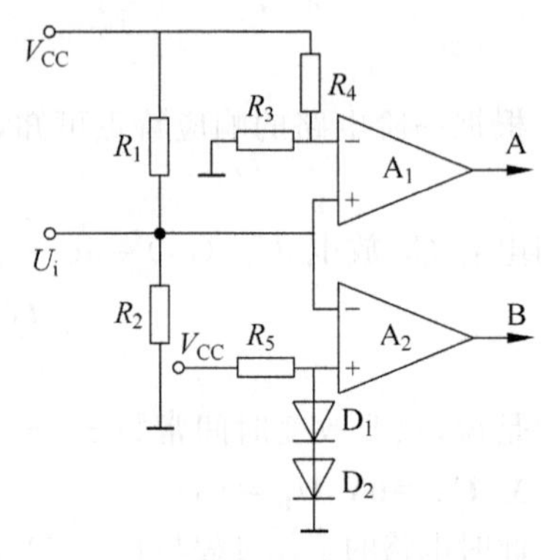

图7-53 输入和逻辑判断电路

$$\frac{R_2}{R_1+R_2}V_{CC}=1.4\text{V}$$

$$\frac{R_1R_2}{R_1+R_2}\geqslant 20\text{k}\Omega \tag{7-83}$$

可求出

$$R_2=27.6\text{k}\Omega,\ R_1=71\text{k}\Omega$$

取标称值

$$R_2=30\text{k}\Omega,\ R_1=75\text{k}\Omega$$

R_3和R_4的作用是给A_1的反相输入端提供一个3.5V的电压（高电平的基准）。因此只要满足

$$\frac{R_3}{R_3+R_4}V_{CC}\leqslant 3.5\text{V}$$

R_3、R_4取值过大容易引入干扰，取值过小则会增大耗电量。工程上一般在几十千欧姆到数百千欧姆间选取。因此，选取$R_3=68\text{k}\Omega$，根据

$$\frac{R_3}{R_3+R_4}V_{CC}\leqslant 3.5\text{V},\ V_{CC}=5\text{V}$$

可得$R_4\geqslant 29\text{k}\Omega$，取$R_4=33\text{k}\Omega$。

R_5为二极管D_1、D_2的限流电阻。D_1和D_2的作用是提供低电平信号基准，按给定技术指标，低电平为0.8V，取D_1为锗二极管，D_2为硅二极管，这样可使A_2同相端电压为0.8V。取$R_5=4.7\text{k}\Omega$。

2）音响产生电路

图7-54所示为音响产生电路单元电路图。

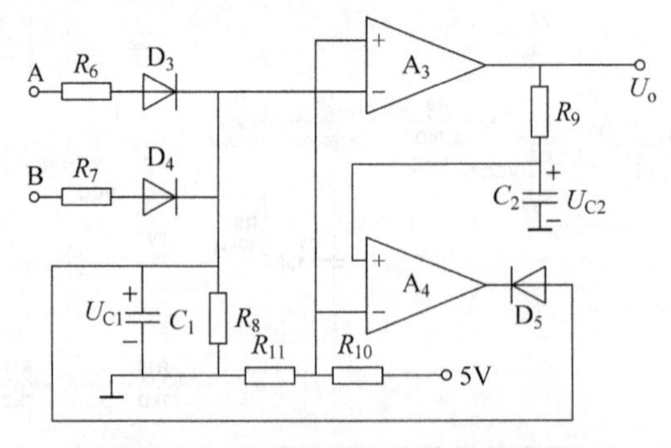

图7-54 音响产生电路单元电路图

图 7-54 中 R_{10} 和 R_{11} 的作用与图 7-53 中的 R_3 和 R_4 相同。取 $R_{10}=68\text{k}\Omega$，$R_{11}=30\text{k}\Omega$。D_3、D_4 和 D_5 均选用锗二极管 2AP9。

根据

$$T=t_1+t_2=1.2\tau_1+0.36\tau_2$$

选取

$$\tau_2=0.5\text{ms}$$

因为

$$\tau_2=R_9C_2$$

选取

$$C_2=0.01\mu\text{F}$$

所以

$$R_9=\frac{\tau_2}{C_2}=\frac{0.5\text{ms}}{0.01\mu\text{F}}=50\text{k}\Omega$$

又因为

$$T=t_1+t_2=1.2\tau_1+0.36\tau_2=1.2\tau_1+0.18\times10^{-3}$$

根据给定要求

$$\tau_1=R_6C_1\quad（被测信号为高电平）$$

或

$$\tau'_1=R_7C_1\quad（被测信号为低电平）$$

选取 $C_1=0.1\mu\text{F}$。由于技术指标中给定：当被测信号为高电平时，音响频率为 1kHz；被测信号为低电平时，音响频率为 800Hz，所以在被测信号为高电平时，因为

$$T=\frac{1}{f}=1\text{ms}$$

所以

$$1.2\tau_1+0.36\tau_2=1\times10^{-3}\text{s}$$

$$1.2\tau_1+0.18\times10^{-3}=1\times10^{-3}\text{s}$$

$$\tau_1\approx0.68\text{ms}$$

$$R_6=\frac{\tau_1}{C_1}=\frac{0.68\times10^{-3}}{0.1\times10^{-6}}\text{k}\Omega$$

所以 $R_6=6.8\text{k}\Omega$。

当被测信号为低电平时，音响频率为 800Hz，此时因为

$$T=\frac{1}{f}=\frac{1}{800}\text{ms}=1.25\text{ms}$$

所以

$$1.2\tau'_1+0.18\times10^{-3}=1.25\times10^{-3}\text{s}$$

$$\tau'_1\approx0.89\text{ms}$$

$$R_7=\frac{\tau'_1}{C_1}=\frac{0.89\times10^{-3}}{0.1\times10^{-6}}=8.9\text{k}\Omega$$

3）扬声器驱动电路

扬声器驱动电路如图 7-55 所示。由于驱动电路的工作电源电压比较低，因此对三极管的耐压要求不高。选取 3DG12 为驱动管，R 为限流电阻，本电路选取 $R=10\text{k}\Omega$。

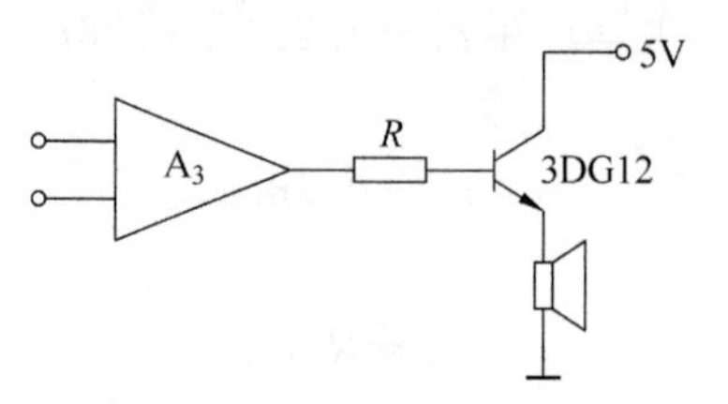

图 7-55　扬声器驱动电路

4. 电路仿真结果

电路仿真结果如图 7-56～图 7-58 所示。

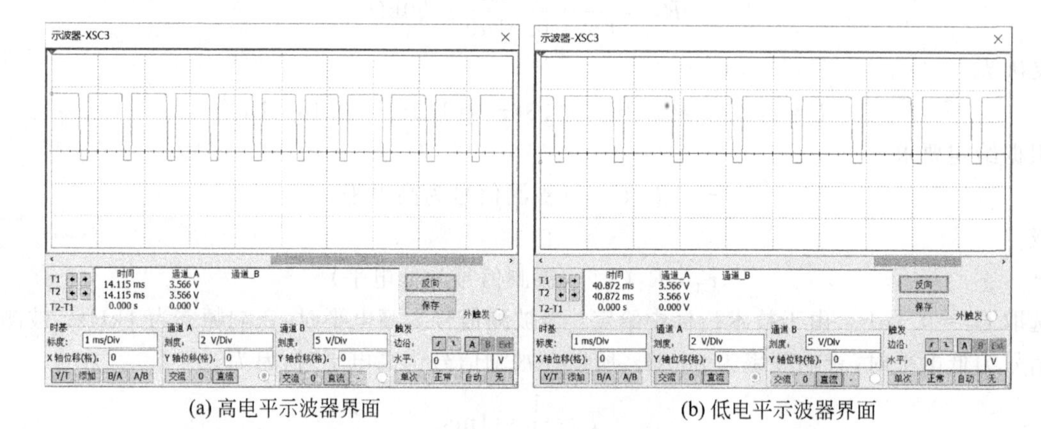

(a) 高电平示波器界面　(b) 低电平示波器界面

图 7-56　XSC3 示波器显示界面

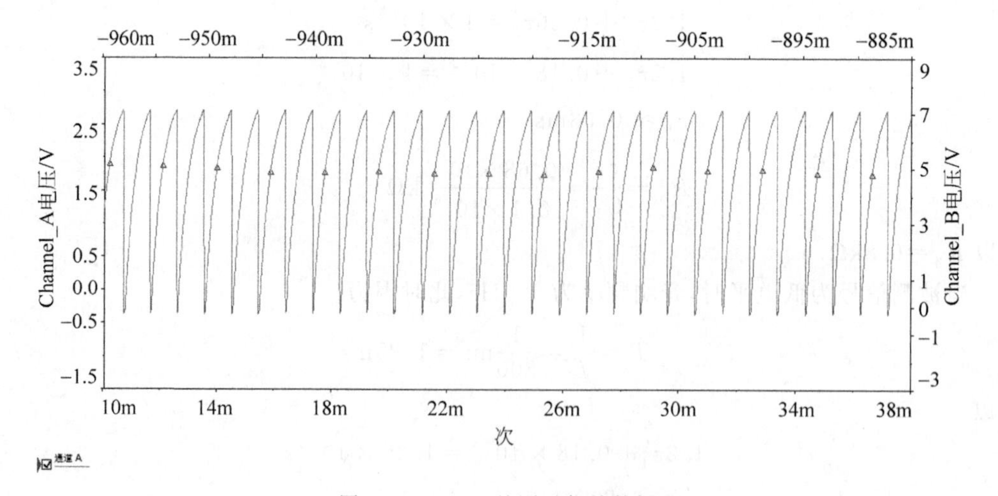

图 7-57　XSC1 的图示仪的数据

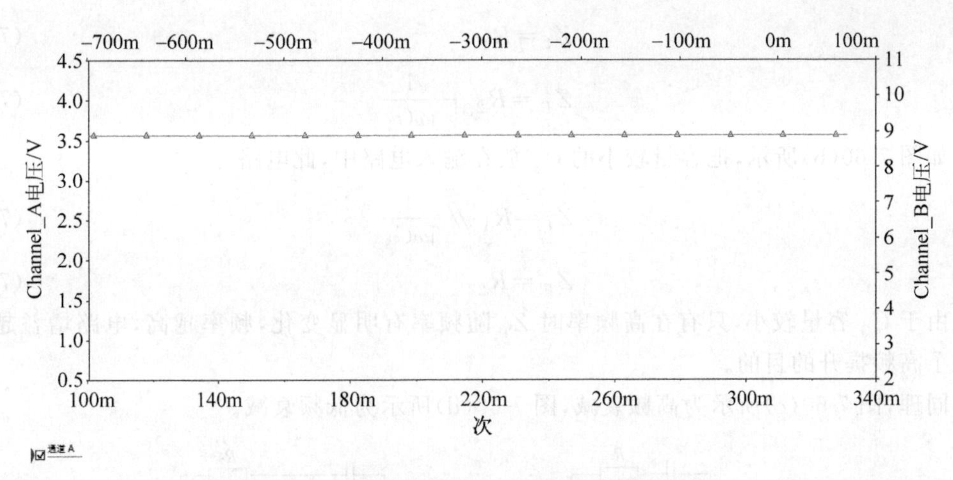

图 7-58 XSC3 在高低电平之间的示波器数据

7.5 反馈式音调控制电路设计

实际生活中,很多应用涉及电子信号的频率响应。实际的输入信号大多含有许多频率成分,占有一定的频率范围,放大电路往往对于不同频率的输入信号具有不同的放大能力。例如,人们在欣赏音乐时总希望听到悦耳的声音,但由于爱好不一,有的人喜欢声音浑厚深沉,有的人则喜欢清脆嘹亮。这就要求对信号频率特性进行人为加工,使频率特性中某段频率特性增加或降低达到某种效果,这称为音调控制。音调控制电路有很多种,常用的有反馈式音调控制电路、衰减式音调控制电路和混合式音调控制电路。

7.5.1 反馈式音调控制电路的工作原理

1. 电路组成

频率调控电路有 RC 无源调节电路、有源反馈式调节电路等。反馈式高低音调节原理电路如图 7-59 所示。

电路由运放和阻抗元件 Z_F 和 Z_f 组成。为使这种电路得到满意的效果,要求电路输入的信号源内阻应足够小(前级一般采用射极跟随器),另外,要求用来实现反馈式高低音调节电路的放大器开环增益应足够大(电路中运放的采用正是为此)。放大器的增益为

$$A_{uf}=-\frac{Z_F}{Z_f} \tag{7-84}$$

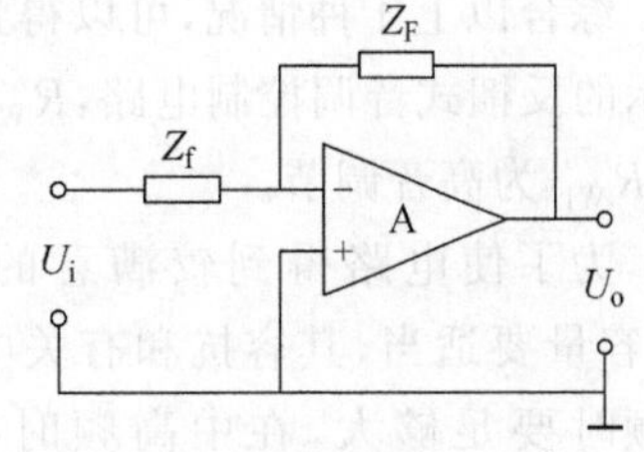

图 7-59 反馈式高低音调节原理电路

当频率改变时,Z_F 与 Z_f 的比值也在变,即放大器增益也在变,若改变 Z_F、Z_f 的电路结构,即使频率相同,其增益也在改变,达到了通过改变电路结构改变高低音的目的。图 7-60 给出了上述原理对不同频率增益的改变情况。

如图 7-60(a)所示,当 C_1 取值较大时,其容抗只有在低频时才有较大的变化,频率越低,Z_F 越大,电路增益越高,这就达到了低频提升的目的。

$$Z_f = R_1 \tag{7-85}$$

$$Z_F = R_2 + \frac{1}{j\omega C_1} \tag{7-86}$$

如图 7-60(b)所示，把容量较小的 C_3 放在输入电路中，此电路

$$Z_f = R_1 /\!/ \frac{1}{j\omega C_3} \tag{7-87}$$

$$Z_F = R_2 \tag{7-88}$$

由于 C_3 容量较小，只有在高频率时 Z_f 随频率有明显变化，频率越高，电路增益越高，达到了高频提升的目的。

同理，图 7-60(c)所示为高频衰减，图 7-60(d)所示为低频衰减。

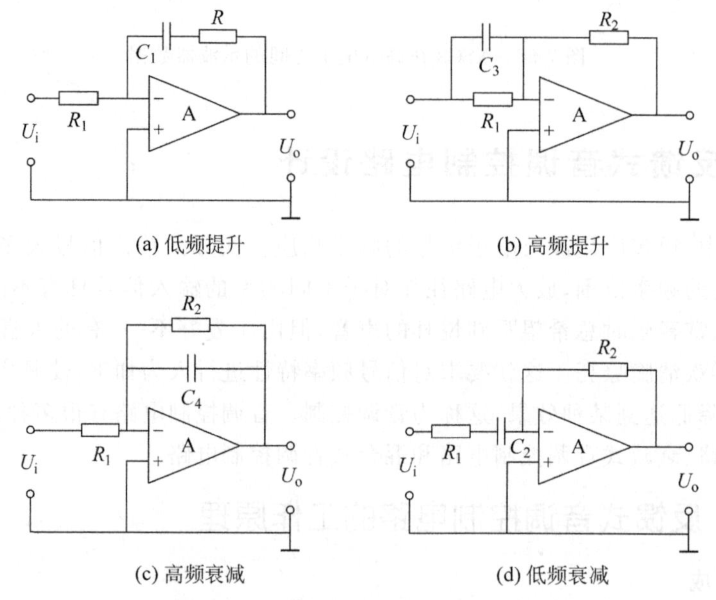

图 7-60 高低音调节电路的 4 种结构

综合以上 4 种情况，可以得到如图 7-61 所示的反馈式音调控制电路，R_{W2} 为低音调节，R_{W1} 为高音调节。

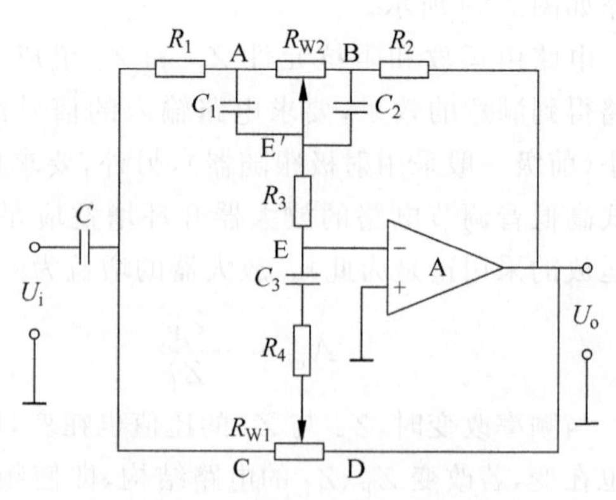

图 7-61 反馈式音调控制电路

为了使电路得到较满意的效果，C_1、C_2 容量要适当，其容抗和有关电阻相比在低频时要足够大，在中高频时要足够小。而 C_3 的容抗选择是在低中频时足够大，在高频时要足够小。也就是说，C_1、C_2 只让中高音信号通过，不让低音信号通过；而 C_3 只让高音信号通过，不让低中音信号通过。为讨论问题方便，在电路设计时常设为

$$\begin{cases} R_1 = R_2 = R_3 = R \\ R_{W1} = R_{W2} = 9R \\ C_1 = C_2 \gg C_3 \end{cases} \tag{7-89}$$

2. 电路的频率特性

1）信号在低频区

由于 C_3 的数值较小，低频时呈现的阻抗很大，上下两个支路相比 R_4、R_3 支路相当于开路。设运算放大器为理想元件，则 E 点与 E′点电位相等且近似于零，R_3 的影响可以忽略。当 R_2 的触点移到左端 A 点时 C_1 被短路，此时的等效电路如图 7-62 所示。在此电路中信号通过 R_1 加到反相输入端，反馈信号通过 R_2、R_{W2}、C_2 也加到反相输入端，对于中高音信号，C_2 相当于短路，反馈支路只有 R_2，反馈量最大时电路增益很小，输出 U_o 很小。随着频率的降低，C_2 容抗增大，反馈支路除 R_2 外还有 $R_{W2} /\!/ X_{C2}$，即反馈量减小，增益增加，输出 U_o 增大。当频率很低时，C_2 相当于开路，反馈支路相当于 $R_{W2}+R_2$，且由于 $R_{W2} \gg R_1$，此时反馈量极小，从而获得最大增益，输出 U_o 最大，这就是低频提升。

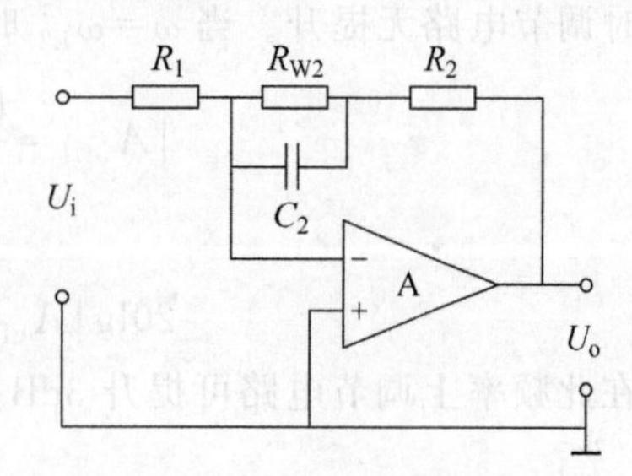

图 7-62 音调控制电路的等效电路

低频提升电路的数学关系式为

$$A_{uf} = -\frac{Z_F}{Z_f} \tag{7-90}$$

此时

$$\begin{cases} Z_F = R_2 + \left(R_{W2} /\!/ \dfrac{1}{j\omega C_2}\right) \\ Z_f = R_1 \end{cases} \tag{7-91}$$

则

$$A_{uf} = \frac{R_2 + R_{W2}}{R_1} \times \frac{1 + j\dfrac{\omega}{\omega_{L2}}}{1 + j\dfrac{\omega}{\omega_{L1}}} \tag{7-92}$$

其中

$$\begin{cases} \omega_{L1} = 2\pi f_{L1} = \dfrac{1}{R_{W2} C_2} \\ \omega_{L2} = 2\pi f_{L2} = \dfrac{R_2 + R_{W2}}{R_2 R_{W2} C_2} \end{cases} \tag{7-93}$$

根据假设条件

$$\frac{R_2 + R_{W2}}{R_1} = 10 \tag{7-94}$$

即 $\omega_{L2} = 10\omega_{L1}$。

$$|A_{uf}|=\frac{R_2+R_{W2}}{R_1}\sqrt{\frac{1+\left(\frac{\omega}{\omega_{L2}}\right)^2}{1+\left(\frac{\omega}{\omega_{L1}}\right)^2}} \tag{7-95}$$

当 $\omega \gg \omega_{L2}$ 时(信号频率接近中频),有

$$|A_{uf}|=\frac{R_2+R_{W2}}{R_1}\frac{\omega_{L1}}{\omega_{L2}}=1 \tag{7-96}$$

$$20\lg|A_{uf}|=0 \tag{7-97}$$

此时调节电路无提升。当 $\omega=\omega_{L2}$ 时,有

$$|A_{uf}|=\frac{R_2+R_{W2}}{R_1}\sqrt{\frac{2}{1+\left(\frac{\omega_{L2}}{\omega_{L1}}\right)^2}}=\sqrt{2} \tag{7-98}$$

$$20\lg|A_{uf}|=3\text{dB} \tag{7-99}$$

即在此频率上调节电路可提升 3dB。当 $\omega=\omega_{L1}$ 时,有

$$|A_{uf}|=\frac{R_2+R_{W2}}{R_1}\sqrt{\frac{1+\left(\frac{\omega_{L2}}{\omega_{L1}}\right)^2}{2}}\approx 7.07 \tag{7-100}$$

$$20\lg|A_{uf}|=17\text{dB} \tag{7-101}$$

当 $\omega \ll \omega_{L1}$ 时,有

$$|A_{uf}|\approx\frac{R_2+R_{W2}}{R_1}=10 \tag{7-102}$$

$$20\lg|A_{uf}|=20\text{dB} \tag{7-103}$$

从上面几种情况可以看出,当频率分别为 $\omega \gg \omega_{L2}$、$\omega=\omega_{L2}$、$\omega=\omega_{L1}$、$\omega \ll \omega_{L1}$ 时,对应的提升量为 0dB、3dB、17dB、20dB。两转折频率 ω_{L1}、ω_{L2} 之间按每倍频程 6dB 变化,其曲线如图 7-63 所示,当把曲线用折线表示时,f_{L1}、f_{L2} 对应折线的拐点。

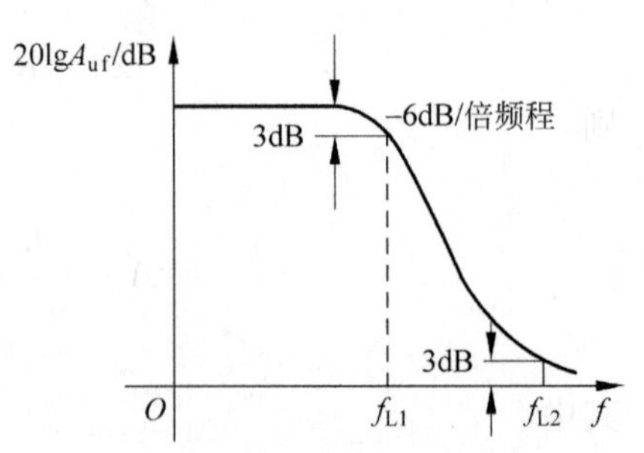

图 7-63　低频提升电路幅频特性

利用同样的分析方法,当 R_{W2} 滑动到 B 点时,其等效电路如图 7-64(a)所示。对于高中音信号,此电路中的 C_1 相当于短路,R_{W2} 被短接,放大倍数为 1,无衰减也无提升。随着频率降低,C_1 的容抗增大,输入信号衰减量增大,反馈量也加大,增益下降。当频率很低时,C_1 相当于开路,输入信号衰减最大,反馈最深,增益最小,这就是低频衰减。其幅频特性数学表达式为

$$A_{uf}=\frac{-R_2}{R_1+\left(R_{W2}\,/\!/\,\frac{1}{j\omega C_1}\right)}$$

$$=-\frac{R_2}{R_{W2}+R_1}\frac{j\omega R_{W2}C_1}{1+j\omega\frac{R_1R_{W2}}{R_1+R_{W2}}C_1} \tag{7-104}$$

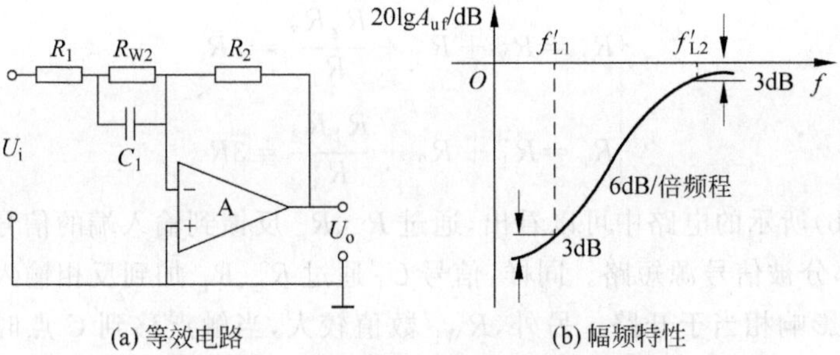

(a) 等效电路 (b) 幅频特性

图 7-64 低频衰减等效电路及幅频特性

令

$$\begin{cases} f'_{L1}=\dfrac{1}{2\pi R_{W2}C_1}=f_{L1} \\ f'_{L2}=\dfrac{R_1+R_{W2}}{2\pi C_1R_{W2}R_1}=f_{L2} \end{cases} \tag{7-105}$$

则

$$A_{uf}=-\frac{R_2}{R_1+R_{W2}}\times\frac{1+j\dfrac{\omega}{\omega'_{L1}}}{1+j\dfrac{\omega}{\omega'_{L2}}} \tag{7-106}$$

$$|A_{uf}|=\frac{R_2}{R_1+R_{W2}}\sqrt{\frac{1+\left(\dfrac{\omega}{\omega'_{L1}}\right)^2}{1+\left(\dfrac{\omega}{\omega'_{L2}}\right)^2}} \tag{7-107}$$

用低频提升电路同样的分析方法,可得如图 7-64(b)所示的幅频特性曲线,在中频区增益为 0dB,在 $f=f'_{L2}$ 时增益为 -3dB,$f=f'_{L1}$ 时增益为 -17dB,在 f'_{L2} 与 f'_{L1} 之间为每倍频程 6dB 变化,最大衰减为 20dB。其中,f'_{L1} 和 f'_{L2} 为转折频率。

2)信号在高频区

由于频率较高,大电容 C_1、C_2 可视为短路,而 C_3 再不能视为开路了,其等效电路如图 7-65(a)所示。为了讨论问题的方便,把 Y 形接法改为△形接法,如图 7-65(b)所示。

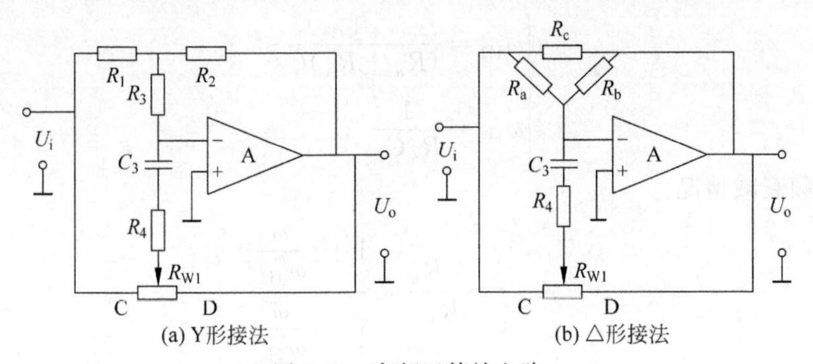

(a) Y形接法 (b) △形接法

图 7-65 高频区等效电路

其中

$$\begin{cases} R_a = R_1 + R_3 + \dfrac{R_1 R_3}{R_2} = 3R \\ R_b = R_2 + R_3 + \dfrac{R_2 R_3}{R_1} = 3R \\ R_c = R_1 + R_2 + \dfrac{R_1 R_2}{R_3} = 3R \end{cases} \tag{7-108}$$

从图 7-65(b)所示的电路中可以看出,通过 R_c、R_a 反馈到输入端的信号极小,这一支路的反馈信号大部分被信号源短路。同样,信号 U_i 通过 R_c、R_b 加到反相输入端的也极小,可见 R_c 对电路的影响相当于开路。另外,R_{W1} 数值较大,当触点移到 C 点时经 R_{W1} 送回的反馈信号相当微弱,DC 间相当于开路。当触点移到 D 点时,由于 R_{W1} 很大,信号几乎不可能通过 R_{W1} 送到反相输入端,CD 间相当于开路,当触点接到 C 和 D 这两个特殊点时,其等效电路如图 7-66 所示。

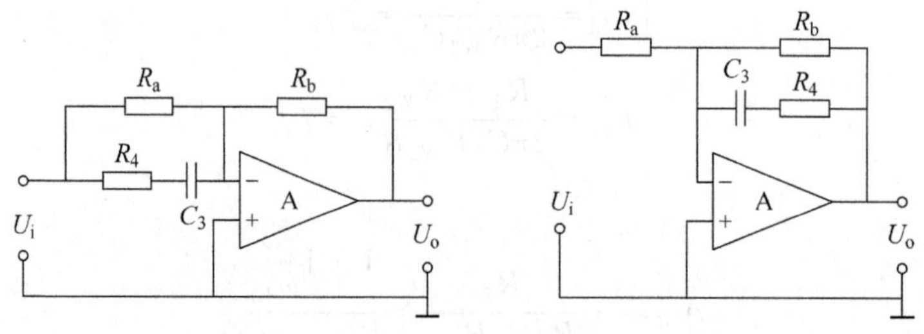

图 7-66 R_{W1} 触点接到 C 点和 D 点时的等效电路

分析高频提升情况。

$$A_{uf} = \frac{-R_b}{R_a} \times \frac{1 + j\dfrac{\omega}{\omega_{H1}}}{1 + j\dfrac{\omega}{\omega_{H2}}} \tag{7-109}$$

$$|A_{uf}| = \frac{R_b}{R_a}\sqrt{\frac{1 + \left(\dfrac{\omega}{\omega_{H1}}\right)^2}{1 + \left(\dfrac{\omega}{\omega_{H2}}\right)^2}} \tag{7-110}$$

其中

$$\begin{cases} \omega_{H1} = \dfrac{1}{(R_a + R_4)C_3} \\ \omega_{H2} = \dfrac{1}{R_4 C_3} \end{cases} \tag{7-111}$$

分析高频衰减情况。

$$A_{uf} = \frac{-R_b}{R_a} \times \frac{1 + j\dfrac{\omega}{\omega'_{H1}}}{1 + j\dfrac{\omega}{\omega'_{H2}}} \tag{7-112}$$

$$|A_{uf}|=\frac{R_b}{R_a}\sqrt{\frac{1+\left(\frac{\omega}{\omega'_{H1}}\right)^2}{1+\left(\frac{\omega}{\omega'_{H2}}\right)^2}} \tag{7-113}$$

其中

$$\begin{cases}\omega'_{H1}=\omega_{H1}\\ \omega'_{H2}=\omega_{H2}\end{cases} \tag{7-114}$$

其规律为：中频区增益为 0dB；$f=f_{H1}$ 时增益为 ±3dB；$f=f_{H2}$ 时增益为 ±17dB；f_{H1} 与 f_{H2} 之间为 6dB/倍频程变化，最大提升和衰减量为 ±20dB。

把上面讨论的 4 种情况画在同一坐标上，可得如图 7-67 所示的曲线。

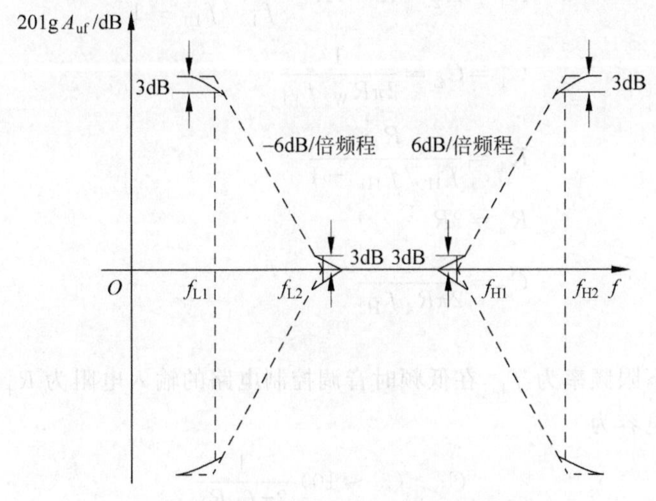

图 7-67 高低频提升和高低频衰减曲线

曲线在 $f_{L1}\sim f_{L2}$ 或 $f_{H1}\sim f_{H2}$ 有每倍频程 ±6dB 的变化规律。设 f_{LX} 为 f_{L1} 与 f_{L2} 之间的某一频率，f_{HX} 为 f_{H1} 与 f_{H2} 之间的某一频率，则 f_{LX}、f_{HX} 与 f_{L2}、f_{H1} 有以下关系。

$$f_{L2}=f_{LX}\times 2^{\frac{\text{提升量(dB)}}{6}} \tag{7-115}$$

$$f_{HX}=f_{H1}\times 2^{\frac{\text{提升量(dB)}}{6}} \tag{7-116}$$

通过以上分析可以得出以下结论。

(1) R_{W2} 控制低频，R_{W1} 控制高频。

(2) 当 R_{W2} 从 A 点向 B 点滑动时，低频信号衰减逐渐增大，反馈逐渐增强，使低频从提升转向衰减。同理，当 R_{W1} 从 C 点向 D 点滑动时，高频信号衰减增大，反馈也增强，使高频信号从提升转向衰减，把 R_{W2}、R_{W1} 放在不同位置时，可得到高低频的不同提升或衰减。

(3) 音调控制电路中音增益 $A_{uf}=-1$，不因 R_{W2}、R_{W1} 改变而改变。

(4) 电路的最大提升量是依靠减少输入信号衰减和减弱负反馈量来达到的，因此电路的放大级必须有足够的开环增益，才能依靠强的负反馈获得较宽的调节量。

3. 设计方法

1) 选择组件

根据设计要求选择组件，因高低音调节电路一般放在多级放大器中间部位，对其没有特殊要求，故选用通用型就可以了，如 F007(μA741)。

2）确定转折频率

在已知转折频率 f_{L1}、f_{L2} 和要求的 f_{LX}、f_{HX} 处的提升或衰减量时，可根据 f_{L2} 与 f_{LX}、f_{HX} 与 f_{H2} 之间的关系求出 f_{L2}、f_{H1}。

3）确定 R_{W1}、R_{W2} 阻值

前面已假定 $R_{W1}=R_{W2}=9R$，它的确定影响着转折频率及其他元件参数。因为组件差模电阻较大，F007 可达 2MΩ，故 R_{W1}、R_{W2} 可选大些，一般选几十千欧到几百千欧。

4）元件参数计算

由式(7-105)可知

$$R_1=R_2=R_3=R=\frac{R_{W2}}{f_{L2}/f_{L1}-1} \tag{7-117}$$

$$C_1=C_2=\frac{1}{2\pi R_{W2}f_{L1}} \tag{7-118}$$

$$R_4=\frac{R_a}{f_{H2}/f_{H1}-1} \tag{7-119}$$

$$R_a=3R \tag{7-120}$$

$$C_3=\frac{1}{2\pi R_4 f_{H2}} \tag{7-121}$$

5）耦合电容

设放大器的下限频率为 f_L，在低频时音调控制电路的输入电阻为 R_1，按一般 RC 耦合电路计算出耦合电容为

$$C\geqslant(3\sim10)\frac{1}{2\pi f_L R_1} \tag{7-122}$$

7.5.2 反馈式音调控制电路的设计

本节列举一种反馈式音调控制电路的技术指标及参考设计电路。

1. 技术指标

放大倍数：$A_u\geqslant10$。

输入信号：$U_i\leqslant50\text{mV}$。

输入电阻：$R_i\geqslant500\text{k}\Omega$。

频率范围：$f_L\leqslant20\text{Hz}$，$f_H=20\text{kHz}$。

音调控制范围：低音 100Hz，±12dB；高音 10kHz，±12dB。

音调控制电路信号源内阻：$R_s\leqslant1\text{k}\Omega$。

2. 电路设计

1）电路选择

由于输入电阻很高，故输入级第 1 级采用由场效应管组成的共源放大电路。为了保证音调控制电路有较好的效果，给音调控制电路以较小的信号源内阻，第 2 级采用射极跟随器电路。虽然要求音调调节范围不算太宽，但为了信号无衰减，失真小，还要采用反馈式音调控制电路，音调调节电路的放大级采用通用型组件 F007。为了使用统一的电源，并给输入级更微小的纹波，电路中加入有源滤波电路，整机电路如图 7-68 所示。

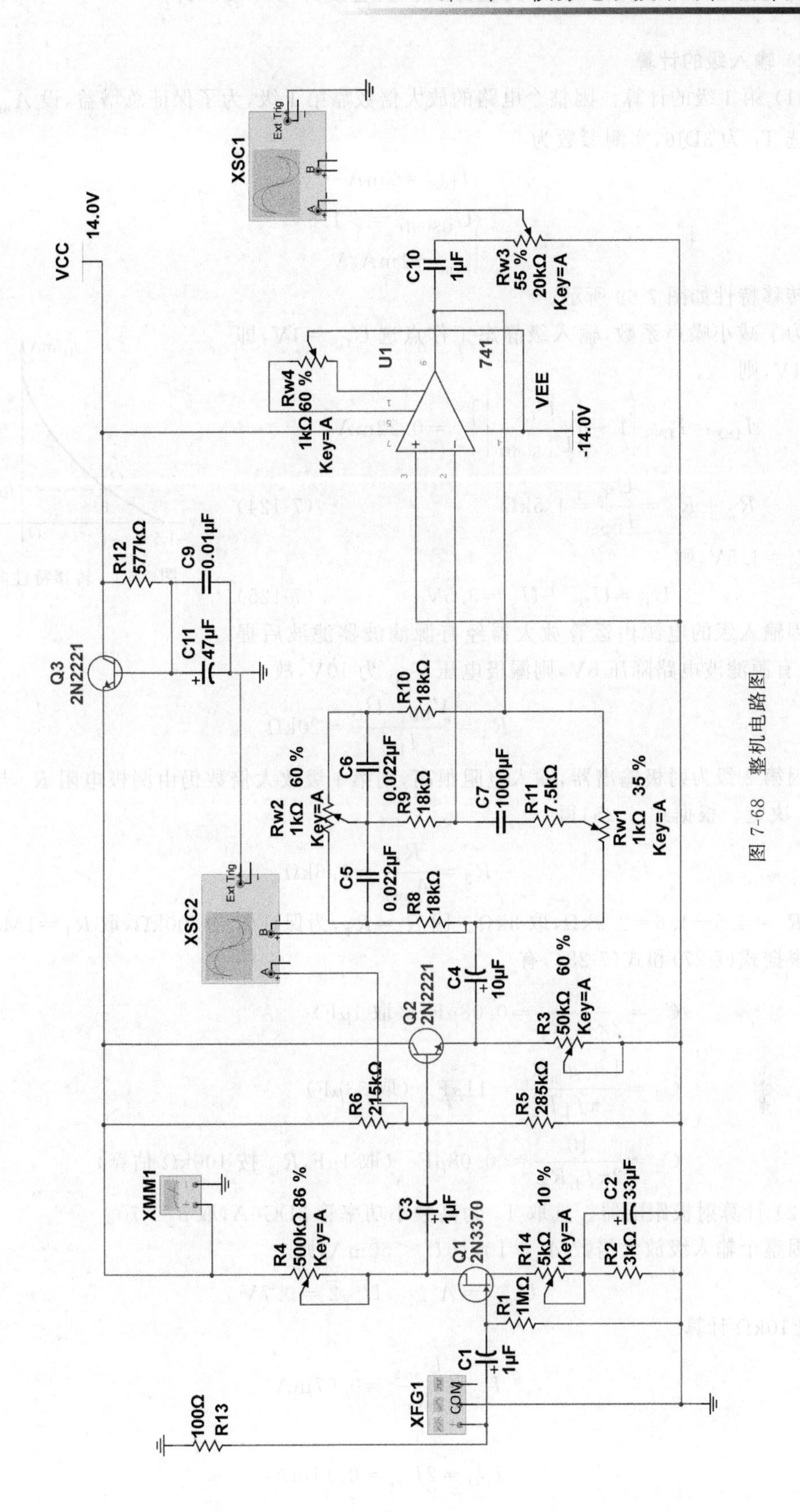
XSC1
Ext Trig
A
B
VCC
14.0V
C10
1µF
Rw3
55 %
20kΩ
Key=A
U1
741
Rw4
60 %
1kΩ
Key=A
VEE
-14.0V
R12
577kΩ
C9
0.01µF
C11
47µF
Q3
2N2221
R10
18kΩ
C6
0.022µF
R9
18kΩ
Rw2
1kΩ 60 %
Key=A
C7
1000µF
R11
7.5kΩ
Rw1
1kΩ 35 %
Key=A
C5
0.022µF
R8
18kΩ
XSC2
Ext Trig
A
B
C4
10µF
Q2
2N2221
R3
50kΩ 60 %
Key=A
R6
215kΩ
R5
285kΩ
XMM1
C3
1µF
C2
33µF
R4
500kΩ 86 %
Key=A
R14
5kΩ 10 %
Key=A
R2
3kΩ
Q1
2N3370
R1
1MΩ
C1
1µF
XFG1
COM
R13
100Ω

图 7-68 整机电路图

2）输入级的计算

(1) 第 1 级的计算。因整个电路的放大倍数靠第 1 级，为了保证总增益，设 $A_{um1}=12$。选 T_1 为 3DJ6，实测参数为

$$\begin{cases} I_{DSS}=2\text{mA} \\ U_{GS(off)}=-1.5\text{V} \\ g_m=1\text{mA/V} \end{cases} \tag{7-123}$$

转移特性如图 7-69 所示。

为了减小噪声系数，输入级静态工作点选 $U_{GS}=1\text{V}$，即 $U_S=1\text{V}$，则

$$I_{DQ}=I_{DSS}\left[1-\left|\frac{U_{GS}}{U_{GS(off)}}\right|\right]^2=0.22\text{mA}$$

$$R_2+R_3=\frac{U_S}{I_{DQ}}=4.5\text{k}\Omega \tag{7-124}$$

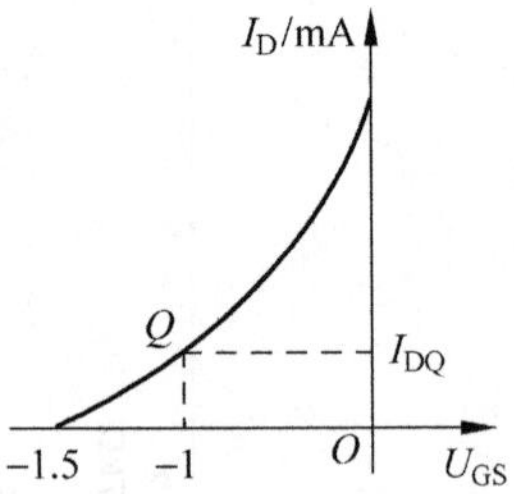

图 7-69 转移特性曲线

取 $U_{DS}=4.5\text{V}$，则

$$U_D=U_{DS}+U_S=5.5\text{V} \tag{7-125}$$

因输入级的电源由运算放大器经有源滤波器滤波后提供，设有源滤波电路降压 5V，则漏极电压 V_{DD} 为 10V，故

$$R_4=\frac{V_{DD}-U_D}{I_{DQ}}=20\text{k}\Omega \tag{7-126}$$

因第 2 级为射极输出器，输入电阻很高，则第 1 级放大倍数仍由漏极电阻 R_4 与源极电阻 R_3 决定。根据式(7-25)得

$$R_3=\frac{R_4}{A_{um1}}=1.6\text{k}\Omega \tag{7-127}$$

由于 $R_2=4.5-1.6=2.9\text{k}\Omega$，取 3kΩ。因 $R_i=R_1$，为保证 $R_i\geqslant 500\text{k}\Omega$，取 $R_1=1\text{M}\Omega$。

根据式(7-27)和式(7-28)，有

$$C_1=\frac{10}{2\pi f_L R_1}=0.08\mu\text{F} \quad (\text{取 } 1\mu\text{F})$$

$$C_2=\frac{1+g_m R_2}{2\pi f_L R_2}=11\mu\text{F} \quad (\text{取 } 33\mu\text{F})$$

$$C_3=\frac{10}{2\pi f_L R_{i2}}\approx 0.08\mu\text{F} \quad (\text{取 } 1\mu\text{F}，R_{i2}\text{ 按 } 100\text{k}\Omega\text{ 估算})$$

(2) 计算射极跟随器。选取 T_2 为高频小功率管 3DG6A，取 $\beta_2=70$。

因整个输入级放大倍数 $A_u\geqslant 10$，且 $U_i<50\text{mA}$，则

$$U_{om2}=A_{um1}\quad U_i\sqrt{2}=0.7\text{V}$$

R_L 按 10kΩ 计算。

$$I_{o2}=\frac{U_{om2}}{R_L}=0.07\text{mA}$$

取

$$I_{CQ}=2I_{om}=0.14\text{mA}$$

$$U_{CEQ}=5V$$

则

$$R_7=\frac{5}{I_{CQ}}\approx 36k\Omega \quad (\text{取标称值 } 39k\Omega)$$

取

$$I_{Rb}=6I_{BQ}=20\mu A$$

则

$$R_5=\frac{U_E+U_{BE}}{I_{Rb}}=285k\Omega$$

$$R_6=\frac{V_{CC}-U_B}{I_{Rb}}=215k\Omega$$

依据式(7-44)得

$$R_o=R_7 /\!/ \frac{R'_s+r_{be2}}{1+\beta_2}$$

其中

$$R'_s=R_4 /\!/ R_5 /\!/ R_6\approx 17.2k\Omega$$

$$r_{be2}=300+(1+\beta_2)\frac{26}{0.14}=13.5k\Omega$$

则 $R_o\approx 432\Omega$,满足小于 1kΩ 的要求。

(3) 校核放大倍数。

$$A_u=A_{u1}A_{u2}$$

$$A_{u1}=\frac{R_4 /\!/ R_{i2}}{R_3}$$

其中

$$R_3=1.7k\Omega,\ R_4=20k\Omega$$

$$R_{i2}=R_5 /\!/ R_6 /\!/ [r_{be2}+(\beta_2+1)R_7]\approx 122.6k\Omega$$

则

$$R_4 /\!/ R_{i2}\approx 17.2k\Omega$$

故

$$A_{u1}\approx 10.74$$

$$A_{u2}=1-\frac{r_{be2}}{r_{be2}+(\beta_2+1)(R_7 /\!/ R_L)}\approx 0.97$$

$A_u=A_{u1}A_{u2}=10.42$,满足总放大倍数要求。

3) 音调控制电路设计

选用组件的电源电压为±15V。调零电位器为 10kΩ。

(1) 转折频率的确定。因通带要求 20Hz～20kHz,故设 $f_{L1}=20Hz$,$f_{H2}=20kHz$。

因为已知 $f_{LX}=100Hz$ 时提升/衰减 12dB,$f_{HX}=10kHz$ 时提升/衰减 12dB,由式(7-115)和式(7-116)得

$$f_{L2}=f_{LX}\times 2^{\frac{12}{6}}=400Hz$$

$$f_{H1}=f_{HX}/2^{\frac{12}{6}}=2.5\text{kHz}$$

(2) 元件参数计算。选用线性电位器 $R_{W1}=R_{W2}=330\text{k}\Omega$。由式(7-105)可求出

$$C_5=\frac{1}{2\pi R_{W2}f_{L1}}=0.024\mu\text{F}$$

取

$$C_5=C_6=0.022\mu\text{F}$$

由式(7-93)和式(7-111)可得

$$R_{10}=\frac{R_{W2}}{\dfrac{f_{L2}}{f_{L1}}-1}=17.3\text{k}\Omega\quad(取 R_8=R_9=R_{10}=18\text{k}\Omega)$$

$$R_{11}=\frac{R_a}{\dfrac{f_{H2}}{f_{H1}}-1}=7.71\text{k}\Omega\quad(取 R_{11}=7.5\text{k}\Omega)$$

$$C_7=\frac{1}{2\pi f_{H2}R_{11}}=1061\text{pF}\quad(取 C_7=1000\text{pF})$$

取 $C_4=10\mu\text{F}$。

(3) 音量控制电路。取

$$R_{W3}=10\text{k}\Omega,\ C_{10}=10\mu\text{F}$$

(4) 音调控制电路设计校核。

转折频率的计算。由式(7-105)和式(7-111)可得

$$f_{L1}=\frac{1}{2\pi R_{W2}C_6}\approx 22\text{Hz}$$

$$f_{L2}=\frac{R_{10}+R_{W2}}{2\pi C_6R_{W2}R_{10}}=423.8\text{Hz}$$

$$f_{H1}=\frac{1}{2\pi(R_{11}+3R_8)C_7}=2.58\text{kHz}$$

$$f_{H2}=\frac{1}{2\pi R_{11}C_7}\approx 21.2\text{kHz}$$

提升量的计算。由式(7-95)和式(7-107)可知,当 $f\ll f_{L1}$ 时,低频的最大提升 A_{uB} 和最大衰减 A_{uC} 为

$$A_{uB}=\frac{R_{10}+R_{W2}}{R_3}=19.3\quad(25.7\text{dB})$$

$$A_{uC}=\frac{R_8}{R_{10}+R_{W2}}=0.0517\quad(-25.7\text{dB})$$

由式(7-110)和式(7-113)可知,当 $f\gg f_{H2}$ 时其高频最大提升 A_{uT} 和高频最大衰减 A_{uTC} 为

$$A_{uT}=\frac{R_{11}+3R_8}{R_{11}}=8.2\quad(18.2\text{dB})$$

$$A_{uTC}=\frac{R_{11}}{R_{11}+R_8\times 3}=0.12195 \quad (-18.2\text{dB})$$

由于 R_W 较大，计算出的最大提升量和衰减量都达到了设计要求。

4）有源滤波器电路设计

将图7-68所示的 T_3、R_{12}、C_8、C_9 单独画出，如图7-70所示。此有源滤波电路串联在多级放大器输入级的电源电路中，它可减少由于电源内阻的存在使电源不稳定对输入级的影响。由于滤波电容接在基极而不接在主电流电路集电极或发射极，而基极电流比主电路电流小$(\beta+1)$倍，所以基极电阻可以很大，即滤波电路的时间常数可以很大，使基极对地的纹波电压很小，发射极只与基极差0.7V而具有相同的纹波，这样电压的稳定性将大大提高。从另一角度看，电容的容抗从基极折合到发射极要减小$(\beta+1)$倍，也就是说，同一电容放在基极，其滤波效果将比放在发射极增加$(\beta+1)$倍。

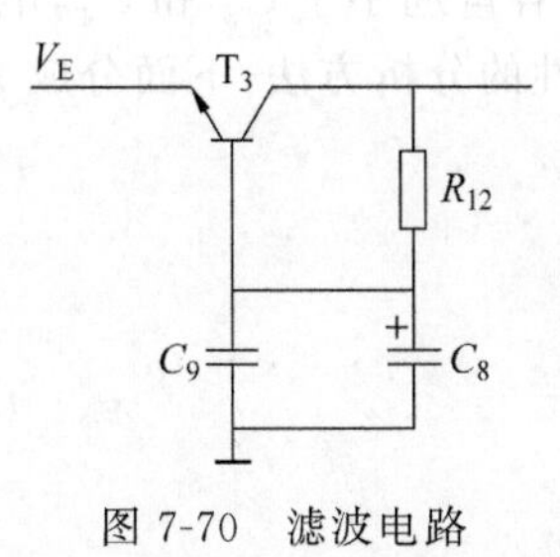

图7-70　滤波电路

5）元件估算

由电路可知，流经有源滤波器电路的电流只有流经3DJ6的0.22mA和射极输出器发射极电流0.14mA，加上偏置电路电流只有0.39mA，管子两端的正常压降为5V，截止时只有15V，故选小功率管3DG6就够了，取 $\beta=50$。

$$R_{12}=\frac{V_{CC}-V_{EE}-0.7}{I_E(\beta+1)}=577\text{k}\Omega$$

取 $C_8=47\mu\text{F}$，它的作用相当于把 $2397\mu\text{F}$ 的电容接在发射极上。

为了克服大电解电容的电感效应，常在大电解电容旁并联一个小电容，一般取值为 $0.01\mu\text{F}$ 左右，取 $C_9=0.01\mu\text{F}$。

3. 反馈式音调控制电路的调试

在印刷电路板或铆钉板上进行安装，安装完毕经检查确实无误后方可接通电源进行调试。

(1) 静态工作点与零输入零输出的测试。反复调节 R_2、R_6、R_{12} 使输入级电源电压为10V，静态工作点为设计值。当运放反相输入端接地时，输出应为零，若输出不为零，应调节电位器使输出为零。

(2) 放大倍数测试。R_{W1}、R_{W2} 置于中间位置，R_{W3} 置于最大位置，接1kHz，50mV的输入信号测量输出信号 U_o，看能否有大于500mV的不失真波形。若放大倍数不够，可调整第1级的 R_3，使之满足放大倍数；若输出波形有失真，应从第2级开始调整两级的静态工作点使失真消除。

(3) 测试频率特性与音调控制特性。①R_{W1}、R_{W2} 置于中间位置，R_{W3} 置于最大位置，测出上限频率与下限频率，看是否满足 $f_L<20\text{Hz}$，$f_H>20\text{kHz}$ 的要求。②R_{W1}、R_{W2} 置于A、C端点，改变信号源频率并保持信号输出幅度不变，测出高低音的提升特性。③R_{W1}、R_{W2} 置于B、D端点，测出高低音的衰减特性。

7.6 衰减式RC音调控制电路

该设计电路要求由集成运放、晶体管和RC等构成一款衰减式的音频放大电路，并可以对高、低频分开控制。

7.6.1 衰减式 RC 音调控制电路原理

典型的衰减式音调控制电路如图 7-71 所示。电路中的元件参数满足下列关系：C_1 和 C_2 容量远小于 C_3 和 C_4，电位器 R_{W1} 和 R_{W2} 的阻值远大于 R_1 和 R_2。根据放大电路频率特性的分析方法，下面分成 3 个频段进行讨论。

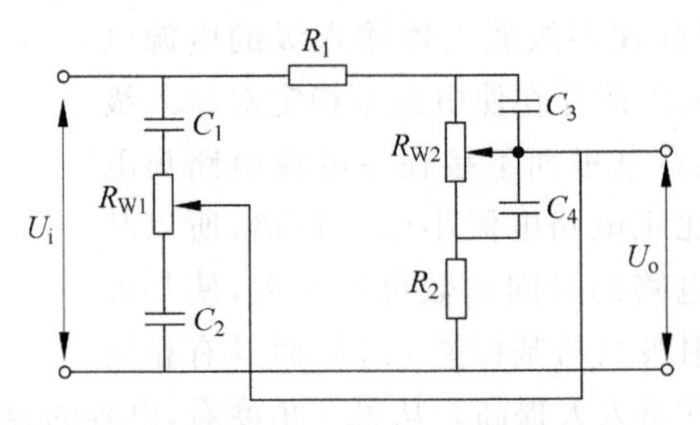

图 7-71 衰减式 RC 音调控制电路

1. 中频区

此时 C_3 和 C_4 可视为短路，C_1 和 C_2 可视为开路，简化等效电路如图 7-72 所示。电路的电压传输系数为

$$A_M = \frac{U_o}{U_i} = \frac{R_2}{R_1 + R_2} \tag{7-128}$$

可见，中频区输入信号是按固定比例有衰减地传输过去。

2. 低频区

因为信号频率较低，C_1 和 C_2 仍可视为开路，但 C_3 和 C_4 不能再视为短路，等效电路如图 7-73 所示。此时，根据 R_{W2} 滑动端所处位置的不同，输出电压 U_o 的大小也有所不同。

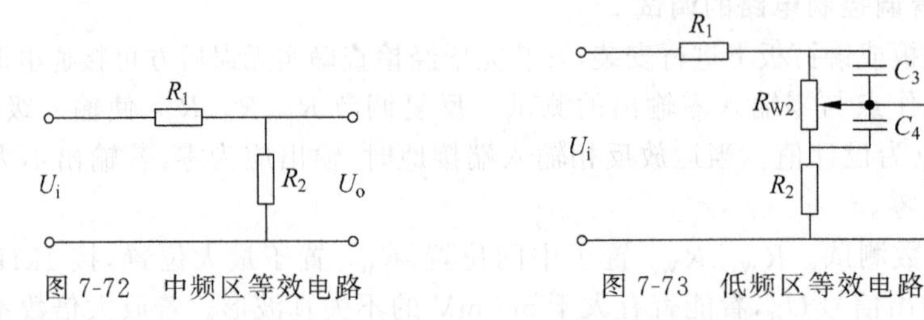

图 7-72 中频区等效电路　　图 7-73 低频区等效电路

(1) 当 R_{W2} 滑动到最上端时，对应的等效电路如图 7-74(a)所示。

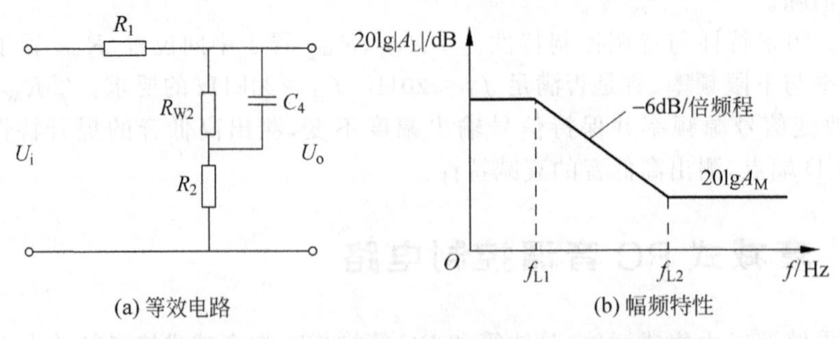

图 7-74 R_{W2} 滑动到最上端时的等效电路和幅频特性

电路的电压传输系数为

$$A_L=\frac{U_o}{U_i}=\frac{R_2+\dfrac{\dfrac{R_{W2}}{j\omega C_4}}{R_{W2}+\dfrac{1}{j\omega C_4}}}{R_1+R_2+\dfrac{\dfrac{R_{W2}}{j\omega C_4}}{R_{W2}+\dfrac{1}{j\omega C_4}}}$$

$$=\frac{R_2}{R_1+R_2}\times\frac{1+\dfrac{R_{W2}}{R_2}+j\omega R_{W2}C_4}{1+\dfrac{R_{W2}}{R_1+R_2}+j\omega R_{W2}C_4}$$

$$\approx\frac{R_2}{R_1+R_2}\times\frac{\dfrac{R_{W2}}{R_2}+j\omega R_{W2}C_4}{\dfrac{R_{W2}}{R_1+R_2}+j\omega R_{W2}C_4}$$

$$=\frac{1+j\omega R_2C_4}{1+j\omega(R_1+R_2)C_4}$$

$$=\frac{1+j\dfrac{\omega}{\omega_{L2}}}{1+j\dfrac{\omega}{\omega_{L1}}}\tag{7-129}$$

其中

$$\omega_{L1}=\frac{1}{(R_1+R_2)C_4},\ \omega_{L2}=\frac{1}{R_2C_4}$$

则 A_L 的幅值为

$$|A_L|=\sqrt{\frac{1+(\omega/\omega_{L2})^2}{1+(\omega/\omega_{L1})^2}}\tag{7-130}$$

当信号频率较高(接近中频区),满足 $\omega\gg\omega_{L1}$ 和 ω_{L2} 时,则 $|A_L|\approx\omega_{L1}/\omega_{L2}=\dfrac{R_2}{R_1+R_2}$,即为上述中频区的电压传输系数。

如果信号频率很低,满足 $\omega\ll\omega_{L1}$ 和 ω_{L2} 时,则由于 ω/ω_{L1} 和 ω/ω_{L2} 均远小于 1,使 $|A_L|\approx1$,表明此时信号几乎没有衰减地传递到输出端,故在此频率范围的信号电压相对于中频区提高了 $-20\lg\dfrac{R_2}{R_1+R_2}=20\lg\left(1+\dfrac{R_1}{R_2}\right)\text{dB}$。

当信号频率为 $f_{L1}<f<f_{L2}$ 时,电路的传输系数随着频率的降低而逐渐增大,其变化的频率近似于-6dB/倍频程。

R_{W2} 滑动到最上端时的低频区幅频特性如图 7-74(b)所示,该图是用折线代替曲线的近似画法。可以看出,低音区的电压信号相对于中频区而言得到了提升(增强),其中频率

f_{L2} 为低音开始提升的转折频率，f_{L1} 为由提升转入平坦时的转折频率，在低频区电压信号提升的最大值为 $20\lg\dfrac{R_1+R_2}{R_2}$dB。

(2) 当电位器 R_{W2} 滑动到最下端时，其等效电路如图 7-75(a)所示，它构成了低音衰减电路。此时输出电压为

$$U_o = U_i = \frac{R_2}{R_1+R_2+(R_{W2}\,/\!/\,X_{C3})}$$

其中，$R_{W2}/\!/X_{C3}$ 为电位器 R_{W2} 与电容 C_3 并联支路的阻抗。

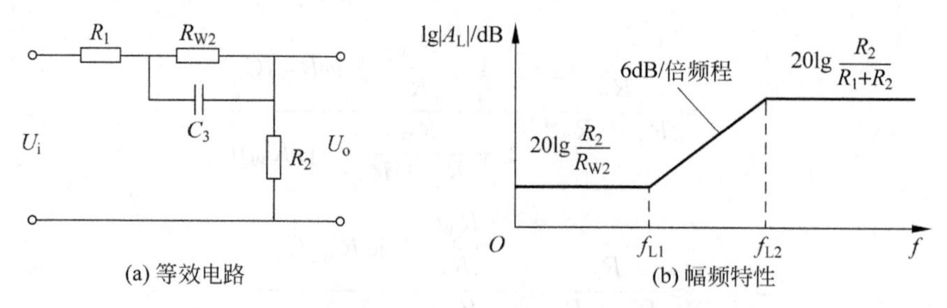

图 7-75 R_{W2} 滑动到最下端时的等效电路和幅频特性

当频率 f 降低时，X_{C3} 增大，则 $R_{W2}/\!/X_{C3}$ 增大，从而使输出电压减小，即低频受到衰减。

同样可以写出该电路的电压传输系数，其计算式为

$$A_L = \frac{U_o}{U_i} = \frac{R_2}{R_1+R_2+\dfrac{R_{W2}/j\omega C_3}{R_{W2}+\dfrac{1}{j\omega C_3}}}$$

$$= \frac{R_2}{R_1+R_2}\times\frac{1+j\omega R_{W2}C_3}{1+\dfrac{R_{W2}}{R_1+R_2}+j\omega R_{W2}C_3}$$

$$\approx \frac{R_2}{R_1+R_2}\times\frac{1+j\omega R_{W2}+C_3}{\dfrac{R_{W2}}{R_1+R_2}+j\omega R_{W2}C_3}$$

$$= \frac{R_2}{R_{W2}}\times\frac{1+j\omega R_2C_3}{1+j\omega(R_1+R_2)C_3}$$

$$= \frac{R_2}{R_{W2}}\times\frac{1+j\dfrac{\omega}{\omega'_{L1}}}{1+j\dfrac{\omega}{\omega'_{L2}}} \tag{7-131}$$

其中

$$\omega'_{L1} = \frac{1}{R_{W2}C_3},\quad \omega'_{L2} = \frac{1}{(R_1+R_2)C_3}$$

则

$$|A_{\mathrm{L}}|=\frac{R_2}{R_{\mathrm{W2}}}\sqrt{\frac{1+(\omega/\omega'_{\mathrm{L1}})^2}{1+(\omega/\omega'_{\mathrm{L2}})^2}} \tag{7-132}$$

当信号频率较高(接近中频区),满足 $\omega\gg\omega'_{\mathrm{L1}}$ 和 ω'_{L2} 时,则 $|A_{\mathrm{L}}|\approx\frac{R_2}{R_{\mathrm{W2}}}\times\frac{\omega'_{\mathrm{L2}}}{\omega'_{\mathrm{L1}}}=\frac{R_2}{R_1+R_2}$,即为上述中频区的电压传输系数。

如果信号频率很低($\omega\to0$),$|A_{\mathrm{L}}|\approx\frac{R_2}{R_{\mathrm{W2}}}$,即 $20\lg|A_{\mathrm{L}}|\approx20\lg\frac{R_2}{R_{\mathrm{W2}}}\mathrm{dB}$,相对于中频区的电压信号衰减了 $20\lg\frac{R_2}{R_1+R_2}-20\lg\frac{R_2}{R_{\mathrm{W2}}}=20\lg\frac{R_{\mathrm{W2}}}{R_1+R_2}\mathrm{dB}$。

当信号频率为 $f_{\mathrm{L1}}<f<f_{\mathrm{L2}}$ 时,电路的传输系数随着频率的减小而降低,其幅频特性如图 7-75(b)所示,可见在低频区的电压信号相对于中频区产生了衰减。图 7-75(b)中

$$f_{\mathrm{L2}}=\frac{1}{2\pi(R_1+R_2)C_3} \tag{7-133}$$

其中,f_{L2} 为信号开始衰减时的转折频率。

$$f_{\mathrm{L1}}=\frac{1}{2\pi R_{\mathrm{W2}}C_3} \tag{7-134}$$

其中,f_{L1} 为衰减转变到平坦时的转折频率,衰减段的斜率一般为 $-6\mathrm{dB}$/倍频程。

3. 高频区

信号在高频区时,电容 C_3 和 C_4 都可视为短路,简化电路如图 7-76 所示。此时,根据 R_{W1} 滑动端的位置即可确定所对应输出电压的大小。

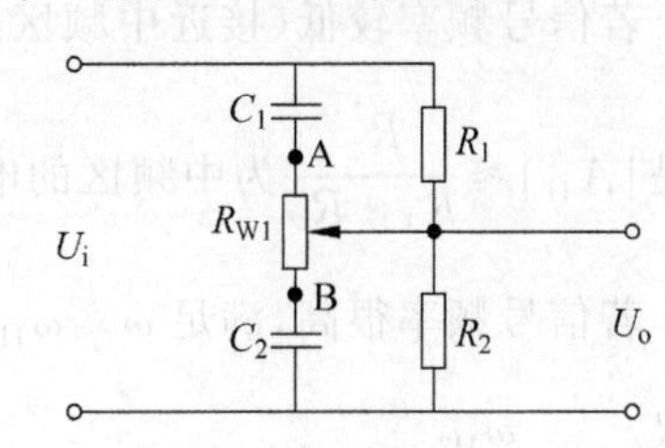

图 7-76 高频控制简化电路

(1) 当电位器 R_{W1} 滑动端置于最上端(A 点)时,由于 $R_{\mathrm{W1}}\gg R_2$,R_{W1} 和 C_2 支路可视为开路,于是简化电路如图 7-77(a)所示。

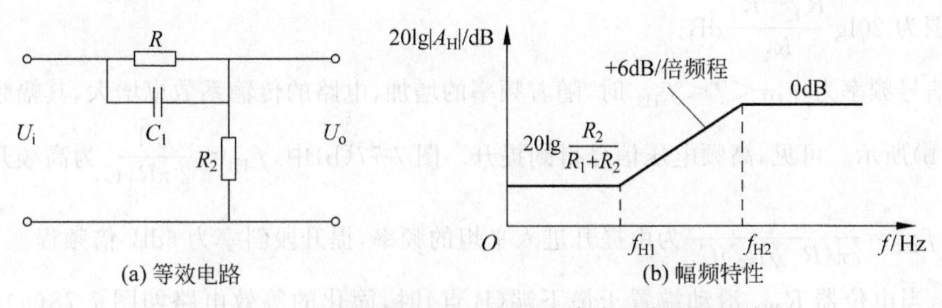

图 7-77 R_{W1} 滑动端置于最上端时的等效电路和幅频特性

可得

$$U_{\mathrm{o}}=\frac{R_2}{R_2+Z_1}U_{\mathrm{i}} \tag{7-135}$$

其中,$Z_1=R_1/\!/\frac{1}{\mathrm{j}\omega C_1}$,随着频率 f 的升高,C_1 容抗下降,Z_1 减小,U_{o} 增大,即高频信号被提升。当频率上升到某一频率时,电容 C_1 可视为短路,$Z_1\approx0$,于是 $U_{\mathrm{o}}\approx U_{\mathrm{i}}$,输出达到最大值。

该等效电路的电压传输系数为

$$A_{\mathrm{H}}=\frac{U_{\mathrm{o}}}{U_{\mathrm{i}}}=\frac{R_2}{\dfrac{R_1\times\dfrac{1}{\mathrm{j}\omega C_1}}{R_1+\dfrac{1}{\mathrm{j}\omega C_1}}+R_2}=\frac{R_2}{R_1+R_2}\times\frac{1+\mathrm{j}\omega R_1C_1}{1+\mathrm{j}\omega\dfrac{R_1\times R_2}{R_1+R_2}C_1}$$

$$=\frac{R_2}{R_1+R_2}\times\frac{1+\mathrm{j}\dfrac{\omega}{\omega_{\mathrm{H1}}}}{1+\mathrm{j}\dfrac{\omega}{\omega_{\mathrm{H2}}}} \tag{7-136}$$

其中

$$\omega_{\mathrm{H1}}=\frac{1}{R_1C_1},\ \omega_{\mathrm{H2}}=\frac{1}{(R_1 /\!/ R_2)}C_1$$

所以

$$|A_{\mathrm{H}}|=\frac{R_2}{R_1+R_2}\sqrt{\frac{1+\left(\dfrac{\omega}{\omega_{\mathrm{H1}}}\right)^2}{1+\left(\dfrac{\omega}{\omega_{\mathrm{H2}}}\right)^2}} \tag{7-137}$$

若信号频率较低(接近中频区),满足 $\omega\ll\omega_{\mathrm{H1}}$ 和 $\omega\ll\omega_{\mathrm{H2}}$ 时,则$\dfrac{\omega}{\omega_{\mathrm{H1}}}$和$\dfrac{\omega}{\omega_{\mathrm{H1}}}$均远小于 1,于是$|A_{\mathrm{H}}|\approx\dfrac{R_2}{R_1+R_2}$为中频区的电压传输系数。

若信号频率很高,满足 $\omega\gg\omega_{\mathrm{H1}}$ 和 $\omega\gg\omega_{\mathrm{H2}}$ 时,则$\dfrac{\omega}{\omega_{\mathrm{H1}}}$和$\dfrac{\omega}{\omega_{\mathrm{H1}}}$均远大于 1,于是$|A_{\mathrm{H}}|\approx\dfrac{R_2}{R_1+R_2}\times\dfrac{\omega_{\mathrm{H2}}}{\omega_{\mathrm{H1}}}=1$,此时几乎全部输入信号都传递到输出端,表明在高频区的电压被提升的最大范围为 $20\lg\dfrac{R_1+R_2}{R_2}\mathrm{dB}$。

当信号频率为 $f_{\mathrm{H1}}<f<f_{\mathrm{H2}}$ 时,随着频率的增加,电路的传输系数也增大,其幅频特性如图 7-77(b)所示。可见,高频电压信号得到提升。图 7-77(b)中,$f_{\mathrm{H1}}=\dfrac{1}{2\pi R_1C_1}$为高频开始提升的频率,$f_{\mathrm{H2}}=\dfrac{1}{2\pi(R_1/\!/R_2)C_1}$为由提升进入平坦的频率,提升段斜率为 6dB/倍频程。

(2) 当电位器 R_{W1} 滑动端置于最下端(B 点)时,简化的等效电路如图 7-78(a)所示,输出电压为

$$U_{\mathrm{o}}=U_{\mathrm{i}}\frac{Z_2}{Z_2+R_1} \tag{7-138}$$

$$Z_2=R_2 /\!/ \frac{1}{\mathrm{j}\omega C_2} \tag{7-139}$$

随着电压信号频率 f 的增加,电容 C_2 容抗减小,则 Z_2 减小,于是输出电压 U_{o} 减小,使高频信号衰减。

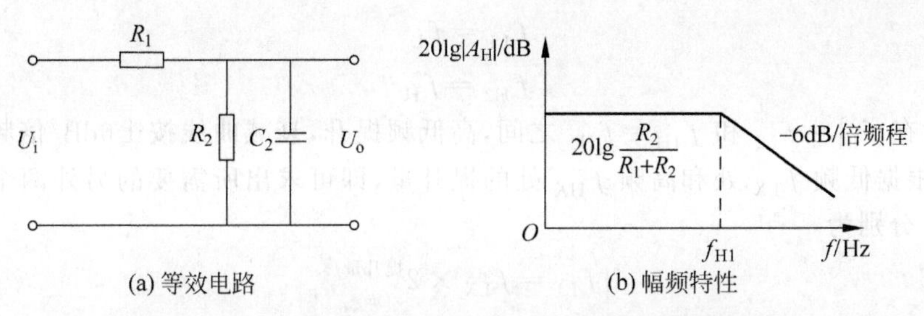

图 7-78 R_{W1} 滑动端置于最下端时的等效电路和幅频特性

对应的电压传输系数为

$$A_H=\frac{U_o}{U_i}=\frac{R_2}{R_1+R_2}\times\frac{1}{1+j\omega\dfrac{R_1\times R_2}{R_1+R_2}C_2} \tag{7-140}$$

$$=\frac{R_2}{R_1+R_2}\times\frac{1}{1+j\dfrac{\omega}{\omega_{H1}}}$$

其中

$$\omega'_{H1}=\frac{1}{(R_1 /\!/ R_2)C_2}$$

所以

$$|A_H|=\frac{R_2}{R_1+R_2}\sqrt{\frac{1}{1+\left(\dfrac{\omega}{\omega'_{H1}}\right)^2}} \tag{7-141}$$

同样可以画出电路传输系数的幅频特性，如图 7-78(b)所示。可见，随着信号频率的增大，输出信号衰减量越来越大，获得高音衰减的效果，图中 f_{H1} 为高频开始衰减的转折频率。

综合上述高低频的提升和衰减特性，并选择合适的电路参数（$\omega_{H1}=\omega'_{H1}$，$\omega_{L2}=\omega'_{L2}$，$\omega_{L1}=\omega'_{L1}$），就形成了如图 7-79 所示的高低频提升和衰减曲线，图中的两条曲线是 R_{W1} 和 R_{W2} 滑动端处于某个极限端的情况，当调节 R_{W1} 和 R_{W2} 时，幅频特性将在两条线之间变化。

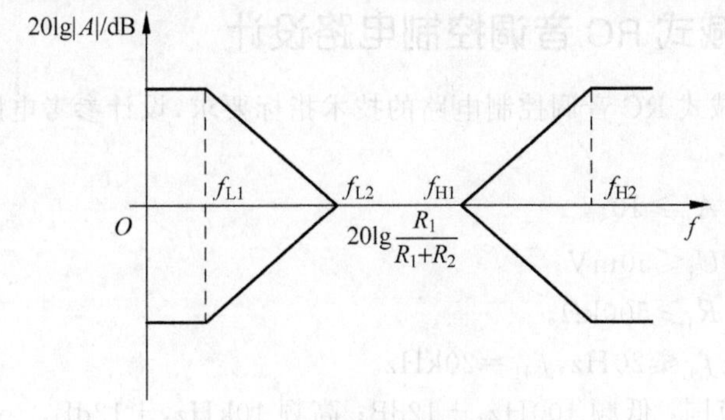

图 7-79 高低频提升衰减曲线

4. 参数计算方法

1）确定转折频率

因为通频带为 $f_L \sim f_H$，所以两个转折频率分别为

$$f_{L1}=f_L$$
$$f_{H2}=f_H$$

又因为在 $f_{L1}=f_{L2}$ 和 $f_{H1}=f_{H2}$ 之间，高低频提升，衰减曲线按±6dB/倍频程的斜率变化，所以根据低频 f_{LX} 处和高频 f_{HX} 处的提升量，即可求出所需要的另外两个转折频率 f_{L1} 和 f_{H1} 分别为

$$\begin{cases} f_{L1}=f_{LX}\times 2^{提升量/6} \\ f_{H1}=\dfrac{f_{HX}}{2^{提升量/6}} \end{cases} \tag{7-142}$$

2）确定电位器 R_{W1} 和 R_{W2} 的数值

因为运放的输入阻抗很高（一般大于 500kΩ），又要求 R_{W1} 和 R_{W2} 的阻值远大于 R_1 和 R_2 的阻值，同时还要满足提升和衰减量的要求，所以电位器 R_{W1} 和 R_{W2} 的阻值应选取得较大，通常为 100～500kΩ。

3）计算阻容元件值

由前面分析得到的各转折频率的表达式可计算出音调控制电路中的阻容元件值。

$$\begin{cases} C_3=\dfrac{1}{2\pi R_{W2}f_{L1}} \\ C_4=\dfrac{f_{L2}C_3}{f_{L1}} \\ R_2=\dfrac{1}{2\pi C_4 f_{L2}} \\ R_1=\dfrac{1}{2\pi C_4 f_{L1}}-R_2 \\ C_1=\dfrac{1}{2\pi R_1 f_{L1}} \\ C_2=\dfrac{1}{2\pi (R_1 /\!/ R_2) f_{H1}} \end{cases} \tag{7-143}$$

7.6.2 衰减式 RC 音调控制电路设计

根据列举的衰减式 RC 音调控制电路的技术指标要求，设计参考电路如下。

1. 性能指标

(1) 放大倍数：$A_u \geqslant 10$。

(2) 输入电压：$U_i \leqslant 50\text{mV}$。

(3) 输入电阻：$R_i \geqslant 500\text{k}\Omega$。

(4) 频率范围：$f_L \leqslant 20\text{Hz}$，$f_H = 20\text{kHz}$。

(5) 音调控制范围：低频 100Hz，±12dB；高频 10kHz，±12dB。

(6) 音调控制电路信号源内阻≤1kΩ。

2. 电路设计

图 7-80 所示为由集成运放和晶体管构成的音频放大仿真电路，下面结合该电路说明它的工作原理。该电路结构很简单，包括了上述组成的各部分，由运放进行电压放大。

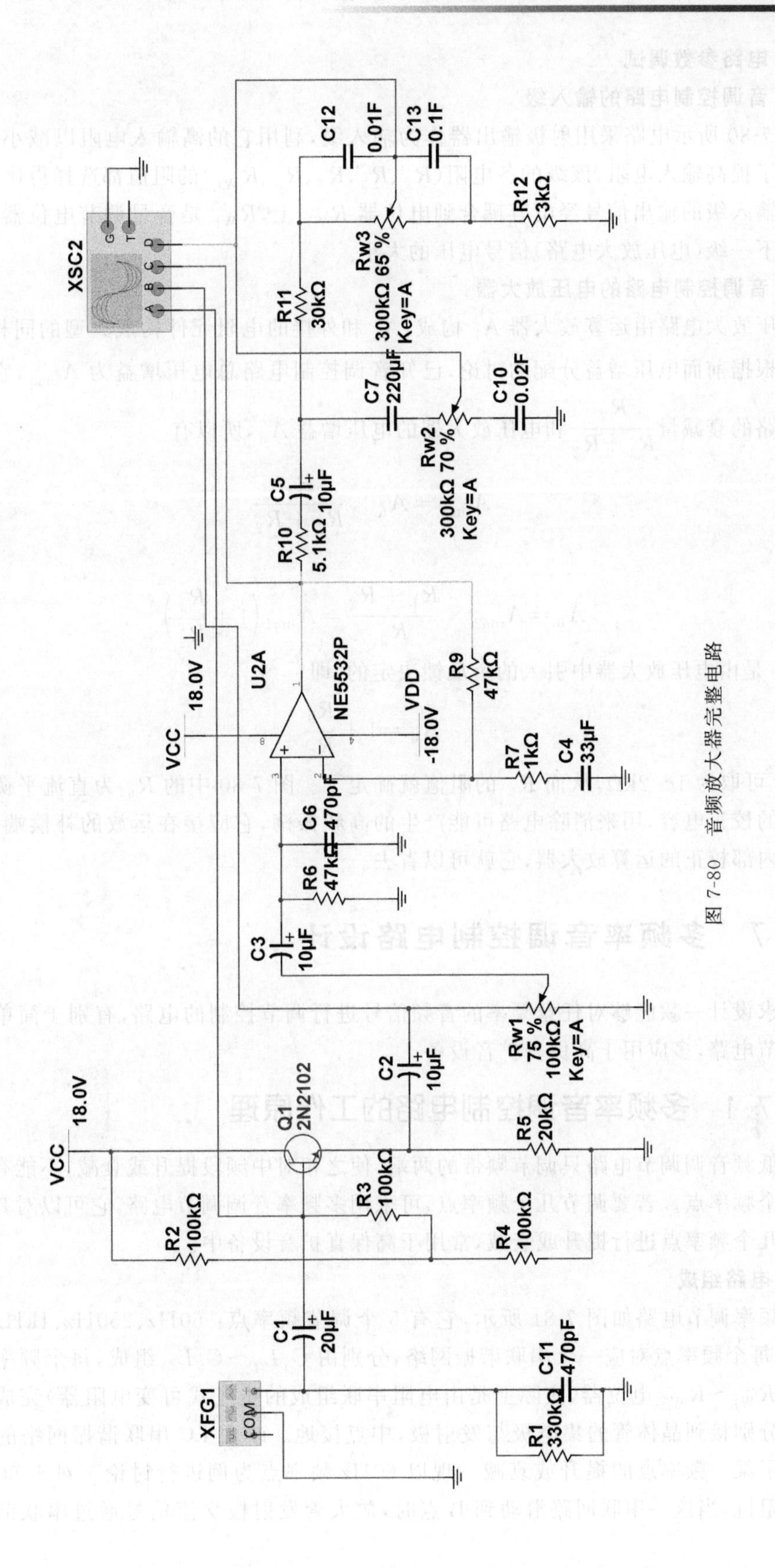

图 7-80 音频放大器完整电路

3. 电路参数调试

1）音调控制电路的输入级

图 7-80 所示电路采用射极输出器作为输入级，利用它的高输入电阻以减小信号电流，并且为了提高输入电阻，该级的各电阻(R_2、R_3、R_4、R_5、R_{W1})的阻值都选择得比较大。

该输入级的输出信号经电容耦合到电位器 R_{W1} 上，R_{W1} 是音量调节电位器，通过它调节输入下一级(电压放大电路)信号电压的大小。

2）音调控制电路的电压放大器

电压放大电路由运算放大器 A_1 构成，A_1 和外接的电阻元件构成典型的同相输入放大电路。根据前面电压增益分配的讨论，已知音调控制电路总电压增益为 A_{um2}，它包括音调控制电路的衰减量$\frac{R_2}{R_1+R_2}$和电压放大器的电压增益 A_u，所以有

$$A_{um2}=A_u\times\frac{R_2}{R_1+R_2} \tag{7-144}$$

则

$$A_u=A_{um2}\times\frac{R_1+R_2}{R_2}=A_{um2}\left(1+\frac{R_1}{R_2}\right) \tag{7-145}$$

A_u 是由电压放大器中引入的负反馈决定的，即

$$A_u=1+\frac{R_9}{R_7} \tag{7-146}$$

R_7 可取为 1～2kΩ，从而 R_9 的阻值就确定了。图 7-80 中的 R_6 为直流平衡电阻，C_{13} 为外接的校正电容，用来消除电路可能产生的高频振荡，它应接在运放的补偿端上，如果采用带有内部校正的运算放大器，它就可以省去。

7.7 多频率音调控制电路设计

要求设计一款能够对任意频率的音频信号进行调节控制的电路，有别于简单的高低频音调调节电路，多应用于高保真扩音设备。

7.7.1 多频率音调控制电路的工作原理

高低频音调调节电路只调节频带的两端，使之相对中频段提升或衰减，不能有选择地调节某几个频率点。若要调节几个频率点，可采用多频率音调调节电路，它可以对其中任意频率点或几个频率点进行提升或衰减，常用于高保真扩音设备中。

1. 电路组成

多频率调节电路如图 7-81 所示，它有 5 个调节频率点：60Hz、250Hz、1kHz、5kHz 和 15kHz，每个频率点对应一个串联谐振网络，分别由 C_1L_1～C_5L_5 组成，每个频率点的音调调节由 R_{W1}～R_{W5} 电位器(实际上是由电阻串联组成的步进式可变电阻器)完成。电位器的两端分别接到晶体管的集电极与发射极，中点接地。改变 LC 串联谐振网络的接入位置即改变了某一频率点的提升或衰减。现以 60Hz 频率点为例进行讨论。对于 60Hz，L_1C_1 呈现低阻抗，当这一串联回路滑动到 B 点时，放大管发射极交流信号通过串联谐振网络接

地，使发射极对地等效交流电阻很小，反馈很小，放大倍数最大，即输出得到最大提升。当这一串联谐振网络接到A点时（放大管集电极），这一串联谐振阻抗并联在集电极等效电阻上，使集电极总的等效阻抗很小，放大倍数小于1，即输出得到最大衰减。当串联谐振网络接到中间位置时即接地，对放大电路无影响，因电路设计时已将集电极对地电阻与发射极对地电阻设计得相等，故此时放大倍数为1（以上讨论均未考虑相邻单元）。通过以上讨论可见，把串联谐振网络接于R_{W1}的不同位置时可得到不同的提升或衰减。其他频率点的控制过程与此类似。

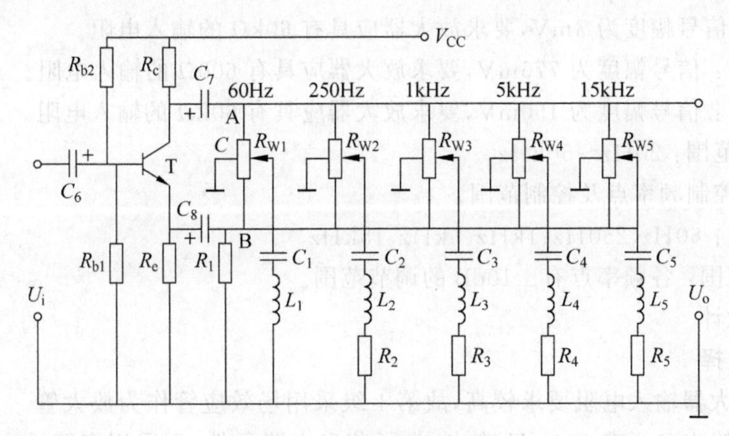

图 7-81 多频率调节电路

2. 电路频率特性

图 7-82 所示为图 7-81 典型电路的频率特性，为改变音调调节电路频响，可在串联谐振回路中串入一个固定电阻改变电路的品质因数，典型电路中的$R_2 \sim R_5$加入就是为了这一目的。

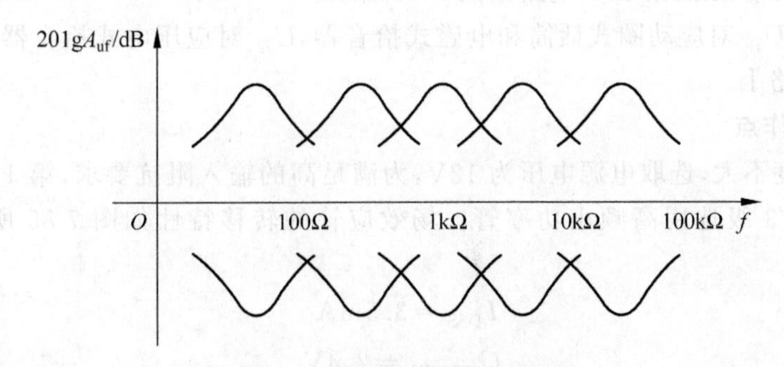

图 7-82 典型电路的频率特性

典型电路中步阶式可变电阻器内部结构如图 7-83 所示。

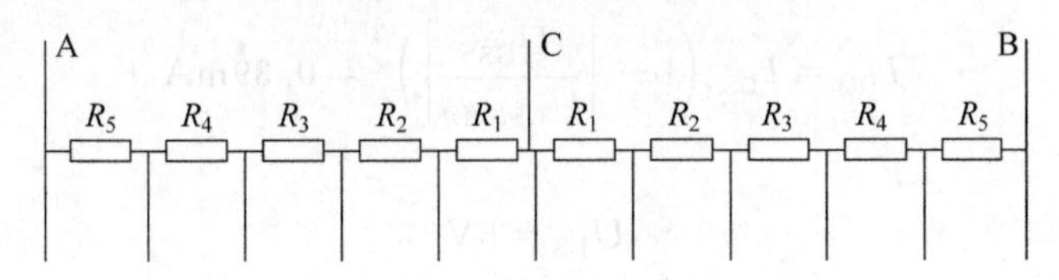

图 7-83 步阶式可变电阻器内部结构

7.7.2 多频率音调控制电路设计

根据列举的多频率音调控制电路的技术指标要求，设计参考电路如下。

1. 技术指标

(1) 输出幅度：当信号频率为1kHz时输出幅度不小于300mV。

(2) 输入信号。

- 压电式拾音器：信号幅度为150mV，要求放大器输入电阻为1MΩ，与之配合。
- 话筒：信号幅度为3mV，要求放大器应具有60kΩ的输入电阻。
- 线路Ⅰ：信号幅度为775mV，要求放大器应具有600Ω的输入电阻。
- 线路Ⅱ：信号幅度为150mV，要求放大器应具有60kΩ的输入电阻。

(3) 频率范围：20Hz～50kHz。

(4) 音调控制频率点及控制范围。

- 频率点：60Hz、250Hz、1kHz、5kHz、15kHz。
- 调节范围：各频率点有±10dB的调节范围。

2. 电路设计

1）电路选择

由于对放大器输入电阻要求较高，故第1级采用场效应管作为放大管。又因为输入信号幅度不同而输出又要求300mV输出，为了节省电路元件，不采用多路输入放大电路，而采用一路输入级放大电路，引入电压串联负反馈，改变反馈系数对不同输入信号进行放大，使各路信号经放大后输出幅度相近，再在输入端采用不同电路满足各种信号对输入电阻的要求，并把放大器输入端与反馈支路用同轴开关控制，以实现不同的输入信号与不同的输入电阻相配合，并给予不同的放大。由于开环增益要求较高，第2级采用共射极放大电路。音调控制电路采用串联谐振式，其电路如图7-84所示。

图7-84中U_{i1}对应动圈式话筒和电磁式拾音器，U_{i2}对应压电式拾音器，U_{i3}对应线路Ⅱ，U_{i4}对应线路Ⅰ。

2）静态工作点

因输出幅度不大，选取电源电压为12V，为满足高的输入阻抗要求，第1级选用场效应管，第2级和第3级选用高频小功率管。场效应管的转移特性如图7-85所示，其典型参数为

$$I_{DSS}=3.5\text{mA}$$
$$U_{GS(off)}=2.4\text{V}$$
$$g_m=1.1\text{mA/V}$$

为了减小噪声系数，选取$U_{GS}=-1.6\text{V}$，则

$$I_{DQ}=I_{DSS}\left(1-\left|\frac{U_{GS}}{U_{GS(off)}}\right|\right)^2=0.39\text{mA}$$

取

$$U_{DS}=5\text{V}$$

则

$$U_D=U_{DS}+U_S=6.6\text{V}$$

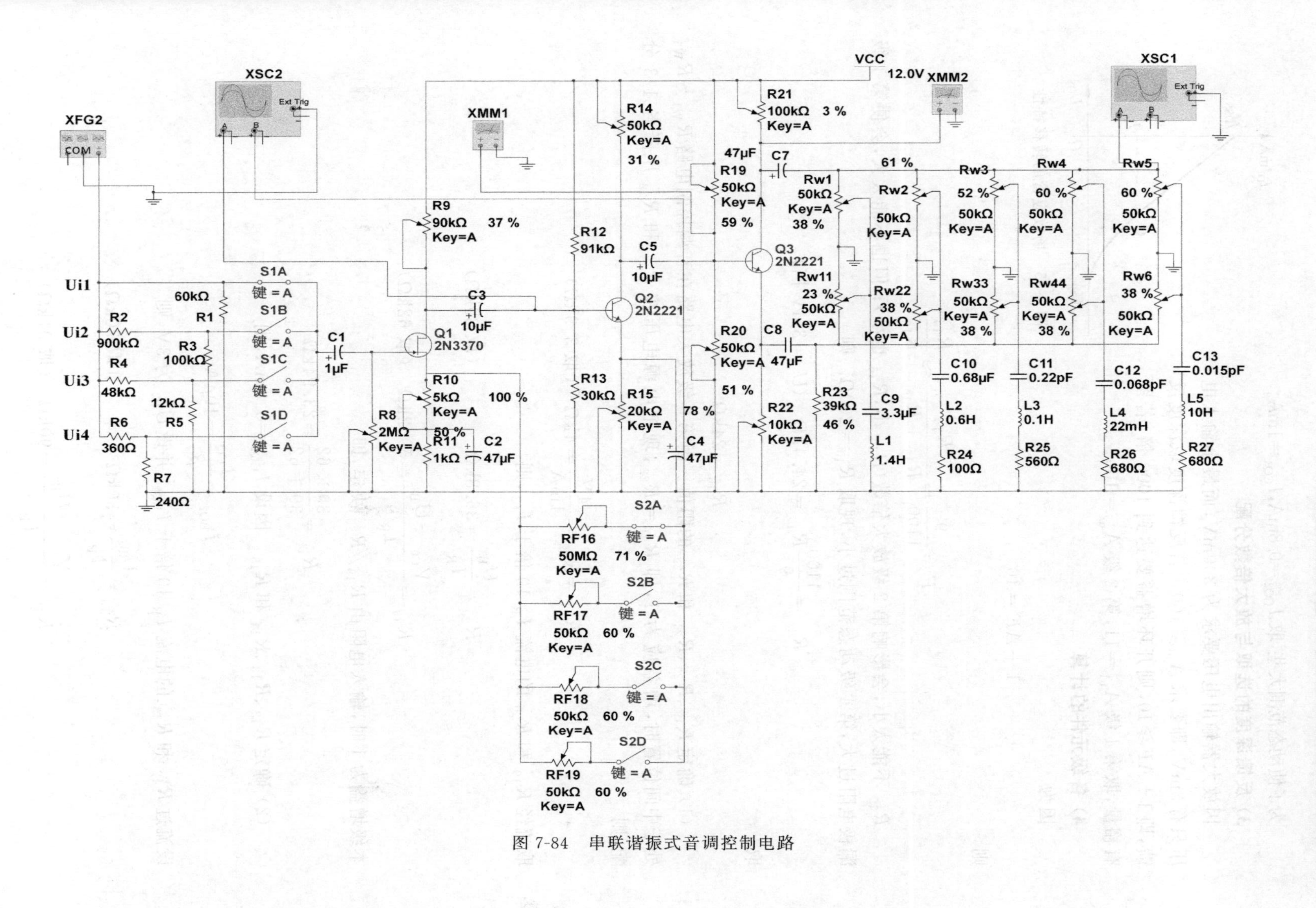

图 7-84 串联谐振式音调控制电路

为了使动态范围大些，取 $I_{CQ2}=0.8\text{mA}$，$I_{CQ3}=1\text{mA}$。

3）反馈深度的选取与放大倍数分配

因放大器输出电压要求为 300mV，而最小输入电压只有 3mV，即要求 $A_{uf}\geqslant 100$。若反馈深度取深度反馈，即 $1+AF\geqslant 10$，则开环增益要达到 1000 倍，若留有裕量，取第 1 级 $A_{u1}=11$，第 2 级 $A_{u2}=100$。

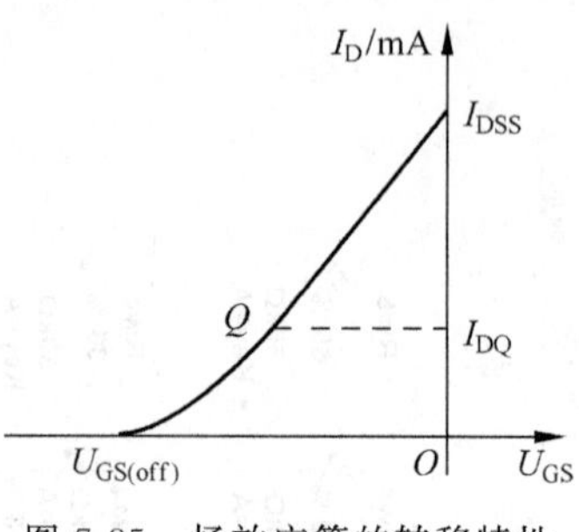

图 7-85　场效应管的转移特性

4）各级元件的计算

因为

$$1+AF=10$$

则

$$F=\frac{9}{1100}=\frac{R_{10}}{R_{16}+R_{10}}\approx\frac{R_{10}}{R_{16}}$$

R_{10} 不能太小，会影响第 2 级放大倍数（R_{10} 小，R_{16} 也小）；但也不能太大，会使第 1 级漏极电阻过大，第 1 级动态范围过小，现取 $R_{10}=200\Omega$。则

$$R_{16}=\frac{1100}{9}R_{10}=24.4\text{k}\Omega\quad(U_i=3\text{mV 挡})$$

取

$$R_{16}=24\text{k}\Omega$$

（1）确定 R_{19}、R_{20}、R_{21} 和 R_{22} 的阻值。因第 3 级放大电路在音调控制电路 $R_{W1}\sim R_{W5}$ 处于中间位置时，增益应为 1，即 $R_{21}=R_{22}$，现把电源电压按 R_{21} 和 R_{22} 压降各 1/3 分配，则

$$R_{21}=R_{22}=\frac{4\text{V}}{1\text{mA}}=4\text{k}\Omega\quad(\text{取 }3.9\text{k}\Omega)$$

取流经 R_{19} 和 R_{20} 的电流 I_R 10 倍于 I_{B3}，则

$$R_{20}=\frac{U_{B3}}{I_R}=36.8\text{k}\Omega\qquad(\text{取 }39\text{k}\Omega)$$

$$R_{19}=\frac{V_{CC}-U_{B3}}{I_R}=59.2\text{k}\Omega\quad(\text{取 }62\text{k}\Omega)$$

本级增益为 1 时，输入电阻由 $R_{19}/\!/R_{20}$ 决定，即

$$R_{i3}=\frac{39\times 62}{39+62}=23.94\text{k}\Omega$$

（2）确定 R_{12}、R_{13}、R_{14} 和 R_{15}。因设 $I_{CQ2}=0.8\text{mA}$，则

$$I_{BQ2}=\frac{I_{CQ}}{\beta}=10\mu\text{A}$$

设流过 R_{12} 和 R_{13} 的电流 I_R 10 倍于 I_{BQ2}，并设 U_{B2} 为 3V，则

$$R_{13}=\frac{U_{B2}}{I_R}=30\text{k}\Omega\qquad(\text{取 }30\text{k}\Omega)$$

$$R_{12}=\frac{V_{CC}-U_{B2}}{I_R}=90\text{k}\Omega\quad(\text{取 }91\text{k}\Omega)$$

因

$$U_{E2}=U_{B2}-0.7=2.3\text{V}$$

则

$$R_{15}=\frac{U_{E2}}{I_{CQ2}}=2.87\text{k}\Omega\quad(\text{取 }3\text{k}\Omega)$$

因 R_{14} 为第 2 级集电极电阻,其大小不仅影响静态工作点,还影响着放大倍数,在计算 R_{14} 时,应首先满足放大倍数,然后再验证静态工作点,看是否产生饱和失真。

由于

$$A_{u2}=-\frac{\beta_2 R'_L}{r_{be2}}$$

$$R'_L=R_{14}\ /\!/\ R_L$$

$$R_L=R_{i3}\ /\!/\ R_{16}$$

在 $A_{u3}=1$ 时,第 3 级反馈很强,$R_{i3}=R_{19}/\!/R_{20}=24\text{k}\Omega$,且 $R_{16}=24\text{k}\Omega$,则 $R_L=12\text{k}\Omega$。

$$r_{be2}=300+(\beta_2+1)\ \frac{26\text{mV}}{I_{E2}}\approx 3\text{k}\Omega$$

$$|A_{u2}|=\beta_2\ \frac{\dfrac{R_{14}R_L}{R_{14}+R_L}}{r_{be2}}$$

$$R_{14}=\frac{A_{u2}r_{be2}}{\beta_2}\bigg/\left(1-\frac{A_{u2}r_{be2}}{\beta_2 R_L}\right)=5.45\text{k}\Omega\quad(\text{取 }5.6\text{k}\Omega)$$

此时

$$U_{CEQ}=V_{CC}-I_{CQ}(R_{14}-R_{15})=5.12\text{V}$$

则满足

$$U_{CEQ}>U_{ES}+U_{om}$$

电路不产生饱和失真。

(3) 确定 R_8、R_9 和 R_{11}。为满足输入阻抗高的要求,取 $R_8=1\text{M}\Omega$。

因

$$U_S=-U_{GS}=1.6\text{V}$$

则

$$R_{10}+R_{11}=\frac{U_S}{I_D}=4.1\text{k}\Omega$$

因

$$R_{10}=200\Omega$$

则

$$R_{11}=3.9\text{k}\Omega\quad(\text{取 }3.9\text{k}\Omega)$$

取

$$U_{DS}=5\text{V}$$

则 R_9 上的压降为 5.4V。

则

$$R_9=\frac{5.4}{I_D}=13.8\text{k}\Omega \quad (\text{取 }15\text{k}\Omega)$$

验证本级放大倍数为

$$A_{u1}\approx\frac{R'_L}{R_{10}}=\frac{R_9 /\!/ R_L}{R_{10}}\approx\frac{R_9 /\!/ r_{be2}}{R_{10}}\approx 12$$

满足要求。

(4) 计算 $R_1 \sim R_7$ 及反馈电阻 R_F。

当输入信号为 U_{i1} 时：U_{i1} 对应动圈式话筒，信号幅度为 3mV，要求放大器输入电阻与其配合，故选 $R_1=60\Omega$，当输出信号为 300mV 时，要求放大倍数为 100 倍，前面已计算 $R_F=R_{16}=24\text{k}\Omega$。

当输入信号为 U_{i2} 时：U_{i2} 对应压电式拾音器，信号幅度为 150mV，要求放大器的输入电阻应大于或等于 1MΩ。因为输入电阻太高，直接接入输入电阻不能满足要求，且信号幅度过大，采用分压器输入，由 R_2 和 R_3 组成，取其中一部分信号放大。即 $R_3=\frac{1}{10}(R_2+R_3)=100\text{k}\Omega$，则 $R_2=900\text{k}\Omega$，取 910kΩ。此时的实际输入信号为 15mV，要求 $A_{uf}\geqslant 20$。

因为

$$A_{uf}=\frac{1}{F}=\frac{R_{17}+R_{10}}{R_{10}}\approx\frac{R_{17}}{R_{10}}$$

故 $R_{17}=A_{uf}, R_{10}=4\text{k}\Omega$，取 4.3kΩ。

当输入信号为 U_{i3} 时：U_{i3} 对应输入线路Ⅱ，信号幅度为 150mV，要求放大器输入电阻为 60kΩ。采用分压式输入，取分压电阻 $R_4+R_5=60\text{k}\Omega$，且 $R_5=12\text{k}\Omega$，则 $R_4=48\text{k}\Omega$，实际的信号输入为 30mV，要保证 $U_o=300\text{mV}$，则 $A_{uf}\geqslant 10$，且 $R_{18}=A_{uf}, R_{10}=2\text{k}\Omega$，取 2kΩ。

当输入信号为 U_{i4} 时：U_{i4} 对应输入线路Ⅰ，信号幅度为 775mV，要求放大器输入电阻为 600Ω，采用 R_6 和 R_7 串联阻值为 600Ω，满足输入电阻要求，并使 R_6、R_7 分压出 300mV，直接送到下一级放大。

因

$$R_6+R_7=600\Omega$$

则

$$R_7=\frac{300\times 600}{775}=232.3\Omega \quad (\text{取 }240\Omega)$$

取

$$R_6=360\Omega=330\Omega+30\Omega$$

耦合电容及旁路电容的选取：因第 1 级输入电阻很高，选 $C_1=1\mu\text{F}$。

选取耦合电容为

$$C_3=C_5=C_6=10\mu\text{F}$$

选取旁路电容为

$$C_2=C_4=47\mu\text{F}$$

(3) 计算音调控制电路。

$R_{W1} \sim R_{W5}$ 采用步阶式可变电阻器，为保证较大的可调范围，阻值选得较大，图 7-86 所示为步阶式可变电阻器内部结构图，元件数值示于图中。

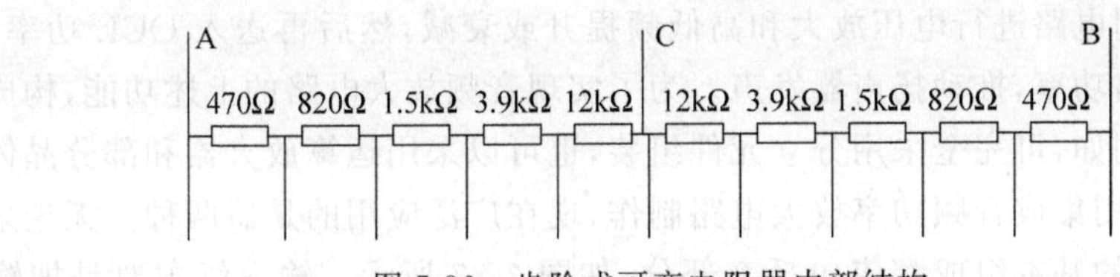

图 7-86 步阶式可变电阻器内部结构

选取 $L_1 \sim L_5$ 分别为 1.4H、0.6H、0.1H、22mH、10mH，可计算出对应的电容 $C_9 \sim C_{13}$ 分别为 3.3μF、0.68μF、0.22μF、0.068μF、0.015μF。

串联在谐振回路中的 $R_{24} \sim R_{27}$ 是为了防止谐振曲线过于尖锐所设，可通过计算求出，也可以实验测出，其典型数值 $R_{24} \sim R_{27}$ 分别为 100Ω、560Ω、680Ω、680Ω。

取耦合电容 $C_7 = C_8 = 47\mu F$，R_{23} 应远大于 R_{22}，故取 $R_{23} = 39k\Omega$。

3. 电路调试

1）静态工作点

适当改变 R_{11}、R_{12} 和 R_{19}，使各级静态工作点为设计值。

2）放大倍数测试

放大倍数以测试输入信号 U_{i1} 为主，首先测量开环增益（$R_{W1} \sim R_{W5}$ 置于中间位置），使第 1 级、第 2 级增益满足设计要求（要考虑 R_{16} 的负载效应）。若不满足，可适当调整漏极和集电极电阻，也可少许改变静态工作点。闭环增益测试时，可适当改变 $R_{16} \sim R_{18}$ 使放大倍数满足要求。

3）音调控制电路测试

把 $R_{W1} \sim R_{W5}$ 滑动端置于最上端调节衰减特性；把 $R_{W1} \sim R_{W5}$ 滑动端置于最下端调节提升特性。

7.8 OCL 音频功率放大电路设计

要求利用 OCL 功率放大电路实现对微弱音频信号的放大，要求该电路可以进行电压的放大和高低音调的调节，最后通过 OCL 功率放大器实现功率的放大。

7.8.1 音频功率放大器概述

音频功率放大器是一种通用性较强的应用电路，它广泛应用于收音机、录音机、电视机和扩音机等整机产品中，用来把微弱的声音电信号进行放大，以获得足够大的输出功率推动扬声器。它也是音响装置重要的组成部分，通常把它叫作扩音机。音频功率放大器主要用来对音频信号（频率范围为数十赫兹至数十千赫兹）进行放大，它应具有以下几个功能。

（1）对音频信号进行电压放大和功率放大，能输出大的交流功率。

（2）具有很高的输入阻抗和很低的输出阻抗，带负载能力强。

（3）非线性失真和频率失真小（高保真）。

（4）能对输入信号中的高频和低频部分（高低音）分别进行调节（增强或减弱），即具有音调控制能力。

可见音频功率放大电路的工作是将微弱的音频信号送入输入级，经阻抗变换后其输出信号进入音调控制电路进行电压放大和高低频提升或衰减,然后再送入 OCL 功率放大器,产生足够大的输出功率,推动扬声器发声。为了实现音频放大电路的上述功能,构成电路时可用多种方案。例如,可完全采用分立元件组装,也可以采用运算放大器和部分晶体管等分立元件实现,还可用集成音频功率放大电路制作,现在广泛应用的是后两种。无论采用哪种形式,音频放大器的基本组成都应包括 3 部分,如图 7-87 所示。输入级主要是把输入的音频信号有效地传递到下一级,并完成信号源的阻抗变换。音调控制电路完成高低频的提升和衰减,为了与音调控制电路配合,这部分还应设置电压放大电路。输出级将电压信号进行功率放大,以便在扬声器上得到足够大的不失真功率。

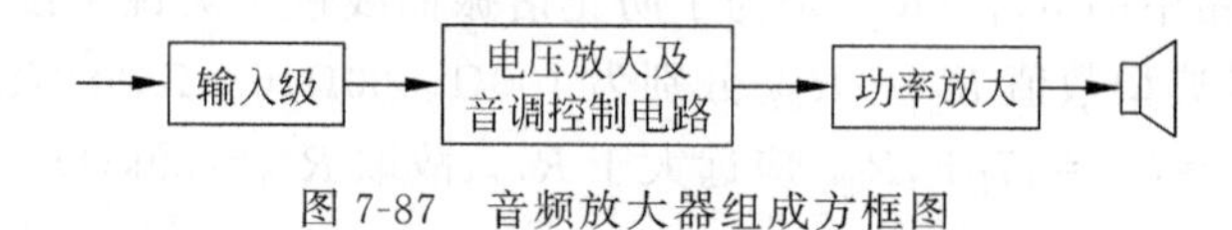

图 7-87　音频放大器组成方框图

设输入级电压增益、音调控制电路电压增益和输出级电压增益分别为 A_{um1}、A_{um2} 和 A_{um3},则整机电压增益为

$$A_{um}=A_{um1}A_{um2}A_{um3} \tag{7-147}$$

其中,$A_{um1}\approx 1$(射极输出器);A_{um2} 可选取为 5～10;A_{um3} 包括音调控制电路中电压放大器的增益和音调控制电路本身的中频衰减(对于衰减式 RC 音调控制电路),A_{um3} 可适当大一些,它实际上是输出级的推动级电路的增益。

7.8.2　OCL 音频功率放大电路设计的基本原理

本节介绍基于 OCL 功率放大部分电路设计。OCL 音频功率放大电路由两部分组成,一个是功率放大电路,另一个是功率放大的驱动电路,如图 7-88 所示。为了得到大的输出功率,需要有较大幅值的电压信号和一定数值的电流才能推动功率放大电路,称为驱动级。驱动级应有较大的电压放大倍数,图 7-88 所示电路的驱动级由运放构成(集成运放 A_2)。为了提高驱动级的输入阻抗,信号由其同相端输入,此外,由功放的输出端通过电阻 R_f 还引入了电压串联负反馈,驱动级的电压放大倍数由此负反馈决定。互补对称式功放电路是广泛采用的功放电路,图 7-88 所示的功率放大器为 OCL 电路,它由晶体管 T_2～T_5 组成,是一种准互补对称输出电路,功能是稳定输出电压和减少失真。输出级都接有较深的负反馈(通过 R_f 构成电压串联负反馈),中频闭环电压放大倍数由公式 $A_{uf}=1+\frac{R_f}{R_{14}}$ 计算。由于电容 C_7 的隔直作用,使直流信号产生负反馈,以保证在静态时输出端 O 点电位稳定为 0V。

1. 电压增益的估算

整机电压增益为

$$A_{um}=U_o/U_i \tag{7-148}$$

其中,输入电压 U_i 由设计技术指标给出,输出电压有效值 U_o 根据额定输出功率 P_o 和负载电阻 R_L 求出。

$$P_o=U_o^2/R_L \tag{7-149}$$

所以输出电压为

$$U_o=\sqrt{P_oR_L} \tag{7-150}$$

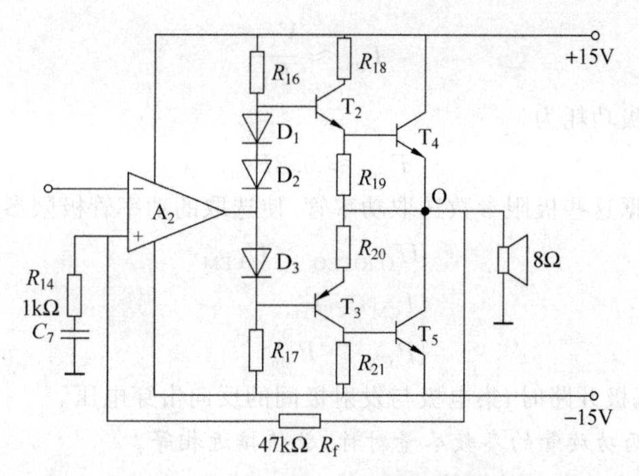

图 7-88 OCL 音频功率放大电路原理图

于是可求得整机总的电压增益 A_{um}。

2. 电源电压的确定

电源电压决定输出电压的大小。

为了保证电路安全可靠地工作，通常要使电路的最大输出功率 P_{om} 比额定输出功率 P_o 大一些，一般取

$$P_{om}=(1\sim 2)P_o \tag{7-151}$$

所以，最大输出电压 U_{om} 应该根据 P_{om} 计算，即

$$U_{om}=\sqrt{2P_{om}R_L} \tag{7-152}$$

考虑到管子的饱和压降以及发射极限流电阻的降压作用，电源电压 V_{CC} 必须大于 U_{om}，数量关系为

$$V_{CC}=\frac{1}{\eta}U_{om} \tag{7-153}$$

其中，η 为电源利用系数，一般取 $\eta=0.6\sim0.8$。

在确定了各级电压增益和电源电压以后，就可以进行电路中各级的估算，通常要按照由后级向前级的顺序进行设计。

3. 功率驱动级电路参数的计算

驱动级要有较大的电压放大倍数，前面已根据总电路的电压增益确定了驱动级的放大倍数 A_{um3}，其大小由闭环负反馈决定。

$$A_{um3}=1+\frac{R_f}{R_{14}} \tag{7-154}$$

R_{14} 阻值不要过小，一般为 1～2kΩ，于是反馈电阻 R_f 的大小也就确定了。

4. 大功率管的选择

准互补对称功放级 4 只管子中的 T_4、T_5 是大功率管，要根据晶体管的 3 个极限参数来选取。

管子承受的最大反向电压为

$$U_{CEM}\approx 2V_{CC} \tag{7-155}$$

单管最大集电极电流为

$$I_{cm} \approx \frac{V_{CC}}{R_L} \tag{7-156}$$

单管最大集电极功耗为

$$P_{cm} \approx 0.2P_{om}$$

然后就可以根据这些极限参数选取功率管,使选取的功率管极限参数满足

$$\begin{cases} U_{(BR)CEO} > U_{CEM} \\ I_{CM} > I_{cm} \\ P_{CM} > P_{cm} \end{cases} \tag{7-157}$$

其中,$U_{(BR)CEO}$ 为基极开路时,集电极与发射极间的反向击穿电压。

注意:*应选取两功放管的参数尽量对称,数值接近相等。*

5. 功率输出级电路参数的计算

(1) 确定 R_{19}、R_{20} 和 R_{21}。由于功放管参数对称,它们的输入电阻为

$$R_i = r_{be}$$

要使互补管的输出电流大部分注入功放管的基极,通常取 $R_{19}=R_{21}=(5\sim10)R_i$,平衡电阻 R_{20} 可按 $R_{19}/10$ 选取。

(2) 选择互补管 T_2、T_3。因为 T_2、T_3 分别与 T_4、T_5 组成复合管,它们承受的最大反向电压相同(均为 $2V_{CC}$),而集电极最大电流和最大功耗可近似为

$$I_{cm} \approx (1.1 \sim 1.5)\frac{I_{C4}}{\beta}$$

$$P_{cm} \approx (1.1 \sim 1.5)\frac{P_{cm4}}{\beta}$$

其中,I_{C4} 和 P_{cm4} 分别为功放管(T_4、T_5)的集电极最大电流和最大管耗;β 为功放管的电流放大系数。

选择互补管,使其极限参数满足

$$\begin{cases} BU_{CEO} > 2V_{CC} \\ I_{CM} > I_{cm} \\ P_{CM} > P_{cm} \end{cases}$$

(3) 计算偏置电阻。功放级互补管(T_2、T_3)的静态电流由 R_{16}、二极管和 R_{17} 支路提供。要使 R_{16}、R_{17} 中流过的电流 I_{R16} 大于互补管的基极电流 I_{Bm},即

$$I_{R16} > I_{Bm} = \frac{I_{cm}}{\beta} \quad (\text{一般取 } I_{R16} = 1.2I_{Bm})$$

其中,I_{cm} 和 β 分别为互补管的集电极最大电流和电流放大系数;$I_{R16}=\dfrac{V_{CC}-U_{BE2}-U_{BE4}}{R_{16}}=\dfrac{V_{CC}-0.7-0.7}{R_{16}}$,所以 R_{16} 的阻值应为$\dfrac{V_{CC}-1.4}{I_{R16}}$。$R_{17}$ 与 R_{16} 相等。

7.8.3 OCL 音频功率放大电路设计

下面列举一款 OCL 音频功率放大电路的技术指标,并提供参考设计电路。

1. 技术指标

(1) 最大不失真输出功率：$P_{om} \geqslant 10W$。

(2) 负载阻抗(扬声器)：$R_L = 8\Omega$。

(3) 频率响应：$f_L \sim f_H = 50Hz \sim 20kHz$。

(4) 音调控制范围：低频 100Hz,±12dB；高频 10kHz,±12dB。

(5) 输入电压：$U_i \leqslant 100mV$。

(6) 失真度：$\gamma \leqslant 2\%$。

(7) 稳定性：电源电压在±(15～24)V 变化时,输出零点漂移≤100mV。

2. 设计电路

根据给定的指标要求,为实现音频放大器的基本功能,就要确定电路形式并进行逐级设计计算,下面分别予以说明。前面已经指出,实际的音频放大电路可以有不同的结构方案,下面根据由集成运放和晶体管组成的电路形式进行设计,如图 7-89 所示。

3. 电路调试要点

整机装配完毕以后,要进行以下检查和调试工作。

1）电路检查

检查电路元件焊接是否正确、可靠,注意检查元件连接是否有虚焊和短路,查看运放和晶体管引脚是否接对,注意电解电容极性不能接反。

检查电源电压是否符合要求,正负电源方向要正确,数值要对称。

2）检查静态

(1) 负载(R_L)开路,接通电源,粗测各级静态情况。

① 用万用表直流电压挡检查正负电源电压是否加上。

② 逐级检查各级状态：测量各晶体管 U_{BE} 和 U_{CE},$U_{BE}=0$ 和 $U_{CE}=0$ 均为不正常,对运算放大器要测量各引脚电压是否正常(输入和输出端电压为零)。

③ 检查输出级电位。输出端电位应为 0V。

(2) 接入负载(8Ω、8W 电阻),测量上述静态电压。输出端电位仍为 0V,不应有太大的偏移,否则表明互补对称管不对称。

3）动态测试

按如图 7-90 所示电路接线,进行指标测试。

(1) 测量最大输出功率。音频信号频率为 1kHz,逐渐增大输入信号电压 U_i,并使示波器显示的波形刚好不产生失真,测出此时输出电压有效值 U_o,则输出功率 $P_o = \frac{U_o^2}{R_L}$应大于指标要求。

(2) 测量输入灵敏度。接线同上,当输出功率为额定值时,测得输入电压 U_i,其值应低于指标要求,否则应改变电阻值,以增大电压放大倍数。

(3) 测试幅频特性。保持输入电压 U_i 幅值不变,只改变频率 f(从 $f_L \sim f_H$),测出对应输出电压幅度,测试过程输出波形不应失真,可先在低压下测试(使输出电压约为 50%的额定值),然后在额定值输出下测试。

(4) 失真度测量。输入信号为 100Hz、1kHz、5kHz 时,输出均达到额定输出功率,分别测出对应的失真度数值,应符合规定要求。

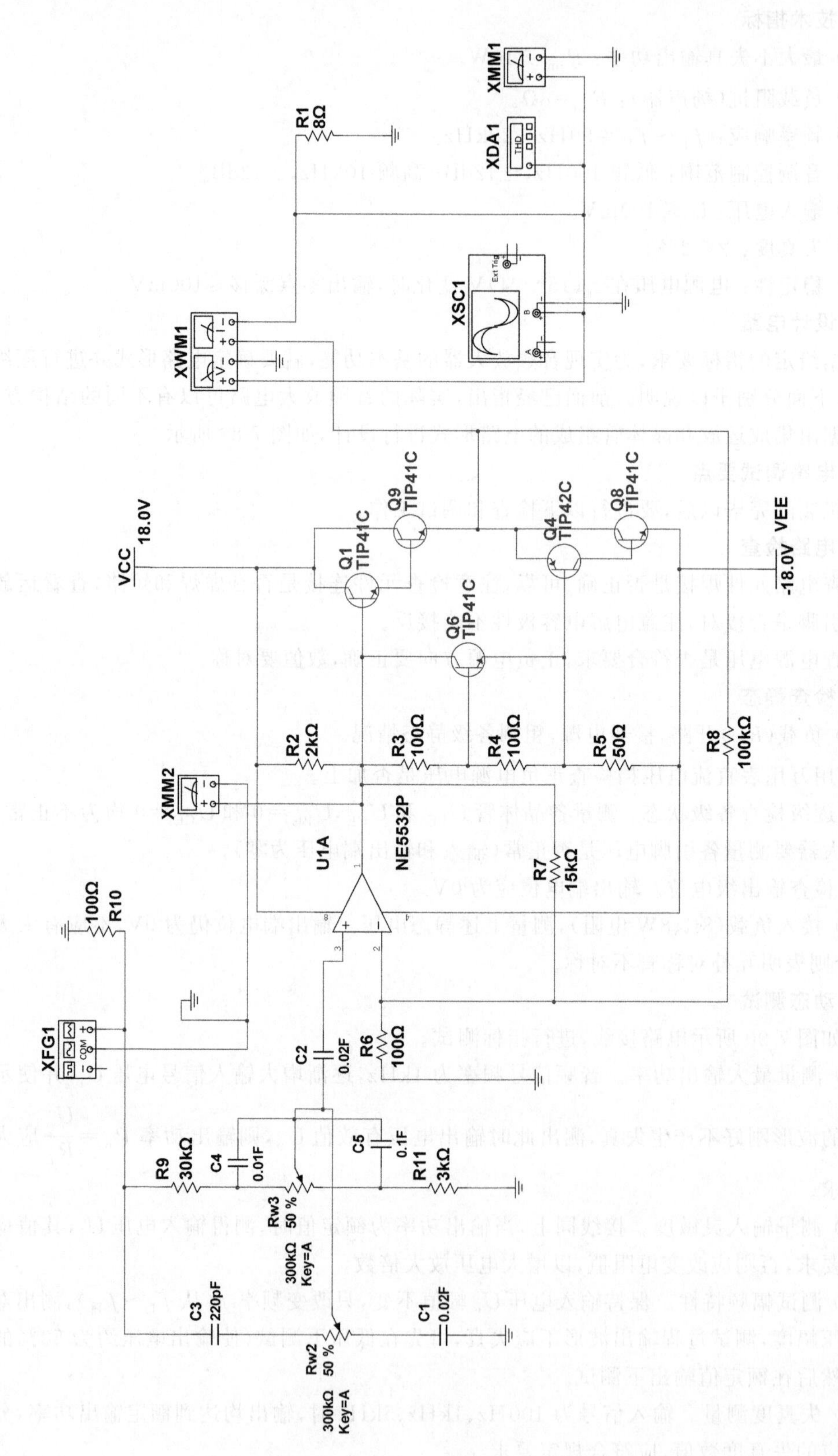

图 7-89　OCL 音频功率放大的设计电路

(5) 测试整机的高低频控制特性。输入电压 $U_i=50\text{mV}$ 固定不变,改变信号频率 f 从 f_L 到 f_H,按以下 R_{W2} 和 R_{W3} 的不同位置进行测试。

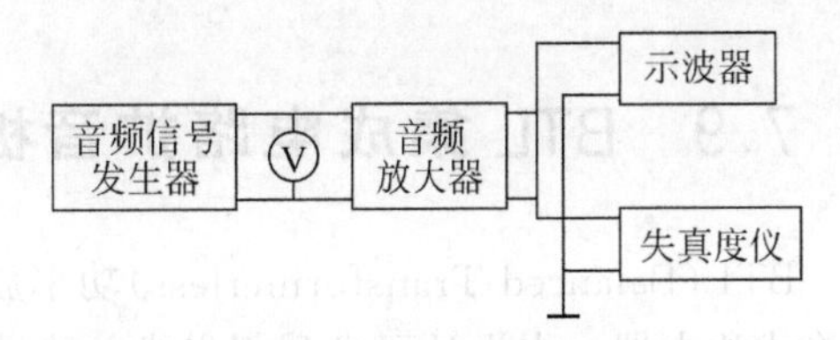

图 7-90　测试电路接线图

① R_{W2} 和 R_{W3} 滑动端置于最上端,测得对应的输出电压 U_o,由此获得高、低频提升特性。

② R_{W2} 和 R_{W3} 滑动端置于最下端,测得对应的输出电压 U_o,从而测得高、低频衰减特性。

4. 电路仿真结果

函数发生器的设定、失真分析仪、万用表 1、瓦特计、万用表 2 和示波器的仿真结果分别如图 7-91～图 7-93 所示。

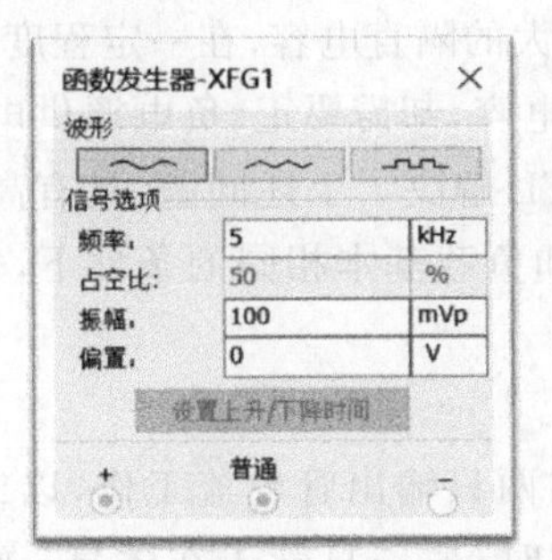

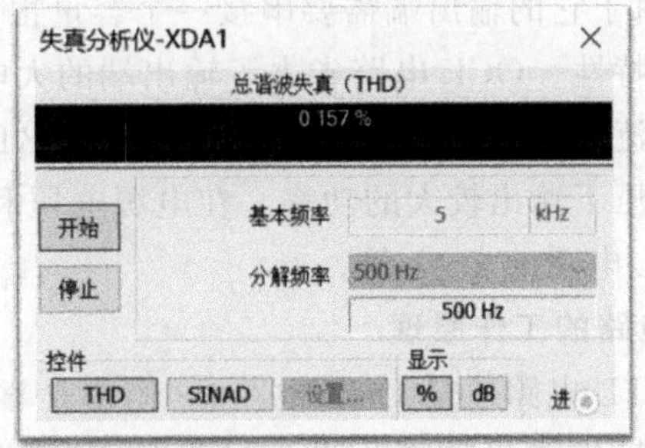

图 7-91　函数发生器和失真分析仪界面

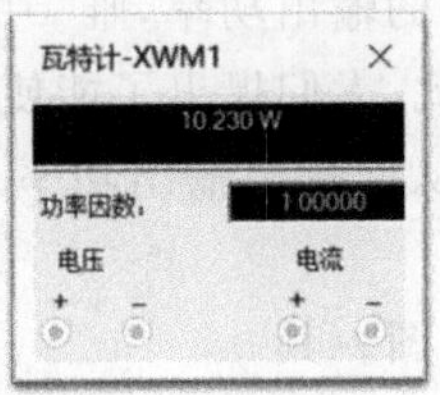

图 7-92　万用表和瓦特计界面

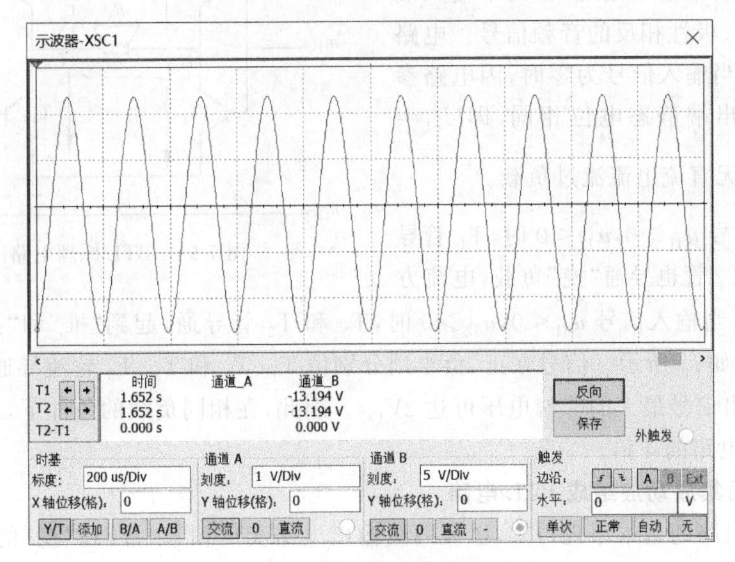

图 7-93　示波器界面

7.9 BTL 集成电路扩音板的设计

BTL(Balanced Transformerless)功率放大器是一种平衡式无变压器电路，又称为桥接推挽式放大器。本设计要求利用集成电路设计 BTL 实现扩音。所需外接元件少，电路的平衡和对称性好，频率响应好，失真小，调试也简便，可以充分发挥该电路的优点，因此得到了广泛的应用。

7.9.1 BTL 集成电路的工作原理

OTL 功率放大电路省去了推挽电路的输出变压器，减轻了扩音电路的重量，提高了保真度。但是，由于它的输出端需要串接一个容量很大的隔直电容，在一定程度上影响了电路的高频和低频特性。OCL 电路省去了输出端的大电容，却需要正、负电源供电，而且要求输出端对地的直流电位为零，给调试又带来困难。BTL 解决了上述问题，具有高保真度，能在较低的电源电压下输出较大的功率。在电源电压和负载基本相同的条件下，它的输出功率可以达到 OTL 电路的 2～3 倍。

1. BTL 电路的工作原理

无论是 OTL 电路还是 OCL 电路，它们都是靠两只输出管轮流工作，以或"推"或"挽"的形式向负载提供输出功率。当一只管子在"推"时，另一只管子在休息；而一只管子在"挽"时，另一只在休息。两者不能同时工作，只是在不同的半周里"补齐"负载中的信号。在负载阻抗不变的条件下，要获得较大的输出功率，唯一的办法是提高电源电压。然而，这又要求选取耐压更高的功率器件。因此，人们提出了能使"推"和"挽"的两只管子同时工作的设想，这样可以使电源利用率提高，从而提高输出功率。BTL 电路就是基于这一设想提出来的。

图 7-94 所示为 BTL 电路原理图。其中，T_1 与 T_2、T_3 与 T_4 是两对推挽输出管，负载 R_1 接在两个输出端之间，两个输入端加入大小相等、极性相反的音频信号。电路的工作过程：当输入信号为零时，因电路参数对称，两输出端静态电位相同，即 $U_{o1}=U_{o2}=\frac{1}{2}V_{CC}$，无直流电流流过负载。

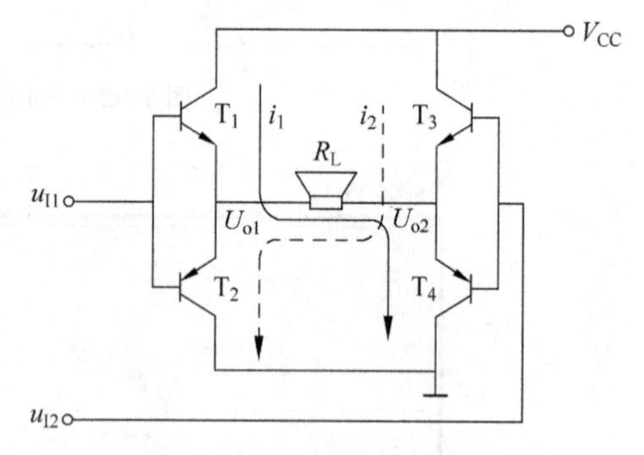

图 7-94 BTL 原理电路图

当输入信号 $u_{I1}>0$，$u_{I2}<0$ 时，T_1 管导通"推"负载，T_4 管也导通"挽"负载，电流方向如 i_1 所示；当输入信号 $u_{I1}<0$，$u_{I2}>0$ 时，T_3 和 T_2 管导通，起到"推"和"挽"的作用，流过负载的电流如 i_2 所示。信号在正、负半周分别由 T_1、T_4 和 T_2、T_3 轮流导通，形成完整的输出波形，输出信号最大的峰峰电压可达 $2V_{CC}$。因此，在相同负载的条件下，该电路输出功率可达 OTL 电路的 4 倍。

2. 如何用集成功放组成 BTL 电路

由 BTL 电路的基本原理可知，欲使两组输出电路实现相互"推"和"挽"的关系，必须在两组电路的输入端分别加上大小相等、极性相反的信号。所以,使用两个集成功放连成BTL电路时,必须解决输入信号倒相问题。在"模拟电子电路"课程中,曾讲过三极管倒相电路以及差动放大倒相电路,这里不再介绍。本设计中着重讨论一种自倒相式电路。

图7-95所示为自倒相电路的原理图。其中,A_1 和 A_2 是两只集成功率放大器,音频放大信号经过电容 C_1 加到第1级功放电路的同相输入端 U_+,该级电路的电压放大倍数近似等于 R_2/R_1。第1级输出信号 u_{o1} 再经过电容 C_2 和电阻 R_7 加到第2级功放电路的反相输入端 U_-。第2级电路的电压放大倍数为 R_8/R_7,输出信号为 u_{o2}。若使 $R_7=R_8$,则 $u_{o1}=-u_{o2}$,即幅度相等、相位相反。所以,在理想情况下可以在负载 R_L 上得到两倍的电压和4倍的功率。这种电路中偏置电阻 R_3 和 R_4 是公用的,并令 $R_5=R_6$,加上选择的两个集成功放电路的一致性,故可以使两级功放输出的静态电位相等,在无信号时,负载中没有电流流过。

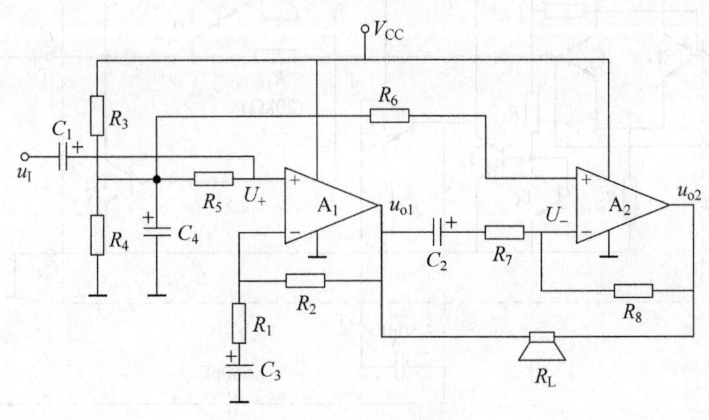

图7-95 自倒相电路

可见,这种自倒相电路外接元件较少,装接十分简便。但是,该电路对第1级功放的性能指标要求较高。因为第1级电路的噪声和失真会同有用信号一起输入第2级,结果造成总输出中噪声和失真,这是该电路的缺点。

3. 集成功率放大器LA4100简介

1)LA4100内部电路分析

图7-96所示为集成功放LA4100的电路原理图和OTL应用电路。可以看到,LA4100集成功放由3级电压放大、一级功率放大以及偏置、恒流源、反馈和去耦电路组成。

(1)电压放大级。第1级由 T_1、T_2 组成差动放大电路;第2级由PNP管 T_4 组成共射放大电路,并实现电平移动功能。T_6 管作为该级的恒流源负载,以提高电压增益。第3级由 T_7 组成,为避免引起自激,故在该管基极和集电极之间外加消振电容。3级电压放大的开环增益可达70dB以上。

(2)功放级。由 T_8~T_{14} 组成准互补对称输出电路。当输入信号为正时,T_{13} 导通,电流经 T_{13} 流入负载 R_L;当输入信号为负时,T_{14} 导通,电流经 T_{12} 流入 R_L。为了克服交越失真,由 R_9、T_9、T_{10} 和 T_{11} 形成约2.1V的偏置电压。另外,为了提高输出级增益和正向输出幅度,需要在⑬端和⑭端之间外接自举电容。

(3)偏置电路,主要由 T_3、T_5、R_4 和 R_5 组成。其中,T_5 用于稳定恒流管 T_6 的基极电位，T_3 则用于补偿 T_5 随温度变化而产生的影响。R_4 和 R_5 分压使 $U_{10} \approx \frac{1}{2}V_{CC}$，并通过 R_3 向 T_1 提供基极电流。为了消除干扰信号对 U_{10} 的影响，可在引出端⑩和地之间外加纹波抑制电容。

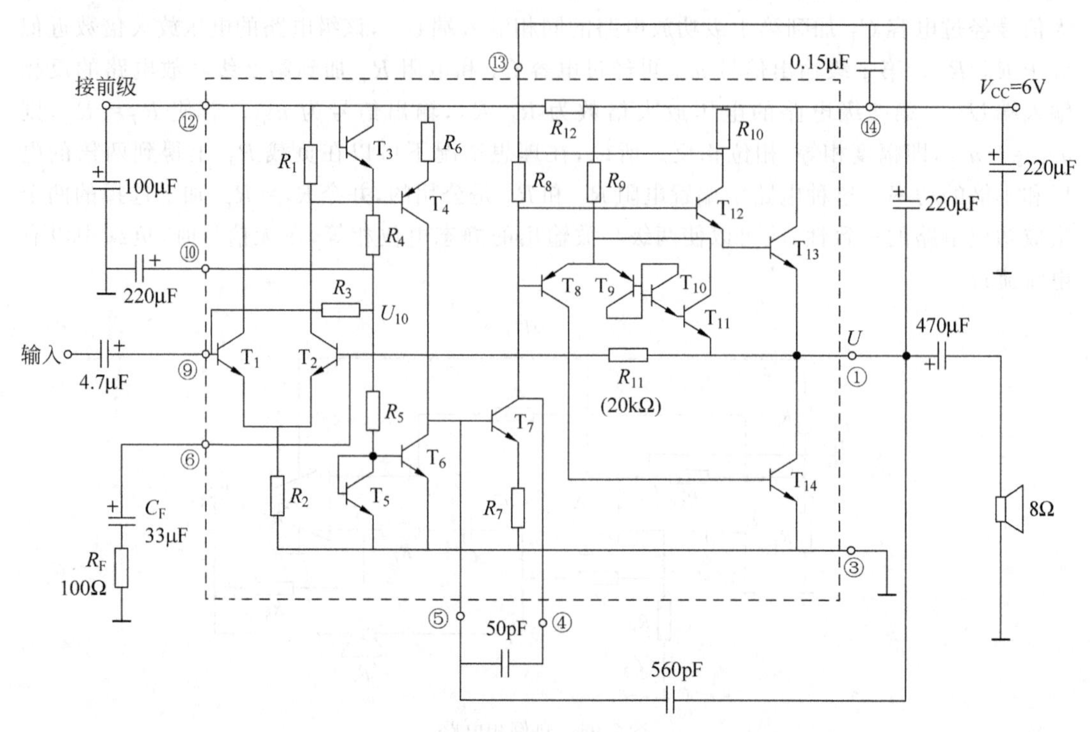

图 7-96 LA4100 电路原理图和 OTL 应用电路

(4) 负反馈支路。一路通过直流反馈电阻 R_{11} 以稳定输出电位 U；另一路通过外接电容 C_F、电阻 R_F 和 R_{11} 一起形成交流负反馈控制电路的闭环增益。为调节交流反馈深度，可以通过在 R_{11} 两端(①端和⑥端之间)并联电阻来实现。

(5) 去耦电路。在⑭端与地之间外加电容和 R_{12} 组成去耦滤波电路，以消除输出级对前级的影响。实践证明在⑬端和⑭端之间外加一个 0.15μF 左右的电容，可以起到防止电路自激的作用。

2）LA4100 使用的注意事项

(1) 电源电压和负载电阻要选择合适。为了提高输出功率，最好电源电压要选高一些，负载电阻选低一些。但 LA4100 的电源电压过高可能造成末级功放管击穿，负载电阻过低会导致末级电流过大，容易引起组件烧毁。另外，集成功放内阻一般约为 1～3Ω，接成 BTL 后内阻还要增加一倍，负载电阻值小于内阻时，大部分功率将消耗在内阻上。因此，不适当地降低负载电阻，不仅不增加输出功率，反而会降低电路的效率。LA4100 在接成 OTL 电路时，一般选用 6V 电源电压和 4Ω 负载，若用两只接成 BTL 电路，最好用 8Ω 的负载电阻，此时实际的输出功率是单块集成电路的两倍。

(2) 负载不能短路。对于 BTL 电路，负载的任何一端接地都可能烧毁集成电路。

(3) 输出功率大时要外接散热片。如果触摸管子外壳感到烫手，就应加散热片，而且使散热片与管子贴紧，以提高电路的散热效率。

(4) 输入信号不能过大，以防过载。若电路发生自激应尽快断电，待消除自激后再进行调试。

4. 集成功率放大器 LA4100 的电路连接及元件参数选定

根据自倒相式 BTL 电路的工作原理和 LA4100 应用电路的外接元件参数，可以画出两只集成功放组成的 BTL 扩音板的电路图，如图 7-97 所示。

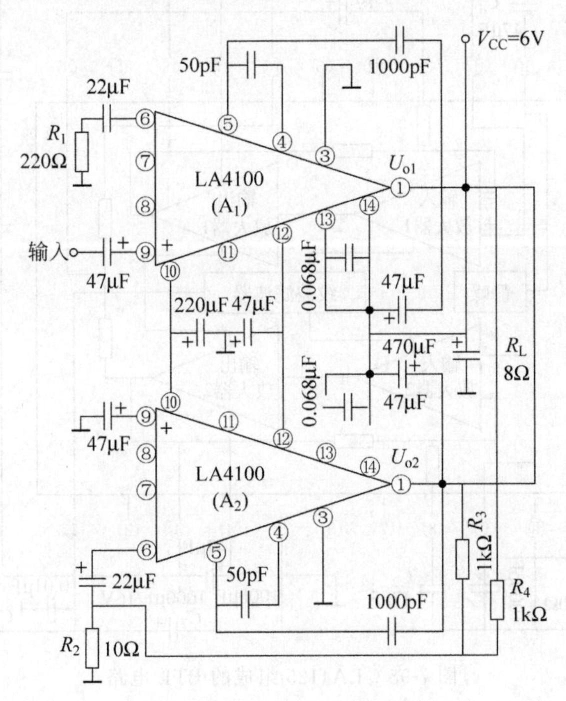

图 7-97 BTL 扩音板电路图

由于 LA4100 中 $R_{11}=20\text{k}\Omega$，选择 $R_1=220\Omega$，故第 1 级功放闭环增益 $A_1=R_{11}/R_1$，约为 40dB。第 2 级增益 $A_1=(R_{11}/\!/R_3)/R_2$，由于 $R_3=1\text{k}\Omega$，$R_2=10\Omega$，故第 2 级闭环增益也约为 40dB。又因为第 1 级输出信号经过 R_4 和 R_2 分压，衰减了 40dB 后送入第 2 级的反相输入端⑥，故两级集成功放的输入信号大小是相等的，相位是相同的。信号经过第 2 级功放电压被放大约 40dB，而在相位上同第 1 级输出信号相比是相反的。可见，两级放大器的输出信号在幅度上大小相等，相位上互为反相。这样，在负载 R_L 上就获得了比 OTL 电路高一倍以上的实际输出功率，能满足提出的技术指标。

5. 使用双功放集成电路连接 BTL 电路

若指标要求 $P_{om}>10\text{W}$，可选择电源电压高、输出功率大的双功放集成电路。图 7-98 所示为由 LA4125 双功放集成电路组成 BTL 扩音板电路的接线图。外接电源 $V_{CC}=15\text{V}$，$R_L=8\Omega$，输出功率 $P_{om}\geqslant 12\text{W}$。该电路外接元件十分少，内部还设有静噪声电路、纹波滤波电路，具有通道分离度优良、输出功率大、性能稳定等优点。

如图 7-98 所示，C_2 和 C_3 是反馈电容，它决定着最低截止频率，容量不宜过大。C_5 和 C_6 是自举电容，容量不宜选得过小，否则使低频响应变坏。C_4 是滤波电容。C_8 和 C_9 是相位补偿电容，若不自激可以不用。考虑到音频输入信号可能来自晶体唱头、收音机或录音机的耳机插孔，故在放大器输入端设置了 R_1、R_2 和 R_3 组成的分压式衰减电路。根据不同信号源改变它们的阻值，以改变衰减量。电路中画出了由二极管 D_1 和 D_2 组成的全波整流电路，提供 15V 直流电源。若用实验箱完成本设计，可不用此部分电路。

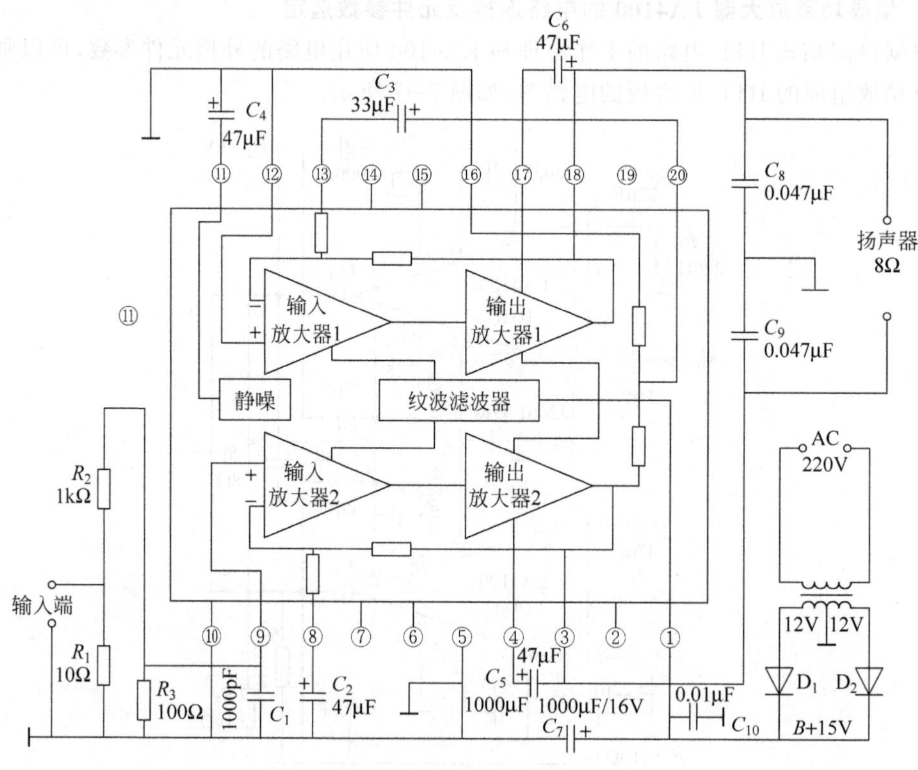

图 7-98　LA4125 组成的 BTL 电路

7.9.2　BTL 集成电路扩音板的设计

本节列举一种 BTL 集成电路扩音板电路的技术指标及设计要求，并提供了设计参考电路，如图 7-99 所示。

1. 主要技术指标

(1) 最大不失真功率：$P_{om} \geqslant 0.7$W。

(2) 负载阻抗：$R_L = 8\Omega$。

(3) 频率响应：中频带宽最低为 50Hz～10kHz。

(4) 失真度：$\gamma = 3\%$。

(5) 在其他指标不变的条件下，用双功放集成电路组成 BTL 功率放大器，要求 $P_{om} > 10$W。

2. 设计要求

(1) 说明 BTL 功率放大电路的组成和工作原理。

(2) 主要元器件的选择。

(3) 进行电路的组装和调试。

(4) 画出实际电路图。

(5) 写出总结报告。

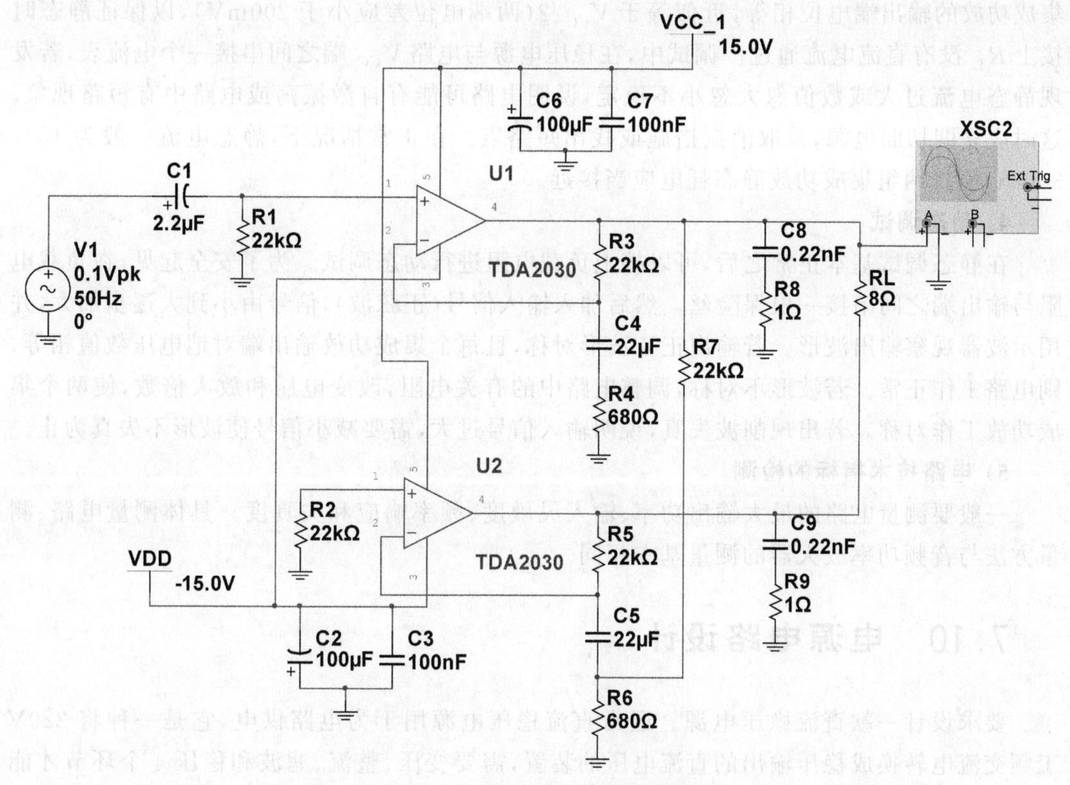

图 7-99 BTL 集成电路扩音板的设计

3. 设计电路

根据给定的输出功率指标，要实现 $P_{om} \geqslant 0.7\text{W}$，选择常用的集成功放电路 TDA2030 即可满足要求。当电源电压为 6V 时，用于 OTL 电路负载电阻为 $R_L = 4\Omega$，可以得到输出功率为 0.65W。若用两只 TDA2030 连接成 BTL 电路，$R_L = 8\Omega$，输出功率完全能够达到 $P_{om} \geqslant 0.7\text{W}$。

4. 电路调试

1）检测元器件

电路组装前，对于选用的集成电路和元器件进行测量。检查电阻值是否符合标称值，电解电容有无失效或漏电。集成功放需要通过专门的电路和测量进行参数测试。也可以用万用表 $R\times 1\text{k}\Omega$ 挡简单测试其好坏，基本原理是根据电路的引脚输出端和内部电路，将其分成若干单元，再按检测三极管的办法检测各管（或复合管）的极间电阻，以确定器件是否能正常工作。具体测量方法这里不再赘述。

2）组装电路

在设计好的印刷电路板上焊接元器件，或利用实验箱插接器件，要注意电解电容不能接反，要加电源去耦电容、电路补偿和消振电容，连线要尽可能短，尤其地线的布局要合理，以避免产生自激振荡。

3）静态调试

在检查各外接元件接线正确无误后方可进行静态调试。开始不接负载 R_L，测量两个集成功放的输出端电位相等，近似等于 $V_{CC}/2$（两端电位差应小于 200mV），以保证静态时接上 R_L 没有直流电流通过。调试中，在稳压电源与电路 V_{CC} 端之间串接一个电流表，若发现静态电流过大或数值忽大忽小不稳定，说明电路可能有自激振荡或电路中有短路现象。这时应立即切断电源，采取消振措施或找出短路点。在正常情况下，静态电流一般为 15～30mA，而且两组集成功放静态耗电应当接近。

4）动态调试

在静态调试基本正常之后，可以接上负载电阻进行动态调试。为了安全起见，在负载电阻与输出端之间串接一根保险丝。然后加入输入信号（正弦波），信号由小到大逐步加大，并用示波器观察输出波形。若输出正弦波形对称，且每个集成功放输出端对地电压数值相等，则电路工作正常。若波形不对称，调整电路中的有关电阻，改变电压和放大倍数，使两个集成功放工作对称。若出现削波失真，说明输入信号过大，需要减小信号使波形不失真为止。

5）电路技术指标的检测

一般要测量电路的最大输出功率、输入灵敏度、频率响应和失真度。具体测量电路、测量方法与音频功率放大器的测量基本相同。

7.10 电源电路设计

要求设计一款直流稳压电源。通常直流稳压电源用于为电路供电，它是一种将 220V 工频交流电转换成稳压输出的直流电压的装置，需要变压、整流、滤波和稳压 4 个环节才能完成。

7.10.1 总体设计方案及原理分析

直流稳压电源的原理框图如图 7-100 所示。

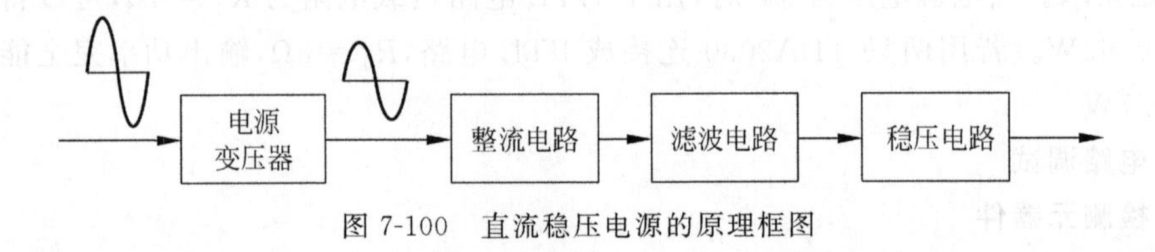

图 7-100 直流稳压电源的原理框图

构成直流稳压电源的 4 个部分分别完成不同的任务。电源变压器是降压变压器，它将电网 220V 交流电压变换成符合需要的交流电压，并送给整流电路，变压器的变比由变压器的副边电压确定。整流电路利用单向导电元件，把 50Hz 的正弦交流电变换成脉动的直流电。滤波电路可以将整流电路输出电压中的交流成分大部分滤除，从而得到比较平滑的直流电压。稳压电路的功能是使输出的直流电压稳定，不随交流电网和负载的变化而变化。

1. 整流原理

整流电路常采用二极管单相全波整流，设变压器副边电压为

$$u_2=\sqrt{2}U_2\sin(\omega t) \tag{7-158}$$

其中，u_2 为瞬时值；U_2 为有效值。在 u_2 的正半周内，二极管 D_1、D_3 导通，D_2、D_4 截止；在 u_2 的负半周内，二极管 D_2、D_4 导通，D_1、D_3 截止。正负半周内部都有电流流过负载，且方

向一致。在桥式整流电路中,每个二极管都只在半个周期内导电,所以流过每个二极管的平均电流等于输出电流的平均值的一半,电路的每只二极管承受的最大反向电压为$\sqrt{2}U_2$。其基本原理如图 7-101 和图 7-102 所示。

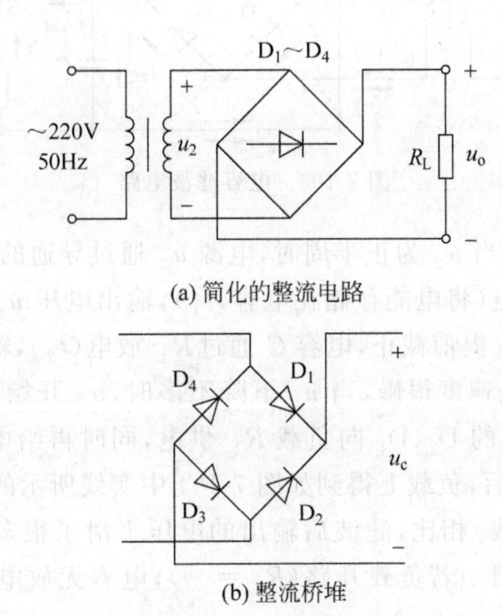

(a) 简化的整流电路

(b) 整流桥堆

图 7-101 二极管整流电路

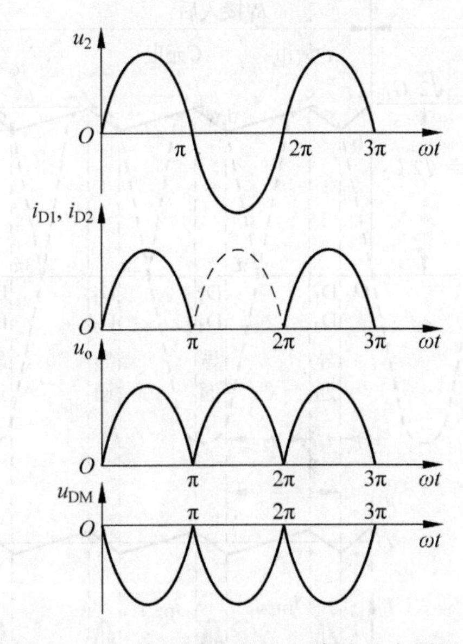

图 7-102 单相桥式整流电路的基本原理

2. 滤波原理

采用滤波电路可滤除整流电路输出电压中的交流成分,使电压波形变得平滑。常见的滤波电路有电容滤波、电感滤波和复试滤波等。在整流电路的输出端,即负载电阻 R_L 两端并联一个电容量较大的电解电容 C,则构成了电容滤波电路。由于滤波电容与负载并联,也称为并联滤波电路,如图 7-103 所示。

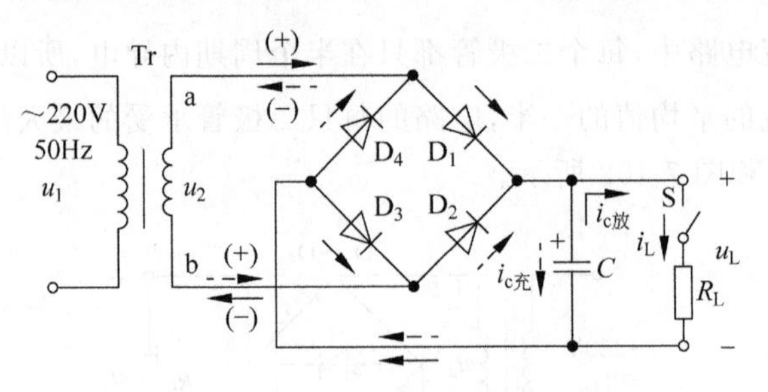

图 7-103　电容滤波电路

从图 7-104 可以看出，当 u_2 为正半周时，电源 u_2 通过导通的二极管 D_1、D_3 向负载 R_L 供电，并同时向电容 C 充电（将电能存储在电容，t_1），输出电压 $u_o=u_c$；u_o 达到峰值后 u_2 减小，当 $u_o \geqslant u_2$ 时，D_1、D_3 提前截止，电容 C 通过 R_L 放电（t_2），输出电压缓慢下降，由于放电时间常数较大，电容放电速度很慢，当 u_c 下降不多时，u_2 开始下一个上升周期，当 $u_2 \geqslant u_o$ 时，电源 u_2 又通过导通的 D_2、D_4 向负载 R_L 供电，同时再给电容 C 充电。如此周而复始。电路进入稳态工作以后，负载上得到如图 7-104 中实线所示的近似锯齿的电压波形，与整流流出的脉动直流（虚线）相比，滤波后输出的电压平滑了很多。显然，放电的时间常数 R_LC 越大，输出电压越平滑。若负载开路（$R_L=\infty$），电容无放电回路，输出电压将保持为 u_2 的峰值不变。

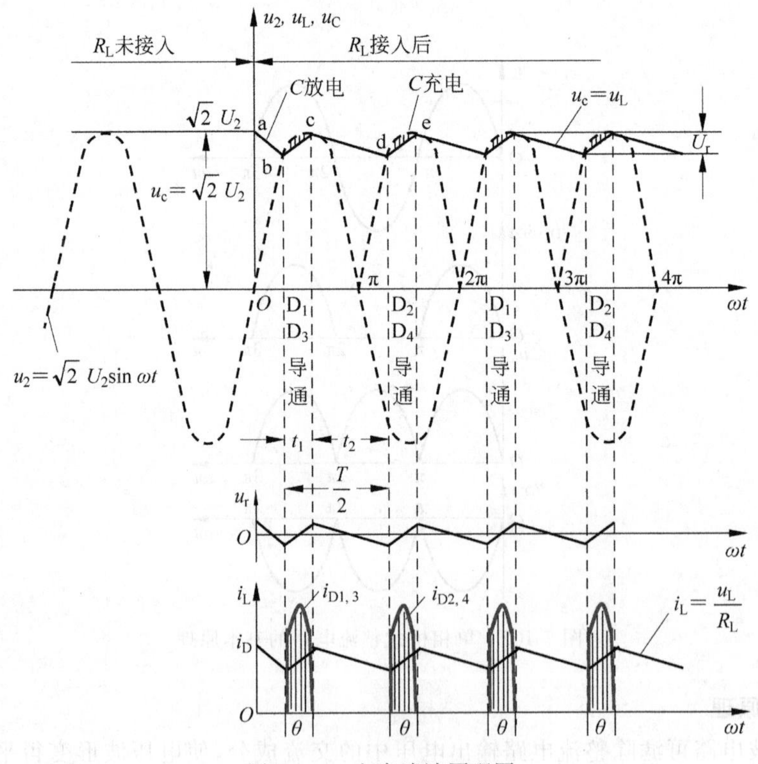

图 7-104　电容滤波原理图

3. 输出电压的估算

电容滤波电路的输出电压与电容的放电时间常数 $\tau=R_LC$ 有关，τ 应远大于 u_2 的周期

T，当满足式(7-159)时，滤波电路的输出电压可按式(7-160)估算。

$$\tau = R_L C \geqslant (3 \sim 5)\frac{T}{2}\tau \tag{7-159}$$

$$U_o = 1.2U_2 \tag{7-160}$$

整流二极管导通时间缩短了，存在瞬间的浪涌电流，要求二极管允许通过更大的电流，管子参数应满足

$$I_{FM} = 2I_V = I_o \tag{7-161}$$

在已知负载电阻 R_L 的情况下，可根据式(7-162)选择滤波电容 C 的容量。

$$C \geqslant (3 \sim 5)\frac{T}{2R_L} \tag{7-162}$$

若容量偏小，输出电压 U_o 将下降，一般均选择大容量的电解电容；电容的耐压应大于 u_2 的峰值，同时要考虑电网电压波动的因素，留有足够的裕量。电容滤波电路的负载能力较差，仅适用于负载电流较小的场合。可见，设计中常利用电容器两端的电压不能突变和流过电感器的电流不能突变的特点，将电容器和负载电阻并联或电容器和负载电阻串联，以达到使输出波形基本平滑的目的。选择电容滤波后，直流输出电压 $U_o = 1.2U_2$。

4. 稳压原理

由于输入电压不稳定(通常交流电网允许有±10%的波动)，而导致整流滤波电路输出直流电压不稳定。并且由于整流滤波电路存在内阻，当负载变化时，引起负载电流发生变化，使输出电流电压发生变化。另外，由于电子元件(特别是导体器件)的参数和温度有关，当环境温度发生变化时，引起电路元件参数发生变化，导致输出电压发生变化。整流滤波后得到的直流电压仍然会存在少量纹波成分，不能直接供给那些对电源质量要求较高的电路。为了得到输出稳定的直流电压，经过整流滤波后的直流电压必须采取一定的稳压措施才能适应电子设备的需求。可选择集成三端稳压电路对输出电压进一步进行稳压。典型的集成三端稳压电路连接如图 7-105 所示。

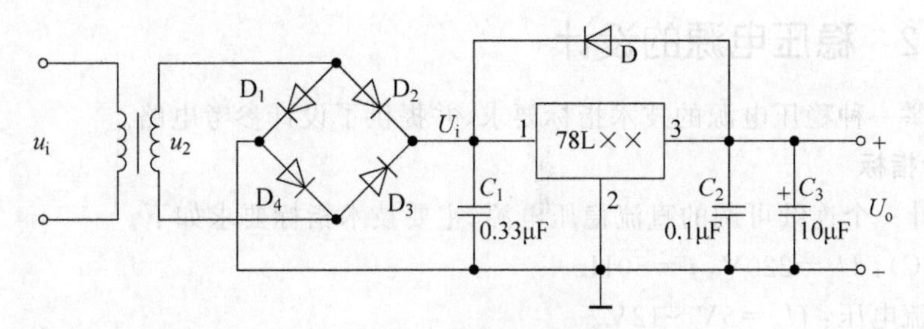

图 7-105 稳压电路原理

5. 参数指标计算及器件选型

1) 电源变压器的选择

可根据所选择的稳压芯片的输入输出范围计算变压器的副边电压。由于 $U_{omin} = 3V$，$U_{omax} = 9V$，则

$$U_i - U_{omax} \geqslant (U_i - U_o)_{min} \tag{7-163}$$

$$U_i - U_{omin} \geqslant (U_i - U_o)_{max} \tag{7-164}$$

其中，$(U_i-U_o)_{min}=3V$，$(U_i-U_o)_{max}=40V$，可得 $12V \leqslant U_i \leqslant 43V$。在此范围内任取 U_i。根据 $U_i=(1\sim1.2)U_2$，可得副边电压 U_2。取 $U_i=14V$，则 $U_2=11.67V$。

$I_{o1}=I_o$，由于副边电流 $I_2=(1.5-2)I_{o1}$，取 $I_o=I_{omax}=800mA$，则副边电流为

$$I_2=1.5\times0.8=1.2A \tag{7-165}$$

变压器的输出功率为 $P_o=I_2U_2=14W$。

2）整流器件的选择

选取整流二极管 IN4001，其参数为：反向击穿电压 $U_{BR}=50V>17V$，最大整流电流 $I_F=1A>0.4A$。

3）滤波电容的选择

设定 $I_o=I_{omax}=800mA$，$t=0.01s$。电路中滤波电容承受的最高电压为 17V，所以所选电容器的耐压应大于 17V。注意：因为大容量电解电容有一定的绕制分布电感，容易引起自激振荡，形成高频干扰，所以稳压器的输入、输出端常并入瓷介质小容量电容用来抵消电感效应，抑制高频干扰。

4）稳压器的选择

常见的可调式集成稳压器有 CW317、CW337、LM317、LM337。317 系列稳压器输出连续可调的正电压，337 系列稳压器输出连续可调的负电压，可调范围为 2.5～36V，最大输出电流为 1.5A。稳压器内部含有过流、过热保护电路，具有安全可靠、性能优良、不易损坏、使用方便等优点。其电压调整率和电流调整率均优于固定式集成电路构成的可调电压稳压电源。输出电压表达式为

$$U_o=U_{32}\left(1+\frac{R_2}{R_1}\right)=1.25\left(1+\frac{R_2}{R_1}\right) \tag{7-166}$$

其中，$U_{32}=1.25V$ 为集成稳压块输出端与调整端之间的固有参考电压，此电压加于给定电阻两端，将产生一个恒定电流通过输出电压调节电位器，一般使用精密电位器，与其并联的电容器 C 可进一步减小输出电压的纹波。

7.10.2 稳压电源的设计

本节列举一种稳压电源的技术指标要求，并提供了设计参考电路。

1. 设计指标

(1) 设计一个连续可调的直流稳压电源，主要技术指标要求如下。

输入(AC)：$U_i=220V$，$f=50Hz$。

输出直流电压：$U_o=5V\sim12V$。

输出电流：$I_o\leqslant1A$。

纹波电压：$U_{PP}\leqslant30mV$。

(2) 设计电路结构，选择电路元件，计算确定元件参数，画出实用原理电路图。

(3) 自拟实验方法、步骤及数据表格，提出测试所需仪器及元器件的规格、数量。

(4) 在 Multisim 软件上画出电路图，仿真并调试，并测试其主要性能参数。

2. 总体电路

设计的总体仿真电路如图 7-106 所示。

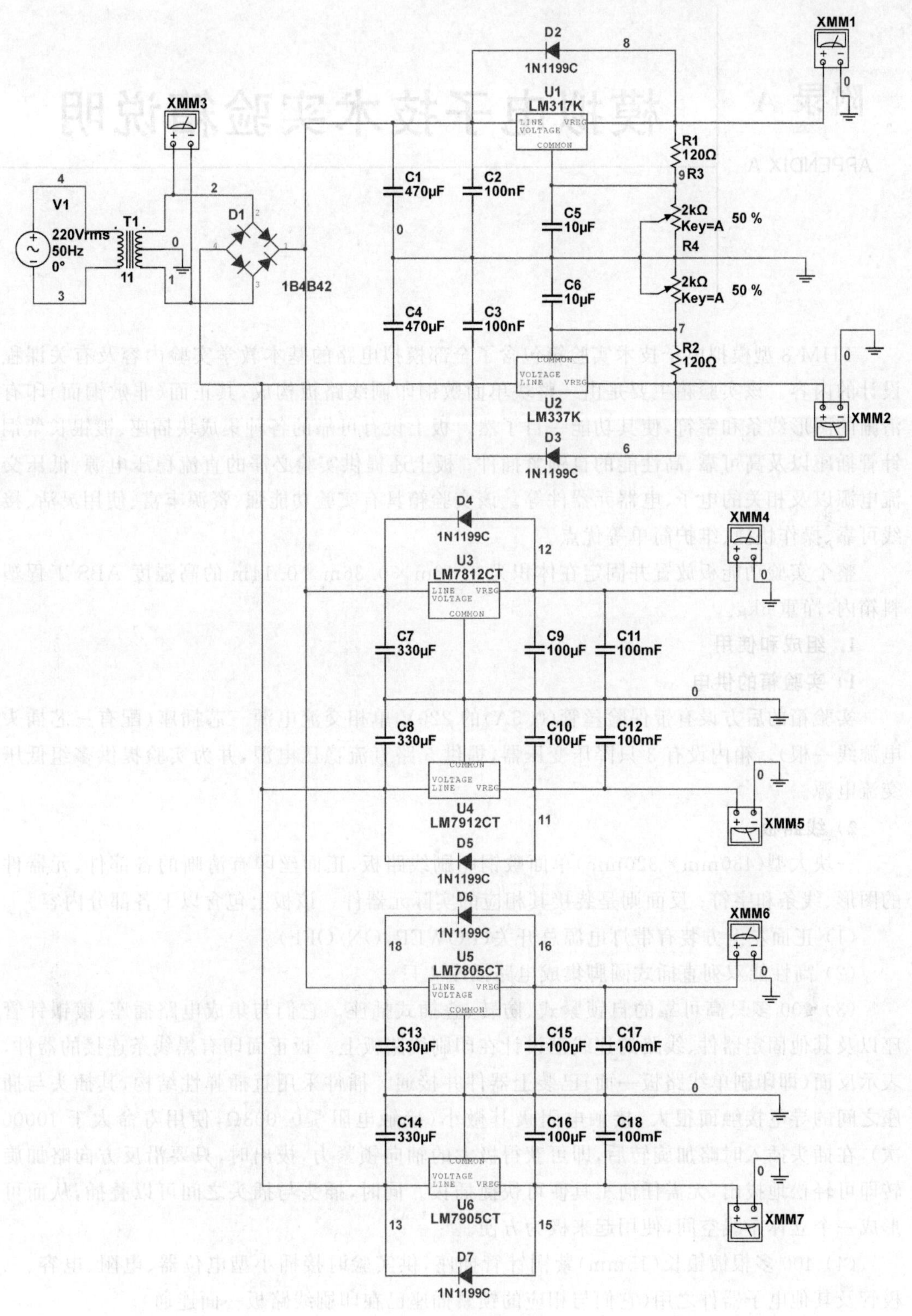
D2
1N1199C
8
XMM1
U1
LM317K
LINE VREG
VOLTAGE
COMMON
R1
120Ω
9 R3
XMM3
4
V1
220Vrms
50Hz
0°
T1
11
3
2
D1
0
1
1B4B42
C1
470μF
C2
100nF
C5
10μF
2kΩ
Key=A
50 %
R4
C6
10μF
C4
470μF
C3
100nF
7
R2
120Ω
U2
LM337K
XMM2
D3
1N1199C
6
D4
1N1199C
XMM4
12
U3
LM7812CT
C7
330μF
C9
100μF
C11
100mF
C8
330μF
C10
100μF
C12
100mF
U4
LM7912CT
11
XMM5
D5
1N1199C
D6
1N1199C
XMM6
18
16
U5
LM7805CT
C13
330μF
C15
100μF
C17
100mF
C14
330μF
C16
100μF
C18
100mF
U6
LM7905CT
13
15
XMM7
D7
1N1199C
图 7-106 整体电路图

附录A 模拟电子技术实验箱说明

APPENDIX A

THM-3型模拟电子技术实验箱包含了全部模拟电路的基本教学实验内容及有关课程设计的内容。该实验箱主要是由一整块单面敷铜印刷线路板构成，其正面（非敷铜面）印有清晰的图形线条和字符，使其功能一目了然。板上设有可靠的各种集成块插座、镀银长紫铜针管插座以及高可靠、高性能的自锁紧插件；板上还提供实验必需的直流稳压电源、低压交流电源以及相关的电子、电器元器件等。该实验箱具有实验功能强、资源丰富、使用灵活、接线可靠、操作快捷、维护简单等优点。

整个实验功能板放置并固定在体积为0.46m×0.36m×0.14m的高强度ABS工程塑料箱内，净重6kg。

1. 组成和使用

1）实验箱的供电

实验箱的后方设有带保险丝管（0.5A）的220V单相交流电源三芯插座（配有三芯插头电源线一根）。箱内设有3只降压变压器，提供5路直流稳压电源，并为实验提供多组低压交流电源。

2）线路板

一块大型（430mm×320mm）单面敷铜印刷线路板，正面丝印有清晰的各部件、元器件的图形、线条和字符；反面则是装接其相应的实际元器件。该板上包含以下各部分内容。

（1）正面左上方装有带灯电源总开关（POWER，ON/OFF）。

（2）高性能双列直插式圆脚集成电路插座4只。

（3）400多只高可靠的自锁紧式、防转、叠插式插座。它们与集成电路插座、镀银针管座以及其他固定器件、线路的连线已设计在印刷线路板上。板正面印有黑线条连接的器件，表示反面（即印刷单线路板一面）已装上器件并接通。插件采用直插弹性结构，其插头与插座之间的导电接触面很大，接触电阻极其微小（接触电阻≤0.003Ω，使用寿命大于10000次），在插头插入时略加旋转后，即可获得极大的轴向锁紧力，拔出时，只要沿反方向略加旋转即可轻松地拔出，无需任何工具便可快捷插拔。同时，插头与插头之间可以叠插，从而可形成一个立体布线空间，使用起来极为方便。

（4）400多根镀银长（15mm）紫铜针管插座，供实验时接插小型电位器、电阻、电容、三极管及其他电子器件之用（它们与相应的锁紧插座已在印刷线路板一面连通）。

（5）板的反面都已装接有与正面丝印相对应的电子元器件（如三端集成稳压块7812、7912、LM317各一只，晶体三极管3DG6共3只、3DG12两只、3CG12一只以及场效应管

3DJ6F、单结晶体管 BT33、可控硅 2CT3A、BCR、二极管、稳压管 2CW231、2CW54、整流桥堆、功率电阻、电容等元器件)。

(6) 装有两只多圈可调的精密电位器(100Ω 和 10Ω 各一只)和一只 100kΩ 碳膜电位器以及其他电器,如蜂鸣器(UBZZ)、12V 信号灯、发光二极管(LED)、扬声器(0.25W,8Ω)、振荡线圈、复位按钮、小型钮子开关、继电器等。

(7) 精度为 1mA,内阻为 100Ω 的直流毫安表一只,该表仅供实验用。

(8) 由一只单独降压变压器为实验提供低压交流电源。在直流电源左上方的紧锁插座输出 6V/10V/14V 以及两路 17V 低压交流电源(50Hz),为实验提供所需的交流低压电源。只要开启电源开关,就可输出相应的电压值。

(9) 直流稳压电源。提供(±5V,0.5A)和(±12V,0.5A)4 路直流稳压电源以及一路(1.3～18V,0.5A)可调直流稳压电源,每路均有短路保护自动恢复功能,其中,±12V 具有短路告警、提示功能。有相应的电源输出插座以及相应的 LED 发光二极管指示。只要开启电源分开关,就有相应的±5V 和±12V 以及 1.3～18V 可调输出指示。

(10) 直流信号源。提供两路−5～+5V 可调直流信号。只要开启直流信号源分开关,就有相应的两路−5～+5V 直流可调信号输出。

注意:因本直流信号源的电源是由该实验板上的±5V 直流稳压电源提供的,故在开启直流信号源处的开关前,必须开启±5V 直流稳压电源处的开关,否则就没有直流信号输出。

(11) 函数信号发生器。该信号发生器由单片集成函数信号发生器 ICL8038 及外围电路组成。其输出频率范围为 15Hz～90kHz,输出幅度峰峰值为 0～15V_{PP},Output 插口是信号输出插口。

使用时,只要开启函数信号发生器分开关,信号源即进入工作状态。

两个电位器旋钮分别是用于输出信号的幅度调节(左)和频率细调(右)。

实验板上两个短路帽则用于波形选择(上)和频段选择(下)。将上面一个短路帽放在 1、2 两引脚处,输出信号为正弦波;将其置于 3、4 两引脚处,则输出信号为三角波;将其置于 4、5 两引脚处,则为方波输出。将下面一个短路帽放在 1、2 两引脚(即 f_1)处,调节频率细调旋钮,则输出信号的频率范围为 15～500Hz;将其置于 2、3 两引脚(即 f_2)处,调节频率细调旋钮,则输出信号的频率范围为 300Hz～7kHz;将其置于 4、5 两引脚(即 f_3)处,调节频率细调旋钮,则输出信号的频率范围为 5～90kHz。

(12) 频率计。该频率计是由单片机 89C2051 和 6 位共阴极 LED 数码管设计而成的,具有输入阻抗大和灵敏度高的优点。其分辨率为 1Hz,测频范围为 1Hz～300kHz。将开关 OUT/IN 置于 IN 处,频率计显示出该实验箱函数信号发生器的频率。将开关 OUT/IN 置于 OUT 处,则频率计显示由 Input 插口输入的被测信号的频率。

在使用过程中,如遇瞬时强干扰,频率可能出现死锁,此时,只要按一下复位键(RES),即可自动恢复正常工作。

(13) 该实验箱附有充足的长短不一的实验专用连接导线一套。

3) 其他

实验面板上设有可装卸固定线路实验小板的固定脚 4 只,配有共射极单管/负反馈放大器、射极跟随器、RC 正弦波振荡器、差动放大器以及 OTL 功率放大器实验板共 5 块,可采用固定线路及灵活组合进行实验,这样开展实验更加灵活方便。实验箱面板如图 A-1 所示。

图 A-1 实验箱面板

2. 使用注意事项

(1) 使用前应先检查各电源是否正常,检查步骤如下。

首先,关闭实验箱的所有电源开关(开关置于 OFF 端),然后用随箱的三芯电源线接通实验箱的 220V 交流电源。

其次,开启实验箱上的电源总开关 POWER(置于 ON 端),则相应的船形开关指示灯亮。

再次,开启直流稳压电源的 3 组开关(置于 ON 端),则与±5V 和±12V 相对应的 4 只 LED 发光二极管应点亮,1.3~18V 可调电源的 LED 发光管随输出电压的增高而逐渐点亮。

最后,用万用表交流低压挡(<25V 挡量程)分别测量交流 50Hz 6V、10V、14V 的锁紧插座对"0"的交流电压,检查是否一致,再检查两处 17V 插座对"0"的交流电压是否正常。

(2) 接线前务必熟悉实验板上各元器件的功能、参数及其接线位置,特别要熟知各集成块插脚引线的排列方式及接线位置。

(3) 实验接线前必须先断开总电源与各分电源开关,严禁带电接线。

(4) 接线完毕,检查无误后,再插入相应的集成电路芯片才可通电,也只有在断电后方可插拔集成芯片。严禁带电插拔集成芯片。

(5) 实验自始至终,实验板上要保持整洁,不可随意放置杂物,特别是导电的工具和多余的导线等,以免发生短路等故障。

(6) 该实验箱上的各挡直流电源及信号源设计时仅供实验使用,一般不外接其他负载。如作他用,则要注意使用的负载不能超出本电源及信号的使用范围。

(7) 实验完毕,应及时关闭各电源开关(置于 OFF 端),并及时清理实验面板,整理好连接导线并放置在规定的位置。

(8) 实验时需用到外部交流供电的仪器,如示波器等,这些仪器的外壳应妥善接地。

附录 B 常用电子电路元器件识别与性能参数

APPENDIX B

任何电子电路都是由元器件组成的，常用的主要有电阻器、电容器、电感器和各种半导体器件(如二极管、三极管、集成电路等)。为了能正确地选择和使用这些元器件，就必须掌握它们的性能、结构与主要性能参数等有关知识。

B.1 电阻器

下面介绍电阻器的分类、命名、性能指标及测试等相关内容。

B.1.1 电阻器的分类

电阻器是电路元件中应用最广泛的一种，在电子设备中约占元件总数的30%以上，其质量的好坏对电路工作的稳定性有极大影响。电阻器的主要用途是稳定和调节电路中的电流和电压，还可作为分流器、分压器和消耗电能的负载等。

电阻器按结构可分为固定式和可变式两大类。

固定式电阻器一般称为电阻。由于制作材料和工艺不同，可分为膜式电阻、实心式电阻、金属线绕电阻(RX)和特殊电阻4种类型。

膜式电阻包括碳膜电阻(RT)、金属膜电阻(RJ)、合成膜电阻(RH)和氧化膜电阻(RY)等。

实心式电阻包括有机实心电阻(RS)和无机实心电阻(RN)。

特殊电阻包括MG型光敏电阻和MF型热敏电阻。

可变式电阻器分为滑线式变阻器和电位器。其中应用最广泛的是电位器。

电位器是一种具有3个接头的可变式电阻器，其阻值可在一定范围内连续可调。电位器的分类有以下几种。

按电阻体材料可分为薄膜式和线绕式两种。薄膜式又可分为WTX型小型碳膜电位器、WTH型合成碳膜电位器、WS型有机实心电位器、WHJ型精密合成膜电位器和WHD型多圈套合成膜电位器等。线绕式电位器的代号为WX型。一般线绕式电位器的误差不大于±10%，非线绕式电位器的误差不大于±2%。其阻值、误差和型号均标在电位器上。

按调节机构的运动方式，可分为旋转式、直滑式。

按结构可分为单联、多联、带开关、不带开关等；开关形式又有旋转式、推拉式、按键式等。

按用途可分为普通电位器、精密电位器、功率电位器、微调电位器和专用电位器等。

按阻值随转角变化关系，又可分为线性和非线性电位器，如图 B-1 所示。它们的特点分别如下。

X 式(直线式)：常用于示波器的聚焦电位器和万用表的调零电位器(如 MF-20 型万用表)，其线性精度为±2%、±1%、±0.3%、±0.1%、±0.05%。

D 式(对数式)：常用于电视机的黑白对比度调节电位器，其特点是先粗调后细调。

Z 式(指数式)：常用于收录机的音量调节电位器，其特点是先细调后粗调。

所有 X、D、Z 字母符号一般印在电位器上，使用时应注意。

常用电阻器的外形和符号如图 B-2 所示。

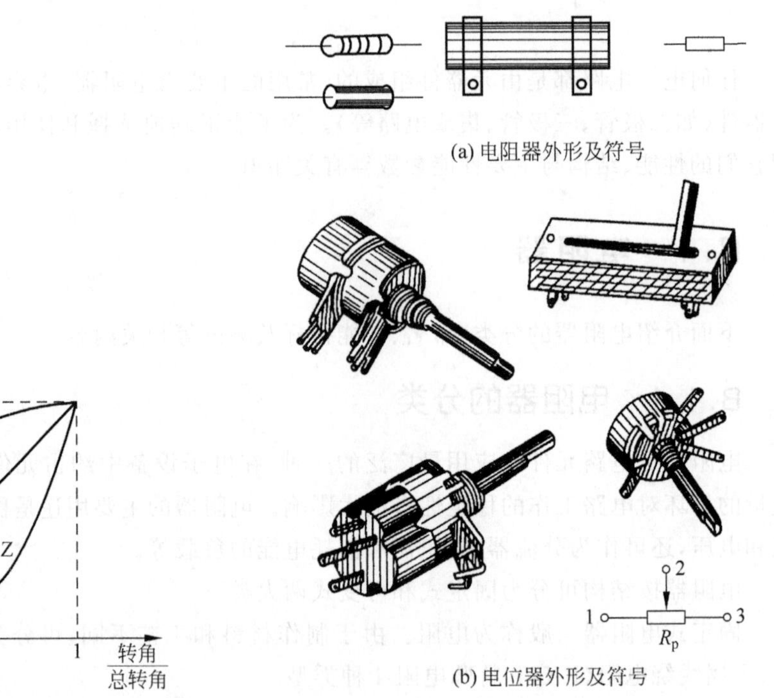

图 B-1 电位器阻值随转角变化曲线

图 B-2 常用电阻器的外形和符号

B.1.2 电阻器的型号命名

电阻器的型号命名详见表 B-1。

表 B-1 电阻器的型号命名

第 1 部分		第 2 部分		第 3 部分		第 4 部分
用字母表示主称		用字母表示材料		用数字或字母表示特征		用数学表示序号
符号	意义	符号	意义	符号	意义	
R	电阻器	T	碳膜	1,2	普通	
W	电位器	P	硼碳膜	3	超高频	
		U	硅碳膜	4	高阻	
		C	沉积膜	5	高温	
		H	合成膜	7	精密	

续表

第 1 部分		第 2 部分		第 3 部分		第 4 部分
用字母表示主称		用字母表示材料		用数字或字母表示特征		用数学表示序号
符号	意义	符号	意义	符号	意义	
		I	玻璃釉膜	8	电阻器——高压	
		J	金属膜(箔)		电位器——特殊	
		Y	氧化膜		函数	包括：
		S	有机实心	9	特殊	额定功率
		N	无机实心	G	高功率	阻值
		X	线绕	T	可调	允许误差
		R	热敏	X	小型	精度等级
		G	光敏	L	测量用	
		M	压敏	W	微调	
				D	多圈	

示例 RJ71-0.125-5.1k I 型电阻器，按命名规则可知：

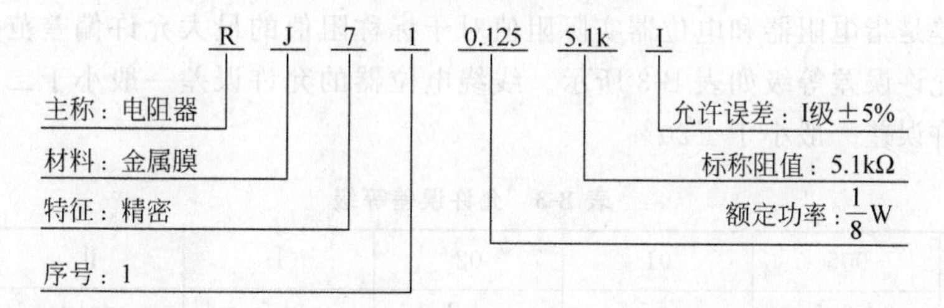

由此可见，这是精密金属膜电阻器，其额定功率为 1/8W，标称电阻值为 5.1kΩ，允许误差为±5%。

B.1.3 电阻器的主要性能指标

1. 额定功率

电阻器的额定功率是在规定的环境温度和湿度下，假定周围空气不流通，在长期连续负载而不损坏或基本不改变性能的情况下，电阻器上允许消耗的最大功率。当超过额定功率时，电阻器的阻值将发生变化，甚至发热烧毁。为保证安全使用，一般选取额定功率比它在电路中消耗的功率高 1～2 倍。

额定功率分 19 个等级，常用的有$\frac{1}{20}$W、$\frac{1}{8}$W、$\frac{1}{4}$W、$\frac{1}{2}$W、1W、2W、4W、5W 等。

在电路图中，非线绕电阻器额定功率的符号表示法如图 B-3 所示。

$\frac{1}{20}$W　$\frac{1}{8}$W　$\frac{1}{4}$W　$\frac{1}{2}$W　1W

2W　3W　5W　7W　10W

图 B-3 额定功率的符号表示法

实际中应用较多的额定功率有$\frac{1}{4}$W、$\frac{1}{2}$W、1W、2W。线绕电位器应用较多的额定功率有2W、3W、5W、10W等。

2. 标称阻值

标称阻值是产品标识的“名义”阻值，其单位有欧(Ω)、千欧(kΩ)、兆欧(MΩ)等。标称阻值系列如表B-2所示。

任何固定电阻器的阻值都应符合表B-2所列数值乘以10^nΩ，其中n为整数。

表B-2 标称阻值

允许误差/%	系列代号	标称阻值系列
±5	E24	1.0 1.1 1.2 1.3 1.5 1.6 1.8 2.0 2.2 2.4 2.7 3.0 3.3 3.6 3.9 4.3 4.7 5.1 5.6 6.2 6.8 7.5 8.2 9.1
±10	E12	1.0 1.2 1.5 1.8 2.2 2.7 3.3 3.9 4.7 5.6 6.8 8.2
±20	E6	1.0 1.5 2.2 3.3 4.7 6.8

3. 允许误差

允许误差是指电阻器和电位器实际阻值对于标称阻值的最大允许偏差范围，它表示产品的精度。允许误差等级如表B-3所示。线绕电位器的允许误差一般小于±10%，非线绕电位器的允许误差一般小于±20%。

表B-3 允许误差等级

级别	005	01	02	Ⅰ	Ⅱ	Ⅲ
允许误差/%	±0.5	±1	±2	±5	±10	±20

电阻器的阻值和误差一般都用数字标印在电阻器上，但一些体积很小的合成电阻器，其阻值和误差常用色环来表示，如图B-4所示。在靠近电阻器的一端画有4道或5道(精密电阻)色环。其中，第1、第2以及精密电阻的第3道色环都表示其相应位数的数字。其后的一道色环则表示前面数字再乘以10的方幂，最后一道色环表示阻值的容许误差。各种色环颜色的意义如表B-4所示。

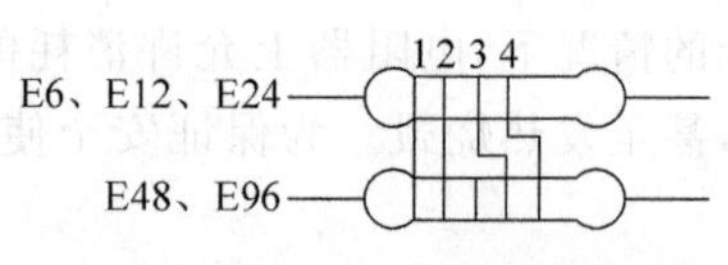

图B-4 阻值和误差的色环标记

例如，4色环电阻器的第1～4道色环分别为棕、绿、红、金色，则该电阻的阻值和误差分别为

$$R=(1\times10+5)\times10^2\ \Omega=1500\Omega,\pm5\%$$

表B-4 色环颜色的意义

数值	黑	棕	红	橙	黄	绿	蓝	紫	灰	白	金	银	本色
代表数值	0	1	2	3	4	5	6	7	8	9			
允许误差		F (±10%)	G (±20%)			D (±0.5%)	C (±0.25%)	B (±0.1%)			J (±5%)	K (±10%)	±20%

4. 最高工作电压

最高工作电压是由电阻器、电位器最大电流密度、电阻体击穿及其结构等因素所规定的工作电压限度。对于阻值较大的电阻器，当工作电压过高时，虽功率不超过规定值，但内部会发生电弧火花放电，导致电阻变质损坏。一般$\frac{1}{8}$W碳膜电阻器或金属膜电阻器，最高工作电压分别不能超过150V或200V。

B.1.4　电阻器的简单测试

测量电阻的方法很多，可用欧姆表、电阻电桥和数字欧姆表直接测量，也可根据欧姆定律$R=U/I$，通过测量流过电阻的电流I和电阻上的压降U间接测量电阻值。

当测量精度要求较高时，采用电阻电桥测量电阻。电阻电桥有单臂电桥(惠斯登电桥)和双臂电桥(凯尔文电桥)两种。这里不详细介绍。

当测量精度要求不高时，可直接用欧姆表测量电阻。现以MF-20型万用表为例，介绍测量电阻的方法。首先将万用表的功能选择开关置于Ω挡，量程开关置于合适挡。将两根测试笔短接，表头指针应在Ω刻度线零点，若不在零点，则要调节Ω旋钮(零欧姆调整电位器)回零。调零后即可把被测电阻串接于两根测试笔之间，此时表头指针偏转，待稳定后可从Ω刻度线上直接读出所示数值，再乘以事先所选择的量程，即可得到被测电阻的阻值。当另换一量程时，必须再次短接两测试笔，重新调零。每换一个量程挡都必须调零一次。

特别需要指出的是，在测量电阻时，不能用双手同时捏住电阻或测试笔，因为那样的话，人体电阻将会与被测电阻并联在一起，表中指示的数值就不单纯是被测电阻的阻值了。

B.1.5　选用电阻器常识

(1) 根据电子设备的技术指标和电路的具体要求选用电阻的型号和误差等级。

(2) 为提高设备的可靠性，延长使用寿命，应选用额定功率大于实际消耗功率的1.5～2倍的电阻器。

(3) 电阻装接前应进行测量、核对，尤其是在精密电子仪器设备装配时，还需经人工老化处理，以提高稳定性。

(4) 在装配电子仪器时，若所用非色环电阻，则应将电阻标称值标志朝上，且标志顺序一致，以便于观察。

(5) 焊接电阻时，烙铁停留时间不宜过长。

(6) 选用电阻时应根据电路中信号频率的高低来选择。一个电阻可等效成一个RLC二端线性网络，如图B-5所示。不同类型的电阻，R、L、C 3个参数的大小有很大差异。线绕电阻本身是电感线圈，所以不能用于高频电路中。薄膜电阻中，电阻体上刻有螺旋槽的，工作频率在10MHz左右；未刻螺旋槽的(如RY型)工作频率则更高。

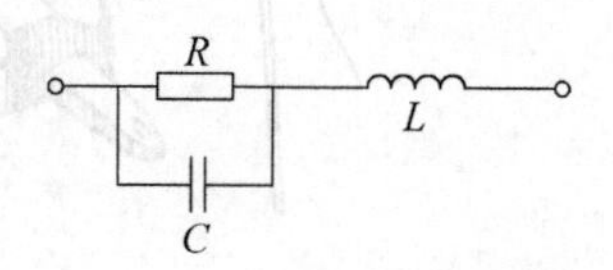

图B-5　电阻器的等效电路

(7) 电路中如果需要串联或并联电阻获得所需阻值，应考虑其额定功率。阻值相同的电阻串联或并联，额定功率等于各个电阻额定功率之和；阻值不同的电阻串联时，额定功率取决于高阻值电阻；并联时取决于低阻值电阻，且需计算方可应用。

B.2 电容器

本节介绍电容器的分类、命名、技术指标、常识及测试等相关内容。

B.2.1 电容器的分类

电容器是一种储能元件，在电路中用于调谐、滤波、耦合、旁路和能量转换等。

1. 按结构分类

电容器按结构可分为固定电容器、半可变电容器和可变电容器。

1）固定电容器

电容量固定不可调的称为固定电容器。图 B-6 所示为几种固定电容器的外形及电路符号。

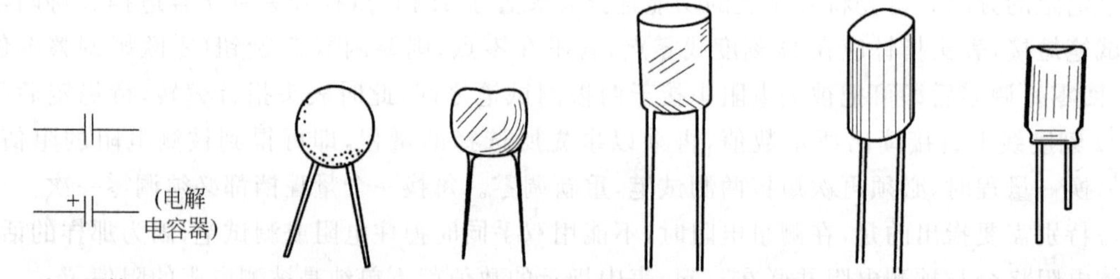

图 B-6　几种固定电容器的外形及电路符号

2）半可变电容器（微调电容器）

半可变电容器容量可在小范围内变化，其可变容量为十几至几十皮法，最高达 100pF（以陶瓷为介质时），适用于整机调整后电容量不需经常改变的场合。常以空气、云母或陶瓷作为介质，其外形及电路符号如图 B-7 所示。

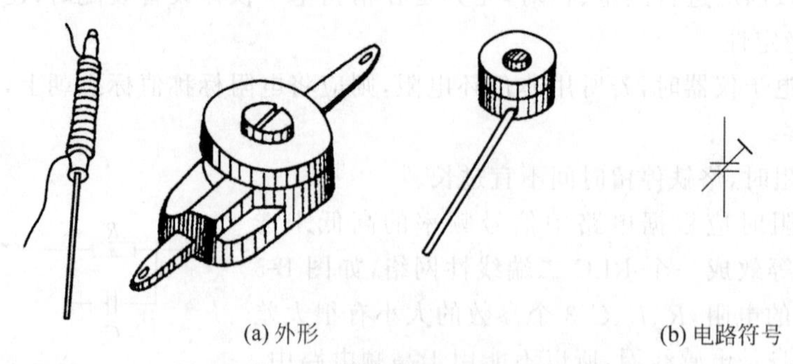

图 B-7　半可变电容器外形及电路符号

3）可变电容器

可变电容器容量可在一定范围内连续变化，常有单联和双联之分，它们由若干片形状相同的金属片并接成一组定片和一组动片，其外形及电路符号如图 B-8 所示。可以通过转轴转动改变动片插入定片的面积,从而改变电容量。一般以空气作为介质,也有用有机薄膜作为介质的。

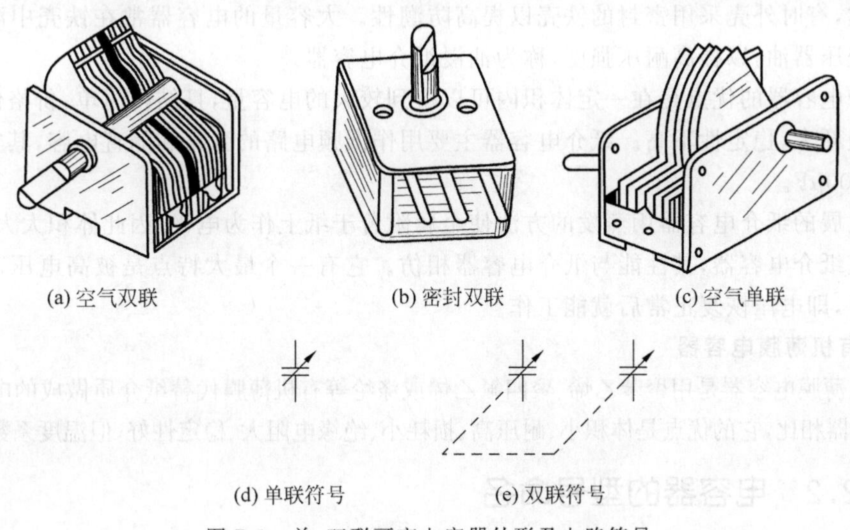

(a) 空气双联　(b) 密封双联　(c) 空气单联

(d) 单联符号　(e) 双联符号

图 B-8 单、双联可变电容器外形及电路符号

2. 按介质材料分类

1）电解电容器

电解电容器为以铝、钽、铌、钛等金属氧化膜作为介质的电容器。应用最广的是铝电解电容器,它的容量大、体积小、耐压高(但耐压越高,体积也就越大),一般在 500V 以下,常用于交流旁路和滤波。缺点是容量误差大,且随频率而变动,绝缘电阻低。电解电容有正负极之分(外壳为负端,另一接头为正端)。一般电容器外壳上都标有"+"和"−"记号,如无标记则引线长的为"+"端,引线短的为"−"端,使用时必须注意不要接反,若接反,电解作用会反向进行,氧化膜很快变薄,漏电流急剧增加,如果所加的直流电压过大,则电容器很快发热,甚至会引发爆炸。

由于铝电解电容有不少缺点,在要求较高的地方常用钽、铌或钛电容,它们比铝电解电容的漏电流小、体积小,但成本高。

2）云母电容器

云母电容器为以云母片作为介质的电容器,其特点是高频性能稳定、损耗小、漏电流小、耐压高(几百伏～几千伏),但容量小(几十皮法～几万皮法)。

3）瓷介电容器

瓷介电容器以高介电常数、低损耗的陶瓷片材料作为介质,故其体积小、损耗小、温度系数小,可工作在超高频范围,但耐压较低(一般为 60～70V),容量较小(一般为 1～1000pF)。为克服容量小的缺点,现在采用了铁电陶瓷电容(680～0.047pF)和独石电容(0.01μF 至几微法),但其温度系数大,损耗大,容量误差大。

4）玻璃釉电容器

玻璃釉电容器以玻璃釉为介质,具有瓷介电容的优点,且体积比同容量的瓷介电容小。其容量范围为 10pF～0.1μF。另外,其介电常数在很宽的频率范围内保持不变,还可用于 125℃高温环境。

5）纸介电容器

纸介电容器的电极用铝箔或锡箔做成，绝缘介质是浸蜡的纸，相叠后卷成圆柱体，外包防潮物质，有时外壳采用密封的铁壳以提高防潮性。大容量的电容器常在铁壳中灌满电容器油或变压器油，以提高耐压强度，称为油浸纸介电容器。

纸介电容器的优点是在一定体积内可以得到较大的电容量，且结构简单，价格低廉。但其介质损耗大，稳定性不高。纸介电容器主要用作低频电路的旁路和隔直电容，其容量一般为 10～100μF。

新发展的纸介电容器用蒸发的方法使金属附着于纸上作为电极，因此体积大大缩小，称为金属化纸介电容器，其性能与纸介电容器相仿。它有一个最大特点是被高电压击穿后有自愈能力，即电压恢复正常后就能工作。

6）有机薄膜电容器

有机薄膜电容器是用聚苯乙烯、聚四氟乙烯或涤纶等有机薄膜代替纸介质做成的电容器，与纸介电容器相比，它的优点是体积小、耐压高、损耗小、绝缘电阻大、稳定性好，但温度系数大。

B.2.2 电容器的型号命名

电容器的型号命名见表 B-5。

表 B-5 电容器的型号命名

第 1 部分		第 2 部分		第 3 部分		第 4 部分
用字母表示主称		用字母表示材料		用字母表示特征		用字母或数字表示序号
符号	意义	符号	意义	符号	意义	
		C	瓷介	T	铁电	
		I	玻璃釉	W	微调	
		O	玻璃膜	J	金属化	
		Y	云母	X	小型	
		V	云母纸	S	独石	
		Z	纸介	D	低压	
		J	金属化纸介	M	密封	
		B	聚苯乙烯	Y	高压	
		F	聚四氟乙烯	C	穿心式	包括品种、尺寸代号、温度特性、直流工作电压、标称值、允许误差、标准代号
C	电容器	L	涤纶（聚酯）			
		S	聚碳酸酯			
		Q	漆膜			
		H	纸膜复合			
		D	铝电解			
		A	钽电解			
		G	金属电解			
		N	铌电解			
		T	钛电解			
		M	压敏			
		E	其他材料电解			

示例　CJX-250-0.33-±10％电容器，由命名法可知：

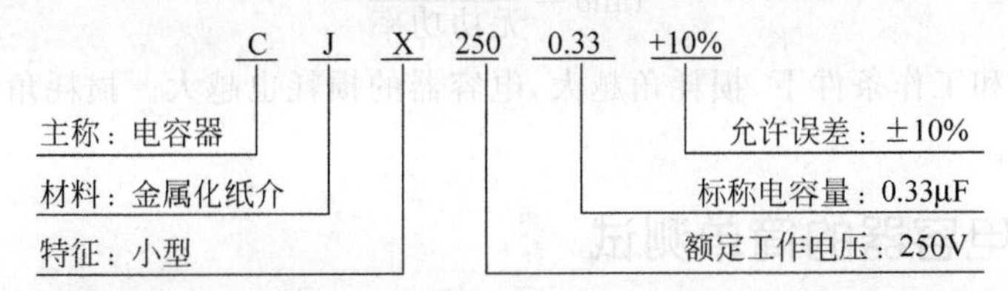

B.2.3　电容器的主要性能指标

1. 电容量

电容量是指电容器加上电压后储存电荷的能力，常用单位有法(F)、微法(μF)和皮法(pF，也称为微微法)。三者的关系为

$$1\text{pF}=10^{-6}\,\mu\text{F}=10^{-12}\,\text{F}$$

一般地，电容器上都直接写出其容量，也有的则是用数字标志容量。例如，有的电容器上只标出"332"3位数字，左起两位数字给出电容量的前两位数字，而第3位数字则表示附加零的个数，以pF为单位。因此，"332"即表示该电容的电容量为3300pF。

2. 标称电容量

标称电容量是标志在电容器上的"名义"电容量。我国固定式电容器标称电容量系列为E24、E12、E6，电解电容的标称容量参考系列为1、1.5、2.2、3.3、4.7、6.8(以μF为单位)。

3. 允许误差

允许误差是实际电容量对于标称电容量的最大允许偏差范围。固定电容器的允许误差分为8级，如表B-6所示。

表B-6　固定电容器的允许误差等级

级别	01	02	Ⅰ	Ⅱ	Ⅲ	Ⅳ	Ⅴ	Ⅵ
允许误差	±1％	±2％	±5％	±10％	±20％	＋20％～－10％	＋50％～－20％	＋50％～－30％

4. 额定工作电压

额定工作电压是电容器在规定的工作温度范围内长期、可靠地工作所能承受的最高电压。常用固定式电容器的直流工作电压系列为6.3V、10V、16V、25V、40V、63V、100V、160V、250V和400V。

5. 绝缘电阻

绝缘电阻是加在其上的直流电压与通过它的漏电流的比值。绝缘电阻一般应在5000MΩ以上，优质电容器可达TΩ(10^{12}Ω，称为太欧)级。

6. 介质损耗

理想的电容器应没有能量损耗，但实际上电容器在电场的作用下，总有一部分电能转换为热能，所损耗的能量称为电容器的损耗，包括金属极板的损耗和介质损耗两部分。小功率电容器主要是介质损耗。

所谓介质损耗，是指介质缓慢极化和介质电导所引起的损耗，通常用损耗功率和电容器的无功功率之比(即损耗角的正切值)表示，即

$$\tan\delta=\frac{\text{损耗功率}}{\text{无功功率}}$$

在相同容量和工作条件下，损耗角越大，电容器的损耗也越大。损耗角大的电容不适于高频情况下工作。

B.2.4 电容器的简单测试

一般地，利用万用表的欧姆挡就可以简单地测量出电解电容器的优劣，粗略地辨别其漏电、容量衰减或失效的情况。具体方法：选用 $R\times1\text{k}$ 或 $R\times100$ 挡，将黑表笔接电容器的正极，红表笔接电容器的负极，若表针摆动大，且返回慢，返回位置接近∞，说明该电容器正常，且电容量大；若表针摆动虽大，但返回时表针显示的阻值较小，说明该电容漏电流较大；若表针摆动很大，阻值接近于 0，且不返回，说明该电容器已击穿；若表针不摆动，则说明该电容器已开路或失效。

该方法也适用于辨别其他类型的电容器。但如果电容器容量较小，应选择万用表的 $R\times10\text{k}$ 挡测量。另外，如果需要对电容器再一次测量，必须将其放电后方能进行。

如果要求更精确的测量，可以用交流电桥和 Q 表（谐振法）测量，这里不做介绍。

B.2.5 选用电容器常识

(1) 电容器装接前应进行测量，看其是否短路、断路或漏电严重。并且在装入电路时，应使电容器的标志易于观察，且标志顺序一致。

(2) 电路中，电容器两端的电压不能超过电容器本身的工作电压。装接时注意正负极性不能接反。

(3) 当现有电容器与电路要求的容量或耐压不合适时，可以采用串联或并联的方法予以适当调整。当两个工作电压不同的电容器并联时，耐压值取决于低的电容器；当两个容量不同的电容器串联时，容量小的电容器所承受的电压高于容量大的电容器。

(4) 技术要求不同的电路，应选用不同类型的电容器。例如，谐振回路中需要介质损耗小的电容器，应选用高频陶瓷电容器（CC 型）；隔直、耦合电容可选用纸介、涤纶、电解等电容器；低频滤波电路一般应选用电解电容器，旁路电容可选用涤纶、纸介、陶瓷和电解电容器。

(5) 选用电容器时应根据电路中信号频率的高低来选择。一个电容器可等效为一个 RLC 二端线性网络，如图 B-9 所示。不同类型的电容器，其等效参数的差异很大。等效电感大的电容器（如电解电容器）不适合用于耦合、旁路高频信号；等效电阻大的电容器不适合用于 Q 值要求高的振荡回路中。为满足从低频到高频滤波旁路的要求，在实际电路中，常将一个大容量的电解电容器与一个小容量、适用于高频的电容器并联使用。

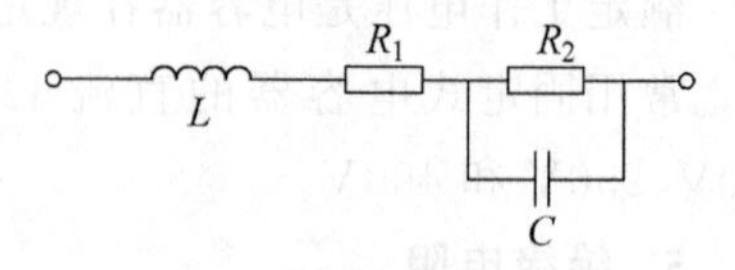

图 B-9 电容器的等效电路

B.3 电感器

本节介绍电感器的分类、技术指标、测试及选用常识等相关内容。

B.3.1 电感器的分类

电感器一般由线圈构成。为了增加电感量 L、提高品质因素 Q 和减小体积，通常在线圈中加入软磁性材料的磁心。

根据电感器的电感量是否可调，电感器可分为固定电感器、可变电感器和微调电感器。

可变电感器的电感量可利用磁芯在线圈内移动而在较大的范围内调节。它与固定电容器配合使用于谐振电路中，起调谐作用。

微调电感器可以满足整机调试的需要和补偿电感器生产中的分散性，一次调好后，一般不再变动。

根据电感器的结构，可分为带磁心、铁心和磁心有间隙的电感器等，它们的符号如图 B-10 所示。

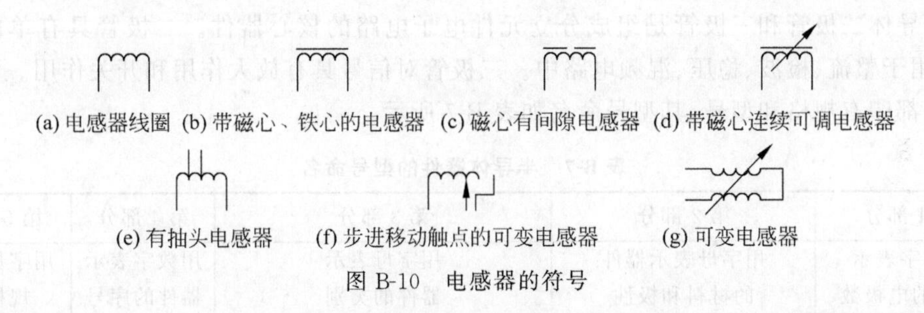

图 B-10 电感器的符号

除此之外，还有一些小型电感器，如色码电感器、平面电感器和集成电感器，可满足电子设备小型化的需要。

B.3.2 电感器的主要性能指标

1. 电感量

电感量是指电感器通过变化电流时产生感应电动势的能力，其大小与磁导率 μ、线圈单位长度中的匝数 n 以及体积 V 有关。当线圈的长度远大于直径时，电感量为

$$L=\mu n^2 V$$

电感量的常用单位为 H(亨利)、mH(毫亨)和 μH(微亨)。

2. 品质因数

品质因数 Q 反映电感器传输能量的能力。Q 值越大，传输能量的能力越大，即损耗越小。一般要求 $Q=50\sim300$。

$$Q=\frac{\omega L}{R}$$

其中，ω 为工作角频率；L 为线圈电感量；R 为线圈电阻。

3. 额定电流

额定电流主要是对高频电感器和大功率调谐电感器而言。通过电感器的电流超过额定值时，电感器将发热，严重时会烧坏。

B.3.3 电感器的简单测试

测量电感的方法与测量电容的方法相似，也可以用电桥法和谐振回路法测量。常用测

量电感的电桥有海氏电桥和麦克斯韦电桥，这里不做详细介绍。

B.3.4 选用电感器常识

(1) 在选电感器时，首先应明确其使用频率范围。铁芯线圈只能用于低频；一般铁氧体线圈、空心线圈可用于高频。其次要弄清线圈的电感量。

(2) 线圈是磁感应元件，它对周围的电感性元件有影响。安装时一定要注意电感性元件之间的相互位置，一般应使相互靠近的电感线圈的轴线互相垂直，必要时可在电感性元件上加屏蔽罩。

B.4 半导体器件

半导体二极管和三极管是组成分立元件电子电路的核心器件。二极管具有单向导电性，可用于整流、检波、稳压、混频电路中。三极管对信号具有放大作用和开关作用。它们的管壳上都印有规格和型号，其型号命名如表 B-7 所示。

表 B-7 半导体器件的型号命名

第 1 部分		第 2 部分		第 3 部分		第 4 部分	第 5 部分
用数字表示器件的电极数		用字母表示器件的材料和极性		用字母表示器件的类别		用数字表示器件的序号	用字母表示规格号
符号	意义	符号	意义	符号	意义	意义	意义
2	二极管	A	N 型锗材料	R	普通型	反映了极限参数、直流参数、交流参数等区别	反映了承受反向击穿电压的程度。如规格号为 A、B、C、D 等。其中 A 承受的反向击穿电压最低，B 次之，以此类推
		B	P 型锗材料	V	微波管		
		C	N 型硅材料	W	稳压管		
		D	P 型硅材料	C	参量管		
3	三极管	A	PNP 型锗材料	Z	整流管		
		B	NPN 型锗材料	L	整流堆		
		C	PNP 型硅材料	S	隧道管		
		D	NPN 型硅材料	N	阻尼管		
		E	化合物材料	U	光电器件		
				K	开关管		
				X	低频小功率管 ($f_a<3$MHz, $P_c<0.5$W)		
				G	高频小功率管 ($f_a\geqslant30$MHz, $P_c<0.5$W)		
				D	低频大功率管 ($f_a<3$MHz, $P_c>1$W)		
				A	高频大功率管 ($f_a\geqslant30$MHz, $P_c>1$W)		
				T	半导体闸流管(可控整流器)		
				Y	体效应器件		
				B	雪崩管		

续表

第 1 部分		第 2 部分		第 3 部分		第 4 部分	第 5 部分
用数字表示器件的电极数		用字母表示器件的材料和极性		用字母表示器件的类别		用数字表示器件的序号	用字母表示规格号
符号	意义	符号	意义	符号	意义	意义	意义
				J CS BT FH PIN JG	阶跃恢复管 场效应器件 半导体特殊器件 复合管 PIN 管 激光器件		

示例

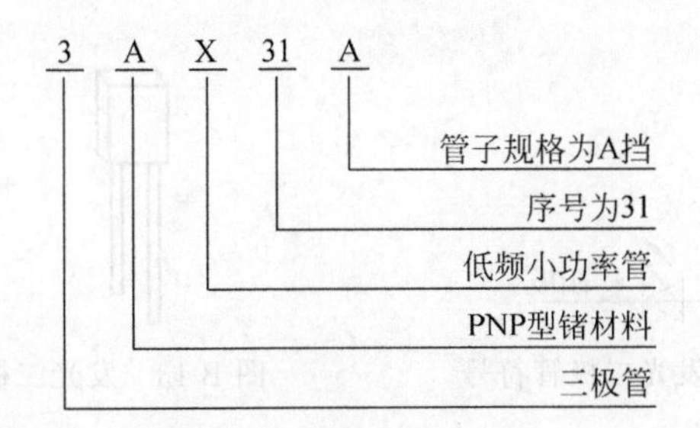

由标号可知，该管为 PNP 型低频小功率锗三极管。

B.4.1 二极管的识别与简单测试

1. 普通二极管的识别与简单测试

普通二极管一般分为玻璃封装和塑料封装两种，如图 B-11 所示。它们的外壳上均印有型号和标记。标记箭头所指方向为阴极。有的二极管上只有一个色点，有色点的一端为阳极。

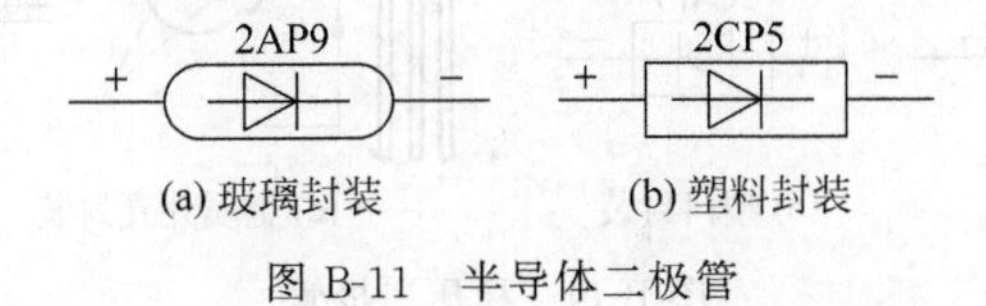

图 B-11 半导体二极管

若遇到型号标记不清时，可以借助万用表的欧姆挡简单判别。万用表正端(+)红表笔接表内电池的负极，负端(−)黑表笔接表内电池的正极。根据 PN 结正向导通电阻值小、反向截止电阻值大的原理简单确定二极管的好坏和极性。具体做法是：万用表的欧姆挡置于 $R\times100$ 或 $R\times1k$，将红、黑两表笔接触二极管两端，表针有一指示；将红、黑两表笔反过来再次接触二极管两端，表针又将有一指示。若两次指示的阻值相差很大，说明该二极管单向导电性好，并且阻值大(几百千欧以上)的那次红表笔所接为二极管的阳极；若两次指示的阻值相差很小，说明该二极管已失去单向导电性；若两次指示的阻值均很大，则说明该二极管已开路。

2. 特殊二极管的识别与简单测试

特殊二极管的种类较多，在此只介绍 4 种常用的特殊二极管。

1）发光二极管(LED)

发光二极管通常是用砷化镓、磷化镓等制成的一种新型器件。它具有工作电压低、耗电少、响应速度快、抗冲击、耐振动、性能好以及轻而小的特点，被广泛应用于单个显示电路或做成7段矩阵式显示器。而在数字电路实验中，常用作逻辑显示器。发光二极管的电路符号如图B-12所示。

发光二极管和普通二极管一样具有单向导电性，正向导通时才能发光。发光二极管发光颜色有多种，如红、绿、黄等，形状有圆形和长方形等。发光二极管出厂时，一根引线做得比另一根引线长，通常较长的引线表示阳极(+)，另一根为阴极(−)，如图B-13所示。若辨别不出引线的长短，则可以用辨别普通二极管引脚的方法辨别其阳极和阴极。发光二极管正向工作电压一般为1.5～3V，允许通过的电流为2～20mA，电流的大小决定发光的亮度。电压、电流的大小因器件型号不同而稍有差异。若与TTL组件相连接使用时，一般需要串接一个470Ω的降压电阻，以防止器件的损坏。

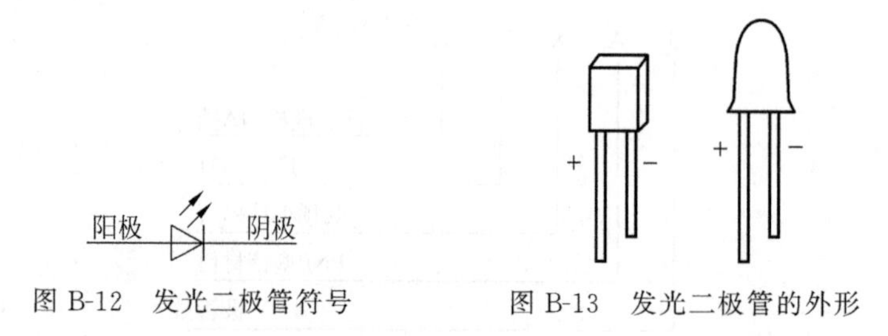

图B-12　发光二极管符号　　图B-13　发光二极管的外形

2）稳压管

稳压管有玻璃/塑料封装和金属外壳封装两种。前者外形与普通二极管相似，如2CW7；后者外形与小功率三极管相似，但内部为双稳压二极管，其本身具有温度补偿作用，如2CW231，如图B-14所示。

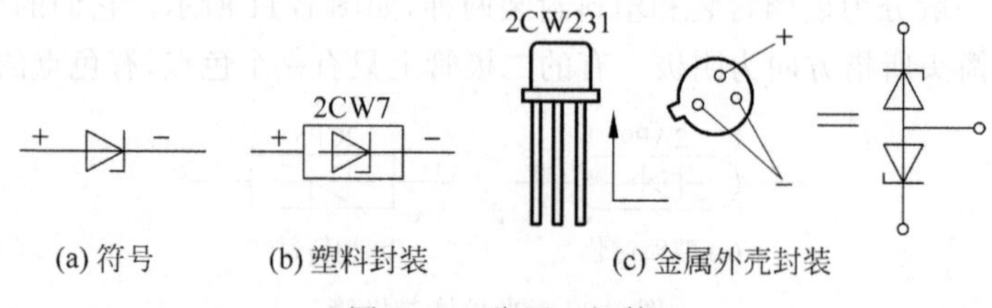

(a) 符号　(b) 塑料封装　(c) 金属外壳封装

图B-14　稳压二极管

稳压管在电路中是反向连接的，它能使稳压管所接电路两端的电压稳定在一个规定的范围内，称为稳压值。确定稳压管稳压值的方法有以下3种。

(1) 根据稳压管的型号查阅手册得知。

(2) 在JT-I型晶体管测试仪上测出其伏安特性曲线获得稳压值。

(3) 通过一个简单的实验电路测得。实验电路如图B-15所示。改变直流电源电压V，使之由零开始缓慢增加，同时稳压管两端用直流电压表监视。当V增加到一定值，使稳压管反向击穿，直流电压表指示某一电压值。这时再增加直流电源电压V，而稳压管两端电压不再变化，则电压表所指示的电压值就是该稳压管的稳压值。

3）光电二极管

光电二极管是一种将光信号转换成电信号的半导体器件，其符号如图 B-16(a)所示。

在光电二极管的管壳上备有一个玻璃窗口，便于接收光照。当有光照时，其反向电流随光照强度的增加而正比上升。光电二极管可用于光的测量。当制成大面积的光电二极管时，可作为一种能源，称为光电池。

4）变容二极管

变容二极管在电路中能起到可变电容的作用，其电容随反向电压的增加而减小。变容二极管的符号如图 B-16(b)所示。变容二极管主要应用于高频技术中，如变容二极管调频电路。

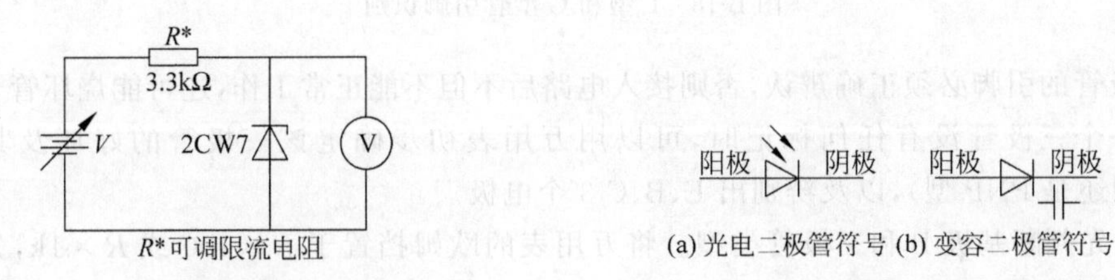

图 B-15 测试稳压管稳压值的实验电路

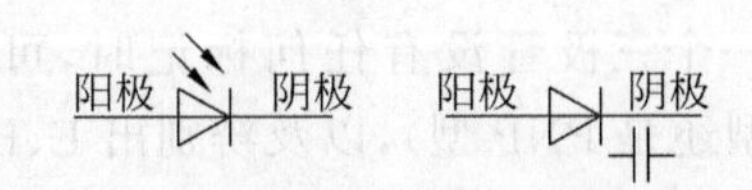

(a) 光电二极管符号 (b) 变容二极管符号

图 B-16 光电二极管和变容二极管符号

B.4.2 三极管的识别与简单测试

三极管主要有 NPN 型和 PNP 型两大类。一般地，可以根据命名法通过三极管管壳上的符号辨别出它的型号和类型。例如，三极管管壳上印有 3DG6，表明它是 NPN 型高频小功率硅三极管；如果印有 3AX31，则表明它是 PNP 型低频小功率锗三极管。同时，还可以从管壳上色点的颜色判断出管子的电流放大系数 β 值的大概范围。以 3DG6 为例，若色点为黄色，表示 β 值为 30～60；绿色表示 β 值为 50～110；蓝色表示 β 值为 90～160；白色表示 β 值为 140～200。但是也有的厂家并未按此规定，使用时要注意。

当从管壳上得知它们的类型、型号以及 β 值后，还应进一步辨别它们的 3 个电极。

对于小功率三极管，有金属外壳封装和塑料外壳封装两种。

金属外壳封装的三极管，如果管壳上带有定位销，那么，将管底朝上，从定位销起，按顺时针方向，3 根电极依次为 E、B、C。如果管壳上无定位销，且 3 根电极在半圆内，将有 3 根电极的半圆置于上方，按顺时针方向，3 根电极依次为 E、B、C，如图 B-17(a)所示。塑料外壳封装的三极管，面对平面，3 根电极置于下方，从左到右电极依次为 E、B、C，如图 B-17(b)所示。

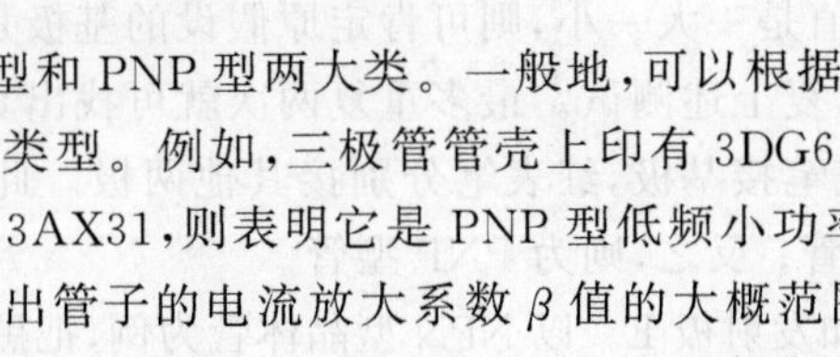

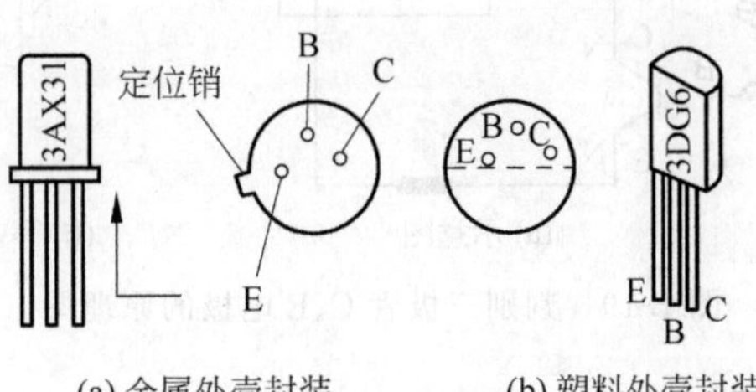

(a) 金属外壳封装 (b) 塑料外壳封装

图 B-17 半导体三极管电极的识别

对于大功率三极管，一般分为F型和G型两种，如图B-18所示。F型管从外形上只能看到两根电极。将管底朝上，两根电极置于左侧，则上为E，下为B，底座为C。G型管的3根电极一般在管壳的顶部，将管底朝下，3根电极置于左侧，从最下电极起，顺时针方向依次为E、B、C。

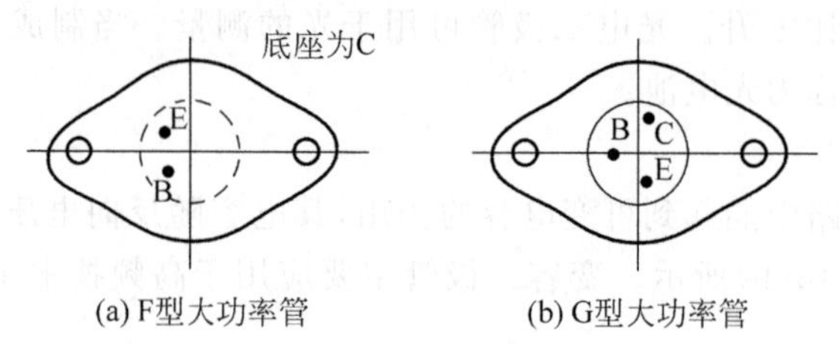

图B-18 F型和G型管引脚识别

三极管的引脚必须正确辨认，否则接入电路后不但不能正常工作，还可能烧坏管子。

当一个三极管没有任何标记时，可以用万用表初步确定该三极管的好坏及其类型(NPN型还是PNP型)，以及辨别出E、B、C 3个电极。

(1) 先判断基极B和三极管类型。将万用表的欧姆挡置于$R\times100$或$R\times1k$，先假设三极管的某极为基极，并将黑表笔接在假设的基极上，再将红表笔先后接到其余两个电极上，如果两次测得的电阻值都很大(或者都很小)，约为几千欧至十几千欧姆(或约为几百欧至几千欧)，而对换表笔后测得两个电阻值都很小(或都很大)，则可确定假设的基极是正确的。如果两次测得的电阻值是一大一小，则可肯定原假设的基极是错误的，这时就必须重新假设另一电极为基极，再重复上述测试。最多重复两次就可找出真正的基极。

当基极确定以后，黑表笔接基极，红表笔分别接其他两极。此时，若测得的电阻值都很小，则该三极管为NPN型管；反之，则为PNP型管。

(2) 再判断集电极C和发射极E。以NPN型晶体管为例，把黑表笔接到假设的集电极C上，红表笔接到假设的发射极E上，并且用手捏住B极和C极(不能使B、C直接接触)，通过人体，相当于在B、C之间接入偏置电阻。读出表针所示C、E间的电阻值，然后将红、黑表笔反接重测。若第1次电阻值比第2次小，说明原假设成立，黑表笔所接为三极管集电极C，红表笔所接为三极管发射极E。因为C、E间电阻值小说明通过万用表的电流大，偏置正常，如图B-19所示。

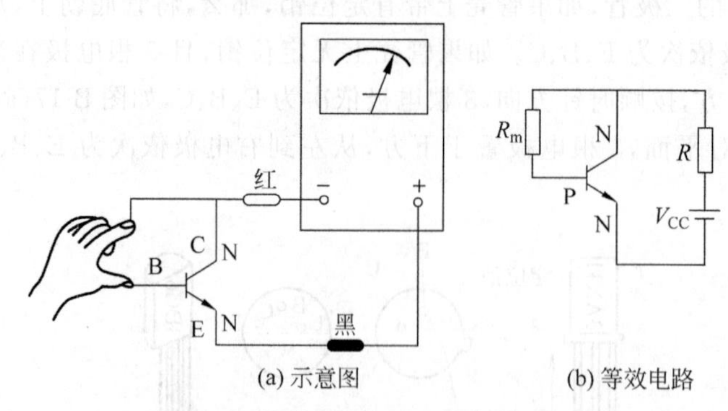

图B-19 判别三极管C、E电极的原理图

以上介绍的是比较简单的测试，要想进一步精确测试，可以借助JT-1型晶体管测试仪，它能十分清晰地显示出三极管的输入特性和输出特性曲线以及电流放大系数β等。

参 考 文 献

[1] 康华光.电子技术基础：模拟部分[M].6版.北京：高等教育出版社，2013.

[2] 童诗白，华成英.模拟电子技术基础[M].5版.北京：高等教育出版社，2015.

[3] 金凤莲.模拟电子技术基础实验及课程设计[M].北京：清华大学出版社，2009.

[4] 彭志红，粟娟.电子技术实验教程[M].重庆：重庆大学出版社，2019.

[5] 摆玉龙，张维昭，张津京.电子技术实验教程[M].北京：清华大学出版社，2016.

[6] 张锋.模拟电子技术基础实验指导书[M].北京：机械工业出版社，2016.

[7] 弗洛伊德，布奇拉.模拟电子技术基础：系统方法[M].朱杰，蒋乐天，译.北京：机械工业出版社，2015.

[8] 祝诗平.电子技术实验教程[M].北京：科学出版社，2015.

[9] 梁洪洁.电子技术基础项目教程[M].北京：机械工业出版社，2014.

[10] 马秋明.电子技术实验教程[M].北京：北京大学出版社，2014.

[11] 孙淑艳.模拟电子技术实验指导书[M].北京：高等教育出版社，2013.

[12] 廉玉欣.电子技术基础实验教程[M].北京：机械工业出版社，2010.

[13] 陈庭勋.模拟电子技术实验指导[M].杭州：浙江大学出版社，2009.

[14] 任国燕.模拟电子技术实验指导书[M].北京：中国水利水电出版社，2008.

[15] 谭海曙.模拟电子技术实验教程[M].北京：北京大学出版社，2008.

[16] 李文联，李扬.模拟电子技术实验[M].西安：西安电子科技大学出版社，2006.

[17] NI. Multisim教程：NI电路设计技术教程[EB/OL].[2021-04-20]. http://www.ni.com/tutorial/5579/zhs. 2019-1-30.

[18] 朱彩莲.Multisim电子电路仿真教程[M].西安：西安电子科技大学出版社，2007.

图书资源支持

感谢您一直以来对清华大学出版社图书的支持和爱护。为了配合本书的使用，本书提供配套的资源，有需求的读者请扫描下方的“书圈”微信公众号二维码，在图书专区下载，也可以拨打电话或发送电子邮件咨询。

如果您在使用本书的过程中遇到了什么问题，或者有相关图书出版计划，也请您发邮件告诉我们，以便我们更好地为您服务。

我们的联系方式：

地　　址：北京市海淀区双清路学研大厦 A 座 714

邮　　编：100084

电　　话：010-83470236　010-83470237

资源下载：http://www.tup.com.cn

客服邮箱：tupjsj@vip.163.com

QQ：2301891038（请写明您的单位和姓名）

教学资源・教学样书・新书信息

人工智能科学与技术
人工智能|电子通信|自动控制

资料下载・样书申请

书圈

用微信扫一扫右边的二维码，即可关注清华大学出版社公众号。